普通高等教育"十三五"规划教材

冶金工程专业实习指导书
——钢铁冶金

主　编　钟良才　储满生
副主编　战东平　闵　义　李　阳
　　　　郑海燕　祭　程

U0341786

北　京
冶　金　工　业　出　版　社
2019

内 容 提 要

本书是为冶金工程专业本科生到钢铁企业开展冶金专业实习而编写的实习指导书，涵盖钢铁生产的主要生产工序——炼铁、炼钢和轧钢三部分内容。炼铁部分主要内容包括烧结、球团、焦化、高炉炼铁；炼钢部分主要内容包括转炉炼钢车间布置、电炉炼钢车间布置、铁水预处理、复吹转炉炼钢、电炉炼钢、钢液炉外精炼、连铸；轧钢部分主要内容包括热轧和冷轧、棒线、型材、管材轧制等内容。通过学习可使学生了解到钢铁企业实习的目的、内容和要求，帮助学生理解和掌握实习过程所接触到的主要钢铁生产工艺流程和车间布置、钢铁生产主要设备的结构和冶金功能、钢铁生产的工艺及其主要的技术经济指标等。

本书可作为高等学校冶金工程专业的教学用书，也可供从事冶金生产的工程技术人员和管理人员参考。

图书在版编目（CIP）数据

冶金工程专业实习指导书：钢铁冶金/钟良才，储满生主编 . —
北京：冶金工业出版社，2019.9
普通高等教育"十三五"规划教材
ISBN 978-7-5024-8140-7

Ⅰ.①冶… Ⅱ.①钟… ②储… Ⅲ.①钢铁冶金—高等学校—
教学参考资料 Ⅳ.①TF4

中国版本图书馆 CIP 数据核字（2019）第 176302 号

出 版 人 谭学余
地 址 北京市东城区嵩祝院北巷 39 号 邮编 100009 电话 （010）64027926
网 址 www.cnmip.com.cn 电子信箱 yjcbs@cnmip.com.cn
责任编辑 郭冬艳 美术编辑 郑小利 版式设计 禹 蕊
责任校对 李 娜 责任印制 牛晓波
ISBN 978-7-5024-8140-7
冶金工业出版社出版发行；各地新华书店经销；三河市双峰印刷装订有限公司印刷
2019 年 9 月第 1 版，2019 年 9 月第 1 次印刷
787mm×1092mm 1/16；23.5 印张；569 千字；362 页
59.00 元

冶金工业出版社 投稿电话 （010）64027932 投稿信箱 tougao@cnmip.com.cn
冶金工业出版社营销中心 电话 （010）64044283 传真 （010）64027893
冶金工业出版社天猫旗舰店 yjgycbs.tmall.com
（本书如有印装质量问题，本社营销中心负责退换）

前　言

钢铁材料是国民经济建设必不可少的重要基础材料，钢铁材料的生产离不开冶金工业，冶金工业的水平是衡量一个国家工业化的标志之一。1978年我国的粗钢产量只有3178万吨，在40多年的改革开放中，我国经历了大规模的基础设施建设，需要大量的钢铁材料用于国民经济建设，钢铁工业也随钢材需求量的增加而得到迅猛发展。

在改革开放初期（1978~1992年）的14年间，中国钢铁工业对外开放取得了显著成效。从国外引进了700多项先进的钢铁生产技术，特别是引进国外先进技术装备，新建了宝钢、天津无缝钢管厂两座现代化大钢厂，并对老钢铁企业实施了一系列重点改造项目，使中国钢铁工业的技术结构发生了明显变化，缩小了与世界先进水平的差距。1978年，宝钢的建设，在我国现代化建设中具有里程碑式的意义。1992年我国钢产量达到了8093万吨。

从1993年到2000年，是中国初步建立社会主义市场经济体制的阶段。中国钢铁工业钢产量由1993年的8954万吨增加到1996年10124万吨，钢产量首次突破1亿吨。2000年钢产量达到了1.285亿吨，成为世界最大的产钢国和消费国；连铸比由33.9%提高到82.5%，转炉钢比提高到87.5%；钢材自给率达到93.1%；吨钢综合能耗下降到1.18吨标煤；加速了淘汰小高炉、小转炉、小电炉、平炉、化铁炉炼钢、多火成材、横列式和复二重轧机的进程，大大缩小了中国钢铁工业与国际先进水平的差距。

2001年以后，我国钢铁工业规模迅速扩大，钢产量连续跨越2亿吨（2003年2.2亿吨）、3亿吨（2005年3.6亿吨）、4亿吨（2006年4.2亿吨）的台阶，2008年粗钢产量超过5亿吨。2001~2008年期间，钢产量年均增长率达到20%，占全球钢产量的比重从17.8%提高到38.2%，在世界钢铁业的地位显著提升；钢铁工业的迅猛发展彻底结束了中国钢铁材料供给不足的历史。技术装备国产化、现代化取得重大进展，品种质量也得到提升。鞍钢、武钢、首钢、马钢、包钢、太钢、济钢、邯钢、莱钢、安钢等大型老企业也进行了现代化技术改造，并相继建设和投产现代化新区、新基地。2008年，全球年产钢2000

万吨以上的企业有 12 家，其中中国占 5 家，与 2001 年相比，年产钢 500 万吨以上的企业从 4 家增加到 24 家；2008 年我国钢产量超过世界排名第二至第八位的日本、美国、俄罗斯、印度、韩国、德国、乌克兰之和。全国重点大中型钢铁企业的吨钢综合能耗由 876 千克标煤降到 628 千克标煤，污染物排放大幅下降；钢材品种与质量得到显著改善，国内市场占有率大幅提升，2007 年 22 类钢材中有 18 类钢材的自给率达到 100%。

2018 年，我国的钢产量增加到了 9.28 亿吨，占世界总钢产量的 51.3%。我国钢铁企业主体装备总体达到国际先进水平，已拥有一批 3000m³ 以上高炉、200t 以上转炉等世界最先进的现代化钢铁生产装备，重点大中型钢铁企业 1000m³ 及以上高炉占炼铁总产能的 72%，100t 及以上转炉（电炉）占炼钢总产能 65%。目前，我国的钢铁工业已大规模采用了高炉喷煤富氧强化冶炼、铁水预处理、转炉顶底复合吹炼、钢水炉外精炼、连续铸钢、连续轧制、干熄焦、高炉余压发电、转炉煤气回收、钢铁生产自动控制等先进技术。

从 2001 年到 2018 年，我国生产了约 102 亿吨钢，支撑起了我国的高楼大厦、铁路、高速公路、机场、桥梁等基础设施建设并推动了国民经济的发展。钢铁材料如同坚硬的骨骼，强力支撑着我国的发展与崛起。钢铁工业对国防工业、石油工业、造船工业、建筑业、装备制造业等都起到了很大的支撑与推动作用。我国成为制造业大国，钢铁工业功不可没。可以说钢铁是工业现代化的基础，是实现中华民族强国梦的基础。

面对全球气候变暖和环境问题，迫切需要钢铁工业采取更加节能环保的绿色、低碳、可循环发展的生产工艺，开发氢还原炼铁工艺这种无碳还原减少 CO_2 排放的技术是钢铁工业未来发展的大趋势。利用云计算、移动互联网、物联网、大数据和人工智能等前沿技术，结合钢铁领域专业知识，实现钢铁制造的智能化，是钢铁工业未来另一发展趋势。钢铁工业的发展，需要高素质的专业人才来支撑。本书是为冶金工程专业本科生开展钢铁冶金实习教学而编写的实习指导书，目的是使学生了解钢铁厂实习的目的、内容和要求，帮助学生理解和掌握实习过程所接触到的主要钢铁生产工艺流程和车间布置、钢铁生产设备的结构和冶金功能、钢铁生产的工艺及其主要的技术经济指标。

本书共分 3 篇，第 1 篇为炼铁部分，主要包括烧结、球团、焦化、高炉炼铁；第 2 篇为炼钢部分，主要包括转炉炼钢车间布置、电炉炼钢车间布置、铁水预处理、复吹转炉炼钢、电炉炼钢、钢液炉外精炼、连铸；第 3 篇为轧钢部分，包括热轧和冷轧，棒线、型材、管材轧制等。

本书第 1 章由郑海燕副教授编写；第 2 章由应自伟讲师编写；第 3 章由姜鑫副教授和柳政根讲师编写；第 4 章由储满生教授编写；第 5 章由付贵勤讲师和钟良才教授编写；第 6 章由戴文斌副教授和钟良才教授编写；第 7 章由战东平教授和颜正国讲师编写；第 8 章由钟良才教授编写；第 9 章由李阳副教授编写；第 10 章由战东平教授编写；第 11 章由祭程教授和闵义教授编写，鞍钢孙群教授级高工对连铸工艺部分进行了审阅和修改；第 12 章由战东平教授和张慧书副教授编写。全书由钟良才教授统稿、整理和补充。

本书的编写，参考了许多钢铁冶金和钢铁生产方面的书籍和相关文献、资料和图片等，在此，向这些书籍、文献、资料和图片的作者表示衷心感谢。

在本书的编写过程中，得到了东北大学教务处、冶金学院和钢铁冶金系教授委员会的大力支持，并对本书的编写提出了宝贵的意见和建议，在此一并表示衷心感谢。

由于编者水平所限，书中不妥之处，恳请专家和读者批评指正。

作　者

2018 年 12 月

目　　录

第1篇　炼　　铁

第2篇　炼　钢

第3篇　轧　　钢

第1篇 炼 铁

1 烧 结

铁矿粉烧结是将贫铁矿经过选矿得到的铁精矿、富铁矿在破碎和筛分过程中产生的粉矿、生产中回收的含铁粉料（高炉和转炉炉尘、连铸轧钢铁皮等）、熔剂（石灰石、生石灰、消石灰、白云石和菱镁石等）和燃料（焦粉和无烟煤）等，按要求比例配合，加水混合制成颗粒状烧结混合料，平铺在烧结台车上，经点火抽风在高温下颗粒间产生液相而烧结成块状的烧结矿。

1.1 烧结实习目的、内容和要求

（1）实习目的。

1）了解烧结生产的原料种类、来源、组成及储运；

2）了解烧结配料、混料要求及配料设备；

3）了解烧结生产的工艺流程及主要经济技术指标；

4）了解烧结机的结构、烧结机工艺操作；

5）了解烧结矿破碎、筛分的目的和设备；

6）了解烧结冷却系统和除尘系统；

7）了解烧结过程的余热发电工艺及烟气脱硫工艺。

（2）实习内容。

1）烧结生产的原料种类、来源、组成及储运；

2）烧结配料、混料的目的要求及配料设备；

3）烧结生产的工艺流程及主要经济技术指标；

4）烧结机的结构；

5）烧结机工艺操作（布料、点火、调节与控制等）；

6）烧结矿破碎、筛分的目的和设备；

7）烧结冷却系统及设备；

8）烧结除尘系统及设备；

9）烧结过程的余热发电工艺及烟气脱硫工艺。

（3）实习要求。

1）了解烧结车间烧结机台数、规格（面积）、年产量；

2）了解烧结原料的原料种类（品位、粒度）、来源、组成及储运；

3）了解烧结配料目的、方法及要求；

4）了解烧结混料目的、方法、要求、工艺及设备；

5）了解烧结生产的工艺流程及主要经济技术指标；

6）了解烧结机的结构；

7）了解烧结机工艺操作：布料要求与方法、点火操作（温度、深度）、烧结过程的判断与调节、烧结参数（风量、真空度、料层厚度、机速、烧结终点）等内容；

8）了解烧结矿破碎、筛分的目的、要求及设备；

9）了解烧结冷却系统和除尘系统；

10）了解烧结过程的余热发电工艺，烟气脱硫方法及工艺。

1.2　烧结工艺流程及烧结车间布置

烧结生产必须依据具体原料、设备条件以及对产品质量的要求，按照烧结过程的内在规律，合理确定生产工艺流程和操作制度，实现高产、优质、低耗、长寿。

根据原料条件、工厂生产规律和对产品的要求不同，烧结工艺流程繁简不一。图 1-1 为典型烧结工艺流程图，其流程主要包括以下环节：

（1）含铁原料、燃料和熔剂的接受和贮存；

（2）原料、燃料和熔剂的破碎筛分；

（3）烧结料的配料、混合制粒、布料、点火和烧结；

（4）烧结矿的破碎、筛分、冷却和整粒。

1.2.1　烧结原料的准备与处理

烧结原料数量大、种类繁多，粒度与化学成分差别大，为保证获得高产、优质的烧结矿，烧结原料准备是一个十分重要的环节。原料准备一般包括：接受、贮存、破碎、筛分等作业。

1.2.1.1　原料的接受和贮存

根据其运输方式、生产规模和原料性质的不同，原料的接受方式可以分为火车运输、船舶运输和汽车运输。

接受进厂的原料通常在原料场或原料仓库贮存一段时间，以缓和来料和用料不均衡的矛盾。必要时还需进行中和，以确保原料理化性质稳定。烧结原料化学成分以及物理性能的波动都会引起烧结矿质量的差异。国内外普遍采用的中和方法是将各种不同品种或同品种不同质量的原料，按一定的比例借助机械设备进行混合，使化学成分和物理性质尽可能均匀。

1.2.1.2　烧结原料的粒度要求

各种原料粒度对烧结过程和烧结矿质量均有很大影响。

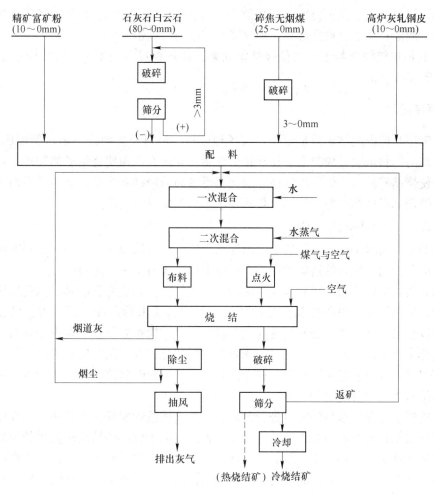

图 1-1 典型烧结工艺流程图

（1）精矿粉粒度。精矿粉粒度取决于选矿工艺的需求。由于精矿粉粒度均较细，不利于改善料层透气性。应强化精矿粉造球作业，以获得粒度组成良好的混合料。但粒度也不宜过大。一般精矿粉粒度应限制在 8~10mm 以下。对于高碱度烧结矿和烧结高硫矿粉，为有利于铁酸钙系液相的生成和硫的去除，精矿粉粒度应不大于 6~8mm。

（2）熔剂粒度。石灰石和白云石粒度应小于 3mm，以保证在烧结过程中能充分分解和矿化。粒度过粗，矿化不完全，在烧结矿中残存 CaO "白点"，在储存过程中吸水消化生成 $Ca(OH)_2$，体积膨胀，引起烧结矿粉化。

（3）燃料粒度。燃料粒度应控制在 0.5~3mm 范围。燃料粒度大，比表面积小，使燃烧速度变慢，生产率降低。同时，粒度大会使烧结料层中燃料分布相对稀疏，在粗燃料颗粒周围，温度高，还原气氛强，液相过多且流动性好，形成难还原的薄壁粗孔结构，使烧结矿强度降低。此外，大颗粒燃料在布料时易产生自然偏析，使下层燃料多，温度过高，容易过熔和黏结炉箅。燃料粒度过细对烧结也不利，它使燃烧速度过快，燃烧层过窄，温度降低，高温反应来不及进行，导致烧结矿强度变坏，返矿增加，生产率降低。

（4）返矿粒度。返矿是筛分烧结矿的筛下物，由强度差的小块烧结矿和未烧透及未烧结的烧结料组成。通常返矿粒度上限控制在 5~6mm。返矿粒度过大，在烧结料加水混匀过程中难以润湿；反之，粒度过小，则会降低烧结料层的透气性。

（5）其他烧结物料粒度。其他烧结附加料，如轧钢皮、炉尘等，粒度应小于 10mm，以利于配料操作和混匀。

1.2.2　烧结配料

配料工序是根据烧结矿质量要求，将各种原料、燃料和熔剂按一定比例配比的工序。烧结厂处理的原料量大、种类多、物理化学性质差异甚大。为使烧结矿的物理、化学性质稳定，并使烧结矿具有良好的透气性，以便获得较高的烧结生产率，必须把不同成分的含铁原料、熔剂和燃料等，根据烧结过程的要求来精确配料。

1.2.2.1　配料要求与方法

配料的基本要求是按照计算所确定的配比，连续稳定低配料，把实际下料的波动值控制在允许的范围内。配料的精确性在很大程度上取决于所采用的配料的方法。

目前有两种配料方法，即容积配料法和重量配料法。容积配料法是根据物料堆密度一定的原理，借助于给料设备控制其容积数量达到配料要求的添加比例。为了增加其准确性，要辅以重量检查。该方法配料的优点是设备简单，操作方便。但是由于物料堆密度是随配料变化会产生较大的误差，并且由于容积配料法是靠人工调节给料机闸门开口度的大小来调节料量，因而较难实现自动配料。此外，人工调整时间比较长，影响大，配料不精确，且重量检查劳动强度也相当大。

重量配料法是按照原料的重量进行配料，常指连续重量配料法。该法是借助电子皮带秤和调速圆盘及自动控制调节系统实现自动配料的，电子皮带秤给出称量皮带的瞬时下料量后，输入调速圆盘自动调节系统的调节部分，调节部分根据给定值和电子皮带秤的称量信号偏差自动调节圆盘，自动调节转速装置以达到给定值。重量配料系统如图 1-2 所示。

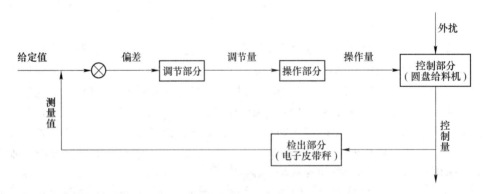

图 1-2　重量配料系统

1.2.2.2　烧结配料计算

烧结配料计算的目的是在已知的供料条件下，按照高炉冶炼对烧结矿质量指标的要求，正确地确定各种原料的配比。常用的计算方法有简易理论计算法和现场经验计算法。

简易理论计算的基本原则是根据"物质守恒"原理，按照对烧结矿主要化学成分的要求，列出相应的平衡方程式，然后求解。为此，需具备下述基本条件：

（1）计算所使用的原燃料要有准确的化学全分析，并将其中的元素分析按其存在形态折算成相应的化合物含量；

（2）有烧结试验或生产实践所提供的有关经验数据（如燃料配比和烧结脱硫率等）。

1.2.3 混合料制备

1.2.3.1 配合料混合的目的与要求

配合料混合的主要目的是使各组分分布均匀，以利于烧结并保证烧结矿成分的均一稳定。在物料搅拌混合的同时，加水润湿和制粒，可改善烧结料的透气性，促进烧结顺利进行。

为获得良好的混匀与制粒效果，要求根据原料性质合理选择混合段数。目前生产中采用的有一段混合和两段混合，有的还有三段混合。大中型烧结厂均采用两段混合和三段混合流程。一段混合主要是加水润湿、混匀，使混合料的水分、粒度和料中各组分均匀分布；当使用热返矿时，可以将物料预热；当加生石灰时，可使 CaO 消化。二次混合除继续混匀外，主要作用是制粒，还可通蒸汽补充预热，提高混合料温度；三次混合主要进行外裹煤。

1.2.3.2 影响混匀与制粒的因素

混匀与制粒均在圆筒混合机中进行。配合料进入混合机后，物料随混合机旋转，在离心力、摩擦力和重力的作用下运动，各组分互相掺和均匀；与此同时，喷洒适量水分使混合料润湿。在水的表面张力作用下，细粒物料聚集成团粒，并在不断滚动中被压密和长大，最后成为具有一定粒度的混合料。

（1）原料性质的影响。物料的黏结性、粒度和密度都影响混合与制粒效果。黏结性和亲水性强的物料易于制粒，但难以混匀。粒度差别大的物料，在混合时易产生偏析，难以混匀和制粒。在粒度相同的情况下，多棱角和形状不规则的物料比圆滑的物料易于制粒，物料中各组分间密度相差悬殊时也不利于混匀与制粒。

（2）加水量和加水方法。混合料的适宜水分值与原料亲水性、粒度及孔隙率的大小有关。一般情况下，磁铁矿约 6% ~ 10%，赤铁矿为 8% ~ 12%，褐铁矿达 24% ~ 28%。当混合料粒度小，又配加高炉灰、生石灰时，水分可大一些，反之则应偏低一些。水分波动控制在 ±3%。

混合料加水方式与加水点是改善混合料混匀效果与制粒效果的重要措施之一。混合机加水必须均匀，注意将水直接喷在料面上，如喷在混合料壁或筒底上，将造成混合料水分不均匀，且筒壁粘料。加水方式由柱状改为雾化加水，加大加水面积，有利于均匀加水，有利于母球长大。此外，应尽早往烧结料中加水，使物料的内部充分润湿，增加内部水分，这对成球有利。

（3）返矿质量与数量。返矿粒度较粗，具有疏松多孔的结构，可成为混合料的造球核心。返矿温度高，有利于混合料预热，但不利于制粒，适量的返矿量对混匀和造球都有利。

（4）圆筒混合机工艺参数。根据生产要求正确调节混合机的倾角、转速、长度、填充系数以及制粒时间等主要工艺参数。

1.2.4 烧结操作制度

烧结操作制度主要包括布料、点火、抽风及烧结终点控制等内容。

1.2.4.1 布料要求与方法

从满足工艺要求考虑。布料包括布铺底料和布混合料两道工序。

（1）布铺底料。在烧结台车炉箅上先布上一层厚约 20~40mm、粒径 10~20mm、基本不含燃料的烧结矿，称为铺底料。它的作用是将混合料与炉箅隔开，防止烧结时烧结带与炉箅直接接触，既可保证烧好烧透，又能保护炉箅，延长其使用寿命，提高作业率。另外，铺底料组成过滤层，防止粉料从炉箅缝抽走，使废气含尘量大大减小，降低除尘负荷，提高风机转子寿命。铺底料还可防止细粒料或烧结矿堵塞与黏结箅条，保持炉箅的有效抽风面积不变，使气流分布均匀，减少抽风阻力，加速烧结过程。

铺底料一般从成品烧结矿中筛分出来，通过皮带运输机送到混合料仓前专设的铺底料仓，再布到台车上，因此铺底料工艺只有采用冷矿流程才能实现。

（2）布混合料，铺底料之后随即布混合料。要点如下。

1）按规定的料层厚度，沿台车长度和宽度方向料面平整，无大的波浪和拉钩现象，特别是在台车拉板附近，应避免因布料不满而形成斜坡，加重气流的边缘效应，造成风的不合理分布和浪费。

2）沿台车高度方向，混合料粒度、成分分布合理，能适应烧结过程的内在规律。理想的布料是：自上而下粒度逐渐变粗，含碳量逐渐减少，从而有助于增加料层的透气性，并改善烧结矿质量。

3）保证布到台车上的物料具有一定的松散性，防止产生堆积和紧压，使整个料层具有良好的透气性。

布料的均匀合理性，既受混合料槽内料的高度、料的分布状态、混合料水分、粒度组成和各组分堆积密度差异的影响，又与布料方式密切相关。目前普遍采用的布料方式有圆辊布料机-反射板或多辊布料器、梭式布料机-圆辊布料机-反射板或多辊布料器两种。

1.2.4.2 点火操作

烧结点火操作的作用：一是将表层混合料中的燃料点燃，并在抽风的作用下继续往下燃烧产生高温，使烧结过程正常进行；二是在相烧结料层表面补充一定热量，以利于产生熔融液相而黏结成具有一定强度的烧结矿。

（1）点火参数。点火参数主要包括点火温度和点火时间。点火温度取决于烧结生成物的熔融温度。在厚料层操作条件下，点火温度在 1000~1200℃之间。点火时间与点火温度有关。

（2）点火燃料。烧结生产多用气体燃料。常用的气体燃料有焦炉煤气及高炉煤气及焦炉煤气的混合气体。

（3）点火装置。点火装置的作用是使台车表层一定厚度的混合料被干燥、预热、点火和保温。一般点火装置可分为点火炉、点火保温炉及预热炉三种。

1.2.4.3 烧结过程的判断和调节

为保证烧结过程正常进行，要根据不断变化的情况，正确判断烧结作业，及时调整。

（1）点火温度的判断和调节。点火温度过高（或点火时间过长），料层表面过熔，呈现气泡，风箱负压升高，总烟道废气量减少；点火温度过低（或点火时间过短），料层表面呈棕褐色或有花痕，出现浮灰，烧结矿强度变坏，返矿量增大。点火正常的特征：料层表面呈黑亮色，成品层表面已熔结成坚实的烧结矿。点火温度主要取决于煤气热值和煤气空气比例是否适当。在煤气发热值基本稳定的条件下，点火温度的调节是通过改变煤气空气配比来实现的。煤气空气比例适当时，点火器燃烧火焰呈黄白亮色；空气过剩呈暗红色；煤气过剩呈蓝色。

（2）混合料水分和含碳量的判断和调节。混合料水分变化可从机头布料处直接观察，也可在检测仪表和料层上反映出来。水分过大时，圆辊布料机下料不畅，料层会自动减薄，料面出现鳞片状；点火时火焰发暗，外喷，料面有黑斑，负压升高；机尾烧结矿层断面红火层变暗，烧不透，强度差。水分过小时，点火火焰同样外喷，且料面出现浮灰，总管负压也升高，机尾断面出现"花脸"，烧不透，烧结矿疏散，返矿高。

燃料多少可从点火和机尾矿层断面判断。燃料过多时，点火器后表层发红的台车数增多，即使点火温度正常，料面也会过熔发亮。燃料少时，点火器处料发暗，很快变黑；点火温度正常时，虽然表层有部分熔化，但结不成块，一捅即碎。机尾观察情况是：燃料多时，红层变厚发亮，冒蓝色火苗，烧结矿成薄壁结构，返矿少；燃料过少时，红层薄且发暗，断面疏松，烧结矿气孔小，灰尘大，返矿多。从仪表上看，燃料多时，机尾段风箱废气温度升高，总管负压、终点温度都升高；燃烧少时，废气温度下降，负压变化则不大。

当发现混合料水、碳含量发生大的变化而影响正常烧结作业时，应与混料和配料岗位联系，对水分和燃料量进行调整。同时应考虑到调节的滞后过程，可临时采取调节料层厚度、点火温度和机速的措施与之大体适应。

（3）烧结终点的判断与控制。烧结终点可通过以下反映判断：

1）机尾末端三个风箱及总管的废气温度、负压水平。若总管废气温度降低，负压升高，倒数第2号、3号风箱废气温度降低，最后一个风箱温度升高，3个风箱废气温度及负压均升高，则表示终点延后；反之，总管温度升高，负压下降，倒数第1号、2号风箱温度下降，三个风箱的负压都下降，表明终点提前。

2）从机尾矿层判断面看：终点正常时，燃烧层已抵达铺底料，无火苗冒出，上面黑色和红色矿层各约占2/3和1/3左右。终点提前时，黑色层变厚，红矿层变薄；终点延后则相反，且红层下沿冒火苗，还有未烧透的生料。

3）从成品和返矿的残碳看：终点正常时，两者残碳都低而稳定；终点延后，则残碳升高，以至超出规定指标。烧结终点控制是在保证料层不变的前提下，主要通过控制机速来实现。

1.2.5　烧结矿的处理

从烧结机尾台车上卸下的烧结矿块度较大（可达300~500mm），粒度很不均匀，大块中还夹杂着粉末或生料，温度高达750~800℃，不便运输储存，不能满足高炉冶炼的要求，需将其冷却到150℃以下，并将大块破碎、粉末筛除，使粒度适宜。

1.2.5.1　烧结矿处理流程

现在普遍采用的是冷矿处理流程，在热烧结矿冷却后，再经过冷破碎和冷筛分，进一步整粒。图 1-3 是一般烧结整粒流程图。

1.2.5.2 烧结矿冷却的目的和要求

对烧结矿进行冷却的目的主要是：便于整粒，以改善高炉炉料的透气性；冷矿可用胶带机运输和上料，延长转运设备的使用寿命，改善总图运输，更能适应高炉的大型化的要求；改善高炉上料系统使用条件，提高炉顶压力；冷矿通过整粒便于分出粒度适宜的铺底料，实现较为理想的铺底料工艺。

从工艺角度考虑，既加快冷却速度，节省设备投资，提高烧结生产率，又要保证烧结矿强度不受影响，尽可能减少粉化现象。

冷却介质方面，自然风冷冷却速度太慢，冷却周期长，占地面积大，环境条件恶劣，不易采用；水冷冷却强度大，效率高，成本低，但急冷可使强度大大降低，尤其对熔剂性烧结矿，遇水产生粉化的情况更严重，并且难以筛分。现在均采用强制风冷方式。

1.2.5.3 烧结矿的制粒

为改善烧结矿还原性和高炉料柱的透气

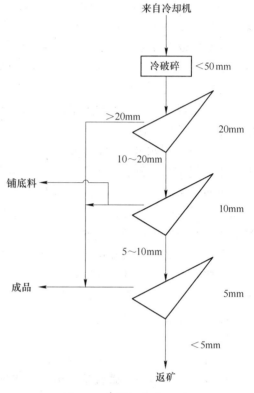

图 1-3 烧结整粒流程图

性，必须将烧结矿粒度上限控制到一个适当的水平，这与高炉大小有关。通常大中型高炉为 40~50mm，小型高炉为 30~40mm。同时要严格控制粒度下限，对小于 5mm 的粉末，其含量越低越好。其次，从改善铺底料质量，完善铺底料工艺出发，应在整粒过程中分出适宜粒度的一部分烧结矿作为铺底料，其粒度范围一般在 10~20mm。

1.2.6 烧结车间布置

烧结厂主要包括原料车间、烧结车间、成品车间、供料车间、公辅车间、维修车间等。不同厂家略有不同，但基本结构大同小异。图 1-4 为 2m×265m 烧结厂建筑物系统图。

（1）原料场。一次料场：将烧结所用铁矿粉使用大型堆取料机进行堆放、取料供料；二次料场：将烧结用铁矿粉、高炉返矿及除尘灰等返回料按一定比例配料，然后在料场使用堆料机进行平铺，铺到一定程度后，用取料机直取供烧结使用。这种料名为混匀料或中和料，经过平铺直取工艺后，其成分均匀稳定，有利于提高烧结矿质量（见图 1-5）。

（2）燃料破碎和上料系统。将烧结用焦粉、无烟煤等燃料用破碎机破碎到 3mm 以下，然后供给烧结配料矿槽。

（3）熔剂上料系统。将烧结所用的石灰粉、白云石粉、镁粉等熔剂通过风力输送或皮带输送，供给烧结配料矿槽。

（4）自动化配料系统。使用计算机 PLC 系统，将各种原料的配比输入计算机后，实现自动化配料。

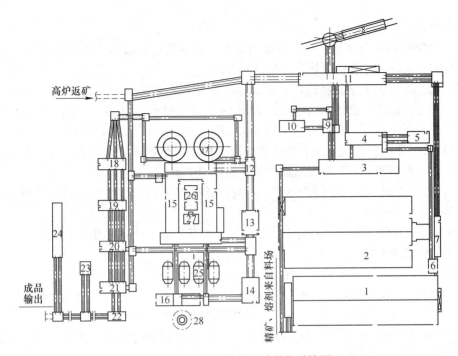

图 1-4   2m×265m 烧结厂建筑物系统图

1—精矿仓库；2—中和仓库；3—熔剂燃料仓库；4—熔剂筛分室；5—熔剂破碎室；6—熔剂矿仓；
7—原料中和仓；8—受矿仓；9—燃料筛分及粗碎室；10—燃料细破碎；11—配料室；12—热返矿仓；
13——次混合室；14—二次混合室；15—烧结室；16—抽风机室；17—环式冷却机；18——次冷筛破碎室；
19—二次冷筛破碎室；20—三次冷筛破碎室；21—四次冷筛破碎室；22—成品取样室；23—检验室；
24—烧结矿仓；25—机头电除尘；26—机尾电除尘；27—通风机室；28—烟囱

图 1-5   烧结料场

（5）混料系统。将配好的原料送入圆筒混合机中，进行有效的混匀，并配加适量的水，保证烧结过程中合适的导热效果，使部分原料制造成球。

（6）烧结机系统。将混好的原料布到烧结机台车上，然后进行表面点火和抽风烧结，从而形成烧结饼。

（7）烧结抽风系统。主要是抽风机和大烟道、风箱等，为烧结生产提供抽风，保证烧结能够有效进行。

（8）烧结矿破碎和冷却系统。将烧结机生产出的烧结饼破碎到100mm以下，然后使用带式冷却机或环式冷却机对热烧结矿进行鼓风降温。

（9）烧结矿筛分系统。将冷却后的烧结矿使用振动筛分级，将小于5mm的烧结矿粉末返回烧结配料室进行重新配料烧结，大于5mm的烧结矿供给高炉使用，配用铺底料的烧结系统还需要在成品矿中筛出10~20mm的部分烧结矿当作烧结铺底料。

（10）烧结矿供料系统。配有烧结矿成品矿槽和皮带输送机，将成品烧结矿储存在成品矿槽内，并根据高炉需要将成品烧结矿供到高炉矿槽。

（11）除尘系统。机头电除尘系统，将烧结抽风机抽出的烟气中的粉尘进行收集和回收，达到粉尘达标排放。

机尾电除尘系统，将烧结机存在系统、筛分系统等处产生的粉尘抽入电除尘器后收集利用，以保证现场无扬尘。

其他除尘器，收集成品矿转运站、配料室等产生的粉尘并回收利用。

（12）烧结机脱硫系统。将烧结生产过程中化学反应产生的SO_2使用氨法、石灰石膏法等进行收集处理，以降低SO_2排放到大气中后对自然界的影响。

（13）烧结余热发电系统。利用冷却烧结矿产生的高温废气生产高温蒸汽，然后带动汽轮机发电，以达到节能的效果。

1.3　烧结生产主要设备及功能

1.3.1　熔剂和燃料的破碎筛分设备

熔剂和燃料的破碎设备主要有锤式破碎机、反击式破碎机、四辊破碎机，筛分设备常用振动筛。

（1）锤式破碎机。靠冲击、打击和部分挤压作用将物料破碎。烧结厂目前普遍采用锤式破碎机破碎石灰石、白云石、菱镁石。按转子旋转的方向可分为可逆式和不可逆式两种，普遍采用可逆式。其具有产量高、破碎比大（10~15）、最大给矿粒度可达80mm，单位产量的电耗小，维护比较容易等优点。但锤头和箅条筛部分工作磨损大，箅条易堵塞，对物料水分要求严格，工作噪声大，扬尘量多。

（2）反击式破碎机。又叫冲击式破碎机，主要靠冲击方式破碎。在烧结中用于燃料破碎。优点是结构简单，破碎比很大（一般30~40，最大可达150），生产率高，单位产品电耗小，可进行选择性破碎，适应性强，对中硬性、脆性和潮湿的物料均可破碎，维护方便。但板锤磨损严重，寿命短。

（3）四辊破碎机。常用作烧结燃料的破碎。当燃料粒度小于25mm时，可一次破碎至3mm以下，不需筛分，可实行开路破碎。结构简单、操作维护方便，辊间距离可调，过粉碎现象少。但破碎比小（3~4）。当给料粒度大于25mm时，须用对辊（或反击式、锤式）破碎机预先粗碎，否则，上辊咬不住大块，不仅加剧对辊皮的磨损，还使产量降低；辊皮磨损严重，且磨损不均匀，影响产品粒度的均匀性和稳定性，须定期调整和车削。

（4）筛分设备。为满足烧结对熔剂粒度的要求，必须采用闭路破碎流程。其筛分设备基本上都采用自定中心振动筛。

1.3.2 配料与混料设备

（1）配料仓。配料仓的结构形式、个数、容积及各种料在配料仓中的排列顺序，对配料作业都会产生一定的影响。

1）配料仓的结构形式。我国烧结配料仓有三种结构形式，见图1-6。储存精矿、消石灰，以及燃料等湿度较高的物料，应采用倾角70°的圆锥形金属结构料仓；储存石灰石粉、生石灰、干熄焦粉、返矿和高炉灰等较干燥的物料，可采用倾角不小于60°的圆锥形金属结构或半金属结构料仓；储存黏性大的物料，如精矿和黏性大的粉矿等，可采用三段的圆锥形金属结构活动料仓，并在仓壁设置振动器。或者在料仓壁上设辉绿岩铸石板或通压缩空气等，对排料有一定效果。

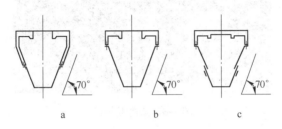

图1-6 圆锥形料仓结构形式示意图
a—半金属结构料仓；b—金属结构料仓；c—金属结构活动料仓

2）料仓数量、容积与储料时间。料仓数量主要取决于烧结所用原料的品种和含铁原料的准备情况，也与料仓容积有关。一般含铁料仓不少于3个；熔剂和燃料仓各不少于2个；生石灰仓设1个；返矿仓设1~2个；其他杂料，如高炉灰、轧钢皮等，可视具体情况预留适当仓位。为减少原料准备等因素对烧结的影响，各种原料在料仓中应保持一定的储存时间。每种料的储存时间按来料周期及破碎机和运输系统等设备的一般事故所需检修时间计算，以保证连续供应。一般各种原料均不小于8h。

3）原料在料仓中的排列顺序。安排各种料在料仓中的排列顺序时，应主要考虑便于配料和环境保护。一般顺序是：精矿粉→富矿粉→燃料→石灰石（白云石）→生石灰（消石灰）→杂料。

（2）圆盘给料机（图1-7）。由转动圆盘、套筒、调节给料量大小的闸门或刮刀以及传动装置组成。当圆盘被电动机经减速机带动旋转时，靠圆盘与物料间的摩擦力，将物料自料仓带出，借闸门或刮刀卸于配料皮带上。适合于各种含铁原料、

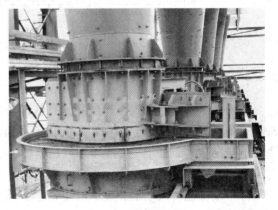

图1-7 圆盘给料机

石灰石（白云石）、燃料、返矿等细粒物料的配料，给矿粒度0~50mm。它具有结构简单、给料均匀、易于调整、维护和管理方便等优点。但给料的准确性受物料粒度、水分及料柱高度波动的影响较大，且套筒下缘和圆盘磨损较严重，需加强管理维护。

（3）圆筒混料机（图 1-8）。其由钢板焊接的回转筒体和转动装置组成。当圆筒被带动旋转时，借助离心力的作用，将物料带到一定高度，当料的重力超过离心力时，物料则瀑布式地向下抛落，同时沿着筒体倾斜的方向逐步向出料端移动。与此同时，通过给水管向物料喷水，物料被润湿。如此重复一定时间，物料不断混匀，并滚动成具有一定强度和大小的球粒。

图 1-8　圆筒混料机

1.3.3　烧结机

带式烧结机是目前烧结生产的主要设备。它由烧结机本体、风箱与密封装置、布料器及点火器等部分组成（图 1-9 和图 1-10）。

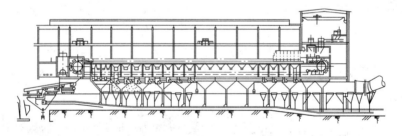

图 1-9　烧结机示意图

1.3.4　抽风及除尘设备

进入抽风系统的废气，粉尘必须有效捕集和处理。否则，管路系统将会堵塞，风机转子磨损，严重影响烧结生产的正常进行，降低设备使用寿命，污染环境，造成资源浪费。

除尘设备包括大烟道、旋风除尘器、多管除尘器和电除尘器。

1.3.5　污水处理

烧结厂的污水来源很多，除抽风系统中灰尘

图 1-10　日照钢铁烧结机

外，还有熔剂破碎、原料转运站、混料及其他操作岗位湿法除尘所产生的含尘污水。烧结厂污水处理的方法通常采用沉淀-浓缩-过滤的流程，用于污水处理的设备常有各式沉淀池和浓缩漏斗等。

1.3.6 烧结矿的破碎筛分和冷却设备

（1）剪切式单辊破碎机。剪切式单辊破碎机结构简单，效率高，粒度均匀，粉末少，是目前较好的烧结矿破碎设备。烧结饼从机尾卸下落到固定的算板上，受到不断旋转的单辊上的辊齿的剪切力作用，使大块的烧结矿获得破碎。

（2）热矿振动筛。热矿振动筛是用来筛分经单辊破碎机破碎后的热烧结矿的筛分设备，由筛箱、振动器、缓冲器、底架等组成。

（3）烧结矿的冷却设备。有机上冷却和机外冷却两种。

1）机上冷却，又称机冷。机冷的方法是将烧结机延长，将烧结机的前段作为烧结段，后段作为冷却段。

2）用于机外冷却的设备有鼓风或抽风带式冷却机、鼓风或抽风环式冷却机、盘式冷却机、水平振动冷却机等。目前使用较普遍的是环式和带式冷却机。

1.4 烧结工艺及主要技术经济指标

烧结工艺就是按高炉冶炼的要求把准备好的铁矿粉、熔剂、燃料及代用品，按一定比例经配料、混料、加水润滑湿。再制粒、布料点火、借助风机的作用，使铁矿粉在一定的高温作用下，部分颗粒表面发生软化和熔化，产生一定的液相，并与其他未熔矿石颗粒作用，冷却后，液相将矿粉颗粒粘成块的过程。所得的块矿叫烧结矿。

1.4.1 烧结的方法

按照烧结设备和供风方式的不同烧结方法可分为：

（1）鼓风烧结：烧结锅、平地吹。

（2）抽风烧结：1）连续式如带式烧结机和环式烧结机等；2）间歇式如固定式烧结机有盘式烧结机和箱式烧结机；3）移动式烧结机有步进式烧结机。

（3）烟气中烧结：回转窑烧结和悬浮烧结。

1.4.2 烧结矿的种类

碱度（$w(CaO)/w(SiO_2)$）小于1为非自熔性烧结矿；碱度为 1~1.5 是自熔性烧结；矿碱度为 1.5~2.5 是高碱度烧结矿；碱度大于 2.5 是超高或熔剂性烧结矿。

1.4.3 烧结的意义

通过烧结可为高炉提供化学成分稳定、粒度均匀、还原性好、冶金性能高的优质烧结矿，为高炉优质、高产、低耗、长寿创造了良好的条件；可以去除有害杂质如硫、锌等；可利用工业生产的废弃物，如高炉炉尘、轧钢皮、硫酸渣、钢渣等；可回收有色金属和稀有稀土金属。

1.4.4 烧结原料

（1）含铁原料主要有磁铁矿、赤铁矿、褐铁矿、菱铁矿，铁矿粉是烧结生产的主要原料，它的物理化学性质对烧结矿质量的影响最大。要求铁矿粉品位高、成分稳定、杂质少、脉石成分适于造渣，粒度适宜、精矿水分大于12%时影响配料的准确性，不宜混合均匀。粉矿粒度要求控制在8mm以下便于提高烧结矿质量，褐铁矿、菱铁矿的精矿或粉矿烧结时要考虑晶水、二氧化碳的烧损（一般褐铁矿烧损9%~15%，收缩8%左右，菱铁矿烧损17%~36%，收缩10%）。

（2）烧结熔剂按其性质可分为碱性熔剂、中性熔剂（Al_2O_3）和酸性熔剂（石英、蛇纹石等）三类，烧结常用的碱性熔剂有：石灰石（$CaCO_3$）、消石灰（$Ca(OH)_2$）、生石灰（CaO）、白云石（$CaMg(CO_3)_2$）和菱镁石（$MgCO_3$），对熔剂质量总的要求是：有效成分含量高、酸性氧化物和硫、磷等有害杂质少、粒度和水分适宜。

（3）烧结燃料分为点火燃料和烧结燃料两种，烧结燃料是指在料层中燃烧的固体燃料，常用的有碎焦和无烟煤。一些烧结原料中所含的磷硫和亚铁等物质，在烧结过程中也会氧化放热，成为助热源，对烧结用的固体燃料要求是：固定碳含量高，挥发分、灰分硫含量低等。

1.4.5 烧结过程中的五个带及其特征

在进行混合料抽风的过程中，在整个料层高度上，将呈现性质不同的五个区域（图1-11），最上层是烧结矿带，往下则是燃烧带、预热带、干燥带和过湿带（或原始混合料带），随着烧结时间的延长，以后各带渐渐消失，只剩下烧结矿带。

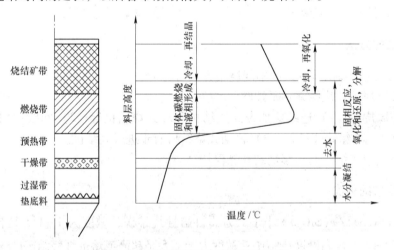

图 1-11　沿烧结料层高度的温度分布

（1）烧结矿带：从点火开始既已形成，并逐渐加厚，温度在1100℃以下，大部分固体燃烧中的碳已被燃烧成 CO_2、CO，只有少量碳被空气继续燃烧，同时还有 FeO、Fe_3O_4 和硫化物的氧化反应。当熔融的高温液相被抽入的冷空气冷却时，液相渐渐结晶或凝固，并放出熔化潜热，通过矿层的空气被烧结矿的物理热、反应热和熔化潜热所加热，热空气进入下部使下层的燃料继续燃烧形成燃烧带，热空气的温度随着烧结矿的增厚而提高，因而下层混合料烧结时可减少燃料消耗，它可提供燃烧层需要全部热量的40%左右，这就是烧结过程的自动蓄热作用，抽入的空气温度越低，风速越快，烧结矿气孔壁越薄则热交换条件越好，冷却速度越快，不利于液相的结晶，并且增大了热反应力使烧结强度变坏，由于气孔度高及气孔直径大，故烧结矿层阻力损失量小，在空气通过气孔和矿层的裂缝附近，可发生低级氧化物的再氧化。

（2）燃烧带：常是从燃料着火（600~700℃）开始，到料层达到最高温度（1200~1400℃）并下降到1100℃左右为止，厚度一般为20~50mm并以10~40mm/min的速度往下移动。这一带进行的主要反应有燃料的燃烧、碳酸盐的分解、铁氧化物的氧化、还原、热分解、硫化物的脱硫和低熔点矿的生成与熔化等，由于燃烧产物温度高并有液相生成故这层的阻力损失较大。

（3）预热带：在烧结过程中厚度很窄，温度在150~700℃范围内，也就是说燃烧产物通过这一带时，将混合料加热到燃料的着火温度，由于温度不断地升高，化合水和部分碳酸盐、硫化物、高价锰氧化物分解，在废气中的氧化作用下，部分磁铁矿可发生氧化。在预热带只有气相与固相或固相之间的反应，没有液相生成。

（4）干燥带：借助于来自上层的燃烧产物带进的热量，使这一层的混合料水分蒸发。在混合料中没有配加黏结剂时，混合料中强度差的小球可能被破坏。

（5）过湿带：从干燥带下来的废气含有大量的水蒸气遇到低层的冷料时温度突然下降，当这些含水蒸气的废气温度降至冷凝成水滴的温度-露点温度（52~65℃）以下时，水蒸气从气态变为液态时，下层混合料水分不断增加，而形成过湿带，过湿带的形成将使料层的透气性变坏，为克服过湿作用对生产的影响，可采取提高混合料温度至露点以上的办法来解决。

1.4.6　烧结过程的物料化学变化

1.4.6.1　燃烧反应

烧结过程中进行着一系列复杂的物理化学变化，这些变化的依据是一定的温度和热量需求条件，而创造这种条件的是混合料中碳的燃烧。混合料中的碳在温度达到700℃以上即着火燃烧，发生以下四种反应：

$$C + O_2 =\!=\!= CO_2 \tag{1-1}$$
$$2C + O_2 =\!=\!= 2CO \tag{1-2}$$
$$2CO + O_2 =\!=\!= 2CO_2 \tag{1-3}$$
$$CO_2 + C =\!=\!= 2CO \tag{1-4}$$

在烧结过程中，反应式（1-1）易发生，在高温区有利于式（1-2）和式（1-4）进行，但由于燃烧层薄，废气经过预热层温度很快下降，所以它们受到限制，但是在混合料中燃料粒度过细，配碳过多而且偏析较大时，此类反应仍有一定程度的发展。反应式（1-3）在烧结过程的低温区易进行。总的来说，烧结废气中以CO_2为主，有少量的CO，还有一些自由氧和氮。

1.4.6.2　分解反应

烧结过程中有三种分解反应发生：结晶水分解、碳酸盐分解、高价氧化物分解（Fe_2O_3、MnO_2、Mn_2O_3）分解。

（1）结晶水分解。一般固溶体内的水容易在120~200℃时分解出来，以OH^-根存在的针铁矿，水锰矿由于分解过程伴随有晶格转变，其开始分解温度要高些，在 300℃ 左右。而脉石中的高岭土，拜来石的晶格中进入了 OH^-，它们均需到 500℃ 才开始分解。分解反应为吸热反应，因而用褐铁矿或强磁选和浮选的褐铁矿精矿粉烧结时，需要更多的燃料，配量一般高达 9%~11%。

（2）碳酸盐分解。如果混合料中有菱铁矿，在烧结过程中比较容易分解，在 300~350℃ 分解。配入混合料的熔剂白云石和石灰石的分解与废气中的 CO_2 分压有关。碳酸盐在烧结条件下分解历时总共只有 2min 左右，而有效的分解时间还要短，因为随着烧结层的下移，废气中的 CO_2 含量下降，烧结层中残留的石灰石可在 634℃ 结束分解，这种在燃烧层以后分解出的 CaO 对烧结矿的固结和强度都没有好处。在烧结过程中不仅要求 $CaCO_3$ 完全分解，而且要求分解出来的 CaO 为液相完全吸收并与其他矿物结合，即不希望有游离的 CaO 存在。因为以白点形式存在于烧结矿中的游离 CaO 会吸水消化，严重影响烧结矿的强度。影响烧结过程中石灰石完全分解并与矿石化合的因素主要是石灰石的粒度，烧结温度和烧结混合料中矿石的种类和粒度。在我国主要使用精矿粉生产熔剂性或高碱度烧结矿的条件下，起决定作用的是石灰石粒度。为了保证石灰石烧结过程中完全分解，并被矿石所吸收，石灰石的粒度不应超过 3mm。

（3）高价氧化物分解。铁和锰的高价氧化物的分解压较高，它们在大气中开始分解和沸腾的分解温度为：

	MnO_2	Mn_2O_3	Fe_2O_3
$p_{O_2} = 20.6kPa(0.21atm)$	460℃	927℃	1383℃
$p_{O_2} = 98.0kPa(1.0atm)$	550℃	1100℃	1452℃

在烧结过程中，负压在 9.8kPa 以上，实际总压力不到 88.3kPa（0.9atm），气氛中氧的分压为 11.76~18.6kPa（0.18~0.19atm），而在预热层，氧的分压仅为 7.1~8.8kPa（0.072~0.09atm），在燃烧层温度高达 1350~1500℃ 时，氧分压比预热层低，因此 MnO_2、Mn_2O_3 在预热层开始分解，在燃烧层达到沸腾分解，同时 Fe_2O_3 也在燃烧层分解，生成 Fe_3O_4 并放出氧来。但由于烧结料层在 1300℃ 以上高温区停留时间很短，而且 Fe_2O_3 可能被大量还原，故分解率不会很高。由于 Fe_3O_4 和 FeO 的分解压比 Fe_2O_3 小得多，因而在烧结料层中不可能进行热分解。

1.4.6.3 氧化物的还原及再氧化

烧结料层中由于存在着高温和一定的氧化性或还原性气氛，因此料层中铁和锰的氧化物会发生氧化与还原反应。

A 铁氧化物的还原

燃烧层和预热层的废气中存在着还原性气体 CO，特别是高温区的碳粒周围有较强的还原性气氛，料层中进行着 Fe_2O_3、Fe_3O_4 和 FeO 的还原反应。还原度热力学条件取决于温度水平和气相组成。

Fe_2O_3 还原成 Fe_3O_4 的平衡气相组成中 CO 浓度很低，可以认为只要气相中有 CO 存在，Fe_2O_3 的还原反应即可发生。在烧结料层中，500~600℃ 下，反应很容易进行。

$$3Fe_2O_3 + CO \rightleftharpoons 2Fe_3O_4 + CO_2 \tag{1-5}$$

Fe_3O_4 还原时要求平衡气相中 CO 浓度较高，因而比 Fe_2O_3 还原困难。但在烧结条件下，在 900℃ 以上高温的燃烧带中仍可进行还原反应，反应式为：

$$Fe_3O_4 + CO = 3FeO + CO_2 \tag{1-6}$$

FeO 还原所要求的还原性气氛更强，在配碳量很高、还原性气氛极强的情况下，FeO 能还原出微量的金属铁：

$$FeO + CO = Fe + CO_2 \tag{1-7}$$

烧结过程中，H_2 可能参与还原反应，不过 H_2 含量很少；固体碳在 100℃ 以上的高温下虽然也可以作为还原剂，但因高温持续时间短，再加上固态物质的接触条件差，所以参加还原反应的可能性很小。

B 铁氧化物的氧化

烧结料层中气相分布很不均匀，在离燃料颗粒较远处，氧化性气氛很强，且随着配碳量的减少，料层中总氧化性气氛增强，在烧结矿层，大量空气被抽入，属强氧化性气氛。因此，铁的氧化物在受到分解、还原的同时，也受到氧化或再氧化作用。再氧化是指被还原到 Fe_3O_4 或 FeO 后，被 O_2 重新氧化为 Fe_2O_3 或 Fe_3O_4 的过程。还原、氧化发展的程度，将决定着烧结矿最终化学成分和矿物组成。

1.4.6.4 固相反应

固相反应是指烧结混合料某些组分在烧结过程中被加热到熔融之前发生的反应，生成新的低熔点的化合物或共熔体的过程。固相反应是液相生成的基础，其反应机理是离子扩散。烧结温度下可能进行的固相反应有：

$$2CaO + SiO_2 \xlongequal{500\sim690℃} 2CaO \cdot SiO_2（正硅酸钙） \tag{1-8}$$

$$2MgO + SiO_2 \xlongequal{680℃} 2MgO \cdot SiO_2（硅酸镁） \tag{1-9}$$

$$CaO + Fe_2O_3 \xlongequal{500\sim670℃} CaO \cdot Fe_2O_3（铁酸钙） \tag{1-10}$$

$$MgO + Fe_2O_3 \xlongequal{600℃} MgO \cdot Fe_2O_3 \tag{1-11}$$

$$2FeO + SiO_2 \xlongequal{950℃} 2FeO \cdot SiO_2 \tag{1-12}$$

1.4.6.5 液相的形成

由于固相反应产生了某些低熔点物质，当烧结料加热到一定温度时，这些新生的低熔点物质之间，以及低熔点物质与原烧结料的各组分之间会进一步发生反应。生成低熔点化合物或共熔体，使得在较低的烧结温度下发生软化熔融，生成部分液相，成为烧结料固结的基础。液相数量及性质如何，将在较大程度上决定着烧结矿的矿物组成和构造，从而影响烧结矿质量。

酸性烧结矿液相为：$2FeO \cdot SiO_2$（化合物），熔点 1205℃；$2FeO \cdot SiO_2\text{-}SiO_2$（共晶混合物），熔点 1178℃；$2FeO \cdot SiO_2\text{-}FeO$（共晶混合物），熔点 1177℃；自熔性烧结矿液相为：$CaO_x \cdot (FeO)_{2-x} \cdot SiO_2$（化合物），熔点 1200℃；高碱度烧结矿液相为：$CaO \cdot Fe_2O_3\text{-}CaO \cdot 2Fe_2O_3$ 共晶混合物，熔点 1200℃。

1.4.6.6 冷却过程结晶反应及烧结矿的矿物组成

随着燃烧过带的向下迁移，原先生成的液相部分开始结晶，形成了以高熔点的铁矿（Fe_3O_4）形成核心，低熔点化合物处于最底部的烧结矿微观结构。由于烧结矿类型不同，可能有游离的二氧化硅也可能有游离的氧化钙，但主要铁矿物都是磁铁矿、赤铁矿、浮氏体。在非自熔性烧结矿中黏结相为铁橄榄石（$2FeO$、SiO_2），玻璃体及部分游离石英（SiO_2）；在自熔性烧结矿中黏结相主要为钙铁橄榄石 $[(CaO)_x \cdot (FeO)_{2-x} \cdot SiO_2, x = 1 \sim 1.5]$，正硅酸钙（$2CaO \cdot SiO_2$），少量的铁酸钙（$CaO \cdot Fe_2O_3$）；游离石英及玻璃体在高碱度烧结矿的黏结相主要是铁酸钙、铁酸二钙，当碱度更高时还会有铁酸三钙，及少量的钙铁橄榄石和残余的游离氧化钙。

1.4.7 烧结矿的主要经济技术指标

（1）烧结矿产量：指由烧结机生产的全部烧结矿量，与台车面积有关（单位：t）。

（2）烧结机利用系数、作业率、质量合格率、原料消耗。烧结机有效面积利用系数：烧结机每平方米有效面积每小时产出的烧结矿量（单位：$t/(m^2 \cdot h)$）。

$$利用系数 = \frac{烧结矿产量}{有效面积 \times 实际作业台时}$$

目前烧结机利用系数大于 $1.0t/(m^2 \cdot h)$。

烧结机台时产量：台时产量是一台烧结机平均一小时的烧结矿生产量，通常以总产量与运转的总台时的比值表示。此项指标体现烧结机生产能力的大小，它与烧结机有效面积的大小有关。

$$烧结机台时产量 = \frac{总产量}{生产总时数}$$

烧结矿合格率：检验合格烧结矿量占烧结矿检验总量的百分比（单位：%）。

$$烧结矿合格率 = \frac{检验合格产量}{烧结矿检验总量} \times 100\%$$

烧结矿合格率大于 90%。

烧结矿一级品率：烧结矿一级品量占烧结矿检验合格量的百分比（单位：%）。

$$烧结矿一级品率 = \frac{烧结矿一级品量}{烧结矿检验合格量} \times 100\%$$

一般烧结矿一级品率大于 75%。

吨烧结矿燃料消耗：生产每吨烧结矿所消耗某种燃料量（单位：kg/t）。

$$烧结矿燃料消耗 = \frac{燃料消耗公斤数}{烧结矿产出量}$$

通常烧结矿燃料消耗约 50kg/t。

烧结矿含铁原料消耗：生产每吨烧结矿所消耗的含铁原料量（单位：kg/t）。

$$含铁原料消耗 = \frac{含铁原料的总消耗量}{烧结矿总产量}$$

含铁原料消耗约 950kg/t。

吨烧结矿熔剂消耗：生产一吨烧结矿所消耗的熔剂量（单位：kg/t）。

$$熔剂消耗 = \frac{熔剂的总消耗量}{烧结矿总产量}$$

熔剂消耗 130kg/t 左右。

烧结返矿率：烧结矿返矿量占烧结矿入炉量及烧结返矿量之和的百分比（单位：%）。

$$烧结返矿率 = \frac{烧结矿返矿量}{烧结矿返矿量 + 烧结矿入炉量}$$

一般烧结返矿率8%左右。

工序能耗：烧结工序能耗是指烧结生产所用全部能源折算成标煤量与烧结矿产量之比。

（3）烧结矿质量合格率。

1）化学成分：TFe（品位）、CaO/SiO₂、FeO、S等。

2）烧结矿品位（TFe）：指烧结矿含铁率（单位:%），烧结矿品位大于57%。

$$烧结矿品位 = \frac{烧结矿含铁量}{烧结矿总产量} \times 100\%$$

3）烧结矿碱度（R）：烧结矿中氧化物含量与酸性氧化物含量的比值，烧结矿碱度为1.5~1.8。

$$烧结矿的碱度 = \frac{CaO + MgO}{SiO_2 + Al_2O_3}$$

4）烧结矿碱度稳定率：检验总量中碱度波动符合标准的量占检验总量的百分比（单位:%），一般大于80%。

$$烧结矿碱度稳定率 = \frac{碱度波动符合标准的量}{检验总量} \times 100\%$$

5）烧结矿氧化亚铁含量FeO：烧结矿中氧化亚铁含量的百分比（单位:%），通常小于9.0%。

$$烧结矿氧化亚铁含量 = \frac{烧结矿氧化亚铁量}{烧结矿总质量} \times 100\%$$

（4）物理性能：转鼓指数（+6.3mm%≥66%）、抗磨指数（-0.5mm%<7%）、筛分指数（-5mm%<7%）。

1）烧结矿转鼓指数：试样检测后粒度大于规定标准的质量与总试样质量之比（单位:%），一般不小于68%。

$$转鼓指数 = \frac{检测后大于规定标准的质量}{试样总质量} \times 100\%$$

2）烧结矿筛分指数：试样筛分后小于标准规定粒度的烧结矿占试样总质量的百分比（单位:%）。小于5mm粒度的百分数要小于7%。

$$筛分指数 = \frac{试样筛分后小于规定标准粒度的质量}{试样总质量} \times 100\%$$

（5）冶金性能：低温还原粉化指数（RDI）、还原度指数（RI）。

低温还原粉化指数（RDI）：表示铁矿石先还原再通过转鼓实验后的粉化程度。分别用转鼓实验后筛分得到的大于6.3mm、大于3.15mm和大于0.5mm的物料质量与还原后试样总质量之比的百分数表示，并分别用+6.3mm（$RDI_{+6.3}$）、-3.15mm（$RDI_{-3.15}$）和-0.5mm（$RDI_{-0.5}$）三个代号加以表达。一般$RDI_{+3.15}$大于65%。

$$RDI_{+6.3} = \frac{m_{D1}}{m_{D0}} \times 100\%$$

$$RDI_{+3.15} = \frac{m_{D1} + m_{D2}}{m_{D0}} \times 100\%$$

$$RDI_{-0.5} = \frac{m_{D0} - (m_{D1} + m_{D2} + m_{D3})}{m_{D0}} \times 100\%$$

式中 m_{D0}——还原后转鼓前试样的质量，g；

    m_{D1}——留在 6.3mm 筛上的试样质量，g；

    m_{D2}——留在 3.15mm 筛上的试样质量，g；

    m_{D3}——留在 0.5mm 筛上的试样质量，g。

计算结果精确到小数点后一位数。$RDI_{+3.15}$ 为考核指标，$RDI_{+6.3}$ 和 $RDI_{-0.5}$ 只为参考指标。

还原度指数（RI）：铁矿石的还原度指数（还原性）是指铁矿石中的氧化铁被 $CO(H_2)$ 还原的难易程度，评价铁矿石冶炼价值的重要指标，还原度指数大于 60%。

$$RI = \left(\frac{0.11B}{0.43A} + \frac{m_1 - m_t}{0.43A \times m_0} \times 100 \right) \times 100\%$$

式中 A，B——分别为试样的 TFe 和 FeO 含量，%；

    m_0——试样的质量，g；

    m_1，m_t——分别为还原开始前和还原到 $t$min 试样的质量，g。

1.5 烧结过程的余热发电与烟气脱硫

1.5.1 余热发电

余热发电：在环冷机上利用空气进行烧结矿的热能交换，所得到的高温空气与锅炉里的水进行能量交换（此过程中水会变成高压的蒸汽），利用高压的蒸汽带动汽轮机旋转完成能量交换，再由旋转的汽轮机带动发电机发电产生电能（烧结矿冷却时释放的热能→高压水蒸气蕴含的内能（主要是动能和热能）→汽轮机组的机械能→发电机的电能）。

烧结余热发电工艺主要由锅炉烟风系统、锅炉汽水系统、汽轮机汽水系统构成（图1-12 和图 1-13）。

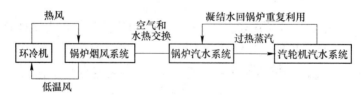

图 1-12 烧结机余热发电系统原理图

1.5.2 烧结烟气脱硫技术（FGD-Flue Gas Desulfurization）

烟气脱硫技术分类（根据产物形态）：湿法包括石灰石/石灰-石膏法、双碱法、海水法、氧化镁法、氨法；半干法包括电子束喷氨法、催化氧化法、吸附-再生法；干法包括循环流化床法、旋转喷雾干燥法、NID 法。

1.5.2.1 石灰石/石灰-石膏法

石灰石/石灰-石膏法烟气脱硫技术适用于 130t/h 以上锅炉烟气脱硫。该技术具有脱硫产物可利用，脱硫效率达 95% 以上等优点。目前，此技术在我国广泛应用，工艺已经成熟（见图 1-14 和图 1-15）。

工艺流程：烟气经除尘后，通过吸收塔入口区从浆液池上部进入塔体，在吸收塔内，热烟气逆流向上与自上而下的浆液接触发生化学吸收反应，并被冷却。添加的石灰石浆液由石灰石浆液泵输送至吸收塔，与吸收塔内的浆液混合，混合浆液经循环泵向上输送由多喷嘴层喷出。浆液从烟气中吸收二氧化硫以及其他酸性物质，在液相中二氧化硫与碳酸钙反应，形成亚硫酸钙。吸收塔自上而下可分为吸收区和氧化结晶区两个部分：上部吸收区 pH 值较高，有利于二氧化硫的吸收；下部氧化区域在低 pH 值下运行，有利于石灰石的溶解，有利于副产品的生成反应。从吸收塔排出的石膏浆液经浓缩、脱水，使其含水量小于 10%，生成石膏产品。脱硫后的烟气依次经过除雾器除去雾滴，在经过换热器或加热器升温后，由烟囱排入大气。由于吸收剂浆液通过循环泵反复循环与烟气接触，吸收剂利用率很高。

图 1-13　日照钢铁公司烧结机余热发电

吸收过程（吸收剂为石灰石）的反应有：

$$SO_2(g) + H_2O \longrightarrow H^+ + HSO_3^- \tag{1-13}$$

$$HSO_3^- \longrightarrow H^+ + SO_3^{2-} \tag{1-14}$$

$$H^+ + CaCO_3 \longrightarrow Ca^{2+} + HCO_3^- \tag{1-15}$$

$$Ca^{2+} + HSO_3^- + 2H_2O \longrightarrow CaSO_3 \cdot 2H_2O + H^+ \tag{1-16}$$

$$Ca^{2+} + SO_3^{2-} + 1/2H_2O \longrightarrow CaSO_3 \cdot 1/2H_2O \tag{1-17}$$

$$H^+ + HCO_3^- \longrightarrow H_2CO_3 \tag{1-18}$$

$$H_2CO_3 \longrightarrow CO_2 + H_2O \tag{1-19}$$

氧化过程：

$$CaSO_3 \cdot 2H_2O + H^+ \longrightarrow Ca^{2+} + HSO_3^- + 2H_2O \tag{1-20}$$

$$HSO_3^- + 1/2O_2 \longrightarrow SO_4^{2-} + H^+ \tag{1-21}$$

$$Ca^{2+} + SO_4^{2-} + 2H_2O \longrightarrow CaSO_4 \cdot 2H_2O \tag{1-22}$$

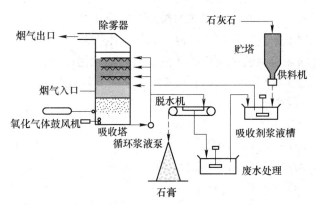
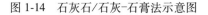

图 1-14　石灰石/石灰-石膏法示意图

图 1-15　宣钢石灰石-石膏法脱硫设备

石灰石资源丰富，成本低廉，是最早用于烟气脱硫的吸收剂，目前仍被广泛采用。此技术成熟、脱硫效率高，是目前世界上应用最广泛的方法；但是这种方法容易发生设备堵塞和磨损。

1.5.2.2　氨-硫酸铵法

氨法脱硫是典型的气-液两相过程，SO_2 的吸收受气膜传质控制，必须保证 SO_2 在吸收液中有较高的溶解度及相对高的气速。脱硫过程中的化学反应为：

吸收：

$$NH_3 + H_2O + SO_2 \longrightarrow NH_4HSO_3 \tag{1-23}$$

$$2NH_3 + H_2O + SO_2 \longrightarrow (NH_4)_2SO_3 \tag{1-24}$$

$$(NH_4)_2SO_3 + SO_2 + H_2O \longrightarrow 2NH_4HSO_3 \tag{1-25}$$

$$NH_4HSO_3 + NH_3 \longrightarrow (NH_4)_2SO_3 \tag{1-26}$$

氧化：

$$2(NH_4)_2SO_3 + O_2 \longrightarrow 2(NH_4)_2SO_4 \tag{1-27}$$

$$NH_4HSO_3 + O_2 \longrightarrow 2NH_4HSO_4 \tag{1-28}$$

$$NH_4HSO_4 + NH_3 \longrightarrow (NH_4)_2SO_4 \tag{1-29}$$

$(NH_4)_2SO_3$ 对 SO_2 有更好的吸收能力，它是氨法中的主要吸收剂。氨法实质上是循环的 $(NH_4)_2SO_3$-NH_4HSO_3 水溶液吸收 SO_2 的过程。随着吸收液中 NH_4HSO_3 比例的增大，吸收能力降低，须补充氨水将 NH_4HSO_3 转化成 $(NH_4)_2SO_3$，重新提高溶液的吸收能力。

氨法脱硫是一种经典的理论方法，以合成氨（NH_3）为脱硫剂。氨法烟气脱硫是气液相反应，对 SO_2 吸收速率快，吸收率高，能保持 $95\% \sim 99\%$ 的吸收率，该方法无气、液、固的二次污染。不仅可以回收硫资源，并且有效地使用了我国合成氨的生产能力。氨法烟气脱硫有利于企业内以及火电、化工、冶金、农业等产业间、区域内循环经济的发展。

1.5.2.3　循环流化床法

烟气循环流化床脱硫（CFB-FGD）工艺是 20 世纪 80 年代德国鲁奇（Lurgi）公司开发的一种新型半干法脱硫工艺，此工艺以循环流化床原理为基础，通过吸收剂的多次再循环，延长吸收剂与烟气的接触时间，大大提高了吸收剂的利用率。技术原理：从烧结机排出的含硫烟气被引入循环流化床反应器喉部，在这里与水、脱硫剂和还具有反应活性的循环干燥副产物混合，石灰以较大的表面积散布，并且在烟气的作用下贯穿整个反应器。然后进入上部筒体，烟气中的飞灰和脱硫剂不断进行翻滚、掺混，一部分生石灰则在烟气的夹带下进入旋风分离器，分离捕捉下来的颗粒则通过返料器又被送回循环流化床内，生石灰通过输送装置进入反应塔中。由于接触面积非常大，石灰和烟气中的 SO_2 能够充分接触，在反应器中的干燥过程中，SO_2 被吸收中和。

在反应器内，消除二氧化硫的化学反应为：

$$CaO + H_2O \longrightarrow Ca(OH)_2 \tag{1-30}$$

$$Ca(OH)_2 + SO_2 \longrightarrow CaSO_3 + 1/2H_2O + 1/2H_2O \tag{1-31}$$

$$Ca(OH)_2 + 2HCl + 2H_2O \longrightarrow CaCl_2 \cdot 4H_2O \tag{1-32}$$

$$CaSO_3 \cdot 1/2H_2O + 3/2H_2O + 1/2O_2 \longrightarrow CaSO_4 \cdot 2H_2O \tag{1-33}$$

$$Ca(OH)_2 + CO_2 \longrightarrow CaCO_3 + H_2O \tag{1-34}$$

$$Ca(OH)_2 + SO_3 \longrightarrow CaSO_4 + H_2O \tag{1-35}$$

含有废物颗粒、残留石灰和飞灰的固体物在随后的旋风分离器内分离并循环至反应器，由于固体物的循环部分还能部分反应，即循环石灰的未反应部分还能与烟气中的 SO_2 反应，通过循环使石灰的利用率提高到最大。

脱硫剂与烟气中的 SO_2 中和后的副产品与锅炉飞灰一起，在旋风分离器和反应主塔间循环。因此，新鲜的生石灰与含硫烟气能保持较大的反应面积。反应塔的高度提供了恰当的化学中和反应时间和水分蒸发吸热时间，同时由于高浓度的干燥循环物料的强烈紊流作用和适当的温度，反应器内表面积保持干净且没有沉积物，这也是该系统的主要特点之一。

循环流化床烟气脱硫系统是在传统半干法工艺的基础上开发出的新一代半干法工艺，其特点是采用了物料再循环，从而有效利用了脱硫剂和飞灰，将生石灰的消耗量降低到最小的程度，因此具有脱硫效率较高，运行费用较低，无二次污染，技术先进成熟等特点。

1.5.2.4 密相塔法

密相塔烟气脱硫工艺主要由烟气净化和脱硫剂循环两个过程组成：除尘后的烟气经由输烟管道从脱硫塔的上部与脱硫剂同向并行进入塔体，在内构件的搅拌作用下，烟气与脱硫剂均匀混合，充分反应。反应后的烟气由脱硫塔底部夹带着大量颗粒物进入布袋除尘设备，除尘后的干净烟气经动力风机排放到大气中。

除尘器收集到的循环灰经气力输送至脱硫塔底与少量新灰由提升机提升到塔顶加湿机内，加湿活化使含水量保持在 3%~5% 之间，形成具有较好流动性的脱硫剂，后经布料器布入塔内。与烟气反应后少部分脱硫剂落到塔底，大部分随烟气进入除尘器内被分离下来作为循环灰继续使用。

在烟气净化过程中发生了如下反应：

$$CaO + H_2O \longrightarrow Ca(OH)_2 \tag{1-36}$$

$$Ca(OH)_2 + SO_2 + H_2O \longrightarrow CaSO_3 \cdot 1/2H_2O \tag{1-37}$$

$$CaSO_3 \cdot 1/2H_2O + O_2 + H_2O \longrightarrow CaSO_4 \cdot 2H_2O \tag{1-38}$$

$$Ca(OH)_2 + SO_3 + H_2O \longrightarrow CaSO_4 \cdot 2H_2O \tag{1-39}$$

$$Ca(OH)_2 + CO_2 \longrightarrow CaCO_3 + H_2O \tag{1-40}$$

$$Ca(OH)_2 + 2HCl \longrightarrow CaCl_2 + 2H_2O \tag{1-41}$$

此工艺具有以下主要特点：

(1) 脱硫效率高，系统对烟气污染负荷变化较大的适应能力强。

(2) 系统采用脱硫剂循环利用的方法，使除尘器脱下的循环灰与新灰均匀混合，经加湿机加湿活化后布入塔内与烟气反应，脱硫剂循环系统很好地解决了钙基干法脱硫技术中钙利用率低的问题，且使副产物的处理量大幅度减少。

(3) 脱硫剂在进塔前先增湿活化，使 CaO 转化为更易于与 SO_2 发生反应的 $Ca(OH)_2$，提高脱硫效率，含湿量为 3%~5% 的脱硫剂亦具有较好的流动性，系统不易发生板结、堵塞和腐蚀等湿法和部分半干法常出现的问题。

(4) 脱硫塔内安装了重要的内构件——搅拌轴，加强烟气与脱硫剂的混合和系统湍流烈度，强化传质、传热，提高反应速率，而且能延长脱硫剂的反应停留时间，可使脱硫效率和脱硫剂的利用率得到充分提高。

（5）密相塔烟气脱硫技术具有投资少、占地面积小、无废水排放等特点，此外，它较其他的钙基半干法具有更高的脱硫效率和钙的利用率，且系统安全、可靠，运行费用低。

参 考 文 献

［1］东北工学院炼铁教研室．高炉炼铁［M］．北京：冶金工业出版社，1978.

［2］朱苗勇．现代冶金工艺学——钢铁冶金卷［M］．北京：冶金工业出版社，2014.

［3］王筱留．钢铁冶金学炼铁部分［M］．北京：冶金工业出版社，2013.

2 球 团

2.1 球团实习目的、内容和要求

（1）实习目的。

1）了解竖炉法生产球团的工艺流程、主要涉及的设备及其结构与功能、竖炉所需原材料及要求、工艺和操作、生产技术经济指标等。

2）了解和掌握链箅机-回转窑法生产球团工艺流程、主要涉及的设备及其结构与功能、链箅机-回转窑所需原材料及要求、工艺和操作、生产技术经济指标等。

3）了解和掌握带式焙烧机法生产球团工艺流程、主要涉及的设备及其结构与功能、带式焙烧机所需原材料及要求、工艺和操作、生产技术经济指标等。

（2）实习内容。

1）原料准备系统。球团生产用主要原料种类及性能要求、原料系统的设备组成。

2）配料系统。各原燃料配料比、配料系统的设备组成。

3）混磨系统。混磨系统的设备组成。

4）造球系统。造球设备及生产工艺参数、生球的目标尺寸及检测指标。

5）竖炉法、链箅机-回转窑法、带式焙烧机法三种工艺焙烧及冷却球团的生产工艺流程、设备组成及性能、工艺参数、技术经济指标。

（3）实习要求。

1）了解生产球团所需原料和黏结剂的种类及成分、原料配比、含水量。

2）了解球团生产过程。球团生产工艺类型、工艺流程，与烧结生产工艺的异同；配料及混合工艺及设备、造球过程及设备，影响生球质量的因素；干燥预热、焙烧固结的过程、冷却与筛分过程，成品球团矿的质量要求，相应生产操作。掌握球团生产过程参数控制方法及原理。

3）了解球团矿主要生产方法。掌握竖炉、链箅机-回转窑、带式焙烧机生产球团矿工艺流程，主要设备及三种生产工艺的异同。

4）了解现场球团生产中的生产过程及产品质量的考核方法，掌握当前生产的主要技术经济指标。

5）了解现场工艺类型的主要特点，及其在生产过程中存在的主要问题。

2.2 球团工艺流程及设备

球团法和烧结法是粉矿造块的两种重要方法，都采用铁精矿为原料。球团与烧结生产工艺相比，具有下述特点：

（1）对原料要求严格，而且原料品种较单一。一般用于球团生产的原料都是细磨精矿，比表面积大于 $1500\sim1900cm^2/g$。水分应低于适宜造球水分，SiO_2 不能太高。

（2）由于生球结构较紧密，且含水分较高，在突然遇高温时会产生破裂甚至爆裂，因此高温焙烧前必须设置干燥和预热工序。

（3）球团形状一致，粒度均匀，料层透气性好，因此采用带式焙烧机或链算机-回转窑生产球团矿时，一般可使用低负压风机。

（4）大多数球团料中不含固体燃料，焙烧球团矿所需要的热量由液体或气体燃料燃烧后的热废气通过料层供热，热废气在球团料层中循环使用，因此热利用率较高。

球团法是原料（尤其是细精矿）配加黏结剂后经造球、筛分、干燥、预热、高温焙烧、冷却形成球团矿的过程。球团矿呈球形，粒度均匀，具有高强度和高还原性，不仅是高炉炼铁、直接还原等的原料，还可作为炼钢的冷却剂。目前球团生产中以酸性球团矿为主，生产球团矿的设备主要有竖炉、链算机-回转窑和带式焙烧机。三种工艺在生球制备及前期环节上基本相同，只是从生球干燥开始各不相同。三种球团生产方法比较见表 2-1，三种球团生产工艺与原料的关系如图 2-1 所示。

表 2-1　三种球团生产方法比较

设备名称	优　　点	缺　　点
竖炉	设备简单，对材质无特殊要求，操作维护方便，热效率高	单机生产能力小，最大年产量 50 万吨，加热不均匀，一般只适用于焙烧磁铁矿球团
带式焙烧机	全部工艺过程在一台设备上进行，设备简单，可靠，操作维护方便，热效率高，单机生产能力大，达 500 万吨/年，适应焙烧各种原料	需要耐热合金钢较多
链算机-回转窑	焙烧设备较简单，焙烧均匀，单机生产能力大，适应各种原料的球团焙烧	干燥预热、焙烧和冷却需分别在三台设备上进行，设备环节多

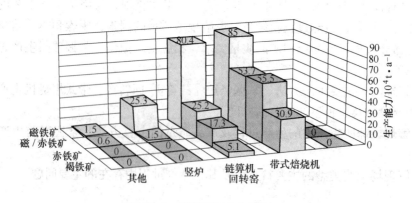

图 2-1　球团厂工艺与原料

通常，球团矿的生产工艺流程包括原料的准备、配料、混合、造球、干燥预热焙烧、冷却、成品与返矿的处理等环节。球团矿的生产工艺流程如图 2-2 所示。

2.2.1 原料准备

球团原料主要由含铁料、熔剂和黏结剂组成。含铁料主要是精矿粉及含铁工业副产品等。含铁工业副产品主要是黄铁矿烧渣、轧钢皮、转炉炉尘、高炉炉尘等。一般各种炉尘粒度很细，比表面积大，而烧渣和轧钢皮需细磨后方可造球。熔剂主要是指石灰石、白云石、硅石等。黏结剂主要是膨润土、消石灰和水泥等。膨润土是使用最广泛、效果最佳的一种优质黏结剂。

球团工艺要求原料的比表面积和粒度应根据铁精矿的性质和造球工艺确定。

圆盘造球时比表面积宜为 $1800 \sim 2000 cm^2/g$，圆筒造球时宜为 $2000 \sim 2200 cm^2/g$。精矿粉（或富矿粉）的粒度要求是 -200 目的含量大于 80%，上限小于 0.2mm，膨润土 -200 目的含量大于 98%，上限小于 0.1mm，熔剂 -200 目的大于 80%，上限小于 1mm，固体燃料磨至 -0.5mm。当含铁原料为赤铁矿、褐铁矿或混合矿，或外购铁矿石为主时，宜采用干磨，熔剂与燃料采用专用干式磨细设备。

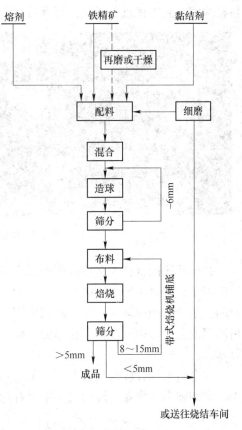

图 2-2 球团矿生产工艺流程

水分对造球的成功与否极为重要。原料最佳水分与造球物料的物理性质（包括粒度、亲水性、密度、颗粒孔隙率等）、造球机生产率、成球条件有关。一般磁铁矿和赤铁矿适宜水分范围为 7.5%～10.5%，黄铁矿烧渣和焙烧磁选精矿由于颗粒呈孔隙结构，适宜水分可达 12%～15%。褐铁矿适宜水分更高，可高达 17%。造球前的原料水分应低于适宜的生球水分，选矿后的铁精矿需经脱水处理，脱水后，再用圆筒干燥机干燥，干燥后原料的水分应低于生球合格水分的 1%。国外精矿的脱水，一般都在球团厂脱水，我国是在选矿厂进行的。

除了对原料的粒度和水分有要求外，还要求原料化学成分均匀。现代化的球团厂多采用中和料场的堆取料机实现含铁原料的中和，保证原料化学成分的稳定。矿石中和方法有带卸料小车的固定皮带机-电铲法及堆料机-取料机法。后一种方法中和效果和经济效果都比较好。通过原料中和，原料中 TFe 含量宜大于 66.5%，波动允许偏差为 ±0.5%，SiO_2 含量宜小于 4.5%，波动允许偏差宜为 ±0.2%。

2.2.2 配料与混匀

配料的下料顺序宜为原料、黏结剂和燃料、回收粉尘和添加剂。通常精矿和熔剂大多数采用圆盘给料机给料和控制下料量，并由皮带秤按预定配料比称量。黏结剂的配入量是由精矿皮带秤发出信号，调整黏结剂配料设备的转速来控制的。膨润土配料设备以螺旋给料机为宜，它的优点是封闭性好及可调节生产能力。圆盘给料机和螺旋给料机见图 2-3。

图 2-3　圆盘给料机和螺旋给料机

我国球团配合料大多数采用类似于烧结厂圆筒混合机的一段混合。国外球团厂广泛采用皮带轮式混合机混合。国外经验认为：生产非自熔性球团矿时，采用一段混合工艺是可行的。生产熔剂性球团矿时，必须采用二段或三段混合。如第一段用轮式混合机，第二段用圆筒混合机，第三段再用轮式混合机。第三段轮式混合机可以捣碎二段混合机中形成的母球。

配合料的混合应采用强力混合工艺和设备。由于生产中膨润土、石灰石粉等加入量很少，应加强混合作业。混匀设备主要有轮式混合机、立式混合机和卧式混合机，见图 2-4。

图 2-4　立式混合机和卧式混合机

2.2.3　造球与布料

配料工序之后是造球工序。目前国内外主要采用圆盘造球机和圆筒造球机（见图 2-5）。到目前为止，我国球团厂几乎全部为圆盘造球机，混合料由圆盘造球机顶部的混合料仓，均匀地向造球机布料，同时由水管供给雾状喷淋水，倾斜布置的圆盘造球机，由机械传动旋转，混合料加喷淋水在圆盘内滚动生成球团。圆盘造球机本身具有分级作用，使得生球粒度较均匀。为了提高料层透气性，达到均匀焙烧的目的，新建球团厂均采用筛分分级工艺。国外 60%以上球团厂采用圆筒造球机，与筛分组成闭路流程，将小于粒度要求的小球筛去，并返回造球机内，其循环负荷为 100%~200%，最大时可达 400%。

图 2-5　圆盘造球机和圆筒造球机

生球焙烧前要进行筛分，得到粒度合适且均匀的生球，筛出的粉末则返回造球盘上重新造球。生球筛分设备宜为辊式筛分机（也叫布料器），筛出大于 16mm 和小于 8mm 的不合格生球，返回造球系统重新造球。筛分机的工作方式和实物如图 2-6 所示。10~14mm 的生球含量应大于 80%，筛分后合格生球的含粉率应小于 5%，爆裂温度宜大于 450℃，水分波动允许偏差宜为±0.25%，按标准测定（球团从 0.5m 高处落下）落到钢板的落下次数，对大型球团工程宜大于 8 次/球，对中小型球团工程，宜大于 5 次/球。

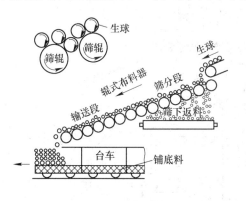

图 2-6　筛分机的工作方式示意图和辊式筛分机

2.2.4　焙烧

生球的焙烧固结是球团生产过程中最为复杂的一道工序，对球团矿生产起着很重要的作用。生球在低于混合物熔点的温度下进行高温焙烧，可使其发生收缩并致密化，从而具有足够的机械强度和良好的冶金性能。焙烧过程可分为干燥、预热、焙烧、均热、冷却五个阶段。

球团矿的焙烧设备主要有竖炉、带式焙烧机和链算机-回转窑三种。年生产能力在 50万吨以下的球团厂，主要采用竖炉和带式焙烧机，而生产能力超过 50 万吨的球团厂，则适宜采用带式焙烧机和链箅机-回转窑。单机能力在 200 万吨/年以上的，只有带式焙烧机和链箅机-回转窑球团厂。

竖炉使用最早，设备简单、操作方便，但单机能力小，加热不均，对原料适应性差。带式焙烧机具有单机能力大、有余热利用系统、设备简单可靠、操作方便等优点，国外使用较多，生产的球团占世界总产量一半以上。链箅机-回转窑适应性强、生产能力大、工艺灵活、可采用廉价煤作燃料等，近年来已成为我国球团矿生产的主流设备，产量占全国球团产能的 60% 以上，但是该工艺设备环节多，回转窑易结圈。

2.2.4.1 竖炉法

竖炉规格用炉口断面积表示，如 $8m^2$、$16m^2$ 等。竖炉对原料的要求比较苛刻，目前只适用于焙烧磁铁矿生球。竖炉生产是个连续作业的过程，生球通过布料机连续、均匀地布入炉内，从上到下依次进行干燥、预热、焙烧、均热和冷却，从竖炉底部均匀地排出炉外，竖炉法球团生产流程示意图如图 2-7 所示。竖炉工作示意图如图 2-8 所示。一般竖炉有效高度约 20m，球团在炉内运行时间约 4h。

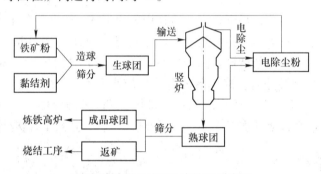

图 2-7 竖炉法球团生产流程示意图

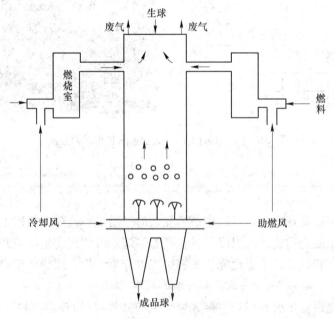

图 2-8 竖炉工作示意图

（1）布料。竖炉是一种按逆流原则工作的热交换设备。生球通过布料设备从炉顶装入炉内，燃烧室的热气体从喷火口进入炉内，热气体自下而上与自上而下的生球进行热交换。生球经过干燥、预热进入焙烧区，在焙烧区进行高温固结反应，然后在炉子下部进行冷却和排出，整个过程是在竖炉内一次完成的。为保证竖炉正常操作，炉料必须具有良好的透气性，因此，生球必须松散均匀地分布到料柱上面。

竖炉早期采用矩形布料，料面呈深 V 形，但是纵向中心线周围的温度达不到理想焙烧温度，后来改为横向布料，炉内温度及气流分布得到明显改善。我国采用直线布料，布料车沿着炉口纵向中心线运行，虽然布料时间短、设备作业率高，但皮带易烧坏。我国竖炉都采用直线布料。但布料车沿着炉口纵向中心线运行，工作环境较差，皮带易烧坏，因此要求加强炉顶排风能力，降低炉顶温度，改善炉顶操作条件。

（2）干燥和预热。国外无专门的干燥设备，竖炉生球自上往下运动，与预热带上升的热废气发生热交换进行干燥。生球下降到离料面 120~150mm 深度处，相当于经过 4~6min 的停留时间，大部分已经干燥，并开始预热，磁铁矿开始氧化。当炉料下降到 500mm 时，达到最佳焙烧温度，即 1350℃ 左右。

我国竖炉设有导风墙和屋脊形干燥床，料层厚度 150~200mm，预热带上升的热废气和从导风墙出来的热废气在干燥床的下面混合，其混合废气的温度为 500~600℃，穿过干燥床与自干燥床顶部向下滑的生球进行热交换，达到使生球干燥的目的。生球在干燥床上经过 5~6min 后基本上完成了干燥过程。大部分生球被干燥，并开始预热，当炉料下移到约 500mm 时，达到最佳焙烧温度。

（3）焙烧。国外竖炉球团最佳焙烧温度保持在 1300~1350℃，而我国由于磁铁精矿品位较低、SiO_2 含量高，且高炉煤气热值较低，导致竖炉球团焙烧温度较低，一般燃烧室温度为 1100℃ 左右。

（4）冷却。冷却区占竖炉容积的 50% 以上。竖炉下部由一组摆动着的齿辊隔开，齿辊支承整个料柱，并破碎在焙烧区可能黏结的大块，使料柱保持疏松状态。冷却风由齿辊标高处鼓入竖炉内。冷却风的压力和流量应能使之均衡地向上穿过整个料柱，并使球团矿得到最佳冷却。排出炉外的球团矿温度可通过调节冷却风量达到控制。

架设有导风墙的竖炉，由于中心处料柱高度大大降低，阻力减小，冷却风从炉子两侧送进炉内，由导风墙导出，使得风量在冷却区整个截面分布较均匀。并且在风机压力降低时，鼓入的冷风量反而增加，因而提高了球团矿的冷却效果。竖炉法的设备主要包括竖炉炉体、竖炉附属设备（布料及排料设备，齿轮及其液压传动系统，二次冷却设备）。

2.2.4.2　链箅机-回转窑法

链箅机-回转窑生产高炉用或直接还原用球团的工艺流程如图 2-9 所示。

链箅机-回转窑是一种联合机组，包括链箅机、回转窑、冷却机及其附属设备。该工艺的干燥预热、焙烧和冷却过程分别在三台不同的设备上进行。生球首先于链箅机上干燥、脱水、预热，然后进入回转窑内焙烧，最后在冷却机上完成冷却。三台设备分别如图 2-10~图 2-12 所示，图 2-13 为联合机组。

（1）布料。链箅机-回转窑采用的布料设备有皮带布料器和辊式布料器两种。20 世纪70、80 年代，国外链箅机-回转窑球团厂大都采用皮带布料器。为了使生球在链箅机宽度

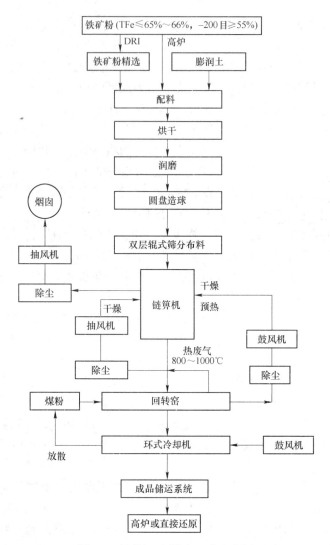

图2-9 链箅机-回转窑工艺流程图

图2-10 链箅机

图2-11 回转窑

图 2-12　冷却机

图 2-13　联合机组

方向上均匀分布，在皮带布料器前装备一摆动皮带或梭式皮带机，但布料效果不理想。皮带布料器布料，横向均匀，但纵向会由于生球量波动而不够均匀。

辊式布料器为 70 年代改进的一种布料设备，可使球团矿中小于 6.3mm 的粒级达到 0.35%。采用辊式布料器，调整布料辊的间隙，既可使生球得到筛分，又可通过滚动改善生球表面的光洁度，提高生球质量。目前国内外许多球团厂都采用这种布料设备。

目前新建的大型球团厂都趋向于使用梭式或摆动皮带机、宽皮带和辊式布料器组成的布料系统。梭式皮带机比摆动皮带机的布料效果更好些，对于宽链箅机更适用。生球在链箅机上的布料高度宜为 160~200mm，链箅机挡板高度宜低于料层高度 10~20mm。

（2）干燥和预热。生球在链箅机上利用从回转窑出来的热废气进行鼓风干燥、抽风干燥和抽风预热。其干燥预热工艺按链箅机炉罩分段可分为二段式（一段干燥，一段预热）、三段式（一段鼓风干燥，一段抽风干燥和一段抽风预热）和四段式（一段鼓风干燥，两段抽风干燥和一段预热）。按风箱分室又可分为两室式（干燥段和预热段各有一个抽风室，或者第一干燥段有一个鼓风室，第二干燥段和预热段共用一个抽风室）和三室式（第一和第二干燥段及预热段各有一抽（或鼓）风室）。

生球的热敏感性是选择链箅机工艺类型的主要依据。一般赤铁矿精矿和磁铁矿精矿热敏感性不高，常采用二室二段式。但为了强化干燥过程，也可采用二室三段式。当处理热敏感性灵敏的含水土状赤铁矿生球时，为了提供大量热风以适应低温大风干燥，需要另设热风发生炉，将不足的空气加热，送到低温干燥段。这种情况均采用三室三段式。

生球经布料器布到链箅机上，球层厚度约为 180~220mm，在干燥室，生球被从预热室抽过来的 250~450℃ 废气干燥，然后进入预热室，被从回转窑出来的 1000~1100℃ 氧化性废气加热，发生部分氧化和再结晶，具有一定的强度，再进入回转窑焙烧。

矿石种类不同，其预热温度也有所差异。磁铁矿氧化焙烧过程是放热的，在球团矿生产的预热段，由于生球氧化过程生产的赤铁矿连晶作用，预热球在较低的预热温度下可以有较高的强度，所以磁铁矿氧化焙烧球团可以采用较低的预热和焙烧温度，而赤铁矿不发生放热反应，需在较高温度下才能提高强度。因此赤铁矿球团预热温度比磁铁矿球团高。

（3）焙烧。预热后的球团在回转窑内焙烧。生球经干燥预热后，由链箅机尾部的铲料板铲下，通过溜槽进入回转窑，物料随回转窑沿周边翻滚的同时，沿轴向前移动。窑头设有燃烧器（烧嘴），可使用气体或液体燃料，也可以用固体燃料供给热量，以保持窑内所需要的焙烧温度。烟气由窑尾排出导入链算机。球团在翻滚过程中，经 1250~1350℃ 的高温焙烧后，从窑头排料口卸入冷却机。球团在回转窑内主要是受高温火焰以及窑壁暴露面辐射热的焙烧，焙烧热源来自窑头烧嘴喷入的火焰及环冷机第一冷却段的热气流（燃烧用二次空气）。

（4）冷却。1200℃ 左右的球团从回转窑卸到冷却机上进行冷却，使球团最终温度降至100℃ 左右，以便皮带运输和回收热量。被热球团加热的空气送入窑内作为燃料燃烧的二次空气，或送入链算机干燥段，用来干燥生球，可回收 70%~80% 的热量。工艺设备的布置如图 2-14 所示，链算机-回转窑流程示意图如图 2-15 所示。目前各国链算机-回转窑球团厂，采用环式冷却机鼓风冷却，分为高温冷却段和低温冷却段，料层厚度宜为 660~760mm，冷却时间 25~30min。每吨球团矿的冷却风量一般都在 2000m³ 以上。高温冷却段出来的热风温度达 1000~1100℃，作为二次燃烧空气返回窑内利用。过去低温段热风，各厂均作废气排至大气。现在新建的球团厂采用回流换热系统回收低温段热风供给链算机干燥段使用。

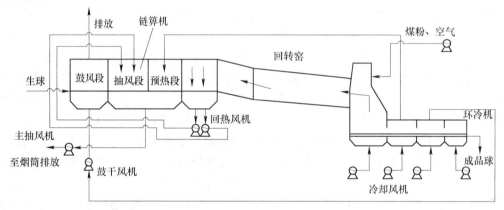

图 2-14 链算机-回转窑-环冷机工艺设备的布置

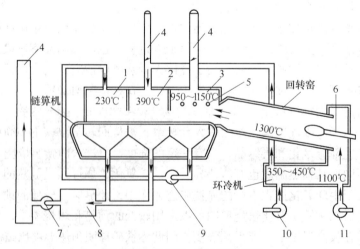

图 2-15 链算机-回转窑流程图

1—干燥一段；2—干燥二段；3—预热段；4—烟囱；5—预热段烧嘴；6—回转窑烧嘴；7—废气风机；
8—电除尘器；9—预热风机；10—二冷风机；11—冷风机

链箅机-回转窑工艺的主要设备有链箅机、回转窑、窑的传动装置、窑头和密封装置、衬料和隔热层。

2.2.4.3　带式焙烧机法

带式焙烧机工艺源于带式烧结机的启发，但是在生产技术上存在天壤之别。带式焙烧机球团工艺的焙烧全过程均在同一台设备上进行，球层始终处于相对静止状态，工序比较复杂。生球料层薄（200~400mm），工艺气流及料层透气性所产生的波动影响较小，原料适应性强，热气流循环利用，能耗较低，单机产量大，可实现大型化。鞍钢球团车间工艺流程如图2-16所示。带式焙烧机的特点：

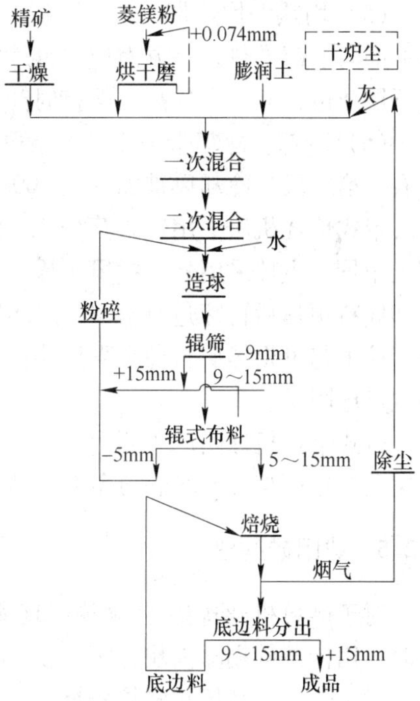

（1）生球料层较薄（200~400mm），可避免料层压力负荷过大，又可保持料层透气性均匀。

（2）工艺气流以及料层透气性所产生的任何波动只能影响到一部分料层，而且随着台车水平移动，这些波动很快就消除。

（3）可根据原料不同，设计成不同温度、气体流量、速度和流向的各个工艺段，因此带式焙烧机可以用来焙烧各种原料的生球。

（4）采用热气流循环，回收焙烧过程的烟气余热，球团能耗较低。

（5）可以制造大型带式焙烧机，单机能力大。

图 2-16　鞍钢球团车间工艺流程图

带式焙烧机焙烧球团时，生球干燥、预热、焙烧、均热及冷却都在同一台设备上完成。干燥段约占总长度的18%~33%，温度不高于800℃，预热、焙烧和均热段共占30%~35%，预热段温度不超过1100℃，焙烧段约为1250℃，冷却段为33%~43%。

带式焙烧机法的工艺为：

（1）布料。布料系统由集料皮带、摆动皮带、宽皮带及辊式布料机组成。生球经 $B=1400mm$ 的集料皮带转交摆动皮带后均匀地布到 $B=3400mm$ 的宽皮带机上。宽皮带的作用主要保证生球在辊式布料机宽度方向均匀分布，从而保证台车宽度方向料层厚度一致。生球经辊式布料机后，小于5mm部分筛出，通过筛下皮带运输机返回造球室混合矿槽，合格生球布到焙烧机上。底料和边料通过电动给料装置布到台车侧板处及炉箅上以保护车台炉箅和侧板。

（2）生球干燥。带式焙烧机一般设有鼓风干燥段和抽风干燥段。一般来说：鼓风干燥段风温为150~400℃，干燥时间4~7min；抽风干燥段风温150~350℃，干燥时间2~4min。干燥风速为1.5~2.0m/s。

（3）预热。预热主要是保证不因为升温过快使结构遭到破坏；磁铁精矿球团在预热阶段，保证球团从外到内，宏观上要氧化完全，否则就会产生同心裂纹，降低球团矿强度；对于菱铁矿或含硫高的球团，预热温度和升温速度必须细心控制，升温速度适当减慢，否则因为升温速度过快，会使球团内碳酸盐剧烈分解而开裂。

（4）焙烧。球在焙烧带完成固相反应和再结晶、结构致密及形成少量液相。焙烧带温度一般在1250~1340℃，若温度过低，因致密化程度差，强度降低；如温度过高，液相过多，球团产生黏结，料层透气性变差，不但影响球团矿质量，而且生产率降低。

（5）均热。均热带一般不再供热，而是由第一冷却段的热气体直接供热，热气体由球层上部向下部导热，一方面使之继续完成团矿过程，未被氧化的FeO继续氧化；另一方面使下层球也具有一定的高温保持时间。

（6）冷却。冷却带采用二段鼓风冷却。第一段，冷空气通过球层被加热到750~800℃左右。第二段，冷却风被加热到300~400℃，作为抽风干燥段的热源和一次助燃风。

带式焙烧机法采用辊式筛分机，对生球起筛分和布料作用，并降低生球落差，节省膨润土用量。生球采用鼓、抽风干燥工艺，鼓风冷却，台车和底料首先得到冷却，冷风经台车和底料预热后再穿过高温球团料层，避免球团矿冷却速度过快，使球团矿质量得到改善，该工艺可根据矿石种类采用不同的气流循环方式和换热方式，能适应各种不同类型矿石生产球团矿。

带式焙烧机球团厂主要由布料设备、带式焙烧机（焙烧机头部及其传动装置，焙烧机机尾及星轮摆架，台车和算条）和附属风机（密封装置和风箱）组成。

2.2.5 球团矿处理

对于链算机-回转窑法来说，球团矿需经过两次筛分：第一次是在回转窑向环冷机卸料时，用棒条筛剔除大块；第二次筛分是在环冷机后，目的是筛出返矿。常用惯性振动筛。对于带式焙烧机和竖炉焙烧工艺只需要冷却后的筛分作业。球团矿冷却后经筛分作业分成成品矿、铺底料和返矿（小于5mm），铺底料直接加到焙烧机上，返矿经过磨碎（至小于0.5mm）后再参加混料和造球。

2.3 球团工艺主要技术经济指标

球团生产过程主要技术经济指标为：

（1）利用系数。单位面积或单位体积1h的生产量称为利用系数，它用台时产量与有效设备面积或体积的比值表示：

竖炉和带式焙烧机的利用系数为：

$$\eta = \frac{G}{S} \tag{2-1}$$

式中 η ——利用系数，$t/(台 \cdot h \cdot m^2)$；

G ——台时产量，$t/(台 \cdot h)$；

S ——有效面积，m^2。

$$\eta = \frac{G}{V} \tag{2-2}$$

式中 η ——利用系数，$t/(台 \cdot h \cdot m^3)$；

V ——有效体积，m^3。

（2）作业率。作业率是设备工作状况的一种表示方法，它以运转时间占设备的日历时间的百分数来表示：

$$\mu = \frac{t}{g \times d \times 24} \times 100\% \tag{2-3}$$

式中 μ——设备作业率，%；

t——运转时间，h；

g——台数，台；

d——工作天数，天。

（3）质量合格率。质量合格率是衡量产品质量好坏的综合指标，凡符合规定的质量标准的为合格品，反之，为出格品。

$$R = \frac{G_{合格}}{G_{总}} \times 100\% \tag{2-4}$$

式中 R——质量合格率，%；

$G_{合格}$——总产量合格品量，kg；

$G_{总}$——总产量，kg。

（4）球团台时产量（t/（台·h）），指每台球团设备每小时生产的球团矿量，体现了生产能力大小的指标。

（5）消耗定额。生产 1t 球团矿所需要的原料、燃料、动力、材料等的数量称为消耗定额。包括含铁原料、膨润土等黏结剂、熔剂、燃料、煤气、重油、水、电、炉箅条、胶带、润滑油、蒸汽等。

（6）生产成本及加工费。生产成本是指生产 1t 成品球团矿所需要的费用，它由原料费用及加工费用两部分组成。

参 考 文 献

[1] 朱苗勇. 现代冶金学 [M]. 北京：冶金工业出版社，2008.

[2] 储满生. 钢铁冶金原燃料及辅助材料 [M]. 北京：冶金工业出版社，2010.

[3] 姜涛. 烧结球团生产技术手册 [M]. 北京：冶金工业出版社，2014.

[4] 张一敏. 球团矿生产技术 [M]. 北京：冶金工业出版社，2005.

[5] 王悦祥. 烧结矿与球团矿生产 [M]. 北京：冶金工业出版社，2006.

焦　化

3.1　焦化实习目的、内容和要求

（1）实习目的。

1）了解和掌握焦化厂的组成、生产过程和主要设备及其结构与功能；

2）了解焦化车间布置及主要技术经济指标；

3）了解焦化工业发展情况及其在国民经济中的作用，通过实习，培养学生的生产实践观念和理论联系实际的能力，增强学生学好专业的积极主动性，增强学生观察事物，发现问题和提出问题的能力，开阔学生的眼界，增强对专业的热爱，树立牢固的专业理想。

（2）实习内容。

1）主要生产设施、备煤工艺流程、炼焦化学产品的回收的了解；

2）煤的接收与储存、配煤过程、煤的粉碎、炼焦生产工艺流程、护炉机械设备、熄焦、筛焦过程和设备、脱硫工段、硫铵工段、终冷洗苯工段、粗苯蒸馏工段等。

（3）实习要求。

1）了解炼焦流程、炼焦温度、周期、生产原料及产品；

2）了解焦化厂各车间组成和相互之间的联系；

3）了解焦炉炉型、炉体结构；

4）了解焦化工艺主要技术经济指标。

3.2　焦化工艺流程及焦化车间布置

3.2.1　焦化工艺流程

焦化厂是通过对烟煤进行高温干馏，炼制成焦炭并对生产焦炉煤气回收化学产品的生产企业，焦化流程见图3-1。一般焦化厂由备煤、炼焦、回收等生产车间组成。在选煤厂经过洗选后的精煤，作为炼焦生产的原料煤，送至焦化厂，在备煤车间受煤工段卸车，送到煤场储存和进行煤质均匀化，再根据质量要求进行取煤、配煤、粉碎作业得到适合炼焦生产的配合煤，并通过运输胶带机送到炼焦车间。在炼焦车间配合煤被装入炼焦炉的炭化室内，按规定时间隔绝空气进行加热。

炼焦过程就是装炉煤在隔绝空气加热到 $950\sim1050℃$，经过干燥、热解、熔融、黏结、固化、收缩等过程最终得到焦炭。由备煤车间送来的配合煤装入煤塔，装煤车按作业计划从煤塔取煤，经计量后装入炭化室内。煤料在炭化室内经过一个结焦周期的高温干馏制成焦炭并产生荒煤气。

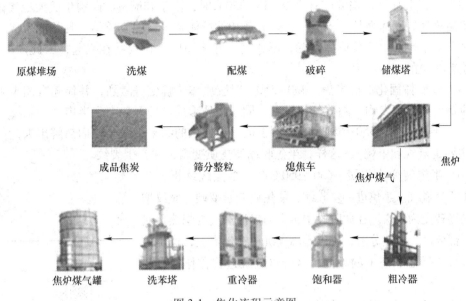

图 3-1　焦化流程示意图

炭化室内的焦炭成熟后，用推焦车推出，经拦焦车导入熄焦车内，并由电机车牵引熄焦车到熄焦塔内进行喷水熄焦。熄焦后的焦炭卸至晾焦台上，冷却一定时间后送往筛焦工段，经筛分按级别贮存待运。

煤在炭化室干馏过程中产生的荒煤气汇集到炭化室顶部空间，经过上升管、桥管进入集气管。约700℃左右的荒煤气在桥管内被氨水喷洒冷却至90℃左右。荒煤气中的焦油等同时被冷凝下来。煤气和冷凝下来的焦油等同氨水一起经过吸煤气管送入煤气净化车间。

焦炉加热用的焦炉煤气，由外部管道架空引入。焦炉煤气经预热后送到焦炉地下室，通过下喷管把煤气送入燃烧室立火道底部与由废气交换开闭器进入的空气汇合燃烧。燃烧后的废气经过立火道顶部跨越孔进入下降气流的立火道，再经蓄热室，由格子砖把废气的部分显热回收后，经过小烟道、废气交换开闭器、分烟道、总烟道、烟囱排入大气。

3.2.2　炼焦工艺原理

焦炭的炼制是将煤料装入炭化室内隔绝空气加热到950~1050℃，其间经过一定时间逐渐分解，挥发物逐渐析出，残留物逐渐收缩，最终形成焦炭的过程。从煤料炼成焦炭的过程就是结焦过程。在结焦过程中，即煤的热解过程中，大体会有以下几个变化阶段：干燥和预热→开始分解→生成胶质体→固化熟结形成半焦→半焦分解收缩→半焦转变成焦炭。

（1）干燥和预热。湿的配合煤装入炼焦炉后，水分开始蒸发，未蒸发完以前，煤的温度低于100℃，这个阶段需要大量的热和很长的时间。在100~200℃煤变干燥，并释放出吸附于煤表面和气孔中的二氧化碳和甲烷等气体，但煤质不变。

（2）开始分解。加热到200~350℃煤开始分解，不同变质程度的煤开始热分解的温度是不同的：气煤是在210℃左右，肥煤在260℃左右，焦煤约需300℃，瘦煤大约到390℃才开始分解。煤在转变成胶质体状态前就开始分解。350℃前主要分解出化合水、二氧化碳、一氧化碳、甲烷等气体和少量焦油蒸气和液体。

（3）生成胶质体。当温度升高至350～450℃时，由于其侧链的断裂生成大量液体、高沸点焦油蒸气和固体微粒，构成一个多分散相的胶体系统，即胶质体。凡是能生成胶质体的煤都有胶结性。由于胶质体很黏，不透气，并将固体小粒胶结在一起，因此产生膨胀，对炉墙有一定的膨胀压力。

（4）胶质体固化形成半焦。450～550℃时胶质体热解变得激烈，并伴随有缩聚和合成等反应析出大量挥发物。随着气体析出，固态物质形成，即开始产生半焦。

（5）半焦收缩。550～650℃时，由于进一步加热的结果，在半焦内热解出大量的挥发物（主要是氢气和甲烷），这样，半焦收缩使焦质变紧，并产生裂纹。

（6）半焦转变为焦炭。650～950℃时，半焦继续析出气体，主要是氢气。半焦进一步收缩，使焦质变紧变硬，裂纹增大，最终转变为焦炭。在此阶段中析出的焦油蒸气与炽热焦炭相遇，部分进一步热分解，析出游离碳沉积在焦炭上，逸出的蒸气成分与低温状态下的不同，这个再分解过程称作二次热分解。

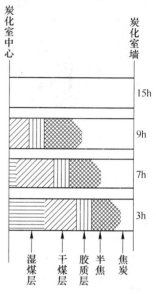

图3-2　炭化室中煤结焦层的分布示意图

在生产条件下，炭化室中的煤料受到两侧燃烧室的加热，热流从两侧炉墙逐渐传递到炭化室中心。因此，上述结焦过程也是从靠近炉墙的煤料开始逐渐向中心变化。在整个结焦时间内，炭化室中的煤料状况是分层变化的（见图3-2），各层从炉墙向中心移动。也就是说，靠近炉墙的焦炭先成熟。因此，在沿炭化室宽度上的各点焦炭质量实际是不均匀的。

由于供给的热量是固定的，而炭化室中煤料的吸热状况随结焦过程在变化，因此在整个结焦时间内，煤料在沿炭化室宽度上的各点温度也随之变化。煤料开始装入炭化室时，炉墙表面温度为1000～1100℃，装煤后2h，湿煤从炉墙吸走的热量大于供给炉墙的热量，所以炉墙温度迅速降低，随着煤料逐渐转变成焦炭，它所需要的热量逐渐减至和供给的热量相平衡，半焦转为焦炭时需热小于供给的热量，使炉墙温度逐渐上升，积存多余的热量，恢复原来的温度（见图3-3）。

炉墙温度变化的绝对值和煤的性质、炉墙的热容量、结焦时间的长短以及加热的条件有关，而主要因素是煤的水分。水分越大，温度下降越多。因此，煤的水分过大，对焦炉加热、焦炭质量和炉墙维护都是不利的。

随着炭化室墙温度的变化，燃烧室立火道的温度也产生变化，整个结焦过程的温度变化对调火操作是有一定影响的。从

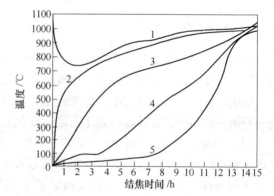

图3-3　炭化室装入煤后的温度变化

1—炭化室墙表面温度；2—炉场附近煤的温度；3—距炉墙50～60mm处的温度；4—距炉墙130～140mm处的温度；5—炭化室中心（焦饼中心）温度

图 3-3 还可以看出，沿炭化室宽度各点的升温是不一样的，靠炉墙的煤料开始升温速度快，中心煤料开始升温速度很慢。在实际操作中只测量焦饼中心温度，它的升温规律：当结焦时间为 15h，大致是装煤后 7~8h 内缓慢升到 100℃；从 100℃ 以后升温逐渐加快直至成熟。结焦速度快慢，对焦炭质量是有一定影响的，当炭化室宽度一定时，结焦时间越短，焦炭裂纹越多，强度越低；结焦时间越长，强度越高。

3.2.3 炼焦生产操作施程简介

炼焦的生产操作包括装煤、推焦、熄焦以至焦炭产品的筛分分级、运出，整个过程是连续进行的，每一个环节都必须配合好，并严格按一定程序和技术要求进行操作，才能确保生产正常稳定进行，使炼焦生产稳产、高产、优质、长寿。其主要设备如图 3-4 所示。

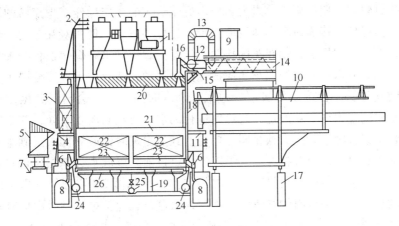

图 3-4　炼焦主要设备示意图

1—装煤车；2—摩电线；3—拦焦车；4—焦侧平台；5—熄焦车；6—废气盘；7—熄焦车轨道；
8—分烟道；9—控制室；10—推焦车；11—机侧平台；12—集气管；13—"H"形管；14—吸气管；
15—焦油盒；16—上升管；17—推焦车轨道；18—护炉柱；19—地下室；20—炉顶区；21—斜道区；
22—蓄热室；23—小烟道；24—高炉煤气管；25—焦炉煤气管；26—分配管

装煤。装煤应装满，装煤量应均匀稳定，要装平，装密实，不应当有缺角和凹腰。煤料顶面（煤线）与炭化室顶之间的距离称炉顶空间高度。大型焦炉炉顶空间高度为 250~300mm。装煤不满，炉顶空间就会增大，空间温度就会升高，这不但降低焦炉的生产能力和化学产品质量，而且会导致炉顶和炉墙的石墨增加，严重时会造成推焦困难。装煤过满，会使炉顶空间过小，影响煤气的流通，使炭化室压力增大，而且顶部会产生生焦。装煤不平，有缺角和凹腰现象，会产生局部过火或生焦。装煤不均匀，煤料从炭化室墙吸热就不均匀，那就会影响燃烧室各火道温度的均匀性，甚至产生高温事故。平煤不好，还容易堵塞装煤孔，使气体不能流通而且造成推焦困难。因为对每个炭化室的供热量是一样的，如果各炭化室的装煤量不均匀，就会使焦炭的最终成熟度不一致。因此应当搞好装煤的计量和平煤操作，每个炭化室的装煤量应不超过规定装煤量的 ±150kg，有的厂是采用定容装煤，也就是装入一定体积的煤，用装煤车煤斗来衡量，那也应当按具体情况规定相应的装煤标准。

推焦就是把成熟的焦炭推出炭化室的操作。焦炭成熟后，炭化室中焦饼产生一定的收缩，才能保证顺利推焦。一般认为煤在炭化室内高温干馏，焦饼中心温度达 950~1050℃ 时焦炭即成熟。焦饼中心温度达不到时，则焦炭夹生，焦饼收缩不好。若焦饼中心温度过高，使焦饼易碎，不但影响焦炭质量，还可能影响正常推焦。另外，因焦炉结构或入炉煤性质及焦炭用途不同对焦饼成熟温度也有不同的要求。推焦应按规定的图表和一定的顺序进行，正常而有秩序地推焦是整个焦炉管理的重要环节，它标志着机械正常运转、炉体维护及时、热工制度稳定而均匀，也标志着送煤和运焦系统工作的正常。

由于煤干馏成焦的最终温度为 950~1050℃，所以从炭化室推出的是炽热的焦炭，熄焦是将炽热的红焦熄灭至 300℃ 以下或常温的过程。目前的熄焦方式有湿法熄焦和干法熄焦，在国外还有压力熄焦。湿法熄焦是直接向红焦洒水将其熄灭至常温状态。为使熄焦正常，既不产生红焦也不使焦炭水分过大，应做好熄焦车的接焦操作、熄焦塔的洒水操作和焦台晾焦及放焦操作。接焦时行车速度应与推焦速度相适应，使焦炭在车内分布均匀，防止红焦落地，便于均匀熄焦，禁止车内接两炉焦炭。熄焦洒水是熄焦过程的关键环节。要控制好洒水时间，洒水过程中熄焦车还应适当前后移动，使焦块表面充分浸水，增加熄焦效果。洒水时间过长，会造成焦炭水分过大，洒水时间不够，会出现红焦，影响焦炭质量。最佳洒水时间应根据实际而定。熄焦后进行沥水，要控制沥水时间，并按顺序向焦台卸焦，使焦台上焦炭晾放时间大致相同。焦台上红焦出现时，应立即人工洒水熄灭。如连续出现红焦或水分过大，应查找原因，予以解决。目前多以低水分熄焦代替常规的湿法熄焦。干法熄焦是用惰性气体作为热载体，将红焦温度冷却至 200℃ 以下，再采用废热锅炉回收热载体的显热。焦炉推出的红焦装入焦罐，由台车载运至熄焦站，由提升机提升并移至竖式干熄槽顶部，经装焦装置装入干熄槽上部的预存室，并逐渐下移至下部的冷却室，被槽底进入的循环惰性气体冷却至 200℃ 以下，通过排焦装置排出。槽底经气体分配帽进入冷却室的冷循环惰性气体，与焦炭换热后升温至约 900℃，由冷却室上部的斜道和环形道，经重力沉降槽去除较大粒级的粉尘后，进入废热锅炉，将热量传给锅炉水，并使之蒸发产生水蒸气；循环惰性气体温度降至 170℃ 左右，从锅炉下部排出，再经旋风分离器分出细粒粉尘后，由循环风机送回干熄槽循环使用。干熄焦可使焦炭 M_{40} 提高 3%~8%，M_{10} 降低 0.3%~0.8%，降低高炉焦比，提高高炉生产能力；可扩大弱黏结性煤的用量，回收焦炭显热，有益于环境保护。

3.2.4　焦化车间布置

焦化厂主要生产车间包括备煤车间、炼焦车间、煤气净化车间及其公辅设施。各车间主要生产设施有：

（1）备煤车间：煤仓、配煤室、粉碎机室、皮带机运输系统、煤制样室；

（2）炼焦车间：煤塔焦炉、装煤设施、推焦设施、拦焦设施、熄焦塔、筛运焦工段；

（3）煤气净化车间：冷鼓工段、脱氨工段、粗苯工段；

（4）公辅设施：废水处理站、供配电系统、给排水系统、综合水泵房、备煤除尘系统、筛运焦系统化验室等设施、制冷站等；

（5）总共序位：备煤—炼焦—化产—污水处理。

3.3 焦化生产主要设备及功能

焦炉的发展经历了堆式干馏与砖窑、倒焰炉、废热式焦炉、现代蓄热式焦炉[2]。其主要炉型有：二分式焦炉，包括 66 型、70 型、二分下喷式焦炉、卡尔—斯蒂尔焦炉等；过顶式焦炉，包括考伯斯—贝克式焦炉、ПK 焦炉等；双联式焦炉，包括奥托式焦炉、ПВР型焦炉、日铁式 M 型焦炉、JN 焦炉[3]。

我国的主体焦炉为 JN 焦炉，其结构特点为：双联火道、废气循环、焦炉煤气下喷、复热式。JN 式焦炉的结构简图如图 3-5 所示。

58 型焦炉及其基础断面见图 3-6。

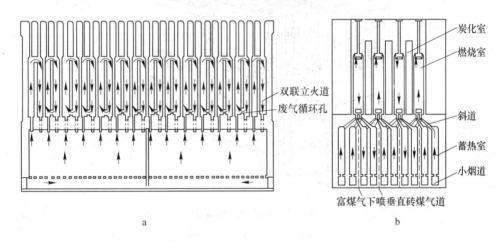

a   b

图 3-5 JN 式焦炉结构示意图

a—燃烧室剖面图；b—炭化室剖面图

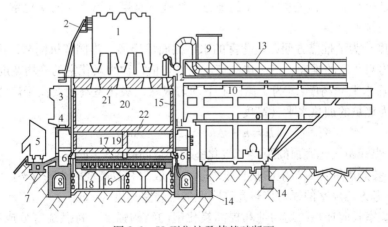

图 3-6 58 型焦炉及其基础断面

1—装煤车；2—摩电线架；3—拦焦车；4—焦侧操作台；5—熄焦车；6—交换开闭器；
7—熄焦车轨道基础；8—分烟道；9—仪表小房；10—推焦车；11—机侧操作台；12—集气管；
13—吸气管；14—推焦车轨道基础；15—炉柱；16—基础构架；17—小烟道；18—基础顶板；
19—蓄热室；20—炭化室；21—炉顶区；22—斜道区

现代蓄热式焦炉炉体由炭化室、燃烧室、斜道区、蓄热室、炉顶区五大部位组成（见图 3-7）。

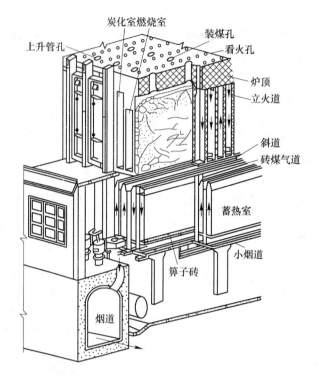

图 3-7 焦炉炉体结构图

3.3.1 炭化室和燃烧室

炭化室是煤料隔绝空气进行炭化的地方。燃烧室是煤气燃烧并向炭化室供给热量的地方。二者相间排列。

（1）锥度。为了推焦方便，炭化室的水平截面呈梯形，焦侧宽机侧窄，焦侧与机侧的宽度差，称为炭化室的锥度；机、焦侧宽度的平均值，称为炭化室的平均宽度。

（2）加热水平（高度）。为了焦饼上下均匀成熟，炭化室高度要高于燃烧室，二者的高度差，称为焦炉的加热水平（高度）。

$$H = h + \Delta h + (200 \sim 300)$$

式中 h——煤线距炭化室顶的距离（炭化室顶部空间高度），mm；

Δh——装炉煤炼焦时产生的垂直收缩量（一般为有效高度的 5%~7%），mm；

200~300——考虑燃烧室的辐射传热允许降低的燃烧室高度，mm。

为了燃烧室长向加热的均匀性和提高炭化室的结构强度，将燃烧室分成各个立火道。立火道的连接方式有双联式、二分式、四分式、跨顶式等（燃烧室与炭化室见图 3-8，焦炉燃烧室火道形式见图 3-9）。

改善高向加热均匀性的措施：废气循环、高低炉头、分段加热、不同炉墙厚度等。

实现高向加热均匀的方式见图 3-10。

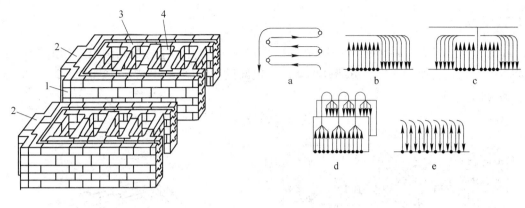

图 3-8　燃烧室与炭化室
1—炭化室；2—炉头；3—隔墙；4—立火道

图 3-9　焦炉燃烧室火道形式
a—水平式；b—两分式；c—四分式；d—过顶式；e—双联式

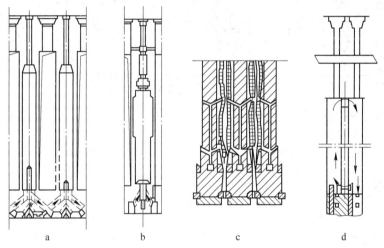

图 3-10　实现高向加热均匀的方式
a—高低炉头；b—不同炉坡厚度；c—分段加热；d—废气循环

3.3.2　斜道区

位于燃烧室和蓄热室之间，是连接燃烧室和蓄热室的通道，结构复杂（见图 3-11）。

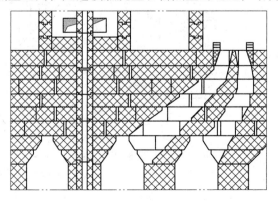

图 3-11　58-Ⅱ型焦炉斜道区构造图

3.3.3　热室

位于焦炉的下部，是回收废气中的废热并用来预热上升的空气和高炉煤气的地方。内填格子砖作为热交换的介质。下部设小烟道，顶部设蓄热室顶部空间（见图3-12）。九孔格子砖见图3-13。

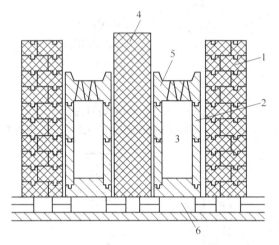

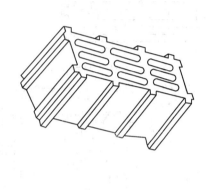

图 3-12　58 型焦炉蓄热室（小烟道）
1—主墙；2—小烟道黏土砖；3—小烟道；
4—单墙；5—箅子砖；6—隔热砖

图 3-13　九孔格子砖

3.3.4　炉顶区

位于焦炉的顶部，炭化室盖顶砖以上部分称为炉顶区。内设装煤孔、看火孔、上升管孔、烘炉孔和挡火砖等（见图3-14）。

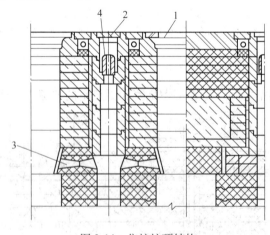

图 3-14　焦炉炉顶结构
1—装煤孔；2—看火孔；3—烘炉孔；4—挡火砖

3.3.5　烟道和基础

蓄热室下部设分烟道，汇集来自蓄热室的废气，分烟道汇于总烟道，再接至烟囱。焦炉基础包括基础结构和抵抗墙两部分。

焦化生产的主要设备包括：护炉设备、煤气设备、废气设备、交换设备和焦炉机械几个部分。下喷式焦炉基础结构，见图3-15。侧喷式焦炉基础结构，见图3-16。

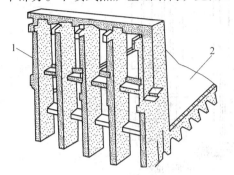

图 3-15　下喷式焦炉基础结构
1—墙架构；2—基础

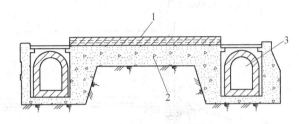

图 3-16　侧喷式焦炉基础结构
1—隔热层；2—基础；3—烟道

烟道在内的侧喷式焦炉基础，见图3-17。

3.3.6　护炉设备

护炉设备包括：炉柱、小炉柱、保护板、纵横拉条、弹簧、机焦侧操作台等。护炉设备的作用是对砌体施加保护性压力，使砌体在烘炉及生产过程中保持整体性，避免在湿度及机械力冲击下产生破损。

纵拉条的中间部分是扁钢，两端是带螺纹的圆钢。它的作用是，通过弹簧组对焦炉纵向两端混凝土抵抗墙施加一定的压力，使焦炉纵向不致因自由膨胀或收缩而产生砌体裂缝或变形。

横拉条、弹簧和炉柱及小炉柱的作用是对焦炉横向施加保护性压力。横拉条由端部带螺纹的圆钢制成，有上部横拉条和下部横拉条两种，上部横拉条安装在炉顶拉条沟内，下部横拉条安装在基础平台的机焦两侧，如图3-18所示。上部横拉条从装煤口和上升管附近通过，易受高温及腐蚀性气体侵蚀，所以在装煤口及上升管部位设保护套。横拉条的拉力，通过弹簧、炉柱、保护板传递给砌体。炉柱也是一个弹性体，在力的作用下发生弯曲。上下部大弹簧的作用是向砌体施加保护性负荷，小弹簧的作用是将保护性负荷合理地分布在全高方向。

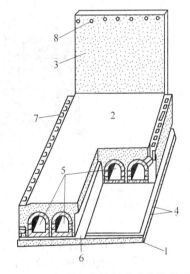

图 3-17　烟道在内的侧喷式焦炉基础
1—下部基础平台；2—上部基础平台；
3—抵抗墙；4—通风小道；5—炉底分烟道；
6—空气道；7—废气盘连接道；8—纵拉条孔

燃烧室部位的保护性负荷是通过保护板或炉门框分配到砌体上。蓄热室部位通过主墙部分的保护板、单墙部分的小炉柱将保护性负荷传递给砌体。焦炉护炉铁件的结构分为三种不同的形式，即大保护板结构、小保护板结构及中保护板结构。大保护板结构形式如图3-19所示。大保护板是铸铁件，镶护在燃烧室正面。保护板间的接缝在炭化室中心线上。炉门框通过连接螺栓与保护板连成一体。保护板与炉体在炉肩部接触，其间填塞编织石棉绳保持严密性及力量传递的均匀性。

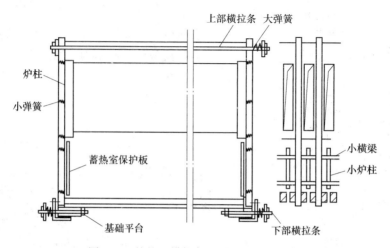

图 3-18　炉柱、横拉条和弹簧装配示意图

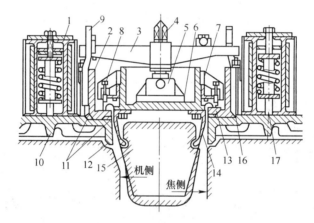

图 3-19　大保护板结构（横断面）

1—炉柱；2—炉门框；3—攒门栓；4—紧丝杆；5—紧丝座；6—炉门铁槽；
7—顶丝压架；8—顶丝；9—卡钩；10—保护板；11—外石棉绳；12—内石棉绳；
13—炉门刀边；14—炉门衬砖槽；15—炉门衬砖；16—炉门框固定螺栓；17—顶压架

　　小保护板结构形式如图 3-20 所示。小保护板是钢板材质，它并不起力量传递作用，紧贴于燃烧室正面。小保护板结构的炉门框与大保护板结构的炉门框完全不同，炉门框延伸到炉肩部，其间也同样填塞编织石棉绳保护严密性及力量传递的均匀性。炉门框通过顶丝与炉柱作用，即通过炉柱上的顶丝将炉门框压靠在炉肩上，燃烧室的保护性负荷就是通过顶丝传递的。JN43-58 型焦炉即为小保护板结构，炉门框的左右两侧各有 4 个压紧顶丝。

　　中保护板结构形式如图 3-21 所示。中保护板为铸铁件，不同于小保护板的钢板材质，最大的不同是中保护板与炉门框的连接方式，它类似大保护板结构，也是通过螺栓将中保护板与炉门框连接起来，使用中保护板的炉门框也延伸到炉肩，通过石棉绳与炉门框压紧。中保护板虽然也是铸铁件，但其厚度较薄，炉柱所施加的保护性负荷就有一部分传给燃烧室正面，另一部分才传递给炉肩。这样，炉肩的受力有所削弱。

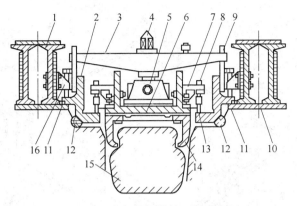

图 3-20 小保护板结构（横断面）

1—炉柱；2—炉门框；3—携挂；4—紧丝杆；5—紧丝座；6—炉门铁槽；7—顶丝压架；8—顶丝；9—卡钩；
10—保护板；11—外石棉绳；12—内石棉绳；13—炉门刀边；14—砖槽；15—炉门衬砖；16—炉门框固定螺栓

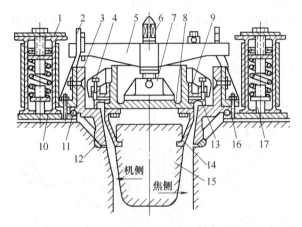

图 3-21 中保护板结构（横断面）

1—炉柱；2—炉门框；3—攒门栓；4—紧丝杆；5—紧丝座；6—炉门铁槽；
7—顶丝压架；8—顶丝；9—卡钩；10—保护板；11—外石棉绳；12—内石棉绳；
13—炉门刀边；14—炉门衬砖槽；15—炉门衬砖；16—炉门框固定螺栓；17—顶压架

无论是大保护板结构还是中、小保护板结构的护炉铁件，蓄热室部位的结构形式都是一样的。主墙部分设有小保护板，通过小弹簧向主墙传递力量，单墙部分通过小弹簧压紧小炉柱传递力量。

3.3.7 推焦设备

（1）走行机构。JT-1 型推焦车走行轮的传动采用的是集中驱动，如图 3-22 所示。它的优点是可以保证两侧车轮的同步。

（2）推焦机构。JT-1 型推焦车推焦机构如图 3-23 所示。电动机经过人字齿轮减速机驱动推焦杆主动齿轮，带动推焦杆下的齿条，使推焦杆完成推焦操作。为了避免推焦杆齿条行驶到极限位时且与主动齿轮脱离啮合，在齿条两端各安装一个控制齿。为了防止突然停电事故，推焦减速机中设有手动传动机构。

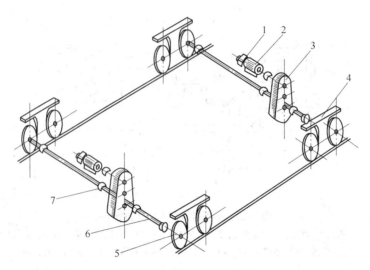

图 3-22 走行机构示意图

1—制动器；2—电动机；3—减速机；4—平衡车；5—主动车轮；6—传动轴；7—联轴器

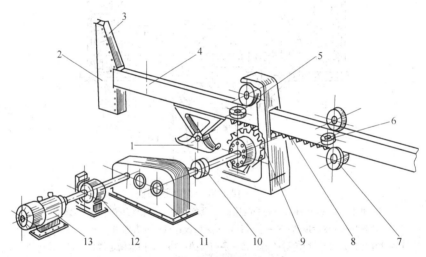

图 3-23 推焦机构示意图

1—支承滑板（滑靴）；2—推焦杆头；3—除石墨刀；4—推焦杆；5—上压相；6—侧向导轮；7—下托辊；
8—齿条；9—主动齿轮；10—齿接手；11—减速机；12—电磁制动器；13—电动机

（3）开门机构。开门机构的任务是将焦炉机侧炉门打开以便推焦，推焦之后立即关上炉门。开门机构主要包括以下三部分：移门机构、拧螺丝机构、提门机构，如图 3-24 所示。

（4）平煤机构。平煤机构传动如图 3-25 所示。电动机通过联轴节和减速机使钢绳转鼓转动，再经过钢丝绳传动使平煤杆做往复直线运动，完成平煤任务。为了防止突然停电时平煤杆停留在炭化室内被烧坏，平煤减速机也在高速轴的一端伸出一方头，停电时往方头上装一手动扳手就可将平煤杆从炭化室内退出。

（5）平煤小炉门机构。平煤小炉门机构大多是采用气动式的；由气缸推动开门杠杆完成开关的动作，有的推焦车上采用机械传动开关小炉门。

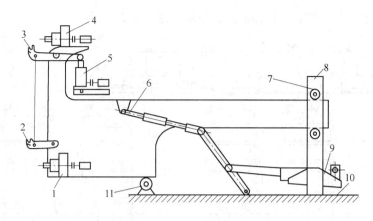

图 3-24 开门机构示意图

1—下部拧螺丝机构；2—下挂钩；3—上挂钩；4—上部拧螺丝机构；5—提门机构；
6—移门架；7—支承辊；8—立柱；9—移门机构；10—推焦平台；11—下支辊

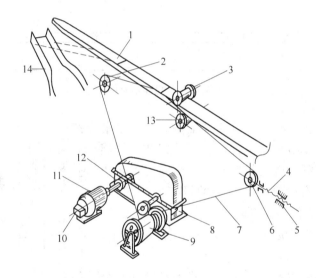

图 3-25 平煤机构示意图

1—平煤杆；2—定滑轮；3—上托辊；4—调整螺丝；5—转动螺母；6—活动滑轮；7—钢绳；
8—减速机；9—绳轮；10—电磁制动器；11—电动机；12—联轴器；13—下托辊；14—溜槽

（6）推焦车的钢结构。JT-1 型推焦车具有 3 层钢结构，均由大型的型钢焊接而成。第一层配置推焦车的走行机构、空压机、配电室等。第二层配置推焦机构、开门机构、平煤机构的传动装置等。第 3 层有司机室、平煤杆装置等。

3.3.8 焦炉装煤车

（1）煤斗。煤斗在其顶部装配有锥面罩形结构，其倾角大于煤堆的安息角，这样煤能够充满整个内部空间，以便确保恒定的装煤容量。罩形结构的顶部应调节到尽可能地靠近于煤塔的出口，这样可以确保煤塔闸门关闭时，不至于带出太多的余煤。每个煤斗由三个重量传感器支撑，使每个煤斗的重量可以随时监控。不锈钢煤斗闸门包括滑动闸门和操纵杆，用法兰固定到各个螺旋给料器的出口位置，如图 3-26 所示。

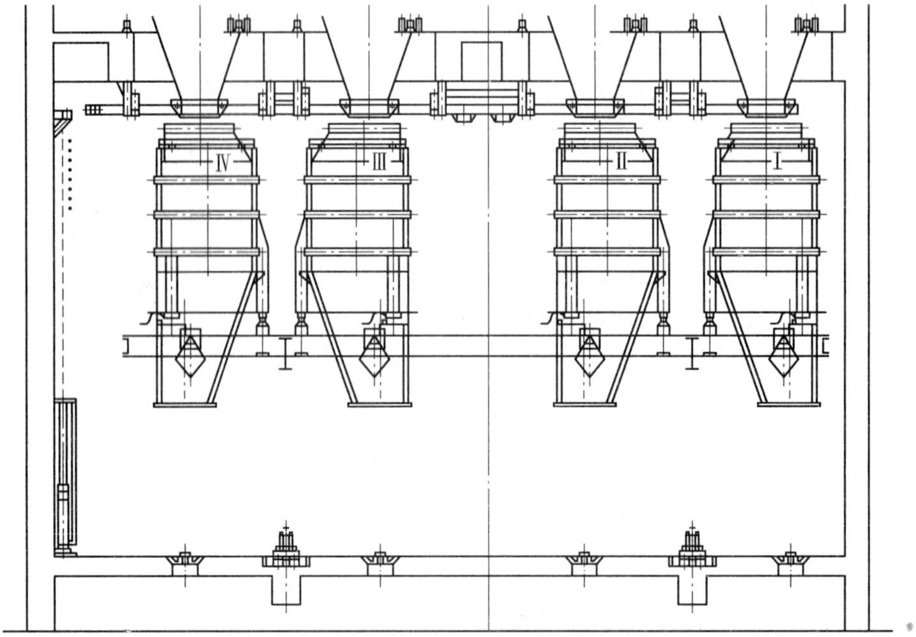

图 3-26　煤斗示意图

（2）螺旋给料器。每个装煤斗都配备有一个水平式螺旋给料器。螺旋给料器由螺旋和壳体组成。螺旋是由一台变频器控制的电动机驱动。整个壳与煤斗相连，并且密封，设有检修和清理用的掀盖式密封口。螺旋给料器设有过流保护，以防止因堵塞而损坏设备。在螺旋给料器出口设有旋转闸板，防止剩余的煤落下，堆积在炭化室顶部。

（3）导套。导套主要由一个活动式上导套和一个活动式下导套组成，如图 3-27 所示。活动式下导套是外导套，在它的底部有一个密封嘴，在它的顶部有一个密封沿。下导套采用万向式支撑在一个液压操作的滑架中。在整个装煤过程中，下导套受到来自液压缸和弹性部件的压力，从而保持密封。活动式上导套是内导套，在它底部的外侧有一个球面密封沿，在中部有一个柔性补偿器。在外导套被压到炉囱中之后，内导套将被拾起，直到球面密封沿件与外导套上部的锥面密封沿接触为止。

（4）揭盖机。揭盖机的作用是打开和关闭装煤孔。揭盖机布置在装煤车平台下面，在一个万向式悬挂的横梁上，安装有专用电磁铁。通过万向连接的悬挂装

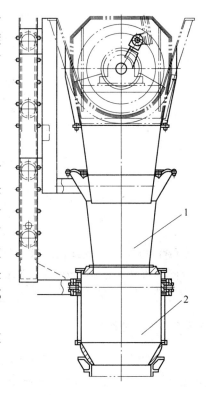

图 3-27　导套示意图
1—内导套；2—外导套

置，使炉盖即使偏心揭开，也能同心地复原。经由链式驱动的一台齿轮电机使支撑在球面轴承中的磁铁旋转。由于是在复原炉盖时使用旋转运动（搓盖），所以炉盖被严格的密封。炉盖的抬起和降下由液压缸控制按曲线轨道进行。

（5）炉盖清理装置。炉盖清理装置装在导套的引导轨道上，如图3-28所示。在炉盖抬起后，旋摆到清理位置，以便于能在机器处于装煤位置的同时进行炉圈的清理。炉盖的旋转由电磁铁控制。固定式清理刷和刮刀接触炉盖，以便清理炉盖上的杂物。清理掉的残渣被输送到要装煤的炭化室中。

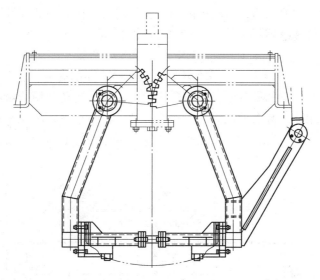

图 3-28　炉盖清理装置示意图

（6）炉圈清理机。炉圈清理机是布置在相对于揭盖机的平台下方，如图3-29所示。在炉盖已被拾起之后，下降到清理位置。清理机头配备有用抗磨损材料制造的焊接式刮刀，其形状与炉团的密封表面相吻合。齿轮电机控制清理机头的旋转动作。由一台装在装煤车平台顶上的液压缸在曲线轨道中控制升降。

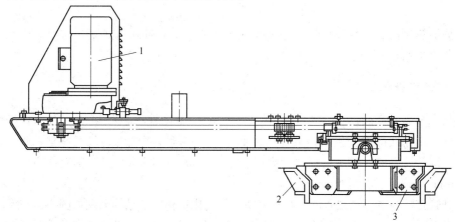

图 3-29　炉圈清理装置示意图
1—电机；2—装煤孔座；3—刮刀

（7）炉盖泥封装置。炉盖泥封装置由两个位于平台顶上的泥封料搅拌槽、阀门，用于把泥封料输送到接盖机臂上的管子和软管、喷嘴组成。为了确保把泥封料加到炉团和炉盖之间的槽道中，配备对中圆锥接口，可以实现自动对中。

（8）煤塔闸门开闭装置。煤塔配备有从装煤车上打开和关闭的相互连接的闸门。有一个从车上打开和关闭的闸门的液压驱动装置。该系统与煤车在煤塔定位联锁。煤塔闸门开闭装置在对位条件具备时启动，打开煤塔闸门。同时走行驱动机构被联锁。煤流进装煤车的煤斗，并将装煤车的煤斗和煤塔下斗之间的空间充满。煤斗称重设备控制煤斗的装入量。在达到重量均衡的要求后，自动关闭闸门。闸门关闭位置由装在开闭装置液压缸上的一个传感器检测。该传感器将释放走行驱动的机构联锁。

（9）走行装置。装煤车配有 16 个车轮，位于 8 个两轮平衡架上。每个平衡架上设有一个主动车轮，如图 3-30 所示。主动车轮直接由 VVVF 控制的电机驱动，驱动装置由联轴器和具有空心轴和收缩盘的螺旋伞齿轮减速机组成。盘式制动器用于断电或停止情况下自动锁紧。该制动器用杯式弹簧液压制动。弹簧荷载走行小车保证装煤车走行平稳，这样可以保护炉顶。在装煤车走行装置两端装有清轨器，可保持轨道清洁。在装煤车结构架中的两个车架间有顶起点，便于更换台车。

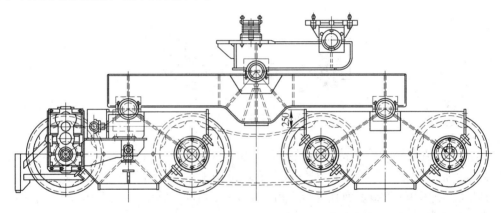

图 3-30　走行装置示意图

焦炉加热用的空气和高炉煤气经过废气盘调节流量后进入蓄热室，蓄热室中废气经废气盘调节流量后进入分烟道。

3.3.9　荒煤气导出设备

炭化室中煤料在高温干馏产生的煤气因尚未经净化处理，习惯上称为荒煤气或粗煤气。煤气导出系统的设备包括：上升管、桥管、水封阀、集气管、吸气弯管、吸气管、氨水喷洒系统等，7.63m 焦炉的煤气导出设备比较独特，采用了专门的单炭化室压力调节系统（Proven）替换了水封阀。

上升管直接与炭化室或通过上升管铸铁座与炭化室相连，结构简图如图 3-31 所示。上升管由钢板焊制而成，内砌黏土衬砖。其上部与桥管相连接。桥管为铸铁件内砌黏土衬砖。桥管上开有清扫孔，装设有高低压氨水喷头。桥管上部与水封盖相连。低压氨水喷洒采用约75℃的热氨水将炭化室排出的荒煤气冷却到 80~100℃，并使其中的大部分焦油冷凝下来。采用热氨水喷洒有利于使氨水汽化吸热而降低煤气温度。另外，采用热氨水冷却焦油使其保持良好的流动性，避免焦油凝固堵塞管路。桥管喷洒氨水时的蒸发量约为2%~4%。正常生产时氨水喷洒量单集气管时为5t/t，干煤，双集气管时为6t/t 干煤。氨水压力为0.2MPa 左右。高压氨水喷洒只有在装煤时进行，靠高压氨水喷射力产生的吸力，造成炭化室内的负压以防止烟尘及煤气外逸。高压氨水喷洒的压力要控制得当，一般以1.8~2.0MPa 为宜。

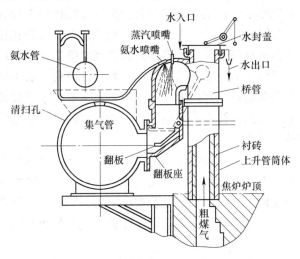

图3-31　上升管、集气管结构简图

集气管是用钢板焊制而成的回管或槽形结构，沿整个焦炉纵向置于炉柱托架上，用以汇集各炭化室的荒煤气。集气管上部每隔一个炭化室设有一个清扫孔及盖，以清扫沉积于集气管底部的焦油渣。集气管上部也装有氨水喷洒管和高压氨水清扫管。集气管通过吸气弯管、焦油盒与吸气管相连，如图3-32 所示。集气管中的氨水靠集气管坡度及液体的位差流动。故集气管可以水平安装（靠位差流动），也可按0.006°~0.01°的坡度安装。倾斜方向与焦油、氨水导出方向相同。

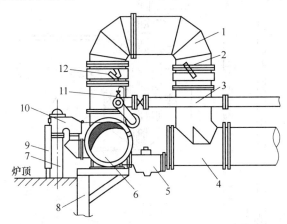

图3-32　集气管与吸气管系统

1—吸气弯臂；2—自动调节翻板；3—氨水总管；4—吸气管；5—焦油盒；6—集气管；
7—上升管；8—炉柱；9—隔热板；10—桥管；11—氨水管；12—手动调节翻板

水封阀用于连接上升管与集气管，并用以切断或接通炭化室通向集气管的煤气。接通或切断的开闭操作靠阀盘的放下或提起来完成的。当阀盘提起时，盘中因喷洒的氨水而产生约 40mm 的水封高度封住炭化室煤气进入集气管；当阀盘倾放时，便失去水封作用而使炭化室中的煤气进入集气管。水封阀座与桥管间是承插结构，有干式承插或水封式承插两种形式。

荒煤气导出设备中的氨水系统是必不可少的。集气管操作台上设置低压氨水总管，从总管接出各喷洒支管至各喷洒点。总管一端接逆止阀并与工业水管相接，各段总管上安装氨水压力表。低压氨水由循环氨水泵房的氨水总管送到焦炉上，喷洒后回流的氨水沿吸气管流至汽液分离器再至机械化氨水澄清槽，经焦油氨水分离后，氨水经中间槽返回循环氨水泵。高压氨水是由单独泵房供到焦炉上的。高压氨水主要用于装煤消烟，高压氨水文管与低压氨水的桥管喷洒管相接，接点处安装三通球阀用以两种氨水切换。另外还有高压氨水清扫管与集气管相接，用于集气管清扫。

7.63m 焦炉炭化室压力采用独特设计的 Proven 系统调节，该系统的设计思想是：与负压约为 300Pa 集气管相连的每个炭化室从开始装煤至推焦的整个结焦时间内的压力可随荒煤气发生量的变动而自动调节，从而实现在装煤和结焦初期，负压操作的集气管对炭化室有足够的吸力，使炭化室内压力不致过大，以保证荒煤气不外泄，而在结焦末期又能保证炭化室内不出现负压。

Proven 装置用于对单个炭化室的压力进行精确调节。该装置如图 3-33 所示，在集气管内，对应每孔炭化室的桥管末端安装一个形状像皇冠的管，上开有多条沟槽，皇冠管下端设有一个"固定杯"，固定杯由三点悬挂，保持水平。杯内设有由执行机构控制的活塞杆及与其相连的杯口塞，同时在桥管设有压力检测与控制装置。炭化室压力调节是由调节杯内的水位也就是荒煤气流经该装置的阻力变化实现的。

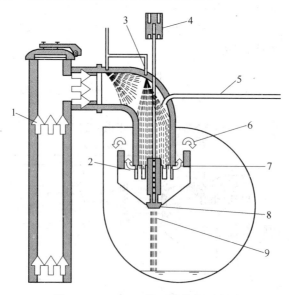

图 3-33　Proven 正常工作状态示意图

1—荒煤气；2—皇冠管沟槽部分水封；3—喷嘴；4—风动活塞；5—快速注水阀；6—调节的气流；
7—满流装置沟槽部分水封；8—固定杯出口；9—通过吸水管的水流

3.3.10 7.63m 焦炉拦焦车

7.63m 焦炉拦焦车如图 3-34 所示。

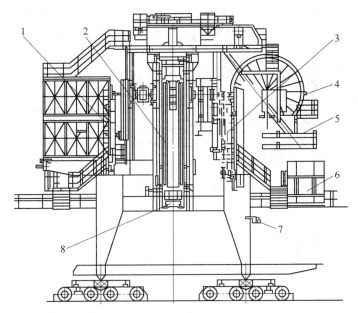

图 3-34 7.63m 焦炉拦焦车示意图

1—清框机；2—导焦栅；3—取门机；4—高压供电装置（高压电缆卷轮）；

5—清门机；6—操作室；7—定位装置；8—尾焦回收翻斗

（1）走行系统。拦焦车内侧轨道设置在地面，外侧轨道设置在高架的支撑梁上。而熄焦车则从拦焦车两轨道之间穿过。每个车轮组含 2 个台车，每个台车有 2 个车轮。总共 8 个台车中 16 个车轮，其中 6 个台车中各有一个车轮为主动轮。制动器和电机的安装支座通过法兰连到减速机箱上。带有弹性轴承的力矩支架通过台车与电机座相连。旋转件上装有保护设备，在两个行走方向上，车轮前端装有犁形靴以保持轨道清洁。

（2）导焦装置。导焦装置主要由一个刚性型钢框架、导焦栅和焦炭引导槽组成，如图3-35 所示。导焦栅的内壁是用可更换 U 形槽板制造并配备有可更换的底板和侧板。导焦槽借助两台液压缸向前推进和返回。在推焦期间，导焦槽由一个液压操作的锁闭装置锁定。在缩回位置，导焦槽将停在熄焦车的上方。导焦槽用不锈钢板罩住，以避免推焦粉尘跑出。在后

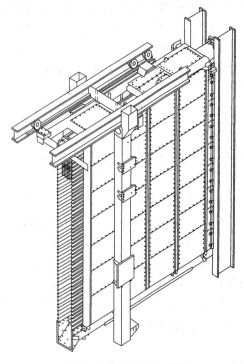

图 3-35 导焦装置示意图

端，护罩延伸到主集尘罩中。而在前端，导焦槽护罩的垂直部分，装有一些弹压式密封条。在导焦槽的后端上部装有一个挡焦饼装置，用于把焦块安全地输送到熄焦车上。

（3）取门装置。取门装置位于导焦装置旁，其由导轨、移动台车、摆动架，取门头组成，如图 3-36 所示。摆动架同台车机械连锁。取门机所有走行和升降移动均采用了带有行程检测功能的液压缸控制，其工作原理与推焦车取门装置基本相似。

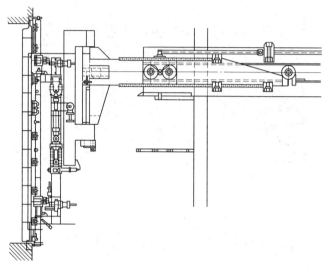

图 3-36　取门机示意图

（4）清门机。清门机的作用是通过刮刀清扫炉门刀边沟槽以及砖槽四周的附着物，该设备位于取门机左侧的钢结构上，其工作原理与推焦车清门装置基本相似。

（5）清框机。清框机位于导焦栅右侧的结构上，由移动台车和清框机头组成。清框机头上有可弹性伸缩的清扫刮板，通过液压缸沿炉框上下移动，完成炉框正面和两侧面的清扫工作。焦炉底部的清扫则靠清框机头底部的可弹性伸缩的刮刀及空气压缩机吹扫炉底来完成。清框机头嵌固在两个导辊支座上，支座可沿焦炉轴向移动位置，因此可适应炉框的不同位置。

（6）散落焦收集系统。散落焦收集装置位于收回后的导焦槽前方，并由一个活动式可倾斜的散落焦收集盘组成，如图 3-37 所示。推焦时，收集盘由液压控制向下旋转约 90°，并前进移动到炭化室门口下部，这样就可以收集推焦产生的散落焦。在炭化室已被关闭之后，散落焦收集盘向后退回并向上倾斜约 90°。将收集的散落焦炭倒进导焦槽中，从而在下一次报焦时可以将这些焦炭推入熄焦车。

（7）推焦除尘装置。拦焦车采用除尘地面站方式除尘，即在拦焦车的外道的架空支架上铺设除尘管与除尘地面站相连，除尘管与拦焦车除尘罩的连接采用皮带密封。除尘管断面为槽形结构，上部用一整条皮带盖住，靠除尘风机的抽吸负压，可以实现很好的密封，位于拦焦车上的皮带提升小车的任务是把皮带向上抬，并在公共集尘罩的管道和集尘管道的未封盖部分的开口之间建立连接。为了密封集尘罩的管道和集尘管道处的开口之间的连接，在皮带提升车上安装了一个专用密封滑座。密封滑座有其自身的滚轮支撑和引导，滚轮是走行在集尘管道的密封法兰上。在主集尘罩的顶部配有一个应急闸板。当主风机的满

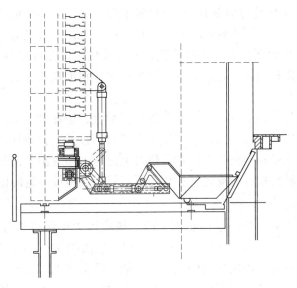

图 3-37　散落焦收集装置示意图

负荷风量不符合要求时，应急闸板自动打开。推焦除尘装置如图 3-38 所示。

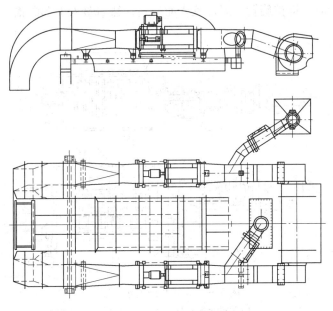

图 3-38　推焦除尘装置示意图

3.3.11　熄焦和筛焦设备

3.3.11.1　焦炭整粒及运焦设备

熄焦后的焦炭由熄焦车卸至晾焦台，焦炭在焦台停留 15~20min，使其水分蒸发和冷却，个别未熄灭的红焦再用水熄灭，然后按顺序放至焦台下面的皮带机上，送去整粒处理。运焦设备主要有晾焦台、放焦机、皮带机等。

（1）晾焦台。晾焦台是与地面成 28°的斜面平台，其下延伸于地面以下。晾焦台通常是用钢筋混凝土浇注的，台面上铺有耐热铸铁或缸砖，台面平整光滑，焦炭能自由滑下。

（2）放焦装置。焦台下部设有放焦装置，旧式放焦装置是许多弓形闸栅，手动放焦，目前多已采用刮板放焦机放焦。在焦台下沿设置许多三角形枝头，形成很多放焦口，有的放焦口下还设置小平台。

放焦机的刮板分为两种形式，一种是与放焦流垂直，堵住放焦口，刮板往返运行使焦炭放出；另一种是与焦炭方向一致，焦炭流至小平台堆存其上，堵住放焦口，当刮板往返运行时，小平台上焦炭被刮至皮带上运走，焦台上焦炭不断放出。刮板放焦机由电机通过减速机驱动，通过曲轴使拉杆按规定的行程往返运行，刮板按一定的位置固定在拉杆上。

3.3.11.2　焦炭整粒设备

为了适应不同用户对焦炭粒度的要求，通常按粒度大小将焦炭分为 80~60mm、60~40mm、40~25mm、25~10mm、小于 10mm 等级别。焦炭的整粒是为了提高冶金焦的机械强度和粒度均匀性，对大块焦炭进行破损处理，使一些强度差、块度大的焦炭，在筛焦过程中就能沿裂纹破碎，并使其粒度均匀。整粒设备主要有切焦机、辊轴筛和共振筛。

（1）切焦机。一般采用切焦机对块度大的焦炭进行整粒，将大于 80mm 的大块焦切割成小于 80mm 的焦炭。切焦机有两个平行的辊子，辊子由贯串在轴上一定数量的圆盘片组成，焦炭进入辊子时，即被旋转的刀片咬入而切断，然后落入下部贮槽。切焦机的结构如图 3-39 所示。

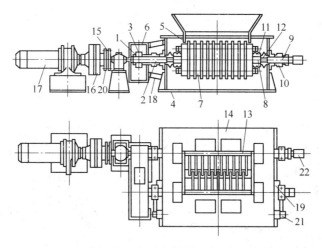

图 3-39　切焦机结构示意图

1—联动齿轮固定钵，2，9—轴；3—联动齿轮；4—机座；5—挡板；6—齿轮箱；7—切削辊；8—辊轴；
10—主动侧轴承座；11—联轴器；12—粉尘密封环；13—加料斗；14—盖板；15—剪断销；16—联轴器和皮革垫；
17—摆线齿轮减速电动机；18—托架；19—传动轴联轴器；20—主动轴联轴器；21—调节轴；22—速度开关

（2）辊轴筛。国内大中型焦化厂主要用辊轴筛筛分混合焦，常用的辊轴筛有 8 轴和 10 轴两种，每个轴上有数片带齿的铸铁轮片，片与片的空隙构成筛孔，根据需要，筛孔尺寸可分为 25mm×25mm，40mm×10mm 两种。筛面倾角通常为 12°~15°，给料粒度一般小于 200mm。辊轴筛具有结构简单、坚固、运转平稳等可靠优点，但存在设备重、结构复杂、筛片磨损快、维修量和金属耗量大、焦炭破损率高等缺点。

（3）共振筛。国产的 SZG 型共振筛的结构是由铺有筛板的筛箱、激振器、上下橡胶缓冲器及板弹簧等组成。静止时，激振器靠自重压在下缓冲器上，使之产生一定的压缩量，激振器通过板弹簧与筛箱连接，其轴是偏心的，轴的两端皮带轮上装有可调的附加配重，激振器与上缓冲器之间有一定的空隙，整个筛子通过 4 个螺栓弹簧支撑在基座上。筛子运转时，由电机通过三角皮带带动激振器的轴旋转，因皮带轮上附有配重，故产生了惯性力，又因偏心轴惯性力的作用，最初激振器离开下缓冲器越过上间隙而打击上缓冲器，使上缓冲器产生一定的压缩量，激振器与下缓冲器之间又形成一定间隙。因激振器偏心轴所引起的周期性变化的惯性力作用，下半周激振器又打击下缓冲器，如此往复循环，筛子在保持稳定振幅的情况下进行筛分作业。共振筛具有结构简单、振幅大、维修方便、筛分效率高、生产能力大、耗电量少、运转平稳、故障少等优点。但共振筛要求给料连续均匀，并要防止超负荷运转和带负荷启动，给料设备到筛面落差要小，以减少物料对筛面的冲击。

3.3.12 焦炉机械

焦炉机械常称为四大车[6]，用以完成焦炉的装煤、出焦、熄焦等。

（1）装煤车：置于炉顶，用于从煤塔取煤并装入炭化室。

（2）推焦车：位于焦炉的机侧，用以完成启闭机侧炉门、推焦、平煤、清扫机侧炉炉门框等。

（3）导焦车：位于焦侧操作台上，用于启闭焦侧炉门、导焦、清扫焦侧炉炉门框等。

（4）熄焦车：位于焦侧，用于接收红焦并送至熄焦塔下将其熄灭，然后放在晾焦台上。采用干法熄焦时没有熄焦车，代之焦罐车。

3.4 焦化工艺及主要技术经济指标

焦化一般指有机物质碳化变焦的过程。在煤的干馏中指高温干馏。焦化主要包括延迟焦化[7]、釜式焦化[8]、平炉焦化[9]、流化焦化和灵活焦化[10]等五种工艺过程。

炼焦化学工业是煤炭化学工业的一个重要部分，煤炭主要加工方法是高温炼焦（950～1050℃）、中温炼焦、低温炼焦三种方法。冶金行业一般采用高温炼焦来获得焦炭和回收化学产品。产品焦炭可作高炉冶炼的燃料，也可用于铸造、有色金属冶炼、制造水煤气；可用于制造生产合成氨的发生炉煤气，也可用来制造电石，以获得有机合成工业的原料。在炼焦过程中产生的化学产品经过回收、加工提取焦油、氨、萘、硫化氢、粗苯等产品，并获得净焦炉煤气、煤焦油、粗苯精制加工和深度加工后，可以制取苯、甲苯、二甲苯、二硫化碳等，这些产品广泛用于化学工业、医药工业、耐火材料工业和国防工业。净焦炉煤气可供民用或作为工业燃料。煤气中的氨可用来制造硫酸铵、浓氨水、无水氨等。炼焦化学工业的产品已达数百种，中国炼焦化学工业已能从焦炉煤气、焦油和粗苯中制取一百多种化学产品，这对中国的国民经济发展具有十分重要的意义。

焦炭质量主要取决于装炉煤性质，也与备煤及炼焦条件有密切关系。在装炉煤性质确定的条件下，对室内炼焦、备煤与炼焦条件是影响结焦过程的主要因素，焦化工艺的主要技术经济指标有以下几个方面。

（1）冶金焦抗碎强度（M_{40} 转鼓指数）。冶金焦抗碎强度是反映焦炭的抗碎性能的指标，以百分比表示，其计算公式为：

冶金焦抗碎强度 $(M_{40})(\%)$

$$= \frac{逐日（月）[试验后块度 > 40mm 所占的百分比(\%) \times 冶金焦产量(t)] 之和}{冶金焦总产量(t)} \times 100\%$$

计算说明：按规定水分（水量）计算。采用国外转鼓试验的，按实际情况计算，并加以说明。

（2）冶金焦抗碎强度（M_{25} 转鼓指数）。冶金焦抗碎强度是反映焦炭的抗碎性能的指标，以百分比表示。其计算公式为：

冶金焦抗碎强度 $(M_{25})(\%)$

$$= \frac{逐日（月）[试验后块度 > 25mm 所占的百分比(\%) \times 冶金焦产量(t)] 之和}{冶金焦总产量(t)} \times 100\%$$

（3）冶金焦耐磨强度（M_{10} 转鼓指数）。冶金焦耐磨强度是反映焦炭的耐磨性能的指标，以百分比表示。其计算公式为：

冶金焦耐磨强度 $(M_{10})(\%)$

$$= \frac{逐日（月）[试验后块度 < 10mm 所占的百分比(\%) \times 冶金焦产量(t)] 之和}{冶金焦总产量(t)} \times 100\%$$

计算说明：按规定水分（水量）计算，采用国外转鼓试验的，按实际情况计算，并加以说明。此指标实质上是磨损率，指标值越小越好。

（4）冶金焦灰分。冶金焦灰分，是指冶金焦炭中含灰量所占的百分比。其计算公式为：

$$冶金焦灰分(\%) = \frac{冶金焦中所含灰分总量(t)}{冶金焦总产量（干基）(t)} \times 100\%$$

（5）冶金焦硫分。冶金焦硫分，是指冶金焦中含硫量所占的百分比，其计算公式为：

$$冶金焦硫分(\%) = \frac{冶金焦中所含硫分总量(t)}{冶金焦总产量（干基）(t)} \times 100\%$$

（6）冶金焦合格率。冶金焦合格率，是指检验合格的冶金焦占冶金焦检验总量的百分比。冶金焦各种质量指标中，有一项不符合国家规定标准即视为不合格品。

$$冶金焦合格率(\%) = \frac{冶金焦检验合格量(t)}{冶金焦检验总量(t)} \times 100\%$$

（7）全焦率。全焦率（成焦率），是指入炉煤干馏后所获得的焦炭数量占入炉煤量的百分比，其计算公式为：

$$全焦率(\%) = \frac{全部焦炭产量（干基）(t)}{入炉煤总量（干基）(t)} \times 100\%$$

（8）冶金焦率。冶金焦率，是指冶金焦产量占经筛分的全部焦炭产量的百分比。其计算公式为：

$$冶金焦率(\%) = \frac{冶金焦炭量（干基）(t)}{全部焦炭产量（干基）(t)} \times 100\%$$

计算说明：冶金焦产量是指大于 25mm 的焦炭产量。

（9）炼焦耗洗精煤。炼焦耗洗精煤，是指工艺上每生产 1t 焦炭（全焦干基）耗用的湿洗精煤数量（包括计价水，但不包括库耗、途耗）。其计算公式为：

$$炼焦耗洗精煤（t/t）= \frac{不包括库耗、途耗（t）}{全部焦炭产量（干基）（t）} \times 100\%$$

（10）吨焦耗洗精煤。吨焦耗洗精煤，是指每生产 1t 焦炭（全焦干基）所耗用的湿洗精煤量（含计价水，包括库耗、途耗）。其计算公式为：

$$吨焦耗洗精煤（吨/吨）= \frac{洗精煤耗用量（含计价水，包括库耗、途耗）（t）}{全部焦炭产量（干基）（t）} \times 100\%$$

（11）炼焦耗热量。炼焦耗热量，是指一千克入炉煤炼成焦炭需要供给焦炉的热量。为便于比较，一般使用换算为 7% 水分的湿煤耗热量计算。其计算公式为：

当量干煤炼焦耗热量（GJ/kg）

$$= \frac{加热煤气量（标态）（m^3）\times 煤气热值（标态）（GJ/m^3）}{实际干煤装炉量（kg）} \times 100\%$$

计算说明：加热煤气流量应进行交换时间的校正（K 换），当焦炉加热用煤气的实际温度和压力与设计所选用的一致时，流量表刻度盘上的读数就是标准状态下的流量，否则还应进行温度校正（KT）和压力校正（KP）。

使用混合煤气加热时，应按所消耗的各种煤气量及其热值进行加权算术平均计算。

（12）炼焦工序单位能耗。炼焦工序净耗能总量是指工艺生产系统的备煤车间（不包括洗煤）、厂内部原料煤的损耗、炼焦车间、回收车间（冷凝鼓风、氨回收、粗苯、脱硫脱氰、黄血盐）辅助生产系统的机修、化验、计量、环保等，以及直接为生产服务的附属生产系统的食堂、浴池、保健站、休息室、生产管理和调度指挥系统等所消耗的各种能源的实物量，扣除回收外供能源，并折成标准煤。

炼焦工序能耗是指生产 1t 焦炭（干基）所消耗的能量。其计算公式为：

工序能耗（标煤）（kg/t）

$$= \frac{\begin{array}{c}原料煤折 \\ 标准煤（kg）\end{array} - \begin{array}{c}焦化产品外 \\ 供量折标准煤（kg）\end{array} + \begin{array}{c}加工能耗 \\ 折标准煤（kg）\end{array} - \begin{array}{c}余热回收外供量 \\ 折标准煤（kg）\end{array}}{全部焦炭（干基）产量（吨）}$$

计算说明：分子即为炼焦工序净耗能总量；原料煤为装入焦炉的干洗精煤量；焦化产品外供量是指供外厂（车间）的焦炭、焦炉煤气、粗焦油、粗苯等数量；加工能耗是指高炉煤气、水、电、蒸汽、压缩空气；余热回收外供量，如供应外工厂（车间）的蒸汽数量等。

（13）炼焦工人实物劳动生产率。炼焦工人实物劳动生产率，是指炼焦车间（工段）每一炼焦工人及学徒在报告期内所生产的焦炭数量，其计算公式为：

$$炼焦工人实物劳动生产率（t/人）= \frac{全部焦炭产量（干基）（t）}{炼焦工人及学徒平均人数（人）} \times 100\%$$

（14）焦炉炭化室炼焦周转时间。焦炉炭化室炼焦周转时间，是指在报告期内平均每孔炭化室炼焦周转一次所需要的时间。其计算公式为：

$$周转时间（h，min）= \frac{实际作业时间（h）}{实际出炉总炉孔数（炉孔）} \times 100\%$$

计算说明：实际作业时间（h）= 日历时间×24（h）×焦炉设置孔数。

（15）焦炭水分。焦炭水分，是指焦炭中含水分的数量占焦炭总量的百分比。其计算公式为：

$$焦炭水分（\%）= \frac{焦炭所含水分总量（t）}{焦炭总产量（t）} \times 100\%$$

计算说明：按规定需对焦炭中不同块度焦炭分别在计量部位取样化验。全日焦炭水分可按班以简单算术平均法计算；全月（年）焦炭水分应按日（月）加权算术平均法计算。

（16）冶金焦挥发分。冶金焦挥发分，是指冶金焦炭中含有挥发物的数量占冶金焦总产量的百分比。其计算公式为：

$$冶金焦挥发分（\%）= \frac{冶金焦所含挥发分总量（干燥无灰基）（t）}{冶金焦总产量（干基）（t）} \times 100\%$$

计算说明：焦炭挥发分是按有关规定经试验分析取得，当产量相差不大、数值波动较小时，可用简单算术平均计算，否则应按加权算术平均计算。

（17）焦炭块度率。焦炭块度率，是指不同块度级别的焦炭占全部焦炭产量的百分比。其计算公式为：

$$块度率（\%）= \frac{某种块度规格焦炭量（干基）（t）}{经筛分的全部焦炭产量（干基）（t）} \times 100\%$$

计算说明：某种块度规格焦炭量，是指大于 40mm、25~40mm、10~25mm、小于 10mm 等焦炭按不同规格计算焦炭块度率。

（18）炼焦其他物料消耗。其他物料包括煤气、新水、电力、蒸汽等。其消耗是指每生产 1t 焦炭耗用某种物料的数量。其计算公式为：

$$煤气（GJ/t）= \frac{全厂煤气耗用量（GJ）}{焦炭产量（干基）（t）}$$

$$新水（kg/t）= \frac{全厂新水耗用量（kg）}{焦炭产量（干基）（t）}$$

$$电（kW \cdot h/t）= \frac{全厂电力耗用量（kW \cdot h）}{焦炭产量（干基）（t）}$$

$$蒸汽（GJ/t）= \frac{全厂蒸汽耗用量（GJ）}{焦炭产量（干基）（t）}$$

$$压缩空气（m^3/t）= \frac{全厂压缩空气耗用量（m^3）}{焦炭产量（干基）（t）}$$

炼焦其他物料消耗是指全厂的耗用量（包括回收系统等）。在计算车间消耗指标时，除炼焦车间按焦炭量计算外，其他车间则按产品系统进行计算，即子项为生产该产品的水、电、煤气等消耗总量，母项为该产品产量。

（19）每孔装煤量。每孔装煤量，指报告期内平均每孔炭化室一次装入的干煤量，其计算公式为：

$$每孔平均装煤量（t/孔）= \frac{装入煤总量（干基）（t）}{出炉孔数（孔）}$$

（20）焦炉能力利用率。焦炉能力利用率，是反映焦炉在报告期内实际焦炭产量与设计能力差距情况的指标。其计算公式为：

$$焦炉能力利用率(\%) = \frac{实际焦炭产量(全焦、干基)(t)}{按设计参数计算的焦炭产量(全焦、干基)(t)} \times 100\%$$

（21）焦炉炭化室有效容积利用系数。焦炉炭化室有效容积利用系数，亦称焦炉日历利用系数，指焦炉在日历工作时间内每立方米炭化室有效容积平均每日所生产的全焦合格产量，是综合反映焦炉生产技术、管理水平高低的重要指标。焦炉孔数和炭化室有效容积按设计规定计算。全厂各焦炉孔数及其炭化室有效容积大小不一时，先按有效容积相同的焦炉计算其利用系数，再按各种炭化室总有效容积为权数，用加权算术平均法计算出全厂综合利用系数。其计算公式为：

$$焦炉炭化室有效容积利用系数(t/(m^3 \cdot d))$$
$$= \frac{合格全焦产量(干基)(t)}{焦炉孔数 \times 每孔炭化室有效容积(m^3) \times 日历日数(d)}$$

（22）结焦时间（炭化时间）。结焦时间，指某炭化室装煤时平煤杆进入小炉门到推焦时推焦杆与焦炭接触开始推焦的全部间隔时间，其计算公式为：

$$结焦时间(h/炉孔) = \frac{结焦时间(h/炉孔)}{实际出炉总孔数(炉孔)}$$

计算说明：子母项的统计时间要一致。实际结焦总时间指在统计时间内所推焦的各炉的结焦时间总和。计算多座焦炉的平均结焦时间，应按加权算术平均计算。

（23）计划系数（K_1）。计划系数是反映炼焦炉结焦时间变化情况的指标，用 K_1 表示。其计算公式为：

$$计划系数(K_1) = \frac{每班计划推出炉孔数 - 计划和规定结焦时间相差 \pm 5min 以上的炉孔数}{每班计划推出炉孔数}$$

（24）执行系数。执行系数是反映焦炉推焦操作正常与否的指标，用 K_2 表示。其计算公式为：

$$执行系数(K_2) = \frac{每班实际推出炉孔数 - 实际和计划推焦时间相差 \pm 5min 以上的炉孔数}{每班计划推出炉孔数}$$

（25）总推焦系数（K_3）。总推焦系数是反映炼焦车间（工段）在执行规定的结焦时间等方面管理水平的指标，用 K_3 表示。其计算公式为：

$$总推焦系数(K_3) = 计划系数(K_1) \times 执行系数(K_2)$$

推焦时间是以推焦杆接触焦饼开始推焦的时间计算，装煤时间是以平煤杆开始进入小炉门的时间计算。检修炉和缓冲炉除外。

（26）装煤系数。装煤系数是反映装煤均匀程度的指标，其计算公式为：

$$装煤系数 = \frac{本班实际装煤炉孔数 - 和规定装煤相差 \pm 200kg 的炉孔数}{本班实际装煤炉孔数}$$

（27）温度均匀系数（$K_{均匀}$）。温度均匀系数，指焦炉测温火道平均温度的均匀系数，它是反映焦炉加热均匀程度的指标，用 $K_{均匀}$ 表示。其计算公式为：

$$K_{均匀} = \frac{2M - (A_{机} + A_{焦})}{2M}$$

式中，M 为焦炉燃烧室数；$A_{机}$、$A_{焦}$ 分别为机侧与焦侧测温火道温度超过平均温度$\pm 20℃$

（边炉为±30℃）的个数。计算说明：检修炉和缓冲炉除外。

（28）温度安定系数（$K_{安定}$）。温度安定系数，可以反映焦炉测温火道平均温度的稳定性，用 $K_{安定}$ 表示，其计算公式为：

$$K_{安定} = \frac{2N - (A_{机} + A_{焦})}{2N}$$

式中，N 为在所分析的期间内直行温度的测量次数。$A_{机}$、$A_{焦}$ 分别为机侧、焦侧直行平均温度与加热制度规定的温度标准偏差超过±7℃的次数。

（29）炉头温度系数（$K_{炉头}$）。炉头温度系数是反映炉头火道温度均匀程度的指标，用 $K_{炉头}$ 表示。其计算公式为：

$$K_{炉头} = \frac{焦炉机、焦侧炉头火道数 - 不合格数}{焦炉机、焦侧炉头火道数}$$

计算说明：不合格数指机、焦侧炉头火道温度分别与其炉头平均温度差±50℃以上的火道数。炉头平均温度是指包括边炉在内的全部炉头火道温度的平均温度。

（30）横排温度系数（$K_{横排}$）。横排温度系数，是反映燃烧室横向温度均匀程度，用 $K_{横排}$ 表示，其计算公式为：

$$K_{横排} = \frac{规定横排温度测量火道数 - 不合格数}{规定横排温度测量火道数}$$

计算说明：不合格数指实测温度与标准线温度分别相差±20℃（单排）、±10℃（十排）、±7℃（全炉）以上的数。

参 考 文 献

[1] 裴贤丰，王晓磊. 配煤炼焦 [M]. 北京：中国石化出版社，2015.
[2] 侯祥麟. 中国页岩油工业 [M]. 北京：石油工业出版社，1984：8.
[3] 严希明. 焦炉科技进步与展望 [M]. 北京：冶金工业出版社，2005：11.
[4] 潘立慧，魏松波. 炼焦技术问答 [M]. 北京：冶金工业出版社，2007：1.
[5] 薛正良. 钢铁冶金概论 [M]. 北京：冶金工业出版社，2008：8.
[6] 杨建华，阚兴东，石熊保. 炼焦工艺与设备 [M]. 北京：化学工业出版社，2006：5.
[7] 汪华林，杨强. 延迟焦化生产技术进展 [M]. 上海：华东理工大学出版社，2010：10.
[8] 李俊岳. 釜式焦化的操作 [M]. 北京：石油工业出版社，1959：11.
[9] 抚顺石油学院炼制教研组. 石油及低温焦油炼制工学 [M]. 北京：中国工业出版社，1961：6.
[10] 加里，汉德韦克，凯泽，等. 石油炼制技术与经济 [M]. 5 版. 北京：中国石化出版社，2013：6.

$\boldsymbol{4}$ 高炉炼铁

4.1 高炉炼铁实习目的、内容和要求

（1）实习目的。

1）了解高炉炼铁生产工艺流程、各生产车间平面布置，了解炼铁车间主要设备结构、特点和作用，了解高炉冶炼的工艺流程和操作指示；

2）适当参加生产劳动，以便掌握一定的烧结生产和炼铁生产诸环节的基本操作技能，为以后走上工作岗位打下一定基础；

3）努力向现场操作人员学习分析、判断、处理高炉日常炉况以及遇到的有关技术问题，培养自己主动思考、分析、解决实际问题的能力，并将自己分析的结论与实际生产对照；

4）通过生产实习，加深对所学专业的了解和热爱。结合自身不足加强专业知识的学习、运用。

（2）实习内容。

1）工艺与操作方面。

①了解实习高炉的组成（包括高炉本体、上料系统、布料系统、送风系统、喷吹系统、渣铁处理系统、煤气除尘系统等）；

②高炉原燃料的化学成分、物理性质及允许波动范围；

③进入矿、焦槽前原燃料的输入形式，矿、焦槽的作用；

④炉料从矿、焦槽送到高炉炉顶的方式；

⑤炉料从矿、焦槽送到炉顶温度和废气温度的控制与调节；

⑥高炉炉顶布料方式；

⑦高炉不正常炉况（休风、崩料等）时，其他操作手段的配合使用；

⑧初步了解实习单位的高炉制定的基本操作制度（装料、上料、鼓风、造渣、炉缸热制度）及其依据；

⑨喷吹系统的流程和种类，煤粉的制作及粒度范围，喷吹煤种，喷吹量的控制，喷煤比的意义；

⑩高炉操作室记录仪表的内容、含义，各种仪器仪表（风温、风量、风压、透气性指数等）的作用，有关测量点和煤气取样孔的位置；

⑪结合所学知识，在工长指导下，判断生产中的炉况，并了解正常炉况与失常炉况（炉凉、炉热、悬料、崩料、管道）的判断方法及调节措施；

⑫了解实习高炉炼铁厂历年来的技术经济指标（利用系数、焦比、冶炼强度、焦炭负荷、休风率、鼓风量、风温、风压、冶炼周期、硫负荷、计算碱负荷等）；

⑬了解渣铁口的维护，出铁、出渣操作，铁口堵泥的配制；

⑭了解上料、料罐开启、料尺提升的相对顺序；

⑮了解炉顶煤气的流量，高压阀组的位置及调节作用；

⑯了解实习高炉余热回收和废弃物（如高炉渣等）利用情况；

⑰绘出高炉车间工艺流程图。

2）设备方面。

①贮矿槽及贮焦槽的布置、个数、容积，槽下给料设备及清理情况，料坑的作用及内部布置、矿槽称量布置；

②高炉上料系统的作用及其组成，胶带运输机的运动情况；

③鼓风机特性（类型、能力、机炉配合），送风系统及各阀门的结构、作用，热风炉的结构、作用、工作状态，并绘出鼓风机和热风炉的示意图；

④高炉布料器、大小钟（或旋转溜槽）的位置和作用、动静部分的配合，炉顶的密封，并绘出示意图；

⑤高炉各段冷却设备的名称、使用水压、水量，绘出实习高炉使用的几种冷却设备示意图；

⑥至净煤气总管为止的整个煤气系统的所有设备（包括重力除尘器、洗涤塔、文氏管、脱水器、布袋除尘等）的工作原理、结构及有关各阀门的作用，并绘出示意图；

⑦风口、渣口、铁口的结构和作用，了解炉前开口机、堵渣机、泥炮的工作情况，弄清撇渣器的所在位置及工作原理；

⑧炉前、水冲渣处理渣的设备；

⑨喷吹系统设备，并绘出示意图。

4.2　高炉炼铁工艺流程及炼铁车间布置

高炉炼铁是重要的工业生铁生产方法，生铁产量约占全世界生铁总产量的 97% 以上。高炉炼铁是一个复杂且庞大的过程，首先是消耗的物料数量大，以一座日产 1 万吨生铁的高炉为例，每天需消耗矿石和焦炭 2.2 万吨，消耗预热空气 1100 万立方米，其他还要消耗大量的煤、重油、电力、耐火材料、水等资源。每日排放高炉煤气约 1500m³，排放液态炉渣约 0.3 万~0.5 万吨。

4.2.1　高炉炼铁工艺流程

自然界的铁绝大多数是以铁的氧化物态存在矿石中，如赤铁矿（Fe_2O_3）、磁铁矿（Fe_3O_4）等。高炉炼铁就是从铁矿石中将铁还原出来，并熔炼成液态生铁。还原铁矿石需要还原剂，为了使铁矿石中的脉石生成低熔点的熔融炉渣排出，必须有足够的热量并加入熔剂石灰石。在高炉炼铁中，还原剂和热量都是由燃料与鼓风供给的。目前所用的燃料主要是焦炭，有的高炉还从风口喷入重油、天然气、煤粉等其他燃料，以代替部分焦炭。为了提高矿石品位及利用贫矿资源，矿石要经过选矿、烧结，制成烧结矿或球团矿供高炉冶炼。

高炉炼铁是用还原剂（焦炭、煤等）在高温下将铁矿石或含铁原料还原成液态生铁的过程。高炉炼铁生产工艺流程如图 4-1 所示。冶炼过程中，铁矿石、焦炭和石灰石等炉料从炉后贮料槽排出，进行槽下筛分粉末并称量，然后通过斜桥或胶带机送至高炉炉顶，再通过炉顶布料和装料设备将炉料分批装入炉内。由高炉鼓风机送来的风经过热风炉加热到 1100~1300℃，从高炉风口进入炉缸。这时，喷吹燃料通过喷枪也从风口与热风一起进入炉缸。炉料中的碳素和喷吹物中的可燃物在风口前与鼓风中的氧气产生燃烧反应，放出大量热量，生成含有 CO 和 H_2 的高温还原性煤气，在炉内煤气和炉料的相向运动中，相互间发生一系列的十分复杂的物理化学变化，最后生成合格的生铁和终渣，汇集于炉缸。熔渣由于密度小而浮于铁水上面。铁水定时从出铁口放出，通过出铁沟、渣铁分离器及流嘴流入铁水罐车，送往炼钢车间。熔渣定时从渣口放出，然后进行干渣或水淬炉渣处理。高炉煤气从高炉炉顶煤气导出口排出，进入煤气除尘系统进行净化处理后作热风炉和煤气发电的燃料。

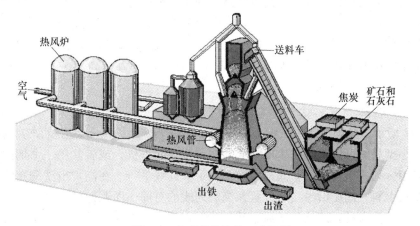

图 4-1　典型高炉炼铁工艺流程

4.2.2　高炉炼铁车间平面布置

高炉车间平面布置主要包括高炉、出铁场、热风炉、铁路运输线以及辅助设施等的布置。

高炉有大中小型三级，我国高炉从 $100m^3$ 开始到 $5000m^3$ 形成完整的系列。小于 $500m^3$ 容积的高炉已逐渐被淘汰。对于大、中型联合企业进行高炉车间平面布置时应考虑的建筑物、构筑物和工艺装备等主要有贮矿场、贮矿槽、上料系统、高炉及出铁场、热风炉、铸铁机、铁水罐修理库、碾泥机室、水渣处理系统和生铁块仓库等。在小型钢铁企业或独立的炼铁厂还要考虑鼓风机、锅炉房、煤气清洗和循环水池等。由于各厂原料、燃料条件和炉容大小不同，以及厂区地形，地势各异，所以平面布置也不同。

高炉包括炉体和出铁场、热风炉组、上料系统、煤气清洗系统、渣铁处理系统等。铁矿石、焦炭、熔剂等原、燃料从炉顶装入。以往的上料系统有贮矿（焦）槽、料车坑、称量车、斜桥和卷扬机等。现代的大型高炉采用带式机直接从贮矿（焦）槽向炉顶供料，使用计算机控制，更为准确灵敏。炉缸部分有风口、出铁口、出渣口。送风系统包括风机、热风炉、送风管道等。一座高炉配备三座热风炉，两座燃烧加热，一座送风预热。高炉除尘系统有重力除尘器、洗涤塔、文氏管除尘等，高炉煤气经过洗涤，供热风炉、焦炉、炼钢、轧钢使用。从出铁口流出的铁水经铁沟流入铁水罐车，运至炼钢车间或铸铁机。从渣口流出的熔渣经渣沟流至冲渣装置或干渣坑，冲成的水渣或干渣外运供水泥厂。

4.2.2.1　高炉炼铁车间平面布置应遵循的原则

（1）在工艺合理、操作安全、满足生产的条件下，应尽量紧凑，并合理地共用一些设备与建筑物，以求少占土地和缩短运输线、管网线的距离；

（2）有足够的运输能力，保证原料及时入厂和产品（副产品）及时运出；

（3）车间内部铁路、道路布置要畅通；

（4）要考虑扩建的可能性，在条件可能的情况下留一座高炉的位置。在高炉大修、扩建时施工安装作业及材料设备堆放等不得影响其他高炉正常生产。

4.2.2.2　高炉车间的布置

高炉车间的平面布置形式主要是按铁路线的布置来区分的。有停罐线（包括铁水罐车或渣罐车）、运输线（要求渣铁分线，空罐重罐分线，以保证车流方向一致）和调度线。高炉平面布置最常见的形式有四种，即一列式、并列式、岛式和半岛式。一列式和并列式布置只适用于中小型高炉建设，岛式和半岛式布置适用于大型高炉，一般常采用半岛式布置。

A　一列式布置

如图 4-2 所示，高炉与热风炉中心线在同一列线上，出铁场布置在高炉炉列线上。这种布置对中小型高炉可以共用一个出铁场和炉前桥式起重机，或者共用一个烟囱和热风炉值班室。采用一列式布置时，车间铁路线与高炉炉列线平行。在高炉出铁侧布置形式多数是采用料车式上料，储矿槽平行地设置在高炉列线的对面，而贮矿场也是常常平行地设在储矿槽外侧。碎焦仓设在矿槽与渣线之间，或设在储矿槽外侧与贮矿场相交处。炉前所用的辅助材料，如沟泥、炮泥、河沙、焦粉等，则由火车运到渣罐或铁罐停放线，然后由炉前吊车运到炉台上。另外，在高炉出铁侧布置有铁水罐车的停放线和铁水罐车的走行线，在出渣侧布置有渣罐车的停放线和走行线，或水力冲渣设备，它们都是直通的，只有到这一组高炉尽头才互相连通起来。

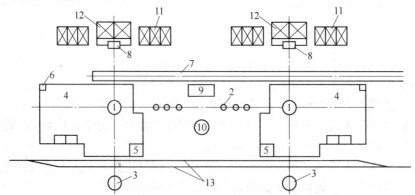

图 4-2　一列式高炉平面布置示意图

1—高炉；2—热风炉；3—重力除尘器；4—出铁场；5—高炉计器室；6—休息室；
7—水渣沟；8—卷扬机室；9—热风炉计器室；10—烟囱；11—储矿槽；
12—储焦槽；13—铁水罐车停放线

两座高炉之间的距离主要取决于热风炉与高炉、各热风炉之间的距离，以及铁沟、渣沟的流嘴数目及其布置，而高炉组宽度主要取决于风口平台或出铁场的宽度，以及铁路线的条数。采用这种布置形式时一般都采用轨距为1435mm的标准轨，相邻两铁路间距不小于4500mm。当线路中间有支柱时，则间距为4600mm另加支柱尺寸。

采用这种布置形式的高炉间距较大，间距跨度较小，可共用一些设备和构筑物，节约投资，布置紧凑。但当生产量大，高炉数目多时，运输不方便，特别当其中一座高炉在检修时，调度复杂。我国一些中小型高炉车间和部分大型高炉车间（2000m^3）采用了这种布置形式。

B 并列式布置

它的实质是一列式布置的变换形式，不同点是高炉出铁场为一列，热风炉为另一列，并且相互平行，出铁场布置在高炉列线上，如图4-3所示，这种布置缩短了高炉间的距离，使车间长度较短，车间跨度较大，布置紧凑。但是运输调度极为不方便，一般多用于中小型高炉车间。由于近来增加铁路线股数，每段行车线和走行线都与X形道岔相连，专供高炉使用，高炉间距可适当地大一些，这样改造的设计可应用在较大的高炉上。

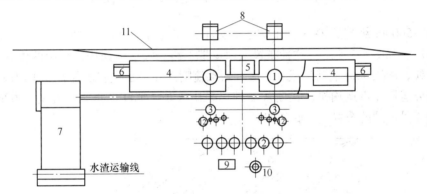

图4-3 并列式高炉平面布置示意图

1—高炉；2—热风炉；3—除尘器；4—出铁场；5—高炉计器室；6—炉前工人休息室；
7—水渣沟（或水渣池）；8—卷扬机室；9—热风炉计器室；10—烟囱；11—洗涤塔；12—洗涤塔

C 岛式布置

20世纪50年代初应用于苏联，我国武钢、包钢也采用这种形式。图4-4是岛式布置的形式之一。它的特点是用料车上料，高炉的出铁场、热风炉的中心线与车间的铁路线的交角决定于铁路道岔所允许的角度，一般成11°~13°。每座高炉和它的出铁场、热风炉等自成体系。每座高炉及其热风炉组、出铁场、渣铁罐停放线等与车间两侧的运输干线相连，不受相邻高炉影响，因而运输能力大，而且灵活，车间设有专用的除尘器清灰线和辅助线路。

这种布置高炉间距较大，不设公用建筑物，延长管线，不容易实现炉前水力冲渣，其基建投资费用比并列式增加2%~3%，它适用于1000m^{3}以上而且炉子座数较多的车间。岛式布置最大的优点是每座高炉都有独立的渣铁罐停放线，可以从两个方向配罐和从一侧调车到另一侧。因此可以极大地提高铁路的通过能力和灵活性。

现代化的高炉车间特点是炉子数目少，但生产率高，年产300万~600万吨的炼铁厂

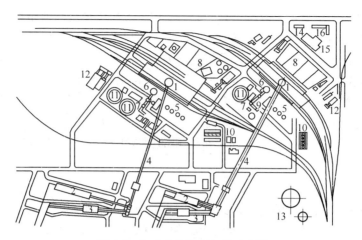

图 4-4　岛式高炉平面布置示意图

1—高炉及出铁场；2—贮焦槽；3—贮矿槽；4—中继槽；5—热风炉；6—除尘器；7—文氏管；
8—干渣坑；9—计器室；10—循环水设施；11—浓缩池；12—出铁场除尘设施；
13—煤气罐；14—修理中心；15—修理场；16—总值班室

只要 3200~5000m³ 级高炉 2~3 座足够了。为了适应这种大型高炉的需要，岛式布置又有了新的发展，如图 4-5 所示。这种布置采用皮带上料，圆形出铁场，高炉两侧各有两条铁水罐停放线，配用 300t 混铁炉或铁水罐和摆动流嘴。在炉子左右还各有一座炉前水冲渣设施，水渣外运用皮带运输机，瓦斯灰清理仍采用火车。苏联新里别斯克的 3200m³ 高炉和我国武钢 4 号高炉的布置均与此相似。

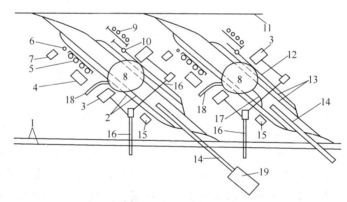

图 4-5　圆形出铁场的高炉平面布置图

1，11—铁水罐走行线；2，13—铁水罐停放线；3—炉前水冲渣设施；4—高炉计器室；5—热风炉；
6—烟囱；7—热风炉风机站；8—圆形出铁场；9—煤气除尘设备；10—干式除尘设备；
12—清灰铁路线；14—上料皮带机；15—炉渣粒化用压缩空气站；16—运出水渣皮带机；
17—辅助材料运输线；18—上炉台的公路；19—矿槽栈桥

D　半岛式布置

半岛式布置是岛式布置与并列式布置的过渡。如图 4-6 所示，出铁场与铁水罐车停放线垂直。铁路线不贯通。近些年来，日产万吨以上高炉多采用此种布置形式，马钢 1 号和 2 号高炉车间即采用这种平面布置形式，上海宝钢采用类似的布置形式。

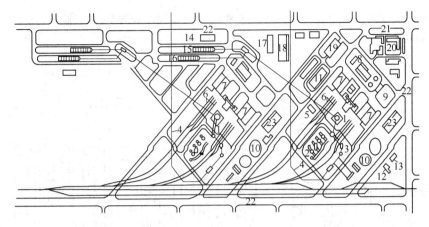

图 4-6 半岛式高炉平面布置示意图

1—高炉；2—热风炉；3—除尘器；4—净煤气管道；5—高炉计器室；6—铁水罐停放线；7—干渣坑；
8—水淬电器室；9—水淬设备；10—沉淀室；11—炉前除尘器；12—脱水机室；13—炉底循环水槽；
14—原料除尘室；15—储焦槽；16—储矿槽；17—备品库；18—机修室；19—碾泥机室；
20—厂部；21—生活区；22—公路；23—水站

采用半岛式布置时，每座高炉都有单独的有尽头的铁水罐停放线，这对于具有多出铁口和出铁场的大型高炉车间提高产品运输能力是有益的。每个铁口均设有两条独立的配车停放线路。高炉设 N 个出铁口，炉前配备 $2N$ 条停放线。在铁水罐停放线上设有摆动流嘴，出一次铁可以放置几个铁罐，而不增加支流铁水罐的长度，每一个出铁口的铁沟下面均可停放容量达 250~300t 的混铁炉型铁水罐车。高炉和热风炉的列前线与车间调度线（干线）成一定夹角，可达到 45°。出铁场与停罐线垂直相交，可以由两条以上的停罐线。将铁水运往氧气转炉车间。一般不设渣口。液态炉渣从炉内直接排到高炉附近的干渣坑，炉渣于坑内冷却后破碎。用大型汽车运出车间作为建筑材料，或在炉前直接冲水渣。

4.2.2.3 炼铁厂的主要运输方式

炼铁厂的运输方式主要有以下几种：

（1）有轨运输，最常见的是标准轨（轨距 1435mm）铁路运输。其特点是运输量大，速度快，不受气候条件影响，连续性强，适用于运输量大、高温及沉重的货物。

（2）无轨运输，包括汽车、拖车、自动装卸车、起重运输车等。

（3）水路运输，特点是运输量大、运费低、设备少、维修简单。

（4）特种运输，包括传送带运输、管道及水利运输、索道及绳索牵引运输等。现代化大型高炉的运输方式通常是：焦炭、烧结矿、球团矿通过皮带运输进入储焦槽和储矿槽，通过斜桥料车或皮带上料；生铁通过铁路运输；炉渣冲水渣后，通过皮带、铁路或汽车运出车间，干渣通常由汽车运输；辅助材料运输采用公路或铁路运入，粉尘及粉矿通过皮带、汽车或铁路运出公路车间。

4.3 高炉炼铁主要设备及功能

高炉是一种具有连续生产能力的竖式鼓风炉，目前炼钢和铸造所用的生铁绝大部分是由高炉炼铁系统生产的。一个大型的炼铁生产工艺流程中的设备主要由以下几大部分组成，即高炉本体系统、原料供应系统、送风系统、煤气净化系统、渣铁处理系统和高炉喷吹系统，如图 4-7 所示。

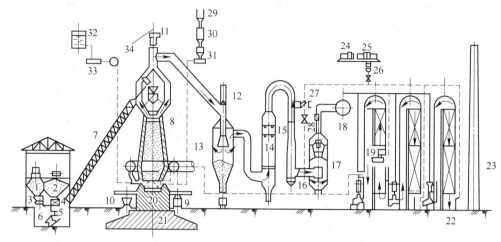

图 4-7 高炉炼铁主要设备

1—储矿槽；2—焦仓；3—称量车；4—焦炭筛；5—焦炭称量漏斗；6—料车；7—斜桥；8—高炉；9—铁水罐；
10—渣罐；11—放散阀；12—切断阀；13—除尘器；14—洗涤塔；15—文氏管；16—高压调节阀；
17—灰泥捕集器（脱水器）；18—净煤气总管；19—热风炉；20—基墩；21—基座；22—热风炉烟道；
23—烟囱；24—蒸汽透平；25—鼓风机；26—放风阀；27—混风调节阀；28—混风大闸；
29—收集罐；30—储煤罐；31—喷吹罐；32—储油罐；33—过滤器；34—油加压泵

4.3.1 高炉本体系统

高炉本体是冶炼生铁的主体设备，包括高炉基础、高炉炉衬、冷却设备、高炉炉壳、高炉支柱及高炉炉顶框架等。其中炉基为钢筋混凝土和耐热混凝土结构，炉衬用耐火材料砌筑，其余设备均为金属结构件。高炉本体设计的先进、合理是实现优质、低耗、高产、长寿的先决条件，也是高炉辅助系统设计和选型的基础。

4.3.1.1 高炉内型

高炉内型主要与装备水平、原燃料和冶炼条件、操作制度以及炉顶压力有关。高炉炉型在实际生产过程中不是一成不变的，一般定义开炉时的炉型为建筑炉型，实际生产后发生变化的炉型称为操作炉型。生产实践表明，在其他冶炼条件相同的情况下，炉龄中期形成的操作炉型比开炉初期的建筑炉型更能适应于高炉冶炼规律。现代高炉内型一般是由炉缸、炉腹、炉腰、炉身以及炉喉组成，即所谓的五段式高炉，其结构如图 4-8 所示。

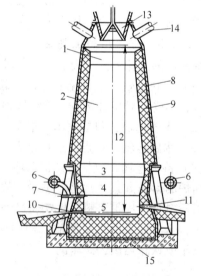

图 4-8 高炉内型结构示意图

1—炉喉；2—炉身；3—炉腰；4—炉腹；5—炉缸；
6—围管；7—风管；8—炉壳；9—炉衬；10—出铁口；
11—出渣口；12—高炉有效高度；13—装料设备；
14—煤气上升管；15—炉底

　　五段式高炉是经过长期生产实践总结出来的，完全符合冶炼工艺的要求。它与炉料和煤气两大流体在炉内运动规律相适应，竖立的炉体使炉料借重力作用而自动下降，在下降的同时又会与上升的煤气流接触，在接触的过程中发生热交换和一系列的物理化学变化，从而提高了煤气能的利用，且又利于渣铁液的形成。两头小、中间略带锥度的圆柱形空间，既保证了炉料下降过程中的受热膨胀、松动软熔和最后形成液态而体积收缩的需要，又符合煤气上升过程中冷却收缩和高温煤气上升不至烧坏炉腹砖衬的特点。

4.3.1.2　高炉基础

　　高炉基础承受着高炉炉体、支柱以及其他附属设施所传递的重力，并将这些重力均匀地传递给地层。高炉基础一般由埋在地下部分的基座和露在地面的基墩组成，如图4-9所示。

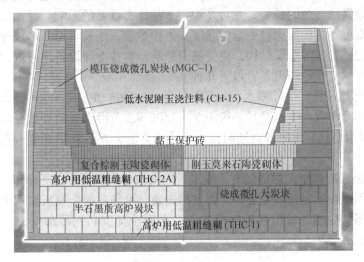

图 4-9　高炉基础

　　高炉基础受到静载荷和动载荷作用，同时由于炉底的温度传递还会受到热应力的影响，因此根据其工作条件对高炉基础提出以下几点要求：

　　（1）传递给地层的压力不应超过地层的允许承载力；

　　（2）应有足够的机械强度和耐热能力；

　　（3）在工作期间的均匀下沉量越小越好，不产生过度沉陷，以保证设备的相对稳定，防止设备变形变坏，维护高炉的正常生产。

4.3.1.3　高炉炉衬

　　高炉炉衬主要是直接抵抗冶炼过程中机械、热力和化学的侵蚀，以保护炉壳和其他金属结构，减少热损失，并形成一定的冶炼空间及炉型。用于高炉的耐火材料，在质量方面应满足以下的要求：在高温下，耐火材料应该不熔化、不软化、不挥发；在高温、高压条件下能保持炉体结构的强度；具有对于铁水、炉渣和炉内煤气的化学稳定性；具有适当的热导率，同时又不影响冷却效果。

　　高炉炉体各部位由于其损坏机理各不相同，因此不同部位的炉衬所选择的耐火材料也不同。目前高炉常用的耐火材料有陶瓷质耐火材料（如黏土砖、高铝砖、刚玉砖、不定型耐火材料等）和碳质耐火材料（如炭砖、石墨炭砖、石墨碳化硅砖、自结合或氮结合碳化硅砖和捣打材料等）两大类。目前，大型高炉的炉喉部位，一般采用耐磨和耐热铸钢制成的钢砖来进行保护；对高炉炉身的上部，由于温度较低，气体和固体磨损较为严重，因此使用气孔率低、强度高的黏土砖；炉腹、炉腰和炉身下部是高炉内衬侵蚀最严重的部位，这里不仅受到下降炉料和上升气流的冲刷磨损，还有各种化学侵蚀，特别是因温度波动而引起的热冲击破损危害更大，因此炉腰到炉身下部的耐火材料应具有良好的耐磨性、抗热冲击性和抗化学侵蚀的能力，此部位的耐火砖较多使用的是碳化硅砖；炉底和炉缸不仅长期受渣、铁的侵蚀，而且长期受到高温负荷作用，工作条件十分恶劣，目前主要应用的有全黏土砖、高铝砖炉底结构和综合炉底。

4.3.1.4　高炉冷却设备

高炉炉体的合理冷却，对保护砖衬和金属构件，维护合理的炉型有决定性作用，在很大程度上决定着高炉寿命的长短，并对高炉技术指标有重要的影响。冷却设备的作用表现在：降低炉衬温度，使砖衬保持一定的强度，维护炉型，延长寿命；形成保护渣皮，保护炉衬。保护炉壳、支柱等金属结构，免受高温影响；有些冷却设备还可以起到支持部分砖衬的作用。常用的高炉冷却设备有以下几种。

（1）喷水冷却装置。炉外喷水冷却是最简单的一种冷却方式。这种冷却是在炉壳外面的周围安装环形喷水管，喷水管径一般为 50~150mm。在沿水管朝着炉壳的方向钻有直径为 5~8mm 的喷水小孔，水流股直接洒在炉壳外表面上，并沿着炉壳流入集水槽，然后流入排水管排走。

（2）冷却壁。冷却壁是内部铸有无缝钢管的大块金属板件冷却。冷却壁安装在炉壳与炉衬之间，并用螺栓固定在炉壳上，均为密排安装。冷却壁的金属板是用来传热和保护无缝钢管的。冷却壁冷却一般包括镶砖冷却壁、光面冷却壁和铜冷却壁，其结构分别如图4-10~图4-12 所示。

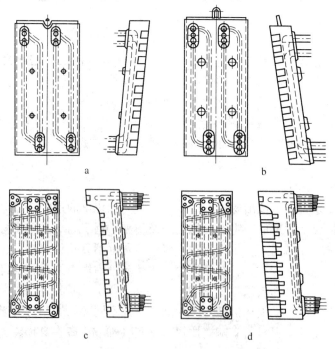

图 4-10　高炉镶砖冷却壁

a—第一代；b—第二代；c—第三代；d—第四代

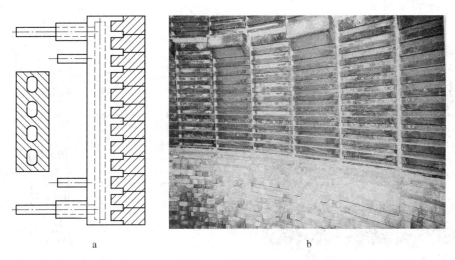

图 4-11　铜冷却壁
a—铜冷却壁示意图；b—高炉内部铜冷却壁实物图

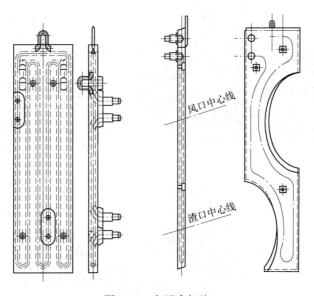

风口中心线

渣口中心线

图 4-12　光面冷却壁

（3）冷却板。冷却板分为铸铜冷却板、铸铁冷却板、埋入式冷却板等。铸铜冷却板在局部需要加强冷却时采用，铸铁冷却板在需要保护炉腰托圈时采用，埋入式铸铁冷却板在需要起支撑内衬作用的部位使用。铸铜冷却板如图 4-13 所示。

（4）板壁结合冷却。为了缓解炉身下部耐火材料的损坏和炉壳的保护，在国内外一些高炉的炉身部位采用了冷却板和冷却壁交错布置的板壁结合冷却结构，如图 4-14 所示。

（5）支梁式水箱。支梁式水箱一般布置在炉身其他冷却设备的最上面，即紧贴着其他冷却设备上面安装 2~4 层支梁式水箱，冷却炉衬及支撑上部砖衬。支梁式水箱的结构示意图如图 4-15 所示。

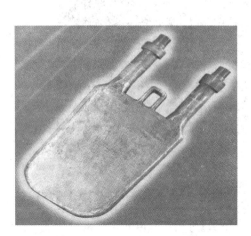

图 4-13　铸铜冷却板

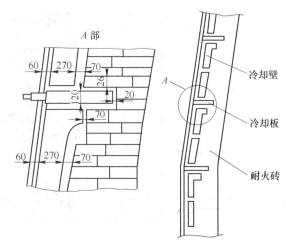

图 4-14　板壁结合冷却结构

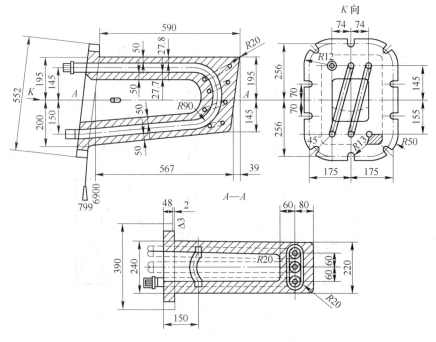

图 4-15　支梁式水箱

（6）冷却管。冷却管冷却用于炉底冷却，组合形式有两种，一种是介质由中心往外径向辐射式的流动；另一种是介质由一侧通过平行管道流向另一侧，在管子的末端都设有闸阀，以便控制流经每根管子的冷却介质，同时从散热角度看，中间管子宜密排，边缘可疏排。

（7）铁口、渣口、风口区域冷却。铁口过去不冷却，现在铁口上方及两侧埋设水冷板水冷。渣口一般为4个套组成，即渣口大套、二套、三套和渣口小套，其装置形式如图4-16所示。渣口小套用紫铜或青铜焊成或铸成；渣口直径为 50~60mm。渣口三套为青铜铸成的冷却套。渣口二套和大套为生铁铸成,其内部均铸有蛇形冷却水管。风口一般也由大、中、小3个套组成。中小套常用紫铜铸成空腔式。风口大套一般都用铸铁,其内铸有蛇形管。大、中、小套装配形式如图4-17所示。

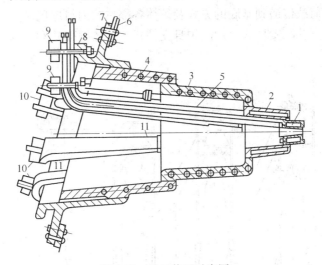

图4-16 渣口装置示意图

1—渣口小套;2—渣口三套;3—渣口二套;4—渣口大套;5—冷却水管;6—炉皮;
7,8—大套法兰;9,10—固定楔;11—挡杆

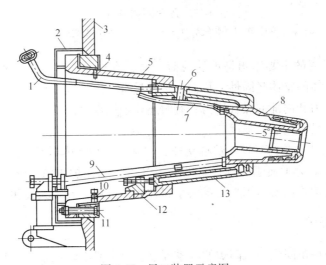

图4-17 风口装置示意图

1—风口中套冷水管;2—风口大套密封罩;3—炉壳;4—抽气孔;5—风口大套;6—灌泥浆孔;
7—风口小套冷水管;8—风口小套;9—风口小套压紧装置;10—灌泥浆孔;
11—风口法兰;12—风口中套压紧装置;13—风口中套

4.3.1.5 高炉金属结构

高炉金属结构是指高炉本体的外部结构。在大中型高炉上采用钢结构的部位有:炉壳、支柱、炉腰托圈、炉顶框架、斜桥、各种管道、平台、过桥以及走梯等。对高炉所采用钢结构的要求是:简单耐用,安全可靠,操作便利,容易维修和节省材料。

（1）高炉本体结构。初始的高炉炉墙很厚，它既是耐火材料又是支持高炉及其设备的支撑结构，但随着炉容的扩大，冶炼的强化，高炉砌体的寿命大为缩短，从而总结出结构分离的原则。即受力不受热，受热不受力，以延长高炉的寿命。高炉的结构形式，主要决定于炉顶和炉身的荷载传递到基底的方式及炉体各部位的内衬厚度和冷却方式，我国高炉本体结构形式主要有炉缸支柱式、炉缸炉身支柱式、炉体框架式和自立式，具体结构如图4-18所示。

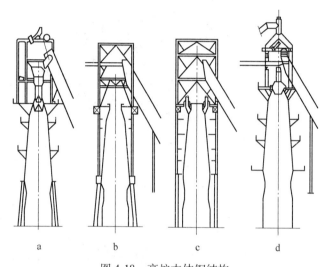

图 4-18 高炉本体钢结构
a—炉缸支柱式；b—炉缸炉身支柱式；c—炉体框架式；d—自立式

（2）炉壳。炉壳的主要作用是承受载荷、固定冷却设备和利用炉外喷水来冷却炉衬的，以保证高炉衬体的整体坚固性，从而使炉体具有一定的气密程度。炉壳除承受巨大的重力外，还受热应力和内部的煤气压力，有时还要抵抗煤气爆炸、崩料、坐料等突然事故冲击，因此炉壳要具有足够的强度。

（3）支柱。支柱可分为三种：炉缸支柱、炉身支柱和炉体框架，如图4-18所示。

（4）炉顶框架。为了便于炉顶设备的检修和维护，在炉顶法兰水平面上设有炉顶平台。炉顶平台上有炉顶框架，用来支撑大小料钟的平衡杆，安装大梁和收料漏斗等。

4.3.2 原料供应系统

原料从运入高炉车间到装入高炉的一系列过程，主要由炉顶装料和炉后供料两部分组成。炉顶供料的任务是将高炉所需的原、燃料按其数量合理地装入炉内的设备，主要包括装料、布料、探料和均压等几部分；炉后供料，其主要任务是按照高炉工艺操作的要求，将炉后的各种原燃料按重量计算方式组成一定的料批，按规定的程序送到高炉炉顶装料设备。炉后供料主要包括：储矿槽、储焦槽、筛分机、称量设备、斜桥、料车和胶带输送机等。

一般供料系统需满足几点要求，首先生产能力大，能适应高炉强化生产的供料要求和原料品种变化后的要求；其次抗磨性能好，机械强度高，并能在高温多粉尘条件下长时间地连续工作；最后要求结构简单、操作方便、易于维护，减少人工操作工序，全面实现机械化和自动化。宝钢 1 号高炉供料系统如图 4-19 所示。

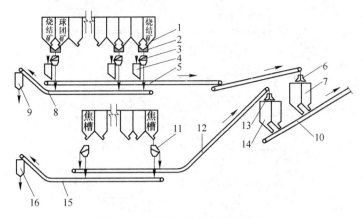

图 4-19 宝钢 1 号高炉供料系统

1—闸门；2—电动振动给料机；3—烧结矿振动筛；4—称量漏斗；5—矿石胶带输送机；6—矿石转换溜槽；

7—矿石中间漏斗；8—粉矿胶带输送机；9—粉矿斗；10—上料胶带输送机；11—焦炭振动筛；

12—焦炭胶带输送机；13—焦炭转换溜槽；14—焦炭中间称量漏斗；15—粉焦胶带输送机；16—粉焦漏斗

4.3.2.1 炉后供料设备

A 储矿槽与储焦槽及其附属设备

（1）储矿槽和储焦槽。高炉炉后储矿槽和储焦槽是用来接收和贮存炉料的，用以缓冲烧结厂和焦化厂与高炉间的生产不平衡，并降低运料胶带运输机事故或检修时所带来的影响。此外，还应设置一定数目的杂矿槽用来贮存熔剂和洗炉料等。储矿槽的结构，有钢筋混凝土结构和钢-钢筋混凝土混合式结构两种。

（2）给料机。为控制物料从料仓排出以及调节其排出流量，必须在料仓排料口安装给料机。给料机是利用炉料自然堆角自锁，其关闭可靠，当自然堆角被破坏时，物料借自重落到给料机上，然后又靠给料机运动，迫使炉料向外排出。因此，给料机能均匀、稳定而连续地给料，从而也保证了称量精度。常见的给料机有链板式、往复式和振动式三种，图 4-20 为常见的振动式给料机。

B 槽下筛分、称量与运输

（1）槽下筛分。槽下筛分是炉料在入炉前的最后一次筛分，其目的是进一步筛除炉料中的粉末，以改善炉内料柱的透气性。对槽下筛子的要求是：耐磨性能好，对炉料的破碎尽

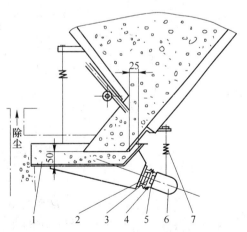

图 4-20 电磁振动给料器结构示意图

1—给料槽；2—连接叉；3—衔铁；4—弹簧组；

5—铁芯；6—激振器壳体；7—减震器

可能少，筛分效率高，筛分能力应有高炉扩容的余量，筛分时噪声低。各种振动筛的结构示意图如图 4-21 所示。

（2）槽下运输称量。在储矿槽下，将原料按品种和数量称量并运到料车的方法主要有

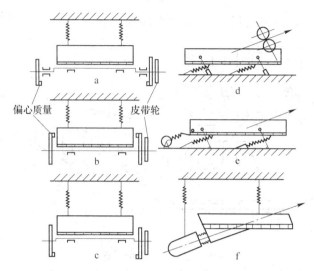

图 4-21　各种振动筛机构原理

a—半振动筛；b—惯性振动筛；c—自定中心振动筛；d—双轴惯性筛；e—共振筛；f—电磁振动筛

两种：一种是用称量车完成取料、称量、运输、卸料等工序；另一种是用皮带运输机，用称量漏斗称量。称量漏斗可以用来称量烧结矿、生矿、球团矿和焦炭等。图 4-22 为电子式称量漏斗结构示意图。

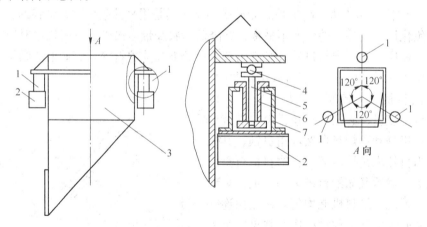

图 4-22　电子式称量漏斗

1—传感器；2—固定支座；3—称量漏斗本体；4—传力滚珠；5—传力杆；6—传感元件；7—保护罩

（3）料车坑。料车式高炉在储矿槽下面斜桥下端向料车供料的场所称为料车坑。料车坑一般布置在主焦槽的下方，料车坑的大小与深度一般取决于其中所容纳的设备和操作维护的要求。在料车坑中安装的设备有焦炭称量设备、矿石流槽或矿石称量设备、碎焦运出设施等。图 4-23 为 1000m³ 高炉料车坑剖面图。

C　高炉上料设备

将炉料由储矿槽（或料车坑）运送到炉顶的设备称之为上料机。我国高炉过去都采用斜桥卷扬机上料，即用料车将称量好的原燃料送入炉顶装料装置。但随着高炉大型化，料车式上料已不能满足要求，当前广泛采用皮带运输机向高炉炉顶供料。

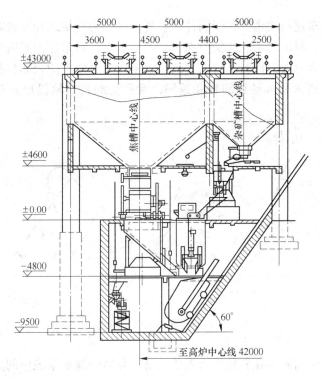

图 4-23　1000m³高炉料车坑剖面图

无论何种上料，对上料机都有相同的要求；要有足够的上料能力，不仅能满足日常生产的需要，还能在低料线的情况下很快赶上料线。为满足这一要求，在正常情况下上料机的作业率一般不应超过 70%，工作稳定可靠；达到最大程度地机械化和自动化。

（1）料车式上料机。料车式上料机是利用料车在斜桥上行走，将炉料送到高炉炉顶。料车式上料机系统由料车、斜桥及料车卷扬机等几部分组成。料车由车体、车轮及辕架组成，其结构见图 4-24，一般大中型高炉多采用斜底料车，小高炉多采用平底料车。

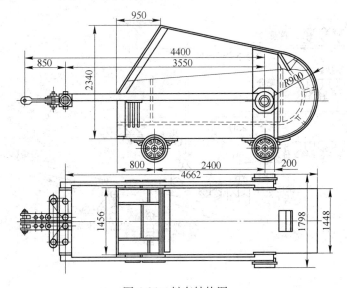

图 4-24　料车结构图

斜桥是铺设料车走行轨道的钢制构件。斜桥结构分为桁架式和实腹式两种。桁架式斜桥是用型钢铆成的，料车行走轨道铺设在桁架的下弦上，料车在桁架内行走。斜桥上的料车行走轨道一般分为三段，即料车坑内直线段、中段直线段和炉顶卸料曲轨段。卸料曲线段的作用是使料车能顺利自动地卸料和返回，常见的卸料曲轨段形式有如下几种，见图 4-25。

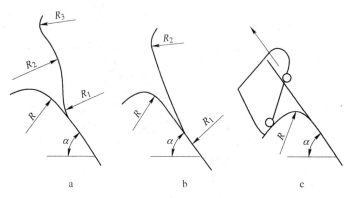

图 4-25　卸料曲轨段形式

料车卷扬机是牵引料车在斜桥上行走的设备，是高炉炼铁系统中的关键设备。一般要求料车卷扬机运行安全可靠，调速性能良好，终点位置停车准确，能够自动运行。料车卷扬机系统，主要由驱动电机、减速箱、卷筒、钢绳、安全装置以及控制系统等组成。

（2）胶带式上料机。随着高炉的大型化和自动化，胶带机上料系统已成为一种主流配置，胶带上料机主要由胶带、驱动卷筒、驱动电机及传动装置等组成，其工作优点在于上料能力大，具有连续上料的能力，且胶带上料机的投资少，无须料车坑，设备检修方便，皮带上料角度小（10°~20°），多为 12° 左右，周围开阔，为大型高炉出铁场提供了更多的空间。高炉皮带机上料流程如图 4-26 所示。

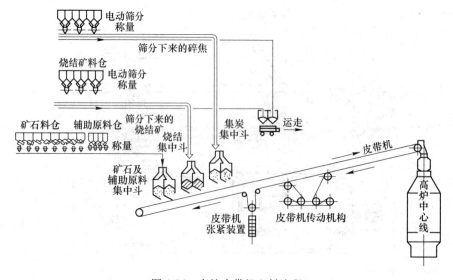

图 4-26　高炉皮带机上料流程

4.3.2.2　炉顶装料设备

由上料机运到炉顶的炉料，经过炉顶装料设备装入炉内。炉顶装料设备的作用是：装料入炉，并使炉料在炉内合理分布，同时起到炉顶密封的作用。炉顶装料设备按装料方式分为料钟式、钟阀式以及无料钟炉顶。随着高炉炼铁技术的不断深入发展，炉顶装料设备从传统的马基式双钟、三钟、钟阀式炉顶装料设备发展到目前的无料钟炉顶装料设备。无料钟炉顶很好地解决了高炉炉顶的密封问题，而且还为灵活布料创造了条件。目前，无料钟炉顶已成为国内外的大型高炉优先选用的炉顶装、布料方案。

A　无料钟式炉顶装料设备

无钟式炉顶在新建大中型高炉中得到了很好的普及，这种炉顶与钟式炉顶相比，其主要特点是取消了大小料钟和料斗，依靠阀门来密封炉顶煤气和用旋转溜槽布料，其主要结构有受料漏斗、料罐、上密封圈、下密封圈、气封漏斗以及称量调节装置。无钟式炉顶的优点是布料合理，机动灵活，建设投资少，同钟式高炉相比，重量下降 1/2 ~ 1/3，高度下降 1/3，便于安装检修，使用寿命长。无料钟炉顶的总体结构形式，依储料罐位置的不同，主要分为串罐式和并罐式两种，其结构示意图分别如图 4-27 和图 4-28 所示。

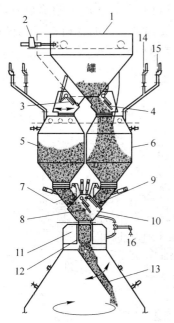

图 4-27　并罐式无钟炉顶装料设备结构

1—受料罐；2—罐位置移动装置；3—上密封阀（关）；
4—上密封阀（开）；5—料仓 1；6—料仓 2；
7—料流控制阀（开）；8—下密封阀（开）；
9—料流控制阀（关）；10—下密封阀（关）；
11—齿轮箱；12—中心喉管；13—旋转溜槽；
14—均压阀；15—放散阀；16—半净煤气

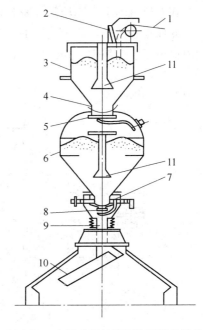

图 4-28　串罐式无钟炉顶装料设备结构

1—上料皮带机；2—挡板；3—受料漏斗；4—上料闸；
5—上密封阀；6—称量料罐；7—下截流阀；8—下密封阀；
9—中心喉管；10—旋转溜槽；11—中心导料器

B 探料装置

料线的测定是高炉加料装置动作的依据，探料装置是探测炉喉料面位置及形状的设备，通过探料装置准确测量料线来保证高炉正常工作。高炉探料装置的种类较多，其探料形式主要有机械直接触式探料、同位素放射仪探料、红外线探料雷达探料及激光探料等。目前国内普遍采用的探料装置为机械直接触式探料尺，简称机械探尺。

4.3.3 送风系统

高炉送风系统是为高炉冶炼提供足够数量和高质量风的鼓风设施。送风系统主要由鼓风机、冷风管道、热风炉、热风管道、煤气管道、废气管道及装置在上述管道上的各种阀门和烟囱、烟道等组成。

4.3.3.1 鼓风机

高炉鼓风机是高炉冶炼最重要的动力设备。它不仅直接为高炉冶炼提供所需的氧气，而且还为炉内煤气流的运动克服料柱阻力提供必需的动力，因此，高炉鼓风机不是一般的通风机，它必须满足以下要求：要有足够的鼓风量和鼓风压力，既能均匀、稳定地送风，又要有良好的调节性能和调节范围。常见的高炉鼓风机的形式有轴流式和离心式两种。

A 离心式鼓风机

离心式鼓风机的工作原理是靠装有许多叶片的工作叶轮旋转所产生的离心力，使空气达到一定的风量和风压。高炉使用的离心式鼓风机一般都是多级的，通常来说级数越多，风机的出口风压也会越大。四级离心式鼓风机结构示意图如图4-29所示。

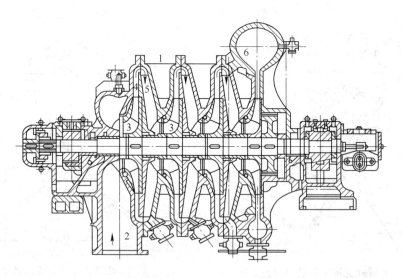

图4-29 四级离心式鼓风机结构示意图

1—机壳；2—进气口；3—工作叶轮；4—扩散器；5—固定导向叶片；6—排气口

B 轴流式鼓风机

轴流式鼓风机由装有工作叶片的转子和装有导流叶片的定子以及吸气口、排气口组成。轴流式鼓风机的结构示意图如图4-30所示，它的工作原理是依靠在转子上装有扭转一定角度的工作叶片随转子一起高速旋转，叶片对气流做功，获得能量的气体沿着轴向方向流动，达到一定的风量和风压。

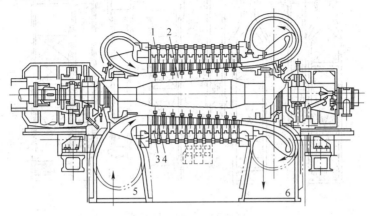

图 4-30　轴流式鼓风机结构示意图

1—机壳；2—转子；3—工作叶片；4—导流叶片；5—吸气口；6—排气口

4.3.3.2　热风炉

高风温是强化高炉冶炼、降低焦比的重要措施。现代高炉大多采用蓄热式热风炉，它由蓄热室和燃烧室组成。其工作原理是：先用煤气燃烧，加热格子砖，再使冷空气通过炽热的格子砖加热。蓄热式热风炉按照燃烧室所处位置的不同分为内燃式、外燃式及顶燃式三种类型。由于内燃式热风炉限制了风温的进一步提高，所以，新建的大中型高炉都采用外燃式热风炉或顶燃式热风炉，目前新型的热风炉已能向高炉提供 1300℃ 的超高风温。

A　外燃式热风炉

外燃式热风炉（见图 4-31）与内燃式热风炉的加热原理完全相同。其主要特点是燃烧室与蓄热室分开，单独设置燃烧室。外燃式热风炉内的气流分布合理，免除了内燃式热风炉的隔墙被烧坏的弊病。为高风温和长寿创造了条件。常见的外燃式热风炉结构有地德式、柯柏式、马琴式和新日铁式，其结构图如图 4-32 所示。

图 4-31　外燃式热风炉外观图

B　顶燃式热风炉

顶燃式热风炉又称为无燃烧室热风炉，其结构如图 4-33 所示。它将煤气和空气直接引入拱顶空间内燃烧（见图 4-34）。

C　热风炉附属设备

热风炉的附属设备主要包括助燃风机、阀门、预热器及管道等。对附属设备的要求是：工作可靠，密封严密，操作、调节灵活，重量轻，维护方便，使用寿命长。

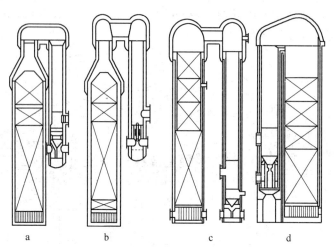

图 4-32 外燃式热风炉

a—新日铁式；b—马琴式；c—柯柏式；d—地德式

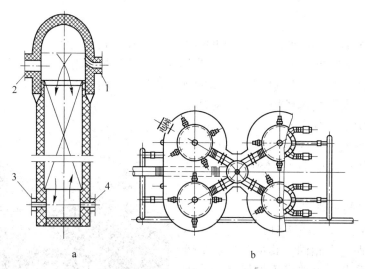

图 4-33 顶燃式热风炉

a—结构示意图；b—平面布置图

1—燃烧器；2—热风出口；3—烟气出口；4—冷风入口

　　热风炉助燃风机的作用，不仅是为热风炉煤气燃烧提供足够的助燃空气，而且还为燃烧烟气流动克服阻力损失提供必需的动能。因此，选择助燃风机的能力，必须满足燃料的燃烧和烟气流动的需要。

　　热风炉的阀门主要包括：助燃空气切断阀及调节阀，煤气切断阀及调节阀，燃烧闸阀，烟道阀及废气阀，冷风阀，热风阀，混风切断阀及调节阀等，对热风炉阀门的要求一般是：在高温和高压条件下，有良好的气密性，开闭灵活，使用寿命长。

　　热风炉的烟道设置在热风炉组一侧的地面以下，一般为耐热混凝土结构。热风炉组的烟囱，一般设置在其烟道远离高炉方向的末端，一般为混凝土或砖结构。热风炉系统的管道，主要有冷风管、热风管、助燃空气管及净煤气管等，图 4-35 为送风系统的管线阀门图。

4.3.4 煤气净化系统

高炉冶炼产生的煤气中含有一氧化碳、氢气、甲烷等可燃气体成分，可以作为热风炉、烧结点火和锅炉的燃料。但是未经除尘的高炉煤气中含有灰尘，如直接使用，不仅运送时堵塞管道，而且还会使热风炉和燃烧器等的耐火砖衬被侵蚀破坏。因此，高炉煤气必须除尘后才能作为燃料使用。因此，煤气净化系统（见图4-36）的主要任务是对高炉煤气进行除尘降温处理，以满足用户对煤气质量的要求，设备主要包括煤气上升管、

图 4-34　顶燃式热风炉外观图

煤气下降管、重力除尘器、洗涤塔、文氏管、静电除尘器、脱水器、捕泥器、净煤气管道、调压阀组与阀门等。

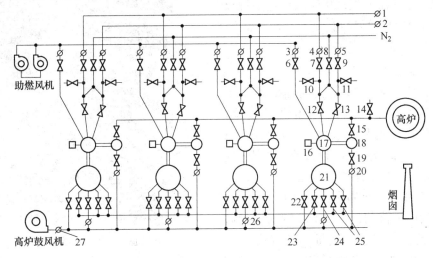

图 4-35　送风系统管线阀门图

1—焦炉煤气压力调节阀；2—高炉煤气压力调节阀；3—空气流量调节阀；4—焦炉煤气流量调节阀；
5—高炉煤气流量调节阀；6—空气燃烧阀；7—焦炉煤气阀；8—吹扫阀；9—高炉煤气阀；
10—焦炉煤气放散阀；11—高炉煤气放散阀；12—焦炉煤气燃烧阀；13—高炉煤气燃烧阀；
14—热风放散阀；15—热风阀；16—点火装置；17—燃烧室；18—混合室；19—混风阀；
20—混风流量调节阀；21—蓄热室；22—充风阀；23—废风阀；24—冷风阀；
25—烟道阀；26—冷风流量调节阀；27—放风阀

4.3.4.1 煤气除尘设备

A　重力除尘器

重力除尘器是荒煤气首先进行粗除尘的装备，其工作原理是：荒煤气自高炉顶部下降管流出，进入重力除尘器中心导入管的上部，并沿中心导管下降，在中心管的下端出口处转向180°向下流动，流速也因截面的扩大而减慢，荒煤气中的灰尘与烟气由于重力和惯性

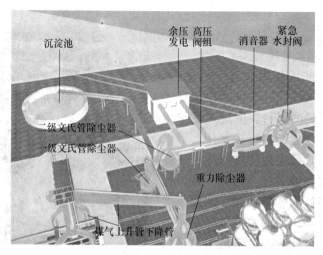

图 4-36　高炉煤气净化系统流程图

力的不同而分离开来，灰尘靠自重的作用沉降到除尘器底部而堆积，从清灰口定期排出，烟气从除尘器的上端导出。重力除尘器的结构如图 4-37 所示。

B　洗涤塔

经重力除尘器不能去除的细颗粒灰尘，要进一步清除，应用较多的半精细除尘设备是空心洗涤塔，属湿法除尘。空心洗涤塔具有结构简单、节约材料、投资小、建设速度快、不易堵塞、容易维修等特点。

洗涤塔的工作原理是：煤气从洗涤塔的下部进入后向上流动，与向下喷洒的水相遇，煤气和水进行热交换，使得每期温度降低；同时，煤气中的灰尘被水滴湿润，彼此凝聚

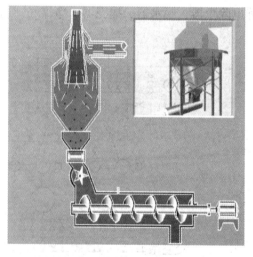

图 4-37　重力除尘器

成大颗粒，借助重力作用而离开煤气流，随水一起流向洗涤塔底部，与污水一起经塔底水封排走；经冷却洗涤后的煤气由塔顶管道导出。洗涤塔的结构如图 4-38 所示。

C　文氏管

煤气经洗涤管初洗之后，仍有一部分灰尘悬浮于煤气之中，由于所剩的灰尘颗粒更细，不能被洗涤塔喷水湿润，必须用强大的外力来使其凝聚成大颗粒而与煤气分离。文氏管和静电除尘器常被用来作为精除尘设备。

文氏管的工作原理是：当煤气以高速通过喉口时，与净化煤气用水发生剧烈的冲击，煤气中的灰尘与水滴充分接触而湿润，彼此凝聚后随水排走。文氏管的除尘效率很高，可将煤气含尘量降至 $20\mathrm{mg/m^3}$ 以下，常见的文氏管见图 4-39。

D　静电除尘器

静电除尘器的除尘原理是煤气流通过由正负电极形成的高压电场，由于电晕电极放电，

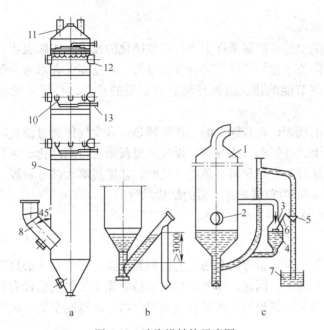

图 4-38　洗涤塔结构示意图

a—空心洗涤塔；b—常压洗涤塔水封装置；c—高压煤气洗涤塔的水封装置

1—洗涤塔；2—煤气入口；3—水位调节器；4—浮标；5—蝶式调节阀；6—连杆；7—排水沟；
8—煤气导入管；9—洗涤塔外壳；10—喷嘴；11—煤气导出管；12—入孔；13—给水管

气体绝缘被破坏，使电极间通过的煤气发生电离，形成正负离子。负离子气体一部分聚集在灰尘上，使灰尘带负电，被阳极吸引，并在阳极上失去电荷后沉积于阳极板上；正离子气体少部分附着于灰尘上，使灰尘带正电，被阴极吸引，并在阴极上失去电荷，沉积于阴极丝上。沉积的灰尘通过振动或用水冲洗，使灰尘从电极上脱下，从除尘器中排出。静电除尘器有多种类型，高炉煤气除尘中使用的电除尘器主要有管式、板式和套筒式三种（见图 4-40）。

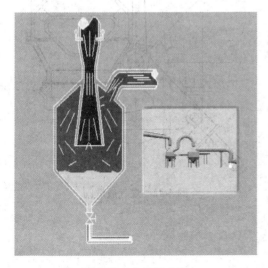

图 4-39　文氏除尘器

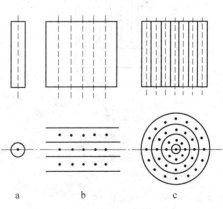

图 4-40　常用电除尘器

a—管式；b—板式；c—套筒式

E　布袋式除尘器

高炉煤气干式除尘是在高温条件下进行煤气净化的技术。实践表明，高炉煤气采用干式布袋除尘技术，能使净化后的煤气具有含尘量低、温度高、含水量少等优点，同时干式布袋除尘技术对实现节能减排、改善环境有着重要的意义，具良好的经济、环境和社会效益。

作为干式除尘的代表，布袋除尘的工作原理是：含尘气体通过滤袋时，煤气中的尘粒附着在袋壁和织孔上，并逐渐形成灰膜，煤气通过灰膜时得到净化。灰膜随过滤进行不断增厚，阻力增加，达到一定数量时必须进行反吹，才能抖落大部分灰膜，并使阻力下降恢复正常的过滤。图 4-41 为布袋式除尘器的结构示意图。

4.3.4.2　煤气净化系统附属设备

A　脱水器

清洗除尘后的煤气含大量吸附有粉尘的细颗粒水滴，这些水滴必须除去，否则将降低煤气的发热值和除尘效果。因此，煤气除尘系统精细除尘装置之后设有脱水器，或称水泥捕集装置，使气水分离。常见的脱水器有重力脱水器、旋风脱水器、填料脱水器以及伞式脱水器。

B　煤气放散阀

煤气放散阀是迅速地将高炉煤气排放到大气中的设备。在均压放散管的顶端，炉顶煤气上升管的顶端，除尘器的上圆锥体及煤气切断阀圆管的顶端，均装有不同直径的煤气放散阀。煤气放散阀的结构示意图如图 4-42 所示。

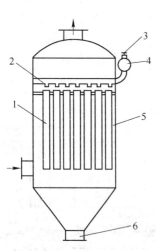

图 4-41　布袋除尘器结构

1—布袋；2—反吹管；3—脉冲阀；
4—脉冲气包；5—箱体；6—排灰口

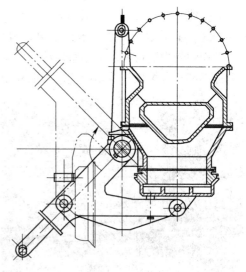

图 4-42　煤气放散阀

C　煤气遮断阀与切断阀组

高炉休风时，煤气遮断阀能迅速将高炉与煤气系统分隔开来，它安装在高炉下降管与重力除尘器之间，遮断阀的构造如图 4-43 所示。正常生产时阀盘是提起的，高炉煤气与重力除尘器的管道相通，当关闭时将阀盘放下。目前一般使用的都是带两个锥形的盘式阀。

为了把高炉煤气的清洗系统与整个钢铁企业的煤气管网隔开，在精细除尘设备的后面净煤气管道上，设有煤气切断阀。常用的切断阀有机械式叶形插板和热力式插板两种。

D　煤气压力调节阀组

高炉炉顶煤气压力调节阀组设置在煤气除尘系统二级文氏管之后，用来调节和控制炉顶的压力。调压阀组由四个调节阀和一个常通管道组成，见图 4-44，调节阀均采用 0°~90°蝶阀，在各调节阀的入口处均设有渐开线喷水管，对煤气具有清洗除尘和降温的作用。

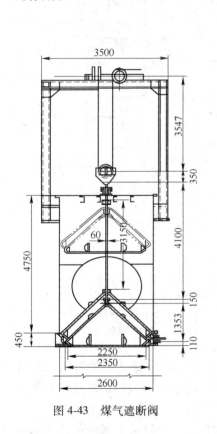

图 4-43　煤气遮断阀

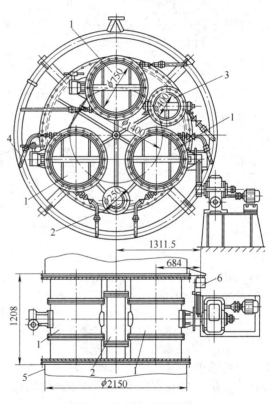

图 4-44　煤气调压阀组
1—电动蝶式调节阀；2—常通管；3—自动控制蝶式调节阀；
4—给水管；5—煤气主管；6—终点开关

4.3.5　渣铁处理系统

高炉冶炼中有大量高温液态的生铁和炉渣由高炉下部的铁口和渣口放出，渣铁处理系统的任务是及时、合理地处理好这些生铁和炉渣，保证高炉生产的顺利进行。渣铁处理系统的设施主要包括：风口平台与出铁场，开铁口机，堵铁口机，堵渣口机，换风口机，渣罐车，铁水罐车，铸铁机以及炉渣水淬设施等。

4.3.5.1 风口平台及出铁场

在高炉下部,沿高炉炉缸四周风口前设置的工作平台为风口平台。在这里的操作人员要通过风口观察炉况,更换风口,放渣,维护渣口、渣沟,检查冷却设备,操纵一些阀门等等。为了操作方便,风口平台一般比风口中心线低 1150~1250mm,除上渣沟部位之外,应该保持平坦,只留卸水坡度,其操作面积随炉容大小和渣沟布置而异。宝钢 1 号高炉出铁场平面布置图,见图 4-45。

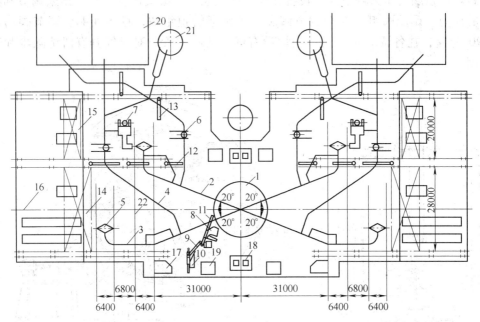

图 4-45　宝钢 1 号高炉出铁场平面布置图

1—高炉;2—活动主铁沟;3—支铁沟;4—渣沟;5—摆动流嘴;6—残铁罐;7—残铁罐倾翻台;
8—泥炮;9—开铁口机;10—换钎机;11—铁口前悬臂吊;12—出铁场间悬臂吊;13—摆渡悬臂吊;
14—主跨吊车;15—副跨吊车;16—主沟、摆动流嘴修补场;17—泥炮操作室;18—泥炮液压站;
19—电磁流量计室;20—干渣坑;21—水渣粗粒分离槽;22—鱼雷罐车停放线

在大型高炉上,为处理大量的铁水,设有 3~4 个出铁口,为操作方便有的采用环形出铁场。高炉渣口数有向少的方向发展的趋势,也有的高炉不设渣口,通过铁口实施渣铁混出。渣铁沟主要包括铁沟、活动主沟和渣沟三个部分。图 4-46 为主铁沟和砂口的构造示意图,其中砂口是保证渣铁分离的装置,一般称铁口至砂口大闸间的铁沟为主铁沟。

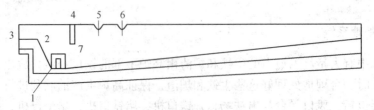

图 4-46　主铁沟和砂口构造示意图

1—残铁口;2—砂口小井;3—小坝;4—大闸;5,6—渣坝;7—砂口眼

4.3.5.2　炉前机械设备

炉前设备主要有开铁口机，堵铁口机，堵渣口机，换风口机，渣罐车，铁水罐车，铸铁机以及炉渣水淬设施等。

A　开铁口机

大中型高炉均采用开口机打开铁口，使高炉冶炼过程中顺利出铁。开铁口机主要分为钻孔式和冲钻式两种。开铁口机必须满足下列要求：开口钻头应在出铁口中开出一定倾斜角度的直线孔道；打开铁口的一切工序应机械化，并能远距离操作，保证操作人员的安全；打开出铁口时，不应破坏铁口内的泥道；为了不妨碍其他设备的操作，开口机外形应尽可能地小，并能在开口后迅速撤离。图 4-47 和图 4-48 分别为钻孔式和冲钻式开铁口机结构示意图。

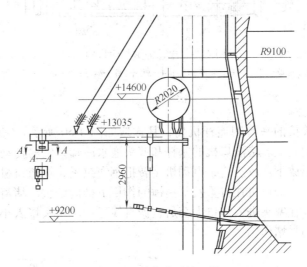

图 4-47　钻孔式开铁口机

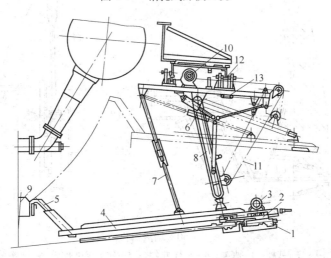

图 4-48　冲钻式开铁口机

1—钻孔机构；2—送进小车；3—风动电动机；4—轨道；5—锁钩；6—压紧气缸；

7—调节连杆；8—吊杆；9—环套；10—升降卷扬机；11—钢绳；

12—移动小车；13—安全钩气缸

B　堵铁口机

高炉在出铁完毕至下一次出铁之前，出铁口必须堵上。堵塞出铁口的办法是用泥炮将一种特制的炮泥推入出铁口内，炉内的高温将炮泥烧结固结而实现堵住出铁口的目的。下次出铁时再用开铁口机将出铁口打开。在大中型高炉上广泛采用的堵铁口机械是用电动机驱动的堵口泥炮，通常称为电炮，电动泥炮打泥机构如图 4-49 所示。

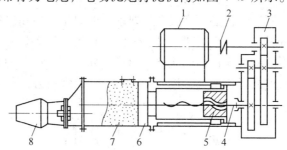

图 4-49　电动泥炮打泥机构

1—电动机构；2—联轴器；3—齿轮减速器；4—螺杆；5—螺母；6—活塞；7—炮泥；8—炮嘴

C　堵渣口机

堵渣口机多用铰接的平行四连杆机构，其构造如图 4-50 所示。它的连杆机构固定在横梁上，横梁焊在炉壳上。堵渣口机的塞杆和塞头通水冷却，它的传动部分是电动机或气缸，通过钢绳吊起或放下。放渣时，电动机旋转把钢绳拉紧，堵渣口机被吊起；堵口时电动机反转放松钢绳，堵渣口机在自重及平衡锤的作用下推向前去。堵渣口机运动时，塞杆在垂直平面内移动，在塞头进入渣口大套后，做直线运动。塞头堵入小渣口，在冷却水作用下渣液凝固，起到封堵作用。

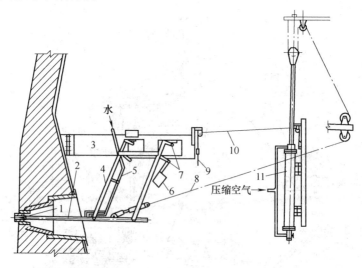

图 4-50　堵渣口机

1—塞头；2—塞杆；3—框架；4—平行四连杆；5—塞头冷却水管；6—平衡重锤；
7—固定轴；8—钢绳；9—钩子；10—操纵钩子的钢绳；11—气缸

D　换风口机

高炉风口烧坏以后必须立即更换。过去国内普遍采用人工更换风口，不仅工作艰巨，而且更换时间长，影响高炉生产。随着高炉容积的大型化，风口数目增多，重量增加，要求更换风口的时间减短，人工更换风口已经不能适应高炉操作的要求。因此。目前国内外大型高炉已都采用换风口机来更换风口。对换风口机的要求是：灵活可靠，操作简单方便，运转迅速、适应性强，耐高温，耐冲击性较好。

E　铁水罐车

铁水罐车是用普通机车牵引的特殊铁路车辆。它由车架和铁水罐组成，铁水罐通过本身的两对枢轴支持在车架上。我国常用的铁水罐主要有锥形、梨形和鱼雷形铁水罐车。图 4-51 与图 4-52 分别为锥形和鱼雷形铁水罐车。

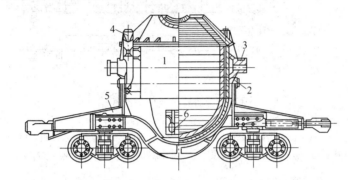

图 4-51　锥形铁水罐车

1—锥形铁水罐；2—枢轴；3—耳轴；4—支承凸爪；5—底盘；6—小轴

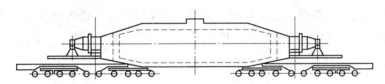

图 4-52　鱼雷形铁水罐车

F　铸铁机

铸铁机是把铁水铸成铁块的设备。一般年产 10 万吨以上的独立炼铁车间或年产 25 万~300 万吨以上的联合企业，都应设置铸铁机。与炉前铸块相比铸铁机不仅能提高生产率，而且能够保证生铁质量，减轻人工劳动强度。

铸铁机是一台向上倾斜着的装有许多铁模和链板的循环链带，如图 4-53 所示，它环绕着上下两端的星形大齿轮运转，位于上端的星形大齿轮为传动轮，由电动机带动，位于下端的星形大齿轮为导向轮，它的轴承位置可以移动，以便调节链带的松紧度。按辊轮固定的形式，铸铁机可以分为两种，一种是辊轮移动式铸铁机，另一种是固定滚轮式铸铁机。

4.3.6　炉渣处理设备

高炉冶炼每吨生铁副产 0.3~0.5t 炉渣。炉渣呈熔融状态，经过适当处理后可以作为水泥原料、隔热材料及其他建筑材料等。高炉渣处理方法有水淬渣、放干渣、冲渣棉或生产膨渣。目前我国高炉普遍采用的是水淬渣处理方法，水淬法即将熔渣与一定流量和压力

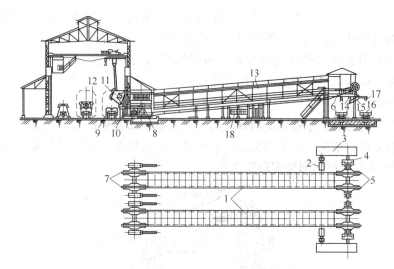

图 4-53　铸铁机及厂房设备

1—链带；2—电动机；3—减速器；4—联轴装置；5—传动齿轮；6—机架；7—下端齿轮；
8—铸台；9—铁水罐车；10—倾倒铁水罐用的支架；11—铁水罐；12—凸爪；13—长廊；
14—铁块槽；15—铁块流槽；16—车皮；17—向铁块喷水用的喷嘴；18—喷石灰浆的小室

的水接触，熔渣当即水淬、粒化。按渣水分离工艺不同，水淬处理法主要包括沉淀池法和 INBA 法，设有冷却塔和蒸汽冷凝器的 INBA 法粒化装置，见图 4-54。

（1）沉淀池法。将具有一定流量和压力的水送至冲渣点，将熔渣当即水淬、粒化，然后渣与水一起经冲渣沟输送至沉淀池，再经脱水后获得成品——水渣。

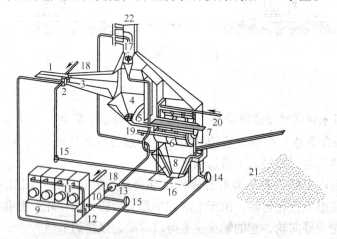

图 4-54　设有冷却塔和蒸汽冷凝器的 INBA 法粒化装置

1—渣沟；2—粒化器；3—冲渣沟；4—接受槽；5—分配器；6—脱水转鼓；7—胶带机；8—水槽；
9~12—冷却站；13—冷水泵；14—热水泵；15—粒化用水泵；16—搅拌水；17—蒸汽冷凝器；
18—补充水；19—冲洗水；20—吹洗压缩空气；21—渣堆；22—烟囱

（2）INBA 法。因巴法是一种新型的冲渣工艺，它是用转鼓过滤器进行渣水分离。其工艺流程为渣水混合物经过水渣沟、水渣槽、分配器进入转鼓过滤器，转鼓过滤器在转动过程中完成渣水分离，脱水后的水渣由带式运输机运出，滤出的水进入集水槽，或直接循环使用，或冷却后再使用。因巴法占地面积小，布置紧凑、灵活；冲渣水可循环使用；机械化和自动化水平高；脱水效果好，过滤效率高；设备维护量小可与高炉配合检修。

4.3.7　高炉喷吹系统

在世界范围内，优质炼焦煤资源十分稀缺，而无烟煤、非结焦烟煤和褐煤资源十分丰富。我国煤炭资源结构中，炼焦煤占焦炭总储量的27%左右，优质炼焦煤不足煤炭总储量的6%。高炉喷吹煤粉代替部分焦炭，一方面可以合理利用煤炭资源，另一方面降低了高炉生产成本。因此，高炉喷煤是现代高炉炼铁不可缺少的环节。我国用于高炉喷吹的燃料，主要有重油、煤粉和天然气等。不论喷吹何种燃料，在选择喷吹工艺和设备时，必须考虑以下的要求：

（1）燃料能够持续稳定地喷入炉内。

（2）各风口的喷入量接近，其误差不应影响高炉炉缸周围工作的均匀性。

（3）按高炉操作的需要调节喷入量。

（4）设备简单，安全。

高炉喷吹煤粉的工艺流程一般分为两个系统，即煤粉的制备与煤粉的喷吹，图4-55为高炉喷吹系统的工艺流程图。

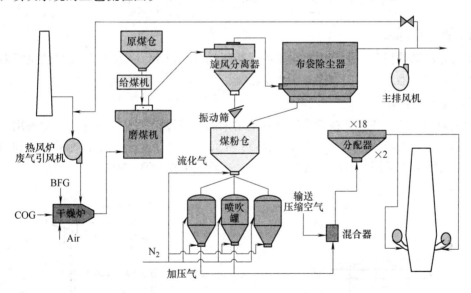

图4-55　高炉喷吹工艺流程图

4.3.7.1　煤粉的制备

煤粉的制备包括原煤卸车、贮存、干燥、制粉、粉煤贮存和输送到喷吹系统等工序。主要设备有磨煤机、粗粉分离器、旋风分离器、锁气器、布袋收集器等。

A　磨煤机

中速磨煤机是近年来用于高炉喷煤制粉的一种新的磨煤设备，其结构形式有多种，适用于磨粉的有 MPS 型辊式磨煤机和 HP 型碗式磨煤机，图 4-56 为常用的 MPS 型辊式磨煤机。

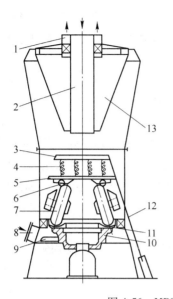

图 4-56　MPS 型辊式磨煤机结构示意图

1—原煤入口；2—气粉出口；3—弹簧；4—辊子；5—挡环；6—干燥气通道；7—气室；8—干燥气入口；
9—减速箱；10—转盘；11—磨环；12—拉紧钢丝绳；13—粗粉分离器

B　粗粉分离器

粗粉分离器的任务是把磨煤机出来的过粗煤粉分离出来，目前使用较多的是粗粉分离器为离心式分离器，其结构如图 4-57 所示。

C　旋风分离器

旋风分离器的任务是把粗粉分离器分离出来的合格煤粉送入煤粉仓。一般采用二级旋风分离器，典型的旋风分离器结构如图 4-58 所示，这种分离器名义上效率可达到 90%~95%，但实际上由于锁气不严，或气流不适，一般效率在 75%~80%。

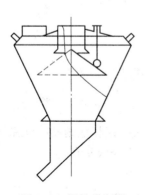

图 4-57　粗粉分离器

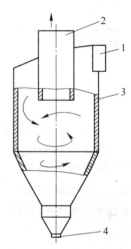

图 4-58　旋风分离器

1—分离器入口；2—分离器出口；
3—外壳体；4—排粉口

D 锁气器

锁气器是装在旋风分离器下部的卸粉装置，常用的锁气器结构如图 4-59 所示。平衡锤的质量可以调节，煤粉达到一定程度时灰门开启一次，煤粉通过后又迅速关闭。为了达到气流无法上流的锁气目的，通常两台锁气器联合使用。

E 布袋收集器

旋风除尘器出来的气流经过排粉风机后送入布袋收集器进行精除尘，布袋收集器收集出来的煤粉直接进入煤粉仓。布袋收集器的结构示意图如图 4-60 所示，其工作原理是，当气体和煤粉的混合物由进风口进入灰斗后，一部分凝结的煤粉和较粗颗粒的煤粉由于惯性碰撞自然沉积到灰斗上，细颗粒煤粉随气流上升进入滤袋室，经滤袋过滤后。煤粉被阻留在滤袋外侧，净化后的气体由滤袋内部进入箱体，经出口排出，达到收集煤粉的作用。

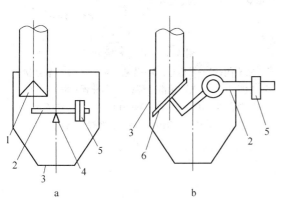

图 4-59 锁气器

a—锥式锁气器；b—斜板式锁气器

1—圆锥状灰门；2—杠杆；3—壳体；4—刀架；

5—平衡锤；6—平板状灰门

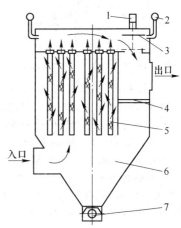

图 4-60 箱式脉冲布袋收集器

1—提升阀；2—脉冲阀；3—阀板；4—隔板；

5—滤袋及袋笼；6—灰斗；

7—叶轮给煤机或螺旋输送机

4.3.7.2 煤粉的喷吹

从制粉系统的煤粉仓后面到高炉风口喷枪之间的设施属于喷吹系统，主要包括煤粉输送、收集、喷吹、分配及风口喷吹等。高炉煤粉喷吹系统的主体设备主要有两种类型，即串罐喷吹和并罐喷吹。

A 串罐式喷吹

串罐式喷吹系统的主体设备是储煤罐与喷吹罐，两个罐重叠放置。由制粉车间气动输送来的煤粉，或设在同一厂房内的制粉系统的煤粉，经设在罐顶的煤粉收集设施放入煤粉仓，然后经上下两个钟阀进入喷吹罐。上、下两罐之间设有软连接。喷吹罐上设有充压、泄压和稳压管路和相应的电磁气动阀，结构如图 4-61 所示。

B 并罐喷吹

并罐喷吹是在高炉煤粉仓下面并列设置两个或两个以上的喷吹煤罐，其中一个罐在冲压状态下进行喷煤作业，其余的罐泄压装煤，交替作业，这种布置方式的优点在于高度小、投资少, 结构如图 4-62 所示。

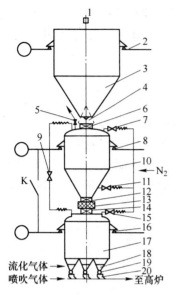

图 4-61 串罐式喷吹

1—塞头阀; 2—煤粉仓电子秤; 3—煤粉仓;

4, 13—软连接; 5—放散阀; 6—上钟阀;

7—中间罐充压阀; 8—中间罐电子秤;

9—均匀阀; 10—中间罐; 11—中间罐流化阀;

12—中钟阀; 14—下钟阀; 15—喷吹

罐充压阀; 16—喷吹罐电子秤; 17—喷吹罐;

18—流化器; 19—给煤球阀; 20—混合器

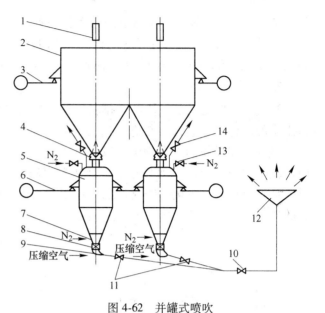

图 4-62 并罐式喷吹

1—塞头阀; 2—煤粉仓; 3—煤粉仓电子秤; 4—软连接;

5—喷吹罐; 6—喷吹罐电子秤; 7—流化器; 8—下煤阀;

9—混合器; 10—安全阀; 11—切断阀; 12—分配器;

13—充压阀; 14—放散阀

C 喷吹系统的附属设备

喷吹系统附属设备主要有混合器、螺旋泵、仓式泵、分配器和喷枪等。混合器是将输送气体与煤粉混合, 并使煤粉从仓式泵或喷吹罐启动的设备。它利用从喷嘴喷射出高速气流产生的相对负压对煤粉吸附、混匀和启动, 喷嘴周围产生的相对负压的大小与喷嘴直径、气流速度和喷嘴的位置有关。混合器的结构示意图如图 4-63 所示。

当制粉车间与喷吹装置距离较远时, 螺旋泵是用管道输送煤粉的主要设备。螺旋泵的示意图如图 4-64 所示。

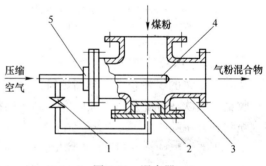

图 4-63 混合器

1—压缩空气阀门; 2—气室; 3—壳体;

4—喷嘴; 5—调节帽

如果喷煤站另地设置, 则煤粉仓下连接仓式泵将煤粉送到另地设置的煤粉收集系统内。仓式泵是一种压力罐式的供料容器, 其自身并不产生动力, 仓式泵一般有下出料和上出料两种。其结构分别如图 4-65 和图 4-66 所示。

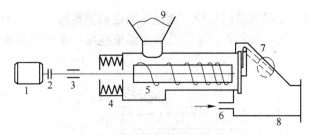

图 4-64　螺旋输送机

1—电动机；2—联轴杆；3—轴承座；4—密封装置；5—螺旋杆；6—压缩空气入口；

7—单向阀；8—混合室；9—煤粉仓

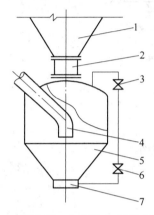

图 4-65　上出料仓式泵

1—煤粉仓；2—钟阀；3—均匀阀；4—出料管；

5—仓体；6—充压阀；7—流化室

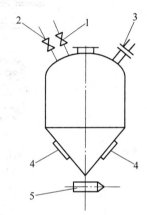

图 4-66　下出料仓式泵

1—放散阀；2—充压阀；3—防爆装置；

4—流化装置；5—混合器

　　串罐式喷吹必须设置分配器。煤粉经过喷吹总管送入分配器后，再由与分配器相连的若干喷吹支管及喷枪喷入高炉。分配器分配均匀与否直接影响高炉风口的燃烧状况。目前常用的分配器有瓶式、盘式和锥式的几种，图 4-67 为锥式分配器的结构示意图。

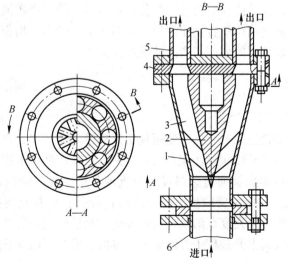

图 4-67　锥式分配器

1—分配器外壳；2—中央锥体；3—煤粉分配刀；4—中间法兰；5—喷煤支管；6—喷煤主管

由混合器或经过分配器吹送的煤粉，通过喷枪经高炉直吹管进入炉内，煤粉进入喷枪前一般用一段胶管与喷煤支管相连，主要是易于插枪操作。常用几种喷枪的结构如图4-68所示。

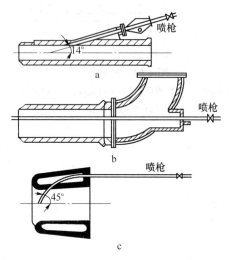

图 4-68　常用喷枪结构示意图
a—斜插式；b—直插式；c—风口固定式

4.4　高炉炼铁工艺

高炉炼铁是应用焦炭、铁矿石和熔剂在竖式反应器——高炉内连续生产液态生铁的方法，是现代钢铁联合企业中的重要环节。高炉不仅生产铁水，而且副产高炉煤气和高炉渣。高炉铁水是炼钢、生产耐压铸件的原料；高炉煤气是钢铁联合企业的重要气体燃料，占钢铁企业二次能源的20%左右，主要用作热风炉的燃料，还可供动力、炼焦、烧结、炼钢、轧钢等部门使用；高炉渣在炉前急冷粒化成水渣后，是生产矿渣水泥的原料。高炉生产是否稳定，直接影响到钢铁联合企业的生产能否正常、稳定、均衡地运行，高炉铁水的质量更直接影响着后续炼钢的生产和产品的质量。

4.4.1　高炉炼铁概述

4.4.1.1　高炉炼铁生产过程

高炉炼铁的本质是铁还原过程，即使用焦炭作还原剂和燃料，在高温下将铁矿石或含铁原料中的铁从氧化物或矿物状态还原为液态生铁的过程。高炉冶炼过程中，炉料（铁矿石、焦炭、熔剂）按确定比例通过装料设备分批地从炉顶装入炉内，高温热风（有时富氧）从下部风口鼓入，与焦炭反应生成高温还原性煤气；炉料在下降过程中被加热、还原、熔化、造渣，发生一系列复杂的物理化学变化，最后生成液态渣、铁盛聚于炉缸，周期地从高炉排出。煤气流上升过程中，温度不断降低，成分不断变化，最后形成高炉煤气从炉顶排出。

高炉炼铁生产过程复杂，除高炉本体外，还包括上料系统、送风系统、喷吹燃料系统、煤气处理系统、渣铁处理系统五个辅助设备系统。生产中，各系统相互配合、相互制约，形成了一个连续、大规模高温生产过程。整个高炉炼铁系统平面图如图 4-69 所示，其布置图示于图 4-70。

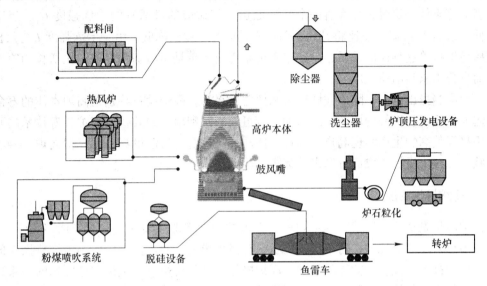

图 4-69 高炉炼铁系统平面图

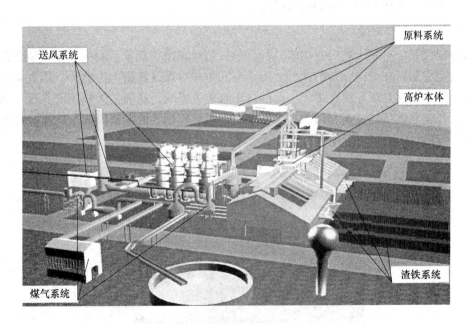

图 4-70 高炉炼铁系统布置图

4.4.1.2 高炉炼铁生产的原则

高炉炼铁生产目标是在较长的一代炉龄内生产出尽可能多的生铁，而且消耗要低，生铁质量要好，经济效益要高，简单概括起来就是"优质、高产、低耗、长寿命、高效益"。

众所周知，表明高炉冶炼产量与消耗的三个重要指标：有效容积利用系数（η_u）、冶炼强度（I）和焦比（K）之间的关系为：$\eta_u = I/K$。冶金专家经过长期的探索总结出利用系数的提高，也即高炉产量的增加，在很大意义上取决于冶炼强度对焦比的影响。在高炉冶炼技术发展过程中，人们通过研究总结出冶炼强度与焦比的关系：在任何生产技术水平上，当冶炼条件一定时，存在着一个与最低焦比相对应的最适宜的冶炼强度 $I_{适}$。当冶炼强度低于或高于 $I_{适}$ 时，焦比将升高，而产量稍后开始逐渐降低。由于冶炼强度 I 与焦比 K 之间始终保持着这种极值关系，因此绝不可以得出产量是与冶炼强度成正比增长的简单结论，而盲目追求高冶炼强度。

最后应当指出的是，随着我国产量和效益的提高，高炉设备特别是高炉本体的寿命日益引起人们重视，维修费用的不断增加，有可能影响到增产的效益。高炉长寿技术的开发和实现将促使高炉生产实现高产、低耗、优质、高效益。目前世界各国已把高炉长寿看作炼铁技术的一个重要组成部分和发展标志。

4.4.2　高炉操作制度

高炉冶炼是逆流式连续过程。炉料一进入炉子上部即逐渐受热并参与诸多化学反应，在上部预热及反应的程度，对下部工作状况有极大影响。通过控制操作制度维持操作的稳定，是高炉高产、优质与低耗的基础。高炉操作制度是对炉况产生决定性影响的一系列工艺参数的集合，包括装料制度、送风制度、造渣制度及热制度。高炉冶炼实践证明，只有选择合理的基本操作制度，才能实现炉况稳定顺行。

4.4.2.1　装料制度

装料制度是炉料装入炉内方式的总称，包括装料顺序、批重、料线、布料装置的功能等。它决定着炉料在炉内分布的状况。由于不同炉料对煤气流阻力的差异，因此炉料在横断面上的分布情况对煤气流在炉子上部的分布有重大影响，从而对炉料下降状况，煤气利用程度，乃至软熔带的位置和形状产生影响。利用装料制度的变化以调节炉况被称为"上部调节"。图 4-71 为高炉多环布料装置示意图。

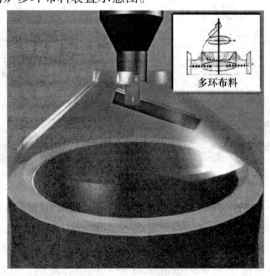

图 4-71　高炉多环布料装置示意图

A　批重

批重指装入高炉的每批料重量，包括一定重量和一定比例的各种原料（焦炭、矿石和熔剂）。每批料中的矿石重量称为矿石批重，焦炭的重量称为焦炭批重。批重大小对煤气流有影响，如矿批小，矿料落在炉墙附近较多，分布不到中心或中心矿层太薄，因而边缘气流少，透气性差。所以批重大压中心，批重小压边缘。

每座高炉都有一个临界批重的概念。当批重大于临界值时，随矿石批重增加而中心加重，批重过大则炉料分布趋向均匀；当批重小于临界值时，矿石分布不到中心，随批重增加而边缘加重或作用不明显。

B　装料顺序

装料顺序指一批料中矿石和焦炭进入高炉时的顺序。一般将矿石先焦炭后的顺序称为正装，反过来焦炭先矿石后的顺序称为倒装。装料顺序还有同装和分装之别。料车双钟装料时，一批料的矿石和焦炭全部装在大钟上，然后大钟开启，将矿石和焦炭同时装入炉喉的操作称为同装。而矿石开一次大钟，焦炭再开一次大钟的装料操作称为分装。装料顺序对布料的影响在于矿石和焦炭的堆角不同，以及装入炉内时原料面（上一批料下降后形成的旧料面）的不同而起作用的。实际生产中，不同料速形成的原料面不同，焦炭和矿石在炉喉形成的堆角也有差别。从这个基本情况就可以知道装料顺序对布料有着明显的影响，如图 4-72 所示；另外，矿石粒度也对布料起着相当重要的作用，如图 4-73 所示。

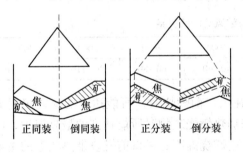

图 4-72　不同装料顺序时的炉料分布

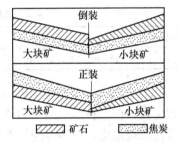

图 4-73　装料顺序和粒度对布料的影响

C　料线

从大钟完全开启位置的下缘至料面的垂直距离称为料线。料线的深度是用料尺（或称探尺）来测定的。每次装料后，大钟关闭或无钟炉顶的溜槽停止工作后，料尺下放到料面随料面下降，当降到规定的位置时，提起料尺装料。料线对炉料分布影响的一般规律是料线愈深，堆尖愈靠近边缘，边缘分布的炉料愈多。生产上料线一般是相对稳定的，只有在装料顺序调节尚不能满足要求时才改变料线。为避免布料混乱，料线一般选在碰撞点以上某一高度。

4.4.2.2　送风制度

送风制度是指通过风口向高炉内鼓送具有一定能量的风的各种控制参数的总称。它包括风量、风温、风压、风中含氧、湿分、喷吹燃料以及风口直径、风口中心线与水平线的倾角，风口端伸入炉内的长度等。上述诸参数以及喷吹量的调节常被称为"下部调节"，其与上部调节相配合是控制炉况顺行、煤气流合理分布和提高煤气利用的关键。一般来说下部调节的效果较上部调节快。因此它是生产者常用的调节手段。

A 送风制度检验指标

（1）风速。标准态风速的计算公式为：

$$v_{标} = 4Q/(n\pi d^2) \tag{4-1}$$

式中 Q——风量，m^3/s；

  n——风口数，个；

  d——风口直径，m。

实际风速是高炉生产实际情况下（$t_风$、$p_风$）的鼓风通过风口时所达到的风速：

$$v_{实} = v_{标} \times (273 + t_{热风}) \times 101.325/(101.325 + p_{热风}) \times (273 + t_{冷风}) \tag{4-2}$$

式中 $t_{热风}$——热风温度，℃；

  $p_{热风}$——热风压力，kPa；

  $t_{冷风}$——冷风温度，℃。

不同类型高炉的标准风速的参考值见表4-1。

表 4-1 高炉有效容积与标准风速的关系

有效容积/m^3	100	255~300	700	1000	2000	3000	4000
$v_{标}/m \cdot s^{-1}$	>80	>100	>120	>140	>180	>200	>220

（2）鼓风动能。高炉有效容积与鼓风动能的关系如表4-2所示。

表 4-2 高炉有效容积与鼓风动能的关系

有效容积/m^3	100	300	600	1000	2000	3000	4000
鼓风动能/$kJ \cdot s^{-1}$	15~30	25~40	35~50	40~60	60~80	90~110	110~140

（3）风口前理论燃烧温度。焦炭和喷吹物在风口前燃烧时，所能达到的最高绝对温度，即假定风口前燃料燃烧放出的热量全部用来加热燃烧产物时所能达到的最高温度，叫风口前理论燃烧温度，也叫燃烧带火焰温度。理论燃烧温度是风口前燃烧带热状态的主要标志。其高低不仅决定炉缸的热状态和煤气温度，而且也对炉料传热、还原、造渣、脱硫以及铁水温度、化学成分等产生重要影响。

（4）合适的风口回旋区深度。具有一定速度和动能的鼓风，在风口前吹动焦炭做回旋运动，形成一个疏松且近似椭圆形的区间，这个区间就叫回旋区。回旋区的形状和大小，反映了风口的进风状态，它直接影响气流和温度的分布，以及炉缸的均匀活跃程度。回旋区深度受风速和鼓风动能的影响而变化，鼓风动能增加，回旋深度也增加，边缘煤气流减少，中心气流增加。回旋区深度要适宜，过大或过小将造成中心或边缘气流发展。

B 送风制度的操作

（1）风量。风量对高炉冶炼的下料速度、煤气流分布、造渣制度和热制度都将产生影响。一般情况下，风量与下料速度、冶炼强度和生铁产量成正比关系，但它只有在燃料比降低或维持燃料比不变的条件下，上述关系才成立，否则适得其反。

（2）风温。提高风温是强化高炉冶炼的重要措施。其能增加炉缸高温热量收入，增加鼓风动能，提高炉缸温度，活跃炉缸，促进煤气流初始分布合理，改善喷吹燃料的效果。

（3）风压。风压直接反映炉内煤气量与料柱透气性的适应情况，它的波动是冶炼过程的综合反映，也是判断炉况的重要依据。目前高炉普遍装备有透气性指数仪表，对炉况变化反应灵敏，有利于操作者判断炉况。

（4）喷吹燃料。喷吹燃料不仅在热能和化学能方面可以取代焦炭，而且也增加了一个下部调节手段。喷吹燃料的高炉应固定风温操作，用煤量来调节炉温。

（5）富氧鼓风。空气中氧含量在标准状态下为21%，采用不同方法，提高鼓风中的氧含量就叫富氧鼓风。富氧鼓风可以提高风口前理论燃烧温度，有利于提高炉缸温度、冶炼强度及产量。

4.4.2.3 造渣制度

造渣制度包括造渣过程和终渣性能控制。造渣制度应根据冶炼条件、生铁品种确定，而炉渣性能是选择造渣制度的依据。为控制造渣过程，应对原料冶金性能做全面了解，如原料软化开始温度、熔化开始温度、软熔温度区间、熔化终了温度及软熔过程中压降等。

终渣性能控制是使炉渣具有良好的热稳定性和化学稳定性，以保证良好的炉缸热状态和合理的渣铁温度，以及控制好生铁成分，主要是生铁中的［Si］和［S］的含量。

造渣制度应相对稳定，只有在改换冶炼产品品种或原料成分变动大，造成有害杂质量增加或出现不合格产品，炉衬结厚需要洗炉，炉衬严重侵蚀需要护炉，排碱以及处理炉况失常等特殊情况下才可调整造渣制度。一经调整则应尽量维持其稳定。

图4-74是Al_2O_3含量为10%的四元渣系熔化温度与初晶区相图，它反映了炉渣化学成分与其熔化温度的关系。图中$w(CaO)<45\%$，$w(MgO)<20\%$，$w(SiO_2)<65\%$的区域是一个低熔化温度区间，熔化温度都在1400℃以下。如果碱度从1.0降低时，熔化温度还稍许降低。但是，如增加碱度超过1.3左右时，熔化温度将急剧升高。依据对结晶过程的研究，如图4-74所示，碱度从0.7到1.3，$w(MgO)<20\%$的成分范围是黄长石（$Ca_2MgSi_2O_7$与$Ca_2Al_2SiO_7$的固溶体），镁蔷薇辉石（$Ca_3MgSi_2O_8$）和钙镁橄榄石（Ca_2MgSiO_4）的初晶区。这是最适宜于选用的高炉渣区域。

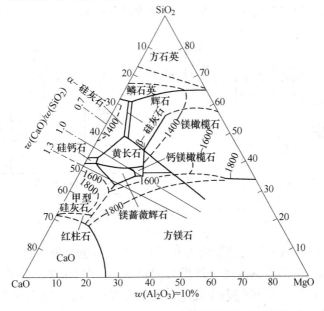

图4-74 CaO-SiO_2-MgO-Al_2O_3四元渣系初晶区相图

4.4.2.4　炉缸热制度

炉缸热制度指高炉炉缸所具有的高温热量水平，或者说是根据冶炼条件，为获得最佳效益而选择的最适当的炉缸高温热量，它反映了高炉炉缸内热量收入与支出的平衡状态。表示炉缸热制度的指标有两个。一个是铁水温度，它一般在 1350~1550℃ 之间，俗称"物理热"。另一个指标是生铁含硅量，生铁中的硅全部是直接还原得来的，炉缸热量越充足，越有利于硅的还原，生铁含硅量就越高，所以生铁含硅量的高低，在一定条件下可以表示炉缸热量的多少，俗称"化学热"。一般情况下，当炉渣碱度变化不大时，两者基本是一致的，即化学热愈高，物理热愈高，炉温也愈充沛。目前许多厂尚无直接测量铁水温度的仪器，因此生铁含硅量成为表示热制度的常用指标。

4.4.3　高压操作

提高炉顶煤气压力的操作称为高压操作，是相对于常压操作而言的。一般常压高炉炉顶压力（表压）低于 30kPa，凡炉顶压力超过此值者，均为高压操作。它是通过安装在高炉煤气除尘系统管道上的高压调节阀组，改变煤气通道截面积，使其比常压时小，从而提高炉顶煤气压力的。由于炉顶压力提高，高炉内部各部分的压力都相应提高。整个炉内的平均压力也提高，使高炉内发生一系列有利于冶炼的变化，促进高炉强化和顺行。

4.4.3.1　高压操作系统

高炉炉顶煤气剩余压力的提高，是由煤气系统中的高压调节阀组控制阀门的开闭度来实现的。苏联最早试验时，曾将这一阀组设置在煤气导出管上，它很快被煤气所带炉尘磨坏，因而试验未获成功。后来在改进阀组结构并将其安装在洗涤塔之后，才取得成功（如图 4-75 所示）。长期以来，由于炉顶装料设备系统中广泛使用双钟马基式布料器，它既起着封闭炉顶，又起着旋转布料的作用，布料器旋转部位的密封一直阻碍着炉顶压力的进一步提高。只有到 20 世纪 70 年代实现了"布料与封顶分离"的原则，即采用双钟四阀、无钟炉顶等装备以后，炉顶煤气压力才大幅度提高到 150kPa，甚至达到 200~300kPa。

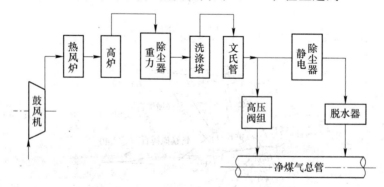

图 4-75　高压操作工艺流程图

应当指出，消耗在调压阀组的剩余压力是由风机提供的，而风机为此提高风压是消耗了大量能量的（由电动机或蒸汽透平提供）。为有效利用这部分压力能，人们从 20 世纪 60 年代开始，试验高炉炉顶煤气余压发电，先后在苏联和法国取得成功。采用这种技术后，可回收风机用电 25%~30%，节省了高炉炼铁的能耗。图 4-76 为采用余压发电后的高

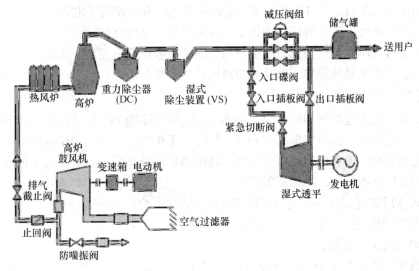

图 4-76　余压发电工艺流程图

压操作系统。

4.4.3.2　高压操作对高炉冶炼的影响

A　对燃烧带的影响

由于炉内压力提高，在同样鼓风量的情况下，鼓风体积变小，从而引起鼓风动能下降。根据计算，由常压（15kPa）提高到80kPa的高压后，鼓风动能降到原来的76%。同时，由于炉缸煤气压力的升高，煤气中 O_2 和 CO_2 的分压升高，这促使燃烧速度加快。鼓风动能降低和燃烧速度加快导致高压操作后的燃烧带缩小。为维持合理的燃烧带以利于煤气量分布，就可以增加鼓风量，这对增加产量起了积极的作用。

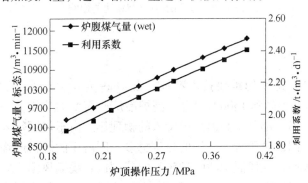

图 4-77　炉顶压力对炉腹煤气量的影响

B　对还原的影响

从热力学上来说，压力对还原的影响是通过对反应 $CO_2 + C = 2CO$ 的影响体现的，由于这个反应前后有体积的变化，压力的增加有利于反应向左进行，即有利于 CO_2 的存在，这有利于间接还原进行，同时高炉内直接还原发展程度取决于上述反应进行的程度，高压不利于此反应向右进行，从某种意义上讲是抑制了直接还原的发展，或者说将直接还原推向更高的温度区域进行，同样有利于 CO 还原铁氧化物而改善煤气化学能的利用。

从动力学上来说，压力的提高加快了气体的扩散和化学反应速度，这有利于还原反应的进行。但是有的研究者认为压力的提高也加快了直接还原的速度，因此压力对铁的直接还原程度不会产生明显的影响，单从压力对还原的影响分析，高压操作对焦比没有影响。

C　对焦比的影响

高压操作不仅促进炉况顺行，煤气分布合理，利用程度改善，而且使焦比有所下降。国内外的生产经验是，顶压每提高 10kPa，焦比下降 0.2%~1.5%。图 4-78 为炉顶压力对高炉燃料比的影响，随着炉顶压力的提高，高炉燃料比呈降低的趋势。对不同条件的高炉降低焦比的数值也不相同，降焦原因如下：

（1）高压后炉况顺行，煤气分布稳定，炉温稳定，煤气利用改善；

（2）由于产量提高，单位生铁损失降低；

（3）炉尘减少，实际负荷有所增加；

（4）高压操作能使 $2CO \rightleftharpoons C+CO_2$ 反应向右进行，降低直接还原度，发展间接还原。

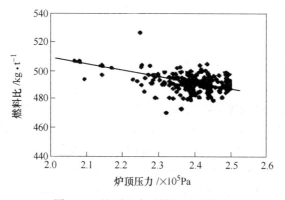

图 4-78　炉顶压力对燃料比的影响

4.4.4　高风温操作

高风温是现代高炉炼铁的重要技术特征。自 1829 年前高炉采用鼓风加热技术以来，风温已由最初的 149℃提高到 1300℃以上。高炉冶炼所需要的热量，一部分是燃料在炉缸燃烧释放的燃烧热，另一部分是高温热风带入的物理热。由于热风带入高炉的热量在高炉内可全部得到利用，因此热风带入高炉的热量越多，所需要的燃料燃烧热就越少，即燃料消耗就越低。实践表明，在风温 1000~1250℃的范围内，提高风温 100℃可以降低焦比 10~15kg/t，提高喷煤量约 25kg/t，增加产量约 4%。由此可见，提高风温可以显著降低燃料消耗和生产成本。除此之外，提高风温还有助于提高风口前理论燃烧温度，使风口回旋区具有较高的温度，炉缸热量充沛，有利于提高煤粉燃烧率、增加喷煤量，还可以进一步降低焦比。因此，高风温是高炉实现大喷煤操作的关键技术，是高炉降低焦比、提高喷煤量、降低生产成本的重要技术途径，是高炉炼铁发展史上极其重要的技术进步。高炉高风温操作系统如图 4-79 所示。

4.4.4.1　高风温对高炉冶炼的影响

（1）高风温对高炉燃烧带大小的影响。风温对于不同的焦炭燃烧状态下的燃烧带的影

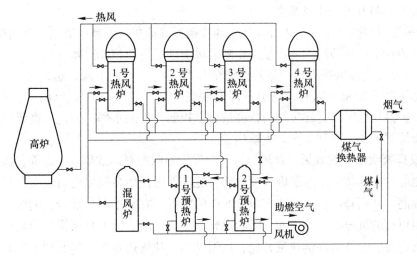

图 4-79　高炉高风温操作系统

响是不同的。通常情况下，焦炭处于回旋运动燃烧，燃烧反应处于扩散范围。因此，随风温的提高，因鼓风动能的增大，燃烧带扩大。但是，当焦炭层状燃烧和炉凉时，燃烧反应处于动力学范围或过渡范围。因此，随风温的提高，燃烧速度加快，燃烧带有可能缩小。

（2）高风温对高炉炉温的影响。高风温使高炉炉缸温度升高。随风温的提高，鼓风带入的物理热相应增加，于是风口前的燃烧温度升高。因此，提高风温有利于提高燃烧焦比、燃烧带和整个炉缸的温度，这对于 Si、Mn 等难还原元素的还原有利。

高风温使高炉上部温度降低。随着风温的提高，焦比必然相应降低，因而单位生铁的煤气量减少，煤气水当量降低，于是炉顶煤气温度下降，高温区和软熔带下移，减少了煤气带走的热量。这有利于间接还原的发展和保持炉况顺行。

（3）高风温对高炉顺行的影响。提高风温，对于高炉顺行，既有有利的一面，也有不利的一面。提高风温使鼓风动能增大，燃烧带扩大，炉缸活跃，同时高温区和软熔带下移，块状带扩大，高炉上部区域温度降低，这些因素均有利于高炉顺行。但是，随着风温的提高，高炉下部的温度升高，使得 SiO_2 还原的中间产物 SiO 挥发加剧，恶化了料柱的透气性，同时炉缸煤气体积因炉缸温度的提高而膨胀，煤气流速增大，于是高炉下部压差升高，易产生液泛。另外，焦比下降，使料柱的透气性相应变差，这些因素均不利于高炉顺行。因此，在一定的原料条件下，每座高炉都有一个适宜的风温水平，若盲目追求高风温，将导致高炉不顺。

4.4.4.2　提高风温的效果

提高风温效果体现在降低焦比、提高产量和改善生铁质量、发挥喷吹燃料的效果等方面。

（1）降低焦比。高风温可降低焦比，其原因主要有：1）鼓风带入的物理热增加；2）单位生铁煤气量减少，炉顶煤气温度降低，因而炉顶煤气带走的热量减少；3）高温区下移，中、低温区扩大，有利于发展间接还原；4）风温提高，使高炉产量相应增加，因而使单位生铁的热损减少；5）风温提高，鼓风动能增大，有利于吹透中心，活跃炉缸，使炉温稳定，改善生铁质量，生铁的含硅量可以控制在下限水平。

（2）提高产量和改善生铁质量。

1）高风温可提高产量：由于提高风温能大幅度降低焦比，减少渣量，提高焦炭负荷，因此，高炉的利用系数即高炉的产量，将随着风温的提高而相应提高。

2）高风温可改善生铁质量：随着风温的提高，由于焦比下降，焦炭带入的硫减少，有利于降低生铁含硫量。同时，高炉下部温度高，热量充沛，炉缸活跃，有利于生铁脱硫。再有，炉温较稳定，这样生铁的含硅量可以控制在下限水平。因此，高风温有利于冶炼低硅低硫炼钢生铁，有利于改善生铁质量。

（3）发挥喷吹燃料的效果。高风温可充分发挥喷吹燃料的效果。一方面，高风温配合喷吹燃料更能发挥其功效。这是因为喷吹燃料能降低因使用高风温而引起的风口前理论燃烧温度的提高，从而降低煤气流速，减少 SiO 的发挥，有利于高炉顺行，喷吹量越大，越有利于使用更高的风温。另一方面，喷吹燃料需要高风温。因为高风温能为喷吹燃料后风口前理论燃烧温度的降低提供热量补偿，风温越高，补偿热越多，越有利于喷吹量的增大和喷吹效果的发挥，所以更有利于焦比的降低。实践证明，高风温与大喷吹相结合，能更好地发挥其效能。

一般来说，风温 900℃ 下可保持 20% 的喷吹率（即喷吹物占全部燃料的比例），1000℃ 可保持 30% 的喷吹率。

4.4.4.3　界限风温

随着风温的不断提高，有利于高炉顺行的作用逐渐减弱，降低焦比的效果也逐渐变差。因此，在一定的冶炼条件下，高炉存在一个适宜的风温，或者说存在一个界限风温，达到界限风温后，再继续提高风温，不再收到更佳效果。

高炉生产实践表明，随着原料等冶炼条件的改善，尤其是喷吹燃料后，高炉能接受的界限风温将大大提高，风温即时达 1200~1300℃，也能获得很好的效果。据计算，在目前冶炼条件下，理论上的界限风温为 2000℃，但现在风温水平距此还相差甚远。

4.4.5　喷吹燃料

喷吹燃料是继高炉使用熟料（人造富矿）之后炼铁技术的又一重大发展。高炉喷吹技术在 20 世纪 50 年代就开始发展，到了 60 年代得到迅速推广。目前世界上 90% 以上的生铁是由喷吹燃料的高炉冶炼的，喷吹燃料量占高炉燃料消耗的 10%~30%。喷吹燃料的主要目的是以资源丰富的各种燃料代替资源贫乏、价格昂贵的冶金焦炭，降低焦比。于是可减少炼焦生产的负担，节省焦炉基建投资，节约过程能耗。

喷吹燃料的来源非常广泛，气、液、固体燃料均可以。高炉可以喷吹的液体燃料有重油、焦油和沥青等；固体燃料有无烟煤、烟煤和焦粉等；气体燃料有天然气、焦炉煤气和炉身喷吹用还原性气体等。由于各国资源条件不同，所用的喷吹燃料各异，例如苏联、美国天然气资源丰富，以喷吹天然气为主，从中东廉价进口石油的国家（如日本、法国、德国）则在石油危机前大量喷吹重油，我国煤资源丰富，以喷吹煤粉为主。实践表明，喷吹燃料不仅能大幅度降低焦比，而且还使冶炼的技术经济指标大为改善。我国高炉喷吹系统如图 4-80 所示。

图 4-80 高炉喷吹系统

4.4.5.1 喷吹燃料对高炉冶炼的影响

A 对风口前燃烧的影响

与焦炭在风口前燃烧相比,喷吹燃料与鼓风中氧燃烧的产物都是 CO、H_2 和 N_2,并放出一定的热量。不同之处在于:

(1) 焦炭在炼焦过程已完成煤的脱气和结焦过程,风口前的燃烧基本上是碳的氧化过程,而且焦炭粒度较大,在炉缸内不会随煤气流上升。而喷吹燃料却不同,煤粉要在风口前经历脱气、结焦和残焦燃烧三个过程,而且它要在喷枪出口处到循环区内停留的千分之几到百分之几秒内完成;重油要经历气化,然后着火燃烧。天然气、重油蒸气和煤粉脱气的碳氢化合物燃烧时,碳氧化成 CO 放出的热量,有部分被碳氢化合物分解为碳和氢的反应吸收,这种分解热随 $(H)/(C)$ 的增加而增大。因此,随着这一比例的增加,风口前燃料燃烧的热值亦降低(如表 4-3 所示)。

表 4-3 不同燃料的每 1kg 碳在风口前燃烧放出的热量

燃料	$(H)/(C)$	燃烧放出的热量	
		kJ/kg	%
焦炭	0.002~0.005	9800	100
无烟煤	0.02~0.03	9400	96
气煤	0.08~0.10	8400	85
重油	0.11~0.13	7500	77
甲烷	0.333	2970	30

(2) 炉缸煤气量增加,燃烧带扩大。喷吹燃料因含碳氢化合物在风口前气化后产生大量的 H_2,使炉缸煤气量增加(如表 4-4 所示)。煤气量的增加与燃料的 $(H)/(C)$ 有关的,$(H)/(C)$ 比值越高。增加的煤气量越多。煤气量的增加,将增大燃烧带。造成燃烧带扩大的另一原因是部分燃料在直吹管和风口内就开始燃烧,在管路内形成高温(高于鼓风温度 100~800℃)的热风和燃烧产物的混合气流,它的流速和动能远大于全焦冶炼时的风速和鼓风动能。

表 4-4 风口前每 1kg 燃料燃烧产生的煤气体积

| 燃料 | V_{CO}/m^3 | V_{H_2}/m^3 | 还原气总和 | | V_{N_2}/m^3 | 煤气量/m^3 | $\varphi(CO+H_2)$ |
			m^3	%			/%
焦炭	1.553	0.055	1.608	100	2.92	4.528	35.5
重油	1.608	1.29	2.898	180	3.02	5.918	49
煤粉	1.408	0.41	1.818	113	2.64	4.458	40.8
天然气/$m^3 \cdot kg^{-1}$	1.370	2.78	4.15	258	2.58	6.73	61.9
天然气/$m^3 \cdot m^{-3}$	0.97	2.00	2.97	185	1.83	4.80	61.9

（3）理论燃烧温度下降，而炉缸中心温度略有上升。

理论燃烧温度降低的原因在于：

1）燃烧产物的数量增加，用于加热产物到燃烧温度的热量增多；

2）喷吹燃料气化时因碳氢化合物分解吸热，燃烧放出的热值降低；

3）焦炭到达风口燃烧带已为上升煤气加热（约达到 1500℃），可为燃烧带来部分物理热，而喷吹燃料的温度一般在 100℃ 左右。

炉缸中心温度和两风口间的温度略有上升的原因是：

1）煤气量及其动能增加，燃烧带扩大使到达炉缸中心的煤气量增多，中心部位的热量增加；

2）上部还原得到改善，在炉子中心进行的直接还原数量减少，热支出减少；

3）高炉内热交换改善，进入炉缸的物料和产品的温度升高。

B 热滞后现象

燃料吹入高炉后对炉温的影响要经过一段时间才能完全显现出来，这段时间称为热滞后时间，这种现象就是热滞后现象。

热滞后现象主要是由于燃料中 H_2 参加还原反应引起的。燃料中大量 H_2 在直接还原区代替固体碳参加反应，节约了热量，减少了这一区域的热量消耗，使炉料得到充分加热。这部分预热和还原充分的炉料下降至炉缸，减轻了炉缸的热负荷，使炉缸变热，喷吹燃料的热效果才进一步显示出来。炉料从 H_2 大量代替固体碳参加还原反应的区域下降到炉缸所经历时间大体上就是热滞后时间。根据进一步的推断，H_2 参加直接还原反应节约热量大约在 1000~1200℃ 之间，相当于炉腰或炉身下部，炉料由此处下降到炉缸所需时间即为喷吹燃料的"热滞后"时间，一般约为 3h，当然，这与下料速度有关，下料快，"热滞后"时间短，反之则长。

4.4.5.2 置换比与喷吹量

喷吹燃料的主要目的是用价格较低廉的燃料代替价格昂贵的焦炭，因此喷吹 1kg 或 $1m^3$ 燃料能替换多少焦炭是衡量喷吹效果的重要指标。

$$置换比 = \frac{取代焦炭量}{喷吹燃料量} = \frac{K_0 - K}{Q}$$

式中 K_0，K——喷吹前、后焦比，kg/t 铁；

　　　　Q——喷吹燃料量，kg/t 铁。

一般重油的置换比大于 1，煤粉的置换比小于 1（0.7~0.9）。在其他条件不变情况下，置换比随着喷吹燃料量的增加而降低。鞍钢高炉喷油时的置换比如表4-5所示。

表4-5 鞍钢高炉喷油时的置换比

油比/kg·t^{-1}	<40	40~60	60~80	>80
置换比	1.25~1.35	1.15~1.25	1.10~1.15	1.0~1.1

加大喷吹量置换比降低的原因，主要是热补偿跟不上，理论燃烧温度降低；同时，当煤气中 H_2 量增加到某一范围后，其利用率也下降了。

4.4.5.3 限制喷吹量的因素

实际生产中，限制喷吹量的因素有以下几方面：

(1) 风口前喷吹燃料的燃烧速率是目前限制喷吹量的薄弱环节。对于喷吹燃料来说，最好能在燃烧带内停留的短暂时间里100%氧化成 CO 和 H_2，否则重油、天然气形成的烟炭和未完全气化的煤粉颗粒将影响高炉冶炼。燃烧动力学的研究和高炉工业性试验表明，影响燃烧速率的因素主要是温度、供氧、燃料与鼓风的接触界面等。

(2) 高温区放热和热交换状况，高炉冶炼需要有足够的高温热量保证炉子下部物理化学反应顺利进行。允许的最低值至少应高于冶炼的铁水温度，允许的炉缸煤气温度下限应保证能过热铁水和炉渣，以及保证其他吸热的高温过程（例如锰的还原，脱硫等）的进行。如前所述，喷吹燃料将降低理论燃烧温度，这样允许的最低理论燃烧温度成为喷吹量的限制环节。当喷吹量增加，使理论燃烧温度降到允许的最低水平时，就要采用措施（如高风温或富氧等措施），维持理论燃烧温度不再下降，以进一步扩大喷吹量。

(3) 产量和置换比降低是限制喷吹量的又一因素。实践表明，随着喷吹量的增加，喷吹燃料的置换比下降，图4-81为喷吹碳氢化合物燃料时的情况。我国喷吹煤粉的实践也表明，随着喷煤量的增加，置换比呈下降趋势。置换比降低可能导致燃料比过高、经济效益不合理。在风中含氧固定和综合冶炼强度一定的情况下，随着喷吹量的增加，高炉产量如同置换比那样呈下降趋势。在实际生产中，这种产量的降低被置换比的下降所掩盖。例如在冶炼强度一定时，由于喷吹燃料使焦比降低5%，产量本应提高5%，但是实际提高了2%，也就是产量下降了3%。要使产量不下降，就得采用富氧鼓风。

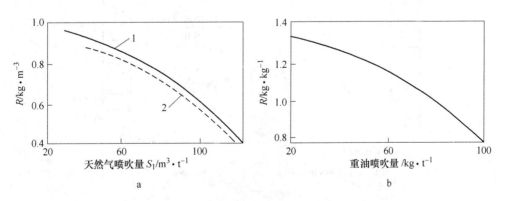

图4-81 喷吹量与置换比的关系

a—苏联下塔吉尔钢铁厂喷吹天然气时的微分置换比；b—奥地利林茨厂喷吹重油时的平均值置换比

1—风中水分1%；2—风中水分3%

4.4.6 富氧和综合鼓风操作

富氧鼓风是往高炉鼓风中加入工业氧，使鼓风含氧量超过大气含氧量，其目的是提高冶炼强度以增加高炉产量。随着高炉冶炼的技术进步，富氧可以提高理论燃烧温度，多喷吹燃料降低焦比。如前所述，在没富氧鼓风操作的情况下，风温水平不同，节焦量也不一样，例如大气鼓风下风温从0℃提高到250℃可使焦比降低230kg/t；从500℃提高到750℃可降低焦比70kg/t，而从1000℃提高到1250℃，仅能降低焦比40kg/t。富氧鼓风风中氧浓度提高时，差别减小，而当风中氧浓度提高到40%时差别就等于零。

4.4.6.1 富氧对高炉冶炼的影响

A 对风口前燃料燃烧的影响

随鼓风中氧浓度（w，m^3/m^3）增加，氮浓度降低，燃烧1kg碳所需风量减少，相应地风口前燃烧产生的煤气量（$v_{煤气}$）也减少，而煤气中CO含量增加，氮含量减少。

如同提高风温一样，富氧会使理论燃烧温度大幅度升高，但是升高的原因并不相同，提高风温给燃烧产物带来了宝贵的热量，富氧不仅不带来热量，而且因$v_{煤气}$的减少使这部分热量的数值减小，理论燃烧温度的升高是由于煤气量$v_{煤气}$的减少造成的。富氧1%，理论燃烧温度提高45~50℃，当风温处于1000~1100℃区间，风中湿度为1%时，富氧到26%~28%，理论燃烧温度就超过2500℃，生产实践表明，这样高的理论燃烧温度会导致冶炼十分困难，降低其可以采用降低风温或增加鼓风湿度的方法，显然这不利于焦比的降低，最好的办法是向炉缸喷吹补充燃料。图4-82为传统高炉与氧气高炉的技术指标对比，从图可知，与传统高炉比较，氧气高炉采用高比例富氧、常温鼓风，其焦比下降、喷煤比上升。

富氧以后，风中N_2含量的降低和理论燃烧温度的提高大大加快了碳的燃烧过程，这会导致风口前燃烧带的缩小，并引起边缘气流的发展。但是鼓风富氧都是提高冶炼强度的，燃烧带的缩小就变得不明显，这被研究者们从风口区取样分析所证实。

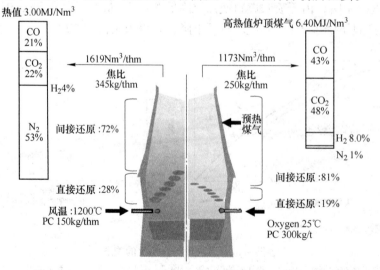

图4-82 传统高炉与氧气高炉的技术指标对比

B　对炉内温度场分布的影响

富氧对高炉内温度场分布的影响与提高风温时的影响相似。但是富氧造成的燃烧 1kg 碳发生的煤气量减少，对煤气和炉料水当量比值降低的影响，超过了提高风温的影响，因此富氧时炉身煤气温度降更严重，由于同时产生煤气量减少和炉身温度的降低，煤气带入炉身的热量减少，有可能造成该区域内的热平衡紧张，特别是炉料中配入大量石灰石在该地区分解时尤为严重。富氧鼓风时炉身温度下降情况如图 4-83 所示。

C　对还原的影响

富氧对间接还原发展有利的方面是炉缸煤气中 CO 浓度的提高与惰性的氮含量降低，但是要认识到，在焦比接近保持不变的情况下，富氧并没有增加消耗单位被还原 Fe 的 CO 数量，而且 CO 浓度对氧化铁还原度的影响有递减的待性，因此这种影响是有限的。对间接还原发展不利的方面是炉身温度的降低，700~1000℃间接还原强烈发展的温度带高度的缩小，以及产量增加时，炉料在间接还原区停留时间的缩

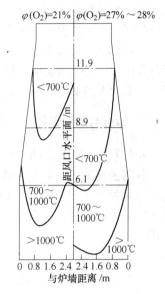

图 4-83　富氧鼓风时炉身温度下降情况（苏联下塔吉尔钢铁厂 1 号高炉实测资料）

短。上述两方面因素共同作用的结果，间接还原有可能发展，可能削减，也可能维持在原来的水平。

4.4.6.2　富氧鼓风操作特点

（1）富氧鼓风对产量的影响。根据理论计算，如果风量、焦比一定，鼓风含氧提高 1%，可增产 4.76%，且随富氧率提高，增产率递减。但实际生产中由于影响因素很多，很难达到增产目标。为了保持炉况稳定顺行，一般都控制炉腹煤气速度，在富氧前后保持相对稳定（速度 3m/s 左右）。为此富氧后应略减风量，以保持炉腹煤气量相对稳定。生产实践表明，在焦比基本保持不变的情况下富氧 1% 的增产效果为：风中含氧 21%~25%，增产 3.3%；风中含氧 25%~30%，增产 3.0%。冶炼铁合金时，由于焦比下降，增产效果提高到 5%~7%。

（2）富氧鼓风对焦比的影响。富氧鼓风对焦比的影响，有利和不利因素共存。富氧鼓风由于鼓风量减少，带入炉内热量相对减少，不利于焦比降低。由于煤气浓度提高，煤气带走的热量减少，有利于焦比降低。一般，原来采用难还原的矿石冶炼、风温较低、富氧量少时，因热能利用改善，焦比将有所降低。否则，采用还原性好的矿石冶炼、风温较高、富氧量很多时，热风带入炉内的热量大幅度降低，将有可能使焦比升高。

（3）富氧鼓风有利于冶炼特殊生铁。富氧鼓风有利于锰铁、硅铁、铬铁冶炼。硅、锰、铬直接还原反应在炉子下部消耗大量热量，富氧鼓风理论燃烧温度提高，正好满足了硅、锰、铬还原反应对热量的需求。因此，富氧鼓风冶炼特殊生铁，将会促进冶炼顺利进行和焦比降低。

4.4.6.3　综合鼓风

在鼓风中实行喷吹燃料同富氧和高风温相结合的方法，统称为综合鼓风。喷吹燃料煤气

量增大，炉缸温度可能降低，因而增加喷吹量受到限制，而富氧鼓风和高风温既可提高理论燃烧温度，又能减少炉缸煤气生成量。若单纯提高风温或富氧又会使炉缸温度梯度增大，炉缸（燃烧焦点）温度超过一定界限，将有大量 SiO 挥发，导致炉况难行、悬料。若配合喷吹就可避免，它们是相辅相成的。实践表明，采用综合鼓风，可有效强化高炉冶炼，明显改善喷吹效果，大幅度降低焦比和燃料比，综合鼓风是获得高产、稳产的有效途径。

4.4.7 加湿与脱湿鼓风

4.4.7.1 加湿鼓风

所谓加湿鼓风，就是在鼓风中加入水蒸气，以提高鼓风的湿度。通常是在冷风放风阀前（鼓风机与放风阀之间）将水蒸气加入冷风总管中，进行鼓风加湿。由于加湿鼓风可以强化高炉冶炼，所以，自苏联 1927～1928 年在顿涅茨钢厂进行首次试验后就得到了广泛运用。

A 对冶炼过程的影响

生产实践表明，加湿鼓风后炉况更顺行。这是由于鼓风中的水蒸气在炉缸燃烧带发生分解反应（$H_2O \rightarrow H_2 + 0.5O_2 - 242039kJ$，或 $H_2O + C \rightarrow CO + H_2 - 124474kJ$），吸收大量热量，致使燃烧温度降低，炉缸温度发生变化：在燃烧焦点水分分解进行最激烈，因而降低了燃烧焦点温度，消除了过热区，使出 SiO 挥发减弱，于是有利于防止因高风温或炉热引起的难行和悬料；同时，使燃烧焦点和整个燃烧带的温度均有所降低，也即使炉缸煤气温度有所降低，因此，煤气体积和煤气流减小，从而有利于顺行。

此外，大气鼓风中总含有一定的水分，但大气的自然水分是波动的，一年四季，天晴和下雨，甚至白天和晚上，大气湿度均不相同，这势必造成高炉热制度的波动。加湿鼓风可以使鼓风湿度稳定在一定水平，消除这种波动，显然，也有利于稳定炉况。

随着鼓风湿度的提高，煤气中还原剂（$CO + H_2$）浓度增加，于是煤气的还原能力提高，有利于间接还原的发展，降低直接还原度。

B 加湿鼓风的效果

由于加湿鼓风使鼓风的含氧量提高，因此可以认为，加湿鼓风实际上是富氧鼓风的一种形式。所以，鼓风在一定加湿程度下也可以提高冶炼强度，从而提高产量。

干风的含氧量为 21%，水蒸气的含氧量为 50%（$H_2O \rightarrow 0.5O_2 + H_2$）。于是，水蒸气与干风的含氧量之比为：

$$\frac{50\%}{21\%} \approx 2.38$$

即 1 单位体积水蒸气的含氧量为 1 单位体积干风含氧量的 2.38 倍。因此，鼓风中湿度每增加 1%，相当于增加干风 1.38%，即可以使冶炼强度提高 1.38%；在焦比不变的条件下，产量可提高 1.38%。

鼓风在一定加湿程度下，可以降低焦比。其主要原因是：

（1）有利于炉况顺行，故有利于提高煤气的利用率；

（2）有利于高炉接受高风温，这样，鼓风中 H_2O 分解消耗的热量可以提高风温补偿，而 H_2O 分解产生的 H_2，一部分在上升过程中参加间接还原再度变成 H_2O，其放出的热量可以被高炉利用，相当于增加了热收入；

（3）直接还原度降低；

（4）产量提高可以减少单位生铁的热损失。

4.4.7.2　脱湿鼓风

脱湿鼓风与加湿鼓风正好相反，它是将鼓风中湿分脱除到较低水平，使其鼓风湿度保持在低于大气湿度的稳定水平，以增加干风温度，从而稳定风中湿度，提高理论燃烧温度和增加喷吹量。显然，脱湿鼓风一方面降低了鼓风的水分，因而可减少水分分解耗热；另一方面又消除了大气湿度波动，对炉况稳定有利。因此，脱湿鼓风能取得很好的效益。

1904 年，美国就在高炉上进行过脱湿鼓风试验，湿风含水由 $26g/m^3$ 降到 $6g/m^3$，风温由 382℃提高到 465℃，高炉产量增加 25%，焦比下降 20%。但因脱湿设备庞大，成本高，一度未得到发展。70 年代以来，由于焦炭价格暴涨，脱湿设备已臻完善，脱湿鼓风才又被一些企业使用。

目前脱湿设备有干式、湿式、热交换式和冷冻式 4 种：

（1）氯化锂干法脱湿。采用结晶 LiCl 石棉纸，过滤鼓风空气中的水分，吸附水分后生成 $LiCl_2 \cdot H_2O$，然后再将滤纸加热至 140℃以上，使 $LiCl_2 \cdot H_2O$ 分解脱水，LiCl 则再生循环使用。这种脱湿法平均脱湿量可达到 $7g/m^3$。

（2）氯化锂湿法脱湿。采用浓度为 40%LiCl 水溶液，吸收经冷却的水分，LiCl 液被稀释，然后再送到再生塔，通蒸汽加热 LiCl 的稀释液，使之脱水再生以供使用。此法平均脱湿量可以达到 $5g/m^3$。湿法工艺流程如图 4-84 所示。

（3）冷冻法脱湿。冷冻法是随深冷冻技术的发展而采用的一种方法。其原理是用大型螺杆式泵把冷媒（氨或氟利昂）压缩液化，然后在冷却器管道内气化膨胀，吸收热量，使冷却器表面的温度低于空气的露点温度，高炉鼓风温度降低（夏天可由 32℃降到 9℃，冬天可由 16℃降到 5℃），饱和水含量减少、湿分即凝结脱除。

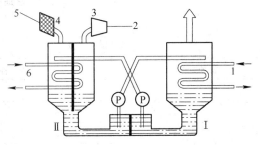

图 4-84　湿法脱湿鼓风流程

Ⅰ—再生塔；Ⅱ—脱湿塔（40% LiCl 水溶液）
1—蒸汽加热蛇形管；2—高炉；3—风机；
4—过滤器；5—处理空气；6—换热器

宝钢采用冷冻法脱湿装置，在鼓风机吸入侧管道上，安装大型冷冻机，作为脱湿主要装置。此法易于安装和调节，尤以节能和增加风量为最大优点。表 4-6 为宝钢脱湿装置的主要参数。

表 4-6　宝钢脱湿装置参数

项　目		工　况	
		夏季平均最高	年平均
脱湿前	空气量/$m^3 \cdot min^{-1}$	7900	7900
	温度/℃	32	16
	相对湿度/%	83	80
	含湿量/$g \cdot m^{-3}$	32.5	12.9
脱湿后	温度/℃	8.5	2.5
	含湿量/$g \cdot m^{-3}$	9.0	6.0

4.4.8 高炉炼铁主要技术经济指标

高炉冶炼的主要任务是以最低的消耗（包括能源、原料、耐火材料等），多出铁，出好铁，达到优质、高产、低耗目的。为了衡量高炉生产水平和经济效果，通常采用如下的技术经济指标。

4.4.8.1 有效容积利用系数

高炉有效容积利用系数指在规定的工作时间内每立方米的有效容积，平均一昼夜生产的合格铁水的吨数。

$$有效容积利用系数 = \frac{合格生铁折合产量}{高炉有效容积 \times 规定工作日数}$$

式中，生铁折合产量是以炼钢生铁为标准（折算系数为1.0），将其他各种牌号的生铁按冶炼的难易程度折合为炼钢生铁的吨数。各种生铁的折算系数如表4-7所示。规定工作日数，即日历天数扣除因大、中修实际停产的天数。

表 4-7 各种生铁折算系数

铁 种	铁 号		折算系数
	牌号	代号	
炼钢生铁	各号		1.0
铸造生铁	铸14	Z14	1.14
	铸18	Z18	1.18
	铸22	Z22	1.22
	铸26	Z26	1.26
	铸30	Z30	1.30
	铸34	Z34	1.34
含钒生铁	$w(V) > 0.2\%$各号		1.05
	$w(V) > 0.2\%$，$w(Ti) > 0.1\%$各号		1.10

一般高炉有效容积利用系数为 $2.3 \sim 2.8 t/(m^3 \cdot d)$，先进高炉达 $3t/(m^3 \cdot d)$ 以上。

4.4.8.2 入炉焦比、燃料比及综合焦比

焦比既是消耗指标又是重要的技术经济指标，指冶炼每吨生铁消耗的干焦（或综合焦炭）的千克数：

（1）入炉焦比。入炉焦比也称净焦比，指实际消耗的焦炭数量，不包括喷吹的各种辅助燃料。其定义式为：

$$入炉焦比 = \frac{干焦耗用量(kg)}{合格生铁产量(t)}$$

（2）折算入炉焦比：

$$折算入炉焦比 = \frac{干焦耗用量(kg)}{合格生铁折算产量(t)}$$

（3）燃料比：

喷吹燃料时，高炉的能耗情况用燃料比表示，即生产每吨生铁耗用各种入炉燃料的

总和。

$$燃料比 = \frac{\sum 入炉燃料(kg)}{合格生铁产量(t)}$$

（4）综合焦比。综合焦比是生产每吨生铁所消耗干焦数量以及各种辅助燃料折算为干焦量的总和：

$$综合焦比 = \frac{干焦数量 + \sum 喷吹燃料 \times 折算系数}{合格生铁产量}(kg/t)$$

$$= \frac{综合干焦耗用量}{合格生铁产量}(kg/t)$$

各种喷吹的辅助燃料的折算系数如表4-8所示。

表4-8 不同辅助燃料与干焦的折算系数

燃料种类	无烟煤	焦粉	沥青	天然气	重油	焦炉煤气
折算系数	0.8kg/kg	0.9kg/kg	1.0kg/kg	0.65kg/kg	1.2kg/kg	0.5kg/m³

（5）折算综合焦比：

$$折算综合焦比 = \frac{综合干焦耗用量}{合格生铁折算产量}(kg/t)$$

现代大中型高炉焦比一般在400kg/t左右，燃料比一般在500kg/t左右。我国宝钢三座高炉2003年燃料比平均值为492.5kg/t。

4.4.8.3 冶炼强度与综合冶炼强度

（1）冶炼强度。用以衡量高炉冶炼的强化程度，其定义为：

$$冶炼强度 = \frac{相应的干焦消耗量}{高炉有效容积 \times 实际工作日数}[t/(m^3 \cdot d)]$$

（2）综合冶炼强度。在喷吹燃料的条件下，有综合冶炼强度，即不仅计算焦炭消耗量，还计算喷吹燃料按置换比折算成的焦炭量。

$$综合冶炼强度 = \frac{综合干焦用量(参见综合焦比)}{高炉有效容积 \times 实际工作日数}[t/(m^3 \cdot d)]$$

有效容积利用系数、焦比及冶炼强度之间存在以下关系：

在不喷吹辅助燃料时：

$$利用系数 = \frac{冶炼强度}{焦比}$$

喷吹燃料时：

$$利用系数 = \frac{综合冶炼强度}{综合焦比}$$

中国高炉冶炼强度高的达到1.8t/(m³·d)，低的也在1.2t/(m³·d)以上，这是造成中国高炉燃料比高于国外50~100kg/t的主要原因之一。

4.4.8.4 燃烧强度

由于炉型的特点不同，小型高炉可允许较高的冶炼强度因而容易获得较高的利用系数。为了对比不同容积的高炉实际炉缸工作强化的程度，可对比其燃烧强度。燃烧强度的定义为每平方米炉缸截面积上每昼夜（d）燃烧的干焦吨数：

$$燃烧强度 = \frac{一昼夜干焦耗用量}{炉缸截面积}[t/(m^2 \cdot d)]$$

中国 $2000m^3$ 以上大高炉的燃烧强度在 $30.5 \sim 33.4t/(m^3 \cdot d)$ 间波动。

4.4.8.5 焦炭负荷

焦炭负荷用以评估配料情况和燃料利用水平，也是用配料调节高炉热状态时的重要参数。其定义为：

$$焦炭负荷 = \frac{每批炉料中铁矿石与锰矿石总重}{每批炉料中焦炭量}$$

4.4.8.6 衡量辅助燃料喷吹作业的指标

（1）喷吹率：

$$喷吹率 = 喷出率 = \frac{喷吹燃料总量}{总燃料消耗量} \times 100\%$$

（2）置换比：

$$R = \frac{K_0 - K_1 + \sum \Delta K}{M}$$

式中　R——喷吹的辅助燃料的置换比；

　　　K_0——未喷吹辅助燃料前的实际平均焦比；

　　　K_1——喷吹辅助燃料后的平均入炉焦比；

　　　$\sum \Delta K$——其他各种因素对实际焦比影响的代数和。

各种因素对焦比影响的经验值如表 4-9 所示。

表 4-9　各种因素对焦比影响的经验值

因素	变动量	影响焦比	影响产量	说　明
烧结矿含 Fe	±1%	∓1.5%~2.0%	±3%	
烧结矿碱度	±0.1%	∓3.5%~4.5%		
烧结矿 FeO	±1%	±1.5%		
小于5mm 烧结矿粉末	±10%	±0.6%	∓6%~8%	
入炉石灰石	±1000kg	±25~30kg		
焦炭含硫	±0.1%	±1.5%~2%	∓2%	
焦炭灰分	±1%	±2%	∓3%	
焦炭转鼓指数	±10kg	∓3%	±6%	
碎铁加入量	±100kg	∓20kg	±3%	碎铁含 Fe<60%
	±100kg	或 ∓30kg	±5%	碎铁含 Fe 60%~80%
	±100kg	或 ∓40kg	±7%	碎铁含 Fe>80%
渣量	±100kg	±50kg		包括熔化热，熔剂分解及 CO_2 影响

因素	变动量	影响焦比	影响产量	说　明
炉渣碱度	±100kg	±20kg		只考虑渣熔化热
	±0.1	±15~20kg		渣量500~700kg/t
干风温	±0.1	±20~25kg		渣量700~900kg/t
	±100℃	∓7%		原风温600~700℃
	±100℃	∓6%		原风温700~800℃
	±100℃	∓5%		原风温800~900℃

4.4.8.7　生铁合格率

生铁化学成分符合国家标准总量占生铁总产量的百分数，它是衡量产品质量的指标。

$$生铁合格率 = \frac{合格生铁产量}{生铁总产量（包括不合格产品）} \times 100\%$$

4.4.8.8　休风率

休风率反映高炉操作及设备维护的水平，也有记作作业率的。作业率与休风率之和为100%。

休风率指高炉休风时间占规定工作时间的百分数：

$$休风率 = \frac{休风时间}{规定工作时间} \times 100\%$$

4.4.8.9　生铁成本

生产每吨合格生铁所有原料、燃料、材料、动力、人工等一切费用的总和，单位为元/t。

4.4.8.10　工序能耗

炼铁工序能耗是指某一段时间（月、季、年）内，高炉生产系统（原料供给、高炉本体、渣铁处理、鼓风、热风炉、喷吹燃料、碾泥、给排水）、辅助生产系统（机修、化验、计量、环保等）以及直接为炼铁生产服务的附属系统（厂内食堂、浴室、保健站、休息室、生产管理和调度指挥系统等）所消耗的各种能源的实物消耗量，扣除回收利用能源，并折算成标煤（29330kJ/t）与该段时间内生铁产量。

4.4.8.11　高炉寿命

高炉寿命有两种表示方法：一是一代炉龄，即从开炉到停炉大修期间的时间。一般10年以下为低寿命，10~15年为中等，15年以上为长寿。世界上一般高炉寿命在15年左右，长寿高炉已达24年以上。二是一代炉龄中每立方米有效容积产铁量。一般5000t/m³以下为低寿命，5000~10000t/m³为中等，10000t/m³以上为长寿。世界上长寿高炉产量已达15000t/m³以上。

4.5　高炉炼铁余热回收和废弃物处理及综合利用

4.5.1　高炉炼铁工序余热的回收利用

随着钢铁企业的发展，世界各国研究开发了很多新的炼铁法，如直接还原法、熔融还原法、等离子法等。但由于高炉炼铁技术具有经济指标良好、工艺简单、生产量大、劳动生产率高、能耗低等特点，高炉炼铁仍占世界炼铁总量的95%以上。目前高炉炼铁余热回收主要采取的技术包括余热余压发电、高炉煤气回收和高炉渣热回收等。

4.5.1.1　余热余压发电

与其他环节不同，在高炉炼铁工艺中，不仅存在余热，同时也存在着余压问题。在炼铁时，焦炭，铁矿石投入高炉，要用鼓风机吹进大量热风。热风中的氧气一旦接触焦炭中的碳，就会立即燃烧，产生大量煤气。大部分煤气和铁矿石发生化学反应，分离出铁。余下的煤气从减压阀白白放掉。利用这部分余压来发电，称为余压发电，又叫高炉顶压力发电。传统的生产工艺中，高炉炉顶的压力一般在180kPa。高炉煤气在通过除尘后再经过减压阀组减压至10kPa左右，作为燃料使用。由此，压力能和热能被白白浪费在减压阀组上，造成大量的能源浪费和噪声污染。高炉余热余压发电项目是我国重点推广、鼓励的建设项目，在很多大型企业已有应用。高炉炉顶煤气余压透平发电装置，是利用高炉炉顶煤气具有的压力能及热能，经过透平膨胀做功，驱动发电机进行发电的装置，把内能转变为电能。

4.5.1.2　高炉煤气回收

属于超低热值燃料，且气源压力不稳定，不适宜远距离输送或用作城市生活煤气，所以可将高炉煤气用于燃烧发电。高炉燃烧发电是实现高炉煤气零放散的重要方法。建设电站时，应坚持以气定电、减少过网电量的原则，以提高经济效益。

4.5.1.3　高炉渣热回收

温度高达1500℃以上，但由于回收困难，目前通常采用水淬法回收熔渣热量，转换为80℃的热水。该方法尽管转换过程的热效率较高，但有效能却损失严重，其有效能利用效率仅12%，吨铁能耗可降低3.8kg。除采用水淬法外，还有一些正处于探索研究阶段的方法，如用风淬法粒化高炉渣并获取高温热风或发电；利用甲烷和水蒸气重整反应吸收高炉熔渣粒化过程的显热，并在催化剂作用下生产氢气和CO等燃料气，将热能转变为化学能。风淬法和化学法是未来高炉熔渣余热回收的重要研究方向。

4.5.2　高炉炼铁废弃物处理及综合利用

4.5.2.1　高炉渣的处理工艺

高炉渣处理是炼铁生产的重要环节，根据处理方式可分为急冷、半急冷和缓冷三种主要处理工艺及利用途径。在选用相关工艺时，应从技术先进性、投资多少、系统安全性、环保、成品渣质量、系统作业率、设备检修维护、占地面积等诸方面综合考虑。目前，国内外在生产应用和研究中高炉渣的处理工艺按照冷却介质的不同又可分为：水淬粒化工艺、干式粒化工艺和化学粒化工艺。下面将详细描述各种处理工艺的过程。

　　A　高炉渣水淬粒化工艺

　　a　池式水淬

池式法水淬高炉渣的生产过程如下：从渣口流出的热熔渣经渣沟流入渣罐，然后由机车把盛满渣的渣罐拉到水池旁，经砸渣机把渣罐上的渣皮砸碎，倾倒渣罐，熔渣经流槽流入池内，熔渣遇水急剧冷却，淬成水渣，水池内水渣可用吊车抓出，放置于堆场上，脱去部分水分，然后直接装车内、外运。

b 炉前水淬

我国目前许多钢铁厂都把高炉渣进行炉前处理，即在炉前设置一定坡度的冲渣槽，利用高压水在炉前冲渣槽内淬冷成粒并输送到沉渣池形成水渣。此法与炉外池式法相比，具有投资少、设备质量轻、经营费用低，有利于高炉及时放渣的优点，在炉前操作中缩短了渣沟长度，改善了炉前劳动条件，缺点是冲渣水未实行闭路循环，水耗、电耗高。

c 滚筒法

高炉熔渣经粒化器冲制成水渣后，渣浆经渣水斗流入设在滚筒里（转轴中心线下方）的分配器内，分配器均匀地把砂浆水配到旋转的滚筒内脱水，脱水后的水渣旋至滚筒上方，靠重力落到设在滚筒内（转轴中心线上方）的皮带运输机上运走，高炉渣基本全部水淬，冲渣水循环使用。滚筒法生产高炉水渣工艺流程如图 4-85 所示。

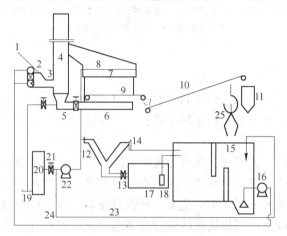

图 4-85 滚筒法生产高炉水渣工艺流程

1—高炉熔渣；2—粒化器；3—水渣沟；4—值水斗（上部为蒸汽放散筒）；5—调节阀；6—分配器；7—滚筒；
8—反冲洗水；9—筒内皮带机；10—筒外皮带机；11—成品槽；12—集水斗；13—方形闸阀；14—溢流水管；
15—循环水池；16—循环水泵；17—中间沉淀池；18—潜水泵；19—生产给水管；20—水过滤器；21—闸阀；
22—清水泵；23—补充新水管；24—循环水；25—抓斗

d 搅拌槽泵送法（拉萨法）

拉萨法水冲渣系统是由日本钢管公司与英国 RASA 贸易公司共同研制成功的。拉萨法的工艺流程是：熔渣由渣沟流入冲制箱，与压力水相遇进行水淬。水淬后的渣浆在粗粒分离槽内浓缩，浓缩后的渣浆由渣浆泵送至脱水槽，脱水后水渣外运。脱水槽出水（含渣）流到沉淀池，沉淀池出水循环使用。水处理系统设有冷却塔，设置液面调整泵用以控制粗粒分离槽水位。该法使用闭路循环水、占地面积小、处理渣量大、水渣质量较好、水渣运出方便、自动化程度高、管理方便等优点。但渣泵、输送渣浆管道磨损严重，维修费用高，采用硬质合金或橡胶衬里的耐磨泵。使用寿命较长（1.5~3 年）。但该法因工艺复杂、设备较多、电耗高及维修费用大等缺点，在新建大型高炉上很少采用。

e 永田法

日本川崎水岛厂在 RASA 法（拉萨法）的基础上取消了中继槽、沉淀池和脱水槽的滤网，粗粒分离槽和脱水槽滤出的水直接溢流进入热水池，形成所谓的永田法。其工艺流程如图 4-86 所示。

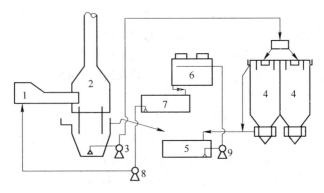

图 4-86　永田法渣处理工艺流程

1—冲制箱及水渣沟；2—水渣槽；3—水渣泵；4—脱水槽；5—温水槽；6—冷却塔；
7—冷水槽；8—给水泵；9—冷却泵

　　f　因巴法水淬

　　因巴法是由卢森堡 PW 公司和比利时西德玛（SIDMAR）公司共同开发的炉渣处理工艺（亦称回转筒过滤法），1981 年在西德玛公司投入运行。因巴法分热因巴、冷因巴和环保型因巴三种类型。

　　因巴法高炉渣水淬工艺流程：从渣沟流出的高炉熔渣进入渣粒化器，由粒化器喷吹的高速水流将熔渣水淬成水渣，经水渣沟送入水渣池再进一步细化。在这里大量蒸汽从烟囱排入大气，水渣则经水渣分配器均匀地流入转鼓过滤器。渣水混合物在转鼓过滤器中进行渣水分离，滤净的水渣由皮带机送出转鼓过滤器运至成品槽贮存，在此进一步脱水后，用汽车运往水淬堆场。滤出的水经处理后循环使用。因巴法高炉渣水淬工艺流程如图 4-87 所示。

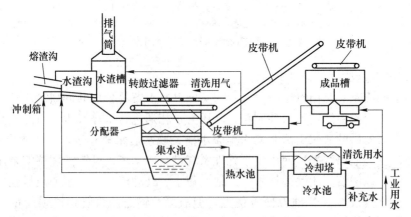

图 4-87　因巴法高炉渣水淬工艺流程

　　g　嘉恒法

　　嘉恒法炉渣粒化工艺的粒化过程打破了以直接利用冲渣水对液态熔渣进行水淬、破碎、运输的传统工艺过程。它是当液态熔渣经渣沟沟头流入粒化器时，被高速旋转的粒化轮打散成分散的小液滴后抛出，在空中与高压水射流接触，进行水淬过程。渣水混合物从粒化器自然落入脱水器筒体中，靠筒体内的多组V形筛斗实现渣水分离。脱水后的成品渣自然下落，靠受料斗收集，滑落到设备外部的皮带机上运至储渣仓。脱出来的水经筒体外部的集水池，经沉淀过滤后循环利用。集水池的沉渣靠渣浆泵返回筒体，再次脱水后成为成品渣。蒸汽靠集气装置收集，通过烟囱高空排放。整个脱水过程在封闭状态下进行，水、气对炉前环境无污染。在现有的水渣处理工艺中，此种粒化工艺能在最小空间、最短时间内完成整个渣处理过程，其工艺流程如图4-88所示。

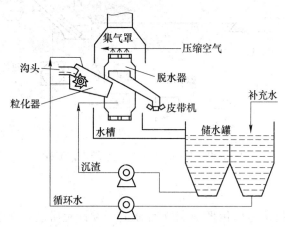

图4-88　嘉恒法渣处理工艺流程

（1）炉渣粒化。高炉出铁时，熔渣经渣沟沟头溜嘴落到与之有一定高度差的高速旋转（160~330r/min）的粒化轮上，在抛物运动中被挡渣板撞击，二次破碎后，渣水混合物沿预定轨迹落入脱水器转鼓中。

（2）粒化渣脱水。渣水混合物中的渣粒在脱水器中进一步冷却，同时通过脱水转鼓上的1.5~4.0mm间隙的筛网实现渣水分离，成品渣留在筛斗中，水则通过筛网流入水槽中。随着脱水转鼓的旋转，筛斗中的渣徐徐上升，达到顶部时翻落下来进入受料斗中，通过受料斗下面的出口落到皮带上。

（3）成品渣的磁选及外运。经脱水器筛选网过滤脱水的成品渣，通过脱水器受料斗卸料口落到设在脱水器下部的皮带运输机上，经皮带运输机上的磁选机磁选后运往堆渣场。

（4）高温蒸汽集中排放。在粒化与脱水过程中产生的高温蒸汽，通过集气装置引入脱水器上部的排气装置，高空排放。

（5）循环供水。通过脱水器筛网过滤的循环水经过溢流口及回水槽进入沉淀池，经沉淀后的清水进入集水池中，在此用循环水泵打到粒化器四周的特制喷嘴成为高压射流。水中含有一部分小于1.5mm的固体颗粒，沉淀于沉淀池下部，通过气力提升打到脱水转鼓内，进行二次脱水，进一步净化循环。

h　明特法

环保型明特法高炉水渣处理技术是将冲渣粒化过程中产生的蒸汽聚集到蒸汽冷凝塔内，由来自冷却塔的常温喷淋水冷凝，形成高温水再经冷却塔降温成常温水循环回蒸汽冷凝塔作常温喷淋水，从而实现蒸汽冷凝回收，消除蒸汽污染。

工艺流程图：高炉熔渣与铁水分离后，经渣沟进入熔渣粒化区，水渣冲制箱喷出的高速水流使熔渣水淬粒化冷却，炉渣在水渣沟内进一步粒化缓冲后，流入装有水渣分离器搅笼的搅笼池中，由带有螺旋叶片的搅笼机（也称螺旋机）将水渣混合物中的炉渣分离出来，经脱水后成为干渣。干渣由皮带机输送到堆场，外运销售。冲渣水经过过滤器过滤成干净水，进入贮水池和吸水井，供冲渣泵抽回冲制箱循环使用。工艺流程如图4-89所示。

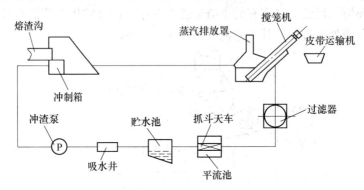

图4-89　明特法水渣处理系统工艺流程

　i　图拉法

图拉法水渣处理技术是由俄罗斯国立冶金工厂设计院研制，在俄罗斯图拉厂2000m^{3}高炉上首次应用。该法与其他水淬法不同，在渣沟下面增加了粒化轮实现机械粒化，粒化后的炉渣颗粒被水冷却、水淬，产生的气体通过烟囱排出。该法最显著的特点是彻底解决了传统水淬渣易爆的问题。熔渣处理在封闭状态下进行，环境好、循环水量少、动力能耗低、成品渣质量好。

图拉法渣处理技术的工艺流程如图4-90所示。高炉出铁时，熔渣经渣沟流到粒化器中，被高速旋转的水冷粒化轮击碎。同时，从四周向碎渣喷水，经急冷后渣粒和水沿护罩流入脱水器中，渣被装有筛板的脱水转筒过滤并提升，转到最高点落入漏斗，滑入皮带机上被运走。滤出的水在脱水器外壳下部，经溢流装置流入循环水罐中，经补充新水后，由粒化泵（主循环泵）抽出进入下次循环。循环水罐中的沉渣由气力提升机提升至脱水器再

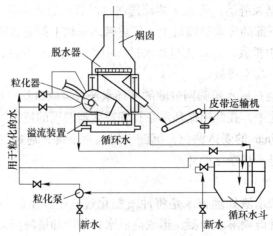

图4-90　图拉法渣处理系统的工艺流程

次过滤，渣粒化过程中产生大量蒸汽经烟囱排入大气。在生产中，可随时自动或手动调整粒化轮、脱水转筒和溢流装置的工作状态来控制成品渣的质量和温度。

j 螺旋法

螺旋法是通过螺旋机将渣、水进行分离。螺旋机呈 10°~20° 倾角安装在水渣槽内，螺旋机通过螺旋叶片的旋转，将水渣从槽底捞起并输送到运输皮带机上，从而达到渣水分离的目的。

螺旋法工艺流程如图 4-91 所示，主要设备有：

（1）冲制箱，将熔渣冲制成水渣粒、水渣沟、烟囱、转运皮带、成品槽。

（2）螺旋输送分离机，渣水分离的关键设备，整个装置呈倾斜布置，它的螺旋装置的一端位于集水池底部。通过螺旋结构的旋转运动将沉淀在集水池内的渣输送到皮带机上，而渣中的水在自身重力作用下滤出，回流到集水池，从而实现渣水分离。

（3）滚筒分离器，在本工艺中，集水池不能太大，否则就会使远离螺旋结构的渣无法输送。这样，就使渣水混合物在集水池内停留

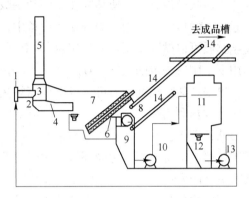

图 4-91 螺旋法工艺流程图

1—冲制箱；2—水渣沟；3—缓冲槽；4—中继槽；
5—烟囱；6—水渣槽；7—螺旋输送分离机；
8—滚筒分离器；9—温水槽；10—冷却泵；
11—冷却塔；12—冷水池；13—给水泵；14—皮带机

时间太短，其中的渣没有充分沉淀，一部分渣仍随水流出，使设备脱水效能降低。因此，滚筒分离器的作用就是分离水中的浮渣以及残余水渣。既提高渣水分离率，又提高水质以利循环使用。

B 高炉渣干式粒化工艺

干式粒化工艺指在不消耗新水情况下。利用传热介质与高炉渣直接或间接接触进行炉渣粒化和显热回收的工艺，几乎没有有害气体排出，是一种环境友好型新式渣处理工艺。按照炉渣粒化方式并进行过工业试验的急冷或半急冷干式粒化高炉熔渣的方法有风淬法、滚筒转鼓法、离心粒化法和 Merotec 工艺四种。

（1）风淬法工艺。给熔渣流吹风粒化，渣粒在气流中飞行时固化，温度由 1500℃ 降到 1000℃，然后在热交换器内冷却到 300℃。其中，日本在高温焙渣（不但包括高炉渣而且包括钢渣）风淬粒化和余热回收方面的工作比较突出，已有工业应用的先例。

（2）转筒粒化工艺。日本钢管公司（NKK）在福山 4 号高炉试验的内冷双滚筒法。滚筒在电动机带动下连续转动，带动熔渣形成薄片状黏附其上，滚筒中通入的有机高沸点（257℃）流体迅速冷却薄片状熔渣，这样就得到了玻璃化率很高的渣（质量与水渣相当），黏附在滚筒上的渣片由刮板清除。有机液体蒸气经换热器冷却返回滚筒（循环使用），回收的热量用来发电。

（3）离心粒化法。Kvaener metals 发明了一种干式粒化法，采用流化床技术，增加热回收率。它是采用高速旋转的中心略凹的盘子作为粒化器，液渣通过渣沟或管道注入盆子

中心。当盘子旋转达到一定速度时，液渣在离心力作用下从盘边沿飞出且粒化成粒。液态粒渣在运行中与空气热交换至凝固。凝固后的高炉渣继续下落到设备底部。凝固的渣在底部流化床内进一步与空气热交换，热空气从设备顶部回收。

C　高炉渣化学粒化法

化学粒化工艺是特高炉渣的热量作为化学反应的热源回收利用。其工艺流程是先使用高速气体吹散液态炉渣使其粒化，并利用吸热化学反应将高炉渣的显热以化学能的形式储存起来，然后将反应物输送到换热设备中，再进行逆向化学反应释放热量。参与热交换的化学物质可以循环使用。通过甲烷（CH_4）和水蒸气（H_2O）的混合物在高炉渣高温热的作用下，生成一定的氢气（H_2）和一氧化碳（CO）气体，通过吸热反应将高护渣的显热转移出来。热量经处理后可供发电和高炉热风炉等使用。在回收热量过程中因其伴随化学反应，故热利用率较低。

从处理工艺看，水淬法安全性能最高，技术上最为成熟，实际应用的高炉亦较多。但该工艺严重浪费能源、污染环境、炉渣后期利用困难等弊端已经凸现。急冷干式粒化工艺具有更好的发展前景，与水淬工艺相比其优点是显而易见的：水资源消耗少、污染物排放少、可回收热量、省去了庞大的冲渣水循环系统、维护工作量较小，虽其还未达到工业应用的程度，但符合我国建设资源节约型、环境友好型社会的大趋势。因此，在解决干式高炉渣粒化工艺炉渣较化率、冷却速度、余热回收、使用成本的前提下，干式高炉渣粒化工艺将成为高炉渣回收和利用的主流工艺。

D　矿渣碎石工艺

矿渣碎石是高炉渣在指定的渣坑或渣场自然冷却或淋水冷却形成较为致密的矿渣后，再经过挖掘、破碎，磁选和筛分而得到的一种碎石材料。矿渣碎石的开采方法比较简单。一般常用的是热泼法和堤式法两种。

（1）热泼法。高炉渣出至渣罐内运至渣场分层泼、倒在坑内或渣场上，一般设置4个热泼场。熔渣在一个场地热泼，另一个场地喷洒适量的水促使热渣加速冷却和碎裂，第三个用挖掘机等进行采掘装车，第四个场地作为备用。热泼的过程是在热泼场上泼一层，洒一层水，水量的多少取决于所需矿渣碎石的密实度，目前多采用薄层多层热泼法，很少采用过去常用的单层放渣。薄层多层放渣法每次排放的渣层厚度有限制，这种方法的优点是操作容易，渣坑容积大，在采掘前可以有充分的冷却时间，渣层薄，熔渣中的气体容易逸出。

（2）堤式法。此法是用渣罐车将热熔渣运至堆渣场，沿路堤两边一层层倾倒。由于是分层倾倒，矿渣呈层状分布，待形成渣山后进行开采。开采出的矿渣用翻斗汽车运到处理车间进行破碎、酸选。一般磁选的方法是在皮带机的头上装有磁选筒，把铁块选出，并将矿渣筛分加工。在渣场上的产品有混合矿渣、小于5mm的矿渣砂、各种级别的矿渣碎石，分级产品分别堆放作为商品出售，供工程施工使用。

4.5.2.2　高炉渣的综合利用

近年来，随着我国钢铁工业的迅猛发展，高炉渣的排放量随之大量增加。堆放这些废弃的炉渣不仅要占用大量的土地，淤塞河道，而且还会污染环境，破坏生态平衡，影响钢铁工业的健康、可持续发展。因此，对高炉渣的综合利用已引起高度重视，使其尽量达到产用平衡。我国高炉渣处理及利用技术发展很快，而且在工艺方面并不落后于国外，但我国高炉渣的综合利用率却未能领先，有些企业还经常出现反复，究其原因，大多数都涉及复杂的生产关系及其技术管理和经济效益方面的问题。

对于高炉渣的利用取决于高炉渣的处理工艺。目前，高护渣的主要用途有：提取有价组分，制造建材，生产肥料，制备复合材料，污水处理剂，高炉渣潜热回收等。

（1）生产水泥。利用粒化高炉渣生产水泥是国内外普遍采用的技术。在苏联和日本，50%的高炉渣用于水泥生产。我国约有 3/4 的水泥中掺有粒状高炉渣。在水泥生产中，高炉渣已成为改进性能、扩大品种、调节标号、增加产量和保证水泥安定性合格的重要原材料。目前，我国利用高炉渣生产的水泥主要有矿渣硅酸盐水泥、普通硅酸盐水泥、石膏矿渣水泥、石灰矿渣水泥和钢渣水泥等五种。

（2）制成矿渣砖。主要原料是水渣和激发剂，水渣既是矿渣砖的胶结材料又是骨料，用量占 85% 以上。所生产的砖其强度可达到 10MPa 左右，能用于普通房屋建筑和地下建筑。

（3）湿碾矿渣混凝土。以水渣为主要原料配入激发剂（水泥、石灰、石膏），放在轮碾机中加水碾磨，制成砂浆后与粗骨料拌和而成的一种混凝土。原料配比不同，得到的湿碾矿渣混凝土的强度不同。此种混凝土适宜在小型混凝土预制厂生产混凝土构件。

（4）生产矿渣棉。矿渣棉是以矿渣为主要原料，经熔化、高速离心或喷吹制成的一种白色棉丝状矿物纤维材料。它具有质轻、保温、隔音、隔热、防震等性能。许多单位已将矿渣棉制成各种规格的板、毡、管壳等。

（5）生产微晶玻璃。微晶玻璃是近几十年发展起来的一种用途很广的新型无机材料。高炉渣微晶玻璃与同类产品对比，具有配方简单、熔化温度低、产品物化性能优良及成本低廉等优点，除用在耐酸、耐碱、耐磨等部位外，经研磨抛光是优良的建筑装饰材料。采用机械化压延成型工艺，还可生产大而薄的板材。

（6）生产硅肥。硅肥是一种以含氧化硅（SiO_2）和氧化钙（CaO）为主的矿物质肥料，它是水稻等作物生长不可缺少的营养元素之一，被国际土壤学界确认为继氮（N）、磷（P）、钾（K）后的第四大元素肥料。

（7）生产高炉渣微粉。所谓高炉渣微粉指高炉水渣经烘干、破碎、粉磨、筛分而得到的比表面积在 $3000cm^2$ 以上的超细高炉渣粉末。高炉渣微粉主要用作水泥或混凝土的混合材料，可显著提高混凝土强度、改善耐久性。

4.5.2.3　高炉瓦斯灰（泥）的处理工艺

高炉冶炼中产生的煤气（俗称瓦斯）是一种可以回收利用的二次能源，在对其净化处理时用重力除尘器或者不带防尘器除去的干式粗粒粉尘为瓦斯灰；经洗涤塔和文氏管中水喷淋吸附的细粒为瓦斯泥，两者统称高炉瓦斯灰（泥）。

随着钢铁工业的迅猛发展，高炉不断趋向大型化，粉尘量与年俱增，我国高炉粉尘的产量为 15~50kg/t，英国钢铁公司为 20~40kg/t。以 2010 年我国钢产量为 6 亿吨计算，我国每年约产高炉粉尘 900 万~3000 万吨，其中瓦斯灰和瓦斯泥各占 50% 左右。西方各国及日、韩等国都制定了类似法律，将含铅锌的钢铁厂粉尘划归为有毒固体废物，要求对其中铅、锌等进行回收或钝化处理，否则须密封堆放在指定场地。德国和日本的处理比例已接近 100%。从 1988 年开始，该粉尘被禁止以传统的方式填埋弃置，必须处理成无害废物后方可填埋。因此，高炉粉尘的处理和综合利用便得到了各国政府及企业的高度重视，并已成为冶金界及相关行业研究的热点之一。

我国钢铁企业对高炉瓦斯灰（泥）处理方法大致有两种：一是直接利用，该方法是将高炉瓦斯灰（泥）作为烧结配料或建筑材料的原料，简单易行，但利用量有限；二是综合回收，通常采用物理方法或化学方法对其中的铁、碳、有色金属等有用组分进行回收，消除高炉瓦斯灰（泥）对周围生态环境的污染，有效地回收了二次资源与能源。

目前各钢铁厂高炉粉尘的处理工艺很多，归纳起来分为：湿法、火法和火法与湿法联合处理法以及固化或玻化和选冶处理技术。

（1）火法处理法。火法处理工艺是在一定的高温下，采用粉尘中的炭粉还原剂还原粉尘中金属氧化物并加以回收有价元素的一种处理方法。火法处理的方法较多，下面介绍一些较为成熟的处理工艺。

1）回转炉床式还原炉法是处理泥浆状物质，在回转炉床设备上进行泥浆脱水和成形的新技术，回收用作高炉原料。处理物装在环状回转炉床上，从上方加热温度 1300℃锌被气化去除，铁分形成高强度还原铁球团，在高炉上再利用。

2）处理炉一步熔融还原法是将粉尘直接吹入处理炉内，用焦炭将它们还原成金属。其中，还原剂用小块焦炭，从炉顶将焦炭投入炉内焦炭填充层内。将原料粉尘从炉内上下段风口之间的焦炭层内进行熔化，还原成金属被回收。从炉顶出来的煤气可用作钢铁厂的燃料。

3）Midrex 公司和神户联合开发的 Fastmet 法是处理含铁固体废物及回收的方法，并能成功地从富集锌粉尘中提取氧化铁。废油作为主要的燃料来源，粉少造球后加入回转炉内。此时，粉尘中的碳起到了还原剂的作用。

4）含碳球团铝浴熔融还原法（简称铝浴法）将低品位含锌、铅高炉粉尘制成含碳球团，送入熔融铝浴中，物料中的锌、铅氧化物快速还原为金属锌、铅，锌以锌蒸气挥发并采用氧化冷凝的方法回收氧化锌，得到较高 ZnO 含量的氧化锌粉；还原出的铅则留在渣中，以铅铁渣形式回收；该铅铁渣可与铝浴分离，铝浴可重复使用。

火法处理工艺总的特点是：回收处理的生产效率高；大部分的锌、铅等金属的回收率高，综合效益较好；但是火法存在设备投资大的缺点。在实际应用中火法工艺较多，主要是其生产率较高，对环境污染小，流程短。

（2）湿法（水力）处理法。高炉粉尘的湿法处理法是利用湿法冶金原理来处理粉尘的一种方法。一般采用酸、碱或铵盐溶液来萃取分离锌、铅等物质，得到高质量的锌、铅等产品可以销售，浸取液返回浸取工序，浸取后的含铁、含碳废渣干燥后送入烧结或其他装置回收铁、碳。

（3）火法-湿法联合处理技术。

1）典型的联合处理技术有 MRT 法，该方法采用氯化铵溶液浸出粉尘，使大部分锌铅镉溶解进入溶液，用锌粉置换浸出液获得铅和镉初级金属产品，含铁浸出渣经洗涤过滤后用火法回收其中的铁。

2）火法富集-湿法分离法。在火法富集-湿法分离法工艺中，火法富集处理方法为：

将高炉瓦斯尘挤压成球，与焦炭、钢渣熔剂按一定比例混合进入鼓风炉高温熔炼。各种低沸点有色金属形成金属蒸气随炉气带出而富集（形成二次灰），大部分杂物反应成硅酸盐进入炉渣。湿法分离原理为：用水洗二次灰，即可除去大部分碱性氧化物和可溶性硅酸盐，再用硫酸浸锌，通过温度、pH 值的控制，经富铟、除铁、除重金属后得到纯净的硫酸锌溶液，通过蒸发、浓缩结晶得 $ZnSO_4 \cdot H_2O$ 或 $ZnSO_4 \cdot 7H_2O$；用碳铵置换成碱式碳酸锌沉淀，经水洗甩干后进行煅烧生产活性氧化锌产品；用碳铵和氨水共同置换成碳酸锌沉淀，经水洗甩干后进行烘烤生产碳酸锌产品。

（4）固化或玻化处理技术。

1）SuperDetox 处理法是将粉尘与铝、硅氧化物，石灰以及其他添加剂混合，使重金属离子氧化还原且沉积于铝、硅氧化物之中。

2）IRC 处理法为一玻化过程，高炉粉尘勺添加剂混合后采用一特殊设计加热炉熔化，产物为晶体且重金属离子被包裹于中间。这一方法与 SuperDetrox 固化一样，金属资源没有得到回收和利用。

3）冷固化球团法。通过对单种粉尘和混合粉尘的冷固结球团冷态性能的研究，利用糖浆、水玻璃或水泥作为黏结剂时，冷固结球团 RJ 作为转炉冷却剂或高炉添加剂使用；以水泥、聚乙烯醇与 CMC（羧甲基纤维素钠）混合液体作黏结剂、在条件适当的情况下，冷固结球团可以作为高炉添加剂使用。

（5）选冶处理技术。

1）弱磁-强磁选矿法。根据赤（褐）铁矿、磁（赤）铁矿密度和比表面积均较大，从磁化系数看属于中、强性矿物的特点（铁矿物单体解离度为 88.6%），而瓦斯泥中的锌主要以氧化锌存在，ZnO 是两性化合物，基本上无磁性。故用弱磁-强磁选（全磁选）方法，比较容易将铁矿物从瓦斯泥中选别出来，并可降低锌含量。

2）磁选-摇床联合选矿法。根据高炉瓦斯泥的矿物特性，通过弱磁选实现初步的铁矿与碳及锌等物料的分离，弱磁选后的尾矿采用强磁选进行处理。弱磁选后的铁矿再依次用脱磁、浓缩、摇床等工序最后得到铁箱矿和含锌、碳较高的尾矿。

（6）BSR 法。高锌含铁尘泥采用 BSR（Baosteel Slag Reduction）法，将宝钢高锌含铁尘泥冷固结压块后，利用宝钢尚未得到利用的钢渣显热将其熔融还原，回收铁资源，脱除锌等有害物质，此法工艺投资与成本低，不但消除厂尘泥污染，而且回收了铁资源，简单而有效地实现了高锌粉尘的回收利用。

BSR 的实现途径是：高锌含铁尘泥配加一定量碳制成自还原含碳团块，并预先铺放在钢渣罐中，在转炉出渣过程中兑入 1600℃ 以上的高温红渣与其混合，利用高温红渣的显热来加热尘泥团块，在运输过程中团块被红渣加热到 1300℃ 以上并保持 20~30min，使尘泥中的氧化铁被还原为粒铁夹杂在红渣中，再利用钢铁厂现有的滚筒-热焖罐法处理设备及磁选机将粒铁与钢渣分离，同时尘泥团块中的氧化锌被还原挥发，挥发出的高锌气体可以被收尘设备回收，作为锌精矿副产品出售。

该技术的优点是利用了钢铁厂尚未利用的钢渣显热将高锌尘泥变为粒状废钢，不需要燃料加热，可节省大量能源，除了少量冷态混合、压块、加料设备外，不需要专门的窑、炉设备。

由以上对高炉粉尘的处理方法可以看出，物理分离的方法回收率和生产率都很低。萃取等技术则要求锌的品位大于 15%；火法-湿法联合处理技术的金属回收比较彻底，但处理的成本高，流程长，处理的量较少，湿法步骤还会产生二次污染。而就目前国外最先进的直接还原法 Fastmet 工艺而言，仍然存在着投资大、生产成本高等问题。对于各国追求的可直接处理粉尘的熔融还原工艺，其开发的技术难度和运行的高成本及其他附加条件使得距离批量化生产应用尚需很长时间。

4.5.2.4　高炉瓦斯灰（泥）的综合利用

目前国内外企业对高炉瓦斯泥（灰）的综合利用方法主要为：直接作烧结配料、提取有价金属（精选铁精矿和回收铁、回收锌、富集回收铟）、回收碳、作吸附剂及其他用途。

（1）直接作烧结配料。因为高炉瓦斯泥与瓦斯灰有相近的化学成分，尤其是它含有大量的碳，对降低烧结能耗又有很大益处，而且铁矿物是高炉瓦斯泥（灰）的主要成分，全铁含量为 25%～50%，所以可以直接配入烧结。这种将高炉瓦斯泥（灰）直接作烧结配料的方法，很早以前就在各个钢厂使用，已经很成熟并得到了推广。许多钢铁厂将晒干后的瓦斯泥破碎后配入烧结料中使用，不仅充分利用了瓦斯泥中的铁和碳，起到了降低能耗、降低烧结矿成本的作用，但是使用量过小，配比以 1.5%～2.5% 为宜，过多配用会使烧结强度、烧结矿品位受影响。

（2）提取有价金属。

1）选铁精矿和回收铁。在高炉瓦斯灰（泥）中回收铁精矿和金属的工艺中，主要应用了选矿工艺流程。根据不同厂家高炉瓦斯灰（泥）的不同性质采用的主要方法有：根据重、磁、浮单一的选别和反浮-磁联选、重-磁联选、重-反浮-磁联选等原理，分别开发出单一摇床、细筛-摇床、磁选-摇床、细筛-磁选-摇床、浮选-螺旋粗选-摇床、弱磁-强磁选等选铁工艺。另外，还有学者研究使用瓦斯灰泥与其他原料按比例配合生产直接还原铁和海绵铁。

2）回收锌。在高炉瓦斯灰泥中回收锌的工艺大体上可分为：火法、湿法和火法-湿法联合三种工艺。

火法工艺比较简单，根据氯化物大都具有低熔点、高挥发性的特点，采用氯化焙烧的方法回收锌，工艺也比较成熟。在氧化性气氛下，高炉瓦斯泥与 $CaCl_2$ 焙烧发生反应，生成低沸点的 $ZnCl_2$ 升华回收，该工艺 $ZnCl_2$ 的回收率达到 99.48%。

湿法工艺主要是利用湿法冶金原理来处理粉尘的一种方法，通过使用不同的溶液将 ZnO 转变为某种锌的化合物或者配合物，然后浸出在溶液中，最后再加以回收制备活性 ZnO。据研究表明，常见的浸出用溶液有 NH_4SCN、$NaOH$、NH_3-NH_4HCO_3、NH_4Cl、H_2SO_4 和 CO_2 水溶液等。

火法富集-湿法提纯工艺是将高炉瓦斯泥（灰）在马弗炉中焙烧（900～1350℃），其氧化锌的挥发率大于 91%，挥发尘中锌富集 3～3.5 倍；挥发尘经酸浸、碳化沉淀，氧化锌浸出率达 90% 以上，锌沉淀率大于 99%；碳化沉淀的超微碳酸锌再经热解处理，得到 0.35μm 的超微氧化锌。

另外，周云等人提出冶金粉尘在微波场中脱锌。其结果显示：冶金粉尘对微波有较强的吸波性能，微波加热能降低脱锌反应的温度，比传统加热方式脱锌反应温度低 96.4℃。当微波加热 20min 时，粉尘脱锌率高达 80%。

3）富集回收铟。炼铁厂的烟灰中主要含有锌、铅、铜和铁等金属，同时含有少量铟，其中期的主要存在形式为 In_2O_3 等。铟的富集和回收与锌的回收有点类似，都是使用湿法冶金的原理，通过萃取、浸出、富集等手段进行回收。

（3）回收碳。高炉瓦斯灰（泥）中焦炭（C）含量占 15%~20%，粒度一般较铁矿物粗些，含炭粉多以焦粉、煤粉形式存在。炭粉表面疏水，密度小，可浮性好，采用浮选方法极易与其他矿物进行分离，可以回收其中的碳资源，碳的回收率达 80%。

（4）作为吸附剂。由于瓦斯泥粒度小、比表面积大、活性高，同时含有大量的活性炭粒、硅酸盐及其他氧化物，可用高炉瓦斯泥吸附重金属离子。对于不同的重金属离子吸附量的顺序为：Pb>Cu>Cr>Cd>Zn。其中，瓦斯泥对 Pb^{2+} 的吸附主要发生在赤铁矿相中；瓦斯泥的吸附能力与 Fe_2O_3/C 和温度有关系，且随着 Fe_2O_3/C 的增加而增加，随着温度的升高而增加。吸附焦化废水中的 COD。研究表明：在瓦斯泥中加入铁屑对焦化废水中 COD 的去除率明显高于瓦斯泥法，处理时间、pH 值对瓦斯泥+铁屑法的去除效率影响较大。

（5）其他方面的应用。目前，国内外对高炉瓦斯泥（灰）的研究一直没有停止过，开发出一些附加值比较高的产品。例如，用于电弧炉造泡沫渣，瓦斯泥粉煤灰砖，烟灰混凝土缓凝剂，制备玻璃陶瓷，铁锰锌共沉淀粉料等产品。但大多数都还处于实验室阶段，需要进一步研究才可应用于工业生产中。

由于瓦斯泥中存在大量的铁和碳，在电弧炉冶炼过程中造渣时加入瓦斯灰（泥）有助于泡沫渣的反应，还会强化吹氧喷碳操作，并由此减少了相对应数量的金属损失和喷炭量。

在瓦斯泥中添加粉煤灰、高炉矿渣、石灰和砂等组元，用蒸养的方法研制出瓦斯泥粉煤灰砖，其工艺简单、成本低廉，达到了同类砖 10MPa 级一等品的技术要求。

另外，有人使用瓦斯灰、软锰矿、废铁屑为原料，经过同步浸出、初步除杂、复盐深度净化和共沉淀等过程，成功制备了铁锰锌共沉淀粉料可用于软磁铁氧体的生产。

高炉渣和高炉瓦斯泥（灰）作为宝贵的二次资源，其资源化问题具有一定的复杂性，近年来虽然得到了一定的应用，但到目前为止，仍没有一种工艺能真正解决高炉渣和高炉瓦斯泥（灰）的高价值资源化问题，该领域的研究仍有很大空间，有待投入更多的人力、物力。

参 考 文 献

[1] 罗吉敖. 炼铁学 [M]. 北京：冶金工业出版社，1994.

[2] 朱苗勇等. 现代冶金学（钢铁冶金卷）[M]. 北京：冶金工业出版社，2005.

[3] 卢宇飞. 炼铁工艺 [M]. 北京：冶金工业出版社，2006.

[4] 王明海. 炼铁原理与工艺 [M]. 北京：冶金工业出版社，2006.

[5] 王筱留. 钢铁冶金学（炼铁部分）[M]. 北京：冶金工业出版社，2004.

[6] 文光远. 铁冶金学 [M]. 重庆：重庆大学出版社，1993.

[7] 任贵义. 炼铁学 [M]. 北京：冶金工业出版社，2004.

[8] 张家驹. 铁冶金学 [M]. 沈阳：东北工学院出版社，1988.

[9] 包燕平，冯捷. 钢铁冶金学教程 [M]. 北京：冶金工业出版社，2008.

[10] 董原. 高级冶金工实用技术（双色图文版）[M]. 呼和浩特：内蒙古人民出版社，2008.

[11] 万新. 炼铁设备及车间设计 [M]. 2 版. 北京：冶金工业出版社，2007.

[12] 张树勋. 炼铁厂设计原理（上册）[M]. 北京：冶金工业出版社，1994.

[13] 王平. 炼铁设备 [M]. 北京：冶金工业出版社，2006.

[14] 姜澜. 冶金工厂设计基础 [M]. 北京：冶金工业出版社，2013.

[15] 薛正良. 钢铁冶金概论 [M]. 北京：冶金工业出版社，2008.

[16] 安俊杰. 冶金概论 [M]. 北京：中国工人出版社，2005.

[17] 张朝晖，等. 冶金资源综合利用 [M]. 北京：冶金工业出版社，2011.

[18] 仇芝蓉. 我国钢铁企业余热资源的回收与利用 [J]. 冶金丛刊，2010，6 (190)：47~50.

[19] 蔡九菊，王建军，陈春霞，等. 钢铁企业余热资源的回收与利用 [J]. 钢铁，2007，42 (6)：1~7.

第2篇 炼 钢

5 转炉炼钢车间布置

5.1 转炉炼钢车间布置实习目的、内容和要求

（1）实习目的。

1）了解转炉炼钢车间的组成、主体设备和车间的布置；

2）了解转炉炼钢生产流程；

3）了解转炉炼钢车间物料流动路径。

（2）实习内容。

1）转炉炼钢车间布置、车间各跨间的主要功能、生产设备以及这些设备的布置；

2）转炉炼钢车间不同钢种的生产流程；

3）转炉炼钢车间物料流动路径即物流，以及车间内物流的输送设备。

（3）实习要求。

1）了解铁水预处理方法及设备、转炉炼钢的转炉座数、转炉容量、炉外精炼方法及设备、连铸机机型、台数及设备；

2）了解转炉炼钢车间各种原材料的供应方法、副产品的运输和处理工艺；

3）了解转炉炼钢车间装料跨、转炉跨、精炼跨（钢液接受跨）、浇注跨、切割跨、出坯跨、热送线的布置。

5.2 转炉炼钢车间生产工艺流程

通常的转炉炼钢车间生产工艺主流程示意图如图 5-1 所示。炼铁厂高炉生产的铁水，通过混铁车（鱼雷罐）或铁水罐由铁路送到转炉炼钢厂，根据冶炼钢种的不同，经过铁水预处理、转炉顶底复合吹炼、炉外精炼冶炼工序和连铸工序，成为合格的铸坯（板坯、方坯），这种生产流程已经成为现代钢铁企业转炉炼钢车间的生产流程。

围绕转炉炼钢车间生产工艺主流程，转炉车间炼钢生产还涉及原材料的供应和副产品的运输、处理工艺，由此形成整个转炉炼钢车间的工艺流程，如图 5-2 所示。不同钢种的

生产工艺流程如表 5-1 所示。

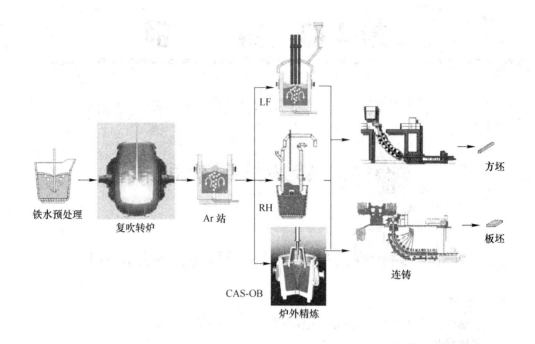

图 5-1 转炉炼钢车间生产工艺主流程示意图

表 5-1 不同钢种的生产工艺流程

钢 种	工 艺 路 线
碳素结构钢	铁水预处理→转炉→LATS→连铸
优质碳素结构钢	铁水预处理→转炉→LATS/RH→连铸
低合金结构钢、汽车大梁/结构用钢	铁水预处理→转炉→LATS/RH→连铸 铁水预处理→转炉→LF→RH→连铸
高耐候性结构钢	铁水预处理→转炉→RH→连铸 铁水预处理→转炉→LF→RH→连铸
压力容器钢、桥梁用结构钢	铁水预处理→转炉→RH→连铸 铁水预处理→转炉→LF→RH→连铸
船体用结构用钢	铁水预处理→转炉→RH/LATS→连铸
管线钢、IF 钢、DP 钢、MP 钢、TRIP 钢、MS 钢	铁水预处理→转炉→RH→连铸 铁水预处理→转炉（双联、双渣）→RH→LF→连铸 铁水预处理→转炉→LF→RH→连铸
刀模锯片钢	铁水预处理→转炉→LF→RH→连铸

注：LATS＝Ladle Alloying Treatment Station。

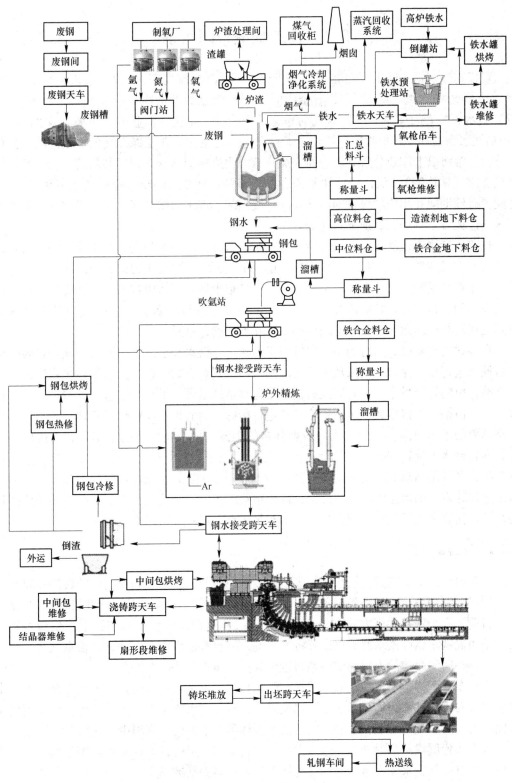

图 5-2　转炉炼钢车间工艺流程及物流示意图

5.3 转炉炼钢车间布置

现代转炉炼钢车间主要包括以下作业：（1）铁水预处理；（2）铁水、废钢供应；（3）转炉吹炼；（4）造渣剂和铁合金供应；（5）钢水炉外精炼；（6）连铸及铸坯输送；（7）钢水、炉渣的运输；（8）烟气的净化及回收等。在这些作业中，铁水、钢水的冶炼（包括铁水预处理、转炉吹炼、炉外精炼）和连铸是主体作业工序，其他作业围绕主体作业进行。常将以上作业分解到各跨间完成，从而构成转炉炼钢车间的装料跨、转炉跨、钢水接受跨（精炼跨）、浇铸跨、切割跨、出坯跨等。这些跨间组成车间的主厂房，此外，还配置有辅助间和相应的设备如渣处理间、废钢间、铁水包维修区、钢包维修区、氧枪维修区、连铸设备维修区、地下料仓等。

按照生产物流运动方向，通常转炉炼钢车间布置依次为炉渣跨、装料跨、炉子跨、精炼跨（钢水接受跨）、浇注跨、切割跨、出坯跨，图 5-3～图 5-7 为构成转炉炼钢车间跨间的平面布置和横断面图，车间的主要生产操作都集中在主厂房内进行。转炉炼钢车间通常采用多跨间平行布置，转炉跨位于装料跨和精炼跨（钢水接受跨）之间，这种布置方式的特点是在转炉跨的两侧可实行不同的操作，互不干扰，物料流顺行。

在装料跨侧通过装料跨的吊车向转炉跨的转炉兑铁水和加废钢，而另一侧通过转炉向炉后倾动进行出钢操作，钢液从转炉的出钢口倒出到炉下的钢包，然后钢包车将钢液送到精炼跨，由精炼跨吊车将盛有钢液的钢包吊运到精炼工段，吊车将钢包放到精炼工段的钢包车上，由钢包车将钢包运送到精炼工位进行精炼。钢液在不同精炼设备之间的运送，均由精炼跨的吊车和钢包车来完成。精炼合格的钢液，再由精炼跨的吊车送到连铸回转台上，回转台水平旋转 180°，将钢液过渡到浇铸跨，进行浇铸操作。凝固成型的铸坯进入切割跨后，经火焰切割成一定的定长（约 6~12m）。无缺陷的高温铸坯可以通过出坯跨的热送线送往轧钢厂的均热炉加热后轧制；需要精整的铸坯，经精整处理后，再由热送线送往均热炉；需要下线的铸坯，则由出坯跨吊车吊运到出坯跨的铸坯堆放区堆放。

5.3.1 装料跨布置

在装料跨内主要完成兑铁水、加废钢和转炉炉前的工艺操作如无副枪的转炉需要倒炉取样测温、清理炉口炉渣和黏钢等。一般在装料跨的两端分别布置铁水工段和废钢工段。

目前，高炉铁水供应方式有采用混铁车（又称鱼雷式铁水车）和铁水罐供应两种方式。采用混铁车供应铁水时需要设置将铁水倒入装料跨铁水罐的倒灌站，根据铁水运输线进入炼钢车间装料跨的方向，倒罐站布置分为平行布置和垂直布置两种。

平行布置倒罐站是混铁车运输线平行于加料跨起重机运行方向进入炼钢车间，两个倒罐坑内各有一部铁水罐称量运输车，混铁车运输线与铁水罐车走行方向垂直。每条混铁车运输线可同时承载两部混铁车将其内的铁水倒罐到其下方的铁水罐中，如图 5-8 所示。

垂直布置倒罐站是混铁车运输线垂直于加料跨起重机运行方向进入炼钢车间，两个倒罐坑内各有一部铁水罐称量运输车，混铁车运输线与铁水罐车走行方向平行。每条混铁车运输线只能承载一部混铁车向下方的铁水罐倒铁水，如图 5-8 所示。

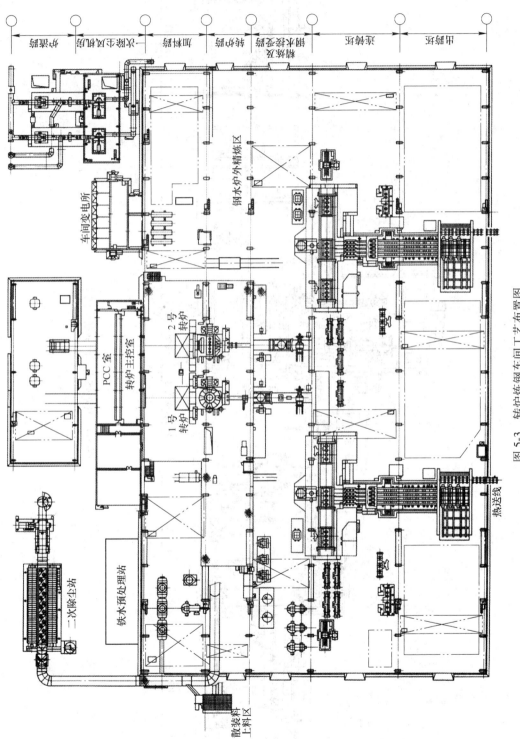

图 5-3　转炉炼钢车间工艺布置图

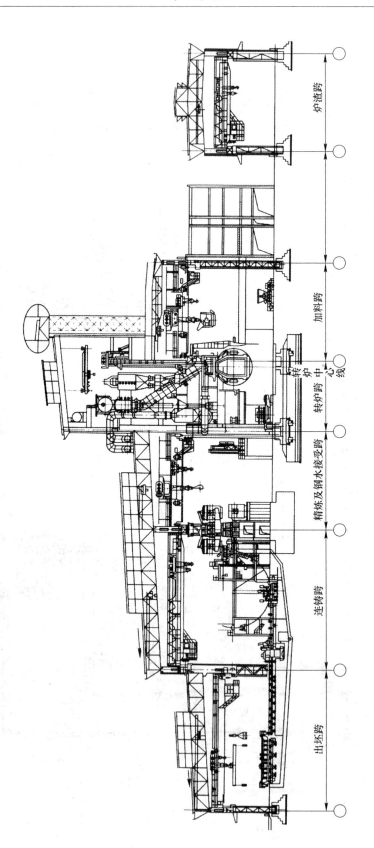

图 5-4　转炉炼钢车间横断面图

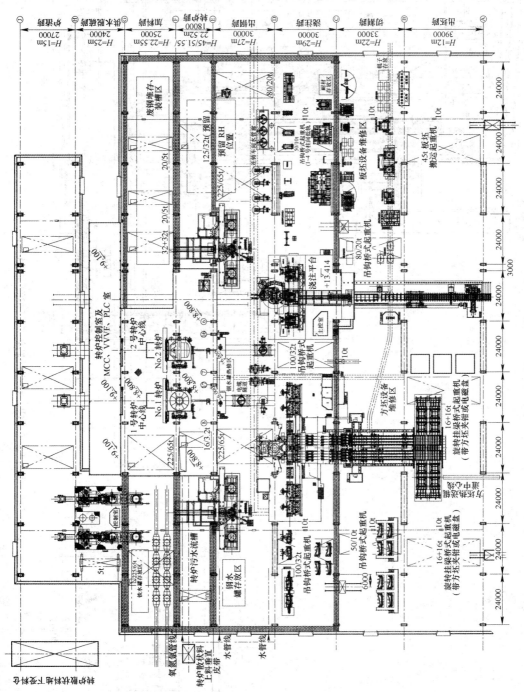

图 5-5 生产板坯和方坯的转炉炼钢车间平面布置图

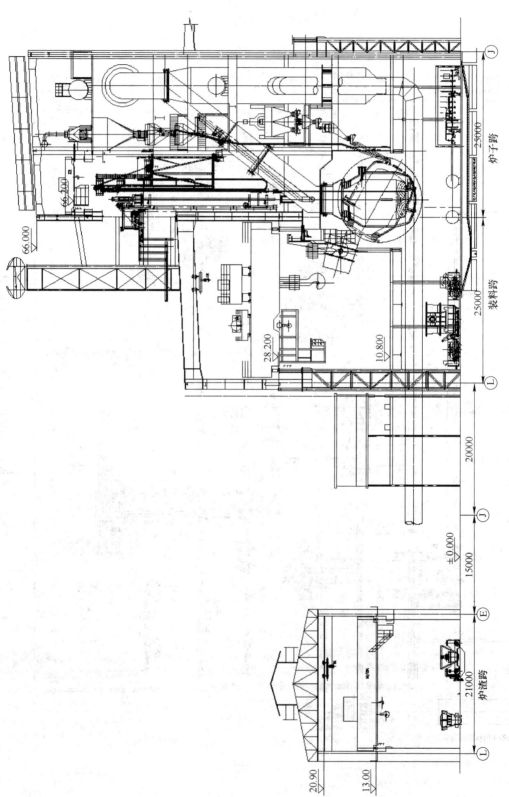

图 5-6　采用 LT（干法）除尘的转炉炼钢车间炉渣跨-转炉跨剖面图

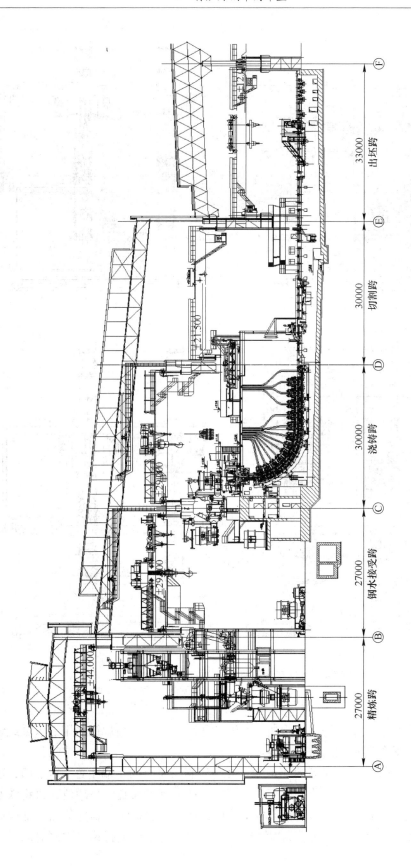

图 5-7 RH 精炼-板坯连铸车间剖面图

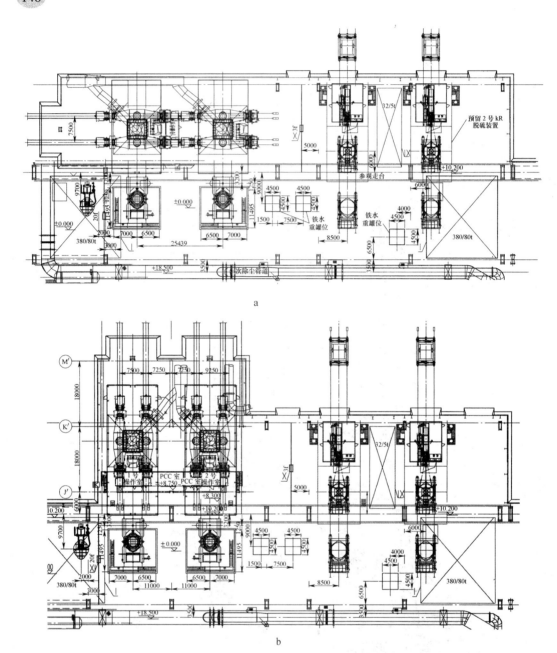

图 5-8　混铁车运送铁水布置倒罐站的铁水工段
a—水平布置；b—垂直布置

采用铁水罐供应铁水的铁水工段如图 5-9 和图 5-10 所示，高炉铁水用铁水罐经铁路运送到转炉车间的装料跨一端的铁水工段。

在如图 5-7~图 5-9 所示的铁水工段中，在与装料跨平行的一端布置一脱硫跨，需要进行铁水脱硫预处理时，用装料跨的吊车将倒罐坑的铁水罐吊入脱硫吊罐位，再将铁水罐车开到脱硫扒渣位，先进行第一次测温取样，然后进行第一次扒渣。扒完渣后，加脱硫剂进行搅拌（KR法）或喷吹（喷镁或混喷法）脱硫，脱硫完毕再进行第二次测温取样，测温

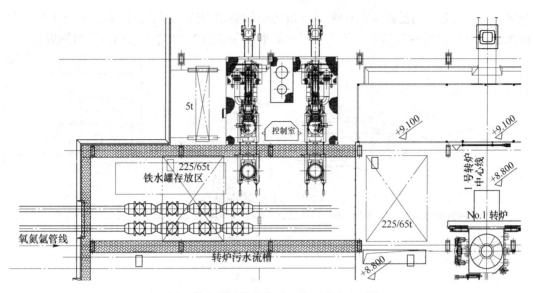

图 5-9　铁水罐运送铁水平行布置的铁水工段

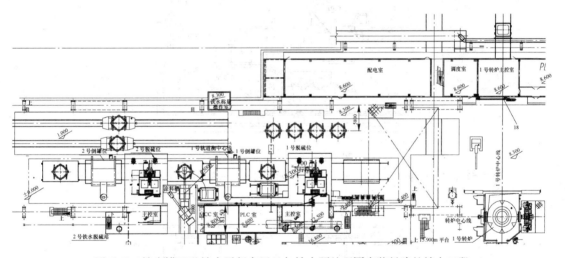

图 5-10　铁水罐运送铁水平行布置且与铁水预处理同在装料跨的铁水工段

取样完毕后进行第二次扒渣，最后将铁水罐车运行到吊罐位，用装料跨吊车将脱硫后的铁水运送到转炉前兑入转炉。脱硫渣罐车与脱硫铁水罐车在同一线上，采用扒渣机将脱硫渣扒入渣罐，渣罐满后将渣罐车运行到转炉炉渣跨，脱硫渣运到渣场统一处理。

图 5-10 是倒罐与铁水喷镁脱硫预处理操作都布置在装料跨一端的铁水工段中，这种布置适合于铁水预处理量不大或钢产量不大的转炉炼钢车间。

不需要脱硫的铁水，则直接通过装料跨吊车将倒罐后的铁水罐运送到转炉前，将铁水兑入转炉。

有的混铁车方案进行铁水预处理时，铁水预处理站建在转炉炼钢车间主厂房附近，如图5-11 所示。一般包括铁水预处理间 2、倒渣站 3 和铁水倒罐站 4。铁水预处理间（脱硫或同时脱硫脱磷）和倒渣站大多位于炼铁车间与铁水倒罐站之间，且彼此平行布置。一般情况下，经处理后的混铁车，每隔2~3次送到倒渣站倒渣，倒渣站扒渣机布置见图5-12。铁水预处理站如图5-13所示。不需预处理的混铁车每隔10次左右送到倒渣站倒渣。

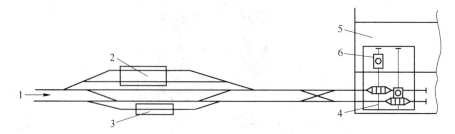

图 5-11　混铁车供应铁水

1—高炉铁水；2—铁水预处理间；3—倒渣站；4—铁水倒罐站；5—主厂房原料跨；6—移送车

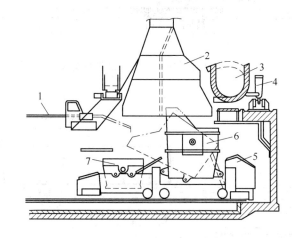

图 5-12　倒渣站扒渣机布置

1—扒渣机；2—集烟罩；3—混铁车；4—混铁车移动装置；5—称量运输车；6—铁水罐；7—渣罐

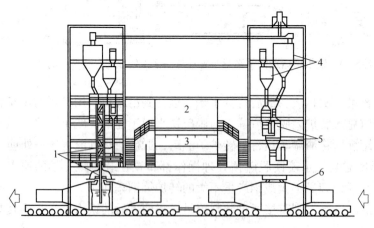

图 5-13　铁水预处理站

1—喷粉枪；2—配电站；3—操作站；4—高位料仓；5—粉剂分配器；6—混铁车

近年来高炉铁水的运送出现了"一罐到底"工艺技术，即取消传统的混铁车，直接采用铁水罐运输铁水，将高炉铁水的承接、运输、缓冲储存、铁水预处理、转炉兑铁及铁水保温等多项功能集中在同一个铁水罐。采用"一罐到底"铁水运输技术，可以取消炼钢车间铁水倒罐站，减少一次铁水倒罐作业，具有缩短工艺流程、紧凑总图布置等特点，还可降低能耗、减少铁损、减少烟尘污染，产生较大的经济效益和社会效益。

废钢的供应有两种布置方式：

（1）在装料跨的一端设废钢工段，如图 5-14 所示，废钢由火车或汽车运入，用电磁盘吊车装入废钢料斗，称量后待用；

（2）当加入转炉的废钢量大时（特别是大型炼钢厂），在装料跨一端的外侧另建废钢间（一般垂直于装料跨），在废钢间内加工处理后的废钢装入料斗经称重后，由地面或高架台车送进装料跨待用，如图 5-15 所示。

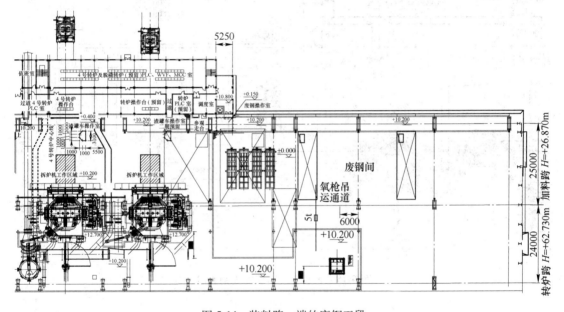

图 5-14　装料跨一端的废钢工段

宝钢湛江在转炉车间主厂房外设废钢间，废钢在废钢堆场废钢配料间按工艺要求的轻重配比配料装槽、称量，由废钢料槽运输车运至加料跨一端存放，向转炉加入废钢时，用转炉加料跨内的 110t 废钢装料起重机吊起废钢料槽，运送到转炉炉前并加入转炉。

5.3.2　炉子跨布置

炉子跨是主厂房的核心部分，很多重要的生产设备和辅助设备都布置在这里，如转炉、转炉倾动系统、散状料供应系统、供氧系统、底吹气系统、烟气净化系统、铁合金供应系统、出钢出渣设施等，有的还把拆修炉设备及炉外精炼设备也布置在此跨内。炉子跨剖面图如图 5-16 所示。

转炉出钢时，转炉向炉后倾动，从转炉出钢口将钢水倒入炉下的钢包内，由钢包小车将钢包运送到精炼跨（钢水接受跨）。出钢结束后，进行溅渣护炉，溅渣护炉结束后，转炉向装料跨倾动，将剩余转炉内的炉渣从炉口倒入到炉下的转炉渣罐，一般由渣罐车横穿装料跨，运送到在主厂房之外的炉渣跨倒运或处理。

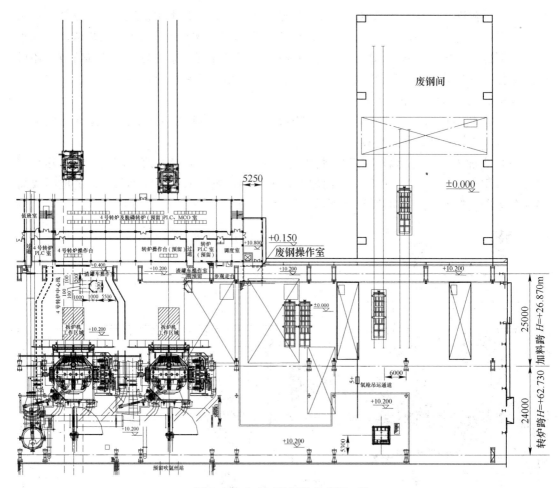

图 5-15　垂直于装料跨的废钢工段

5.3.3　精炼跨布置

现代化的转炉车间都设有精炼跨（钢水接受跨），布置精炼设备如 LF、RH、VD、CAS-OB 等，用于钢水二次精炼。需要根据转炉车间冶炼钢种的要求，采用不同的精炼设备对钢水进行精炼。目前，多数的情况是根据精炼设备的多少，将精炼设备布置在精炼跨的一端或两端。在转炉一侧的双工位 LF 和五工位 RH 精炼设备布置如图 5-17 所示。

5.3.4　浇注跨布置

在浇铸跨内，主要布置有连铸机的主体设备如钢包回转台、中间包及其小车，结晶器及其振动装置、二冷段、拉矫机等。中间包在使用前需要烘烤，因此，在连铸平台上，在每台连铸机的中间包浇铸工位的两侧，分别设有一个中间包烘烤位，如图 5-18 所示。连铸开浇采用上装引锭杆时，在浇铸平台还布置引锭杆小车，如图 5-7 所示。通常在浇铸跨内，设有中间包维修区，主要进行中间包冷却降温、拆包、砌筑和中间包预热等作业。

根据转炉炼钢车间采用的连铸机台数多少，一般将连铸机布置在浇铸跨的一侧、中间

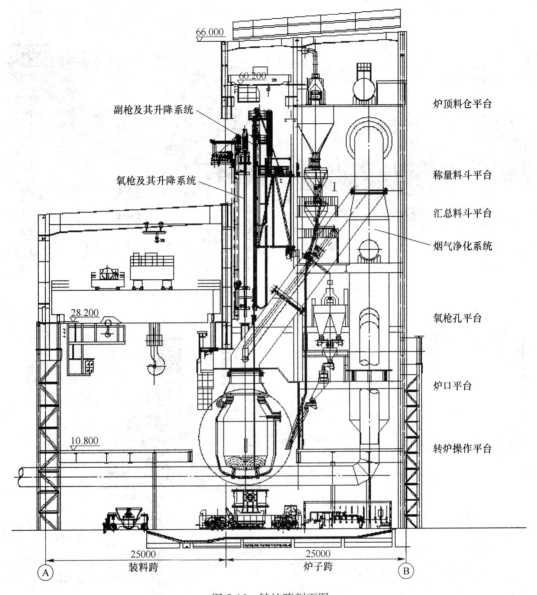

图 5-16 转炉跨剖面图

或两侧的位置。通常连铸机采用横向布置方式，即连铸机中心线与浇铸跨纵向柱列线相垂直。

5.3.5 切割跨布置

在切割跨内主要的连铸机设备有火焰切割机，其功能是将铸坯切割成定尺长度，此外，在该跨内通常设有结晶器和支撑导向段维修作业区。对于板坯连铸机，在维修作业区，一般每台连铸机设有结晶器维修试验台、结晶器对中台、支撑导向段上框架维修试验台、支撑导向段下框架维修试验台、支撑导向段内弧对中台、支撑导向段外弧对中台、结晶器/支撑导向段对中检查台各一台。

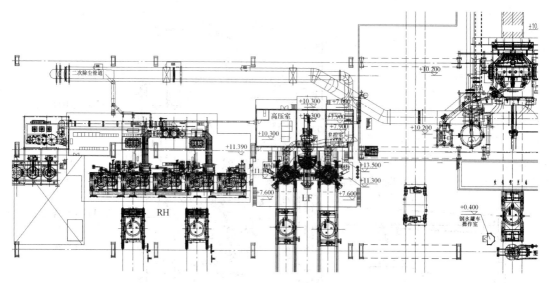

图 5-17　精炼跨一端的精炼设备 LF 和 RH 的布置图

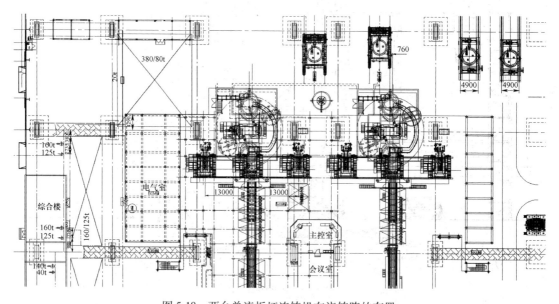

图 5-18　两台单流板坯连铸机在浇铸跨的布置

　　各种设备的维修试验台不仅要承担设备的拆卸、检修、组装和焊接作业，还要承担各种试验。

　　结晶器维修时，要对铜板水箱是否渗漏进行检查，还要检查足辊的喷嘴是否堵塞，喷嘴安装是否正确，检查润滑管路是否漏油、堵塞。具有在线调宽功能的结晶器，在离线检修后还必须对结晶器窄边的宽度和锥度进行调整检查，以确认结晶器调宽调锥装置是否正常。有时结晶器调宽调锥试验在结晶器对中台上进行。

　　支撑导向段的检修主要包括框架是否漏水、管路是否渗漏、堵塞、喷嘴角度是否正确。检修后，要对支撑导向段进行水压、喷淋、润滑试验。

结晶器、支撑导向段维修和各种试验完毕后，要分别进行对中作业。对中好的结晶器、支撑导向段安装到生产线上可以不再调整，节省在线调整时间，提高连铸机的作业率。依靠对中样板可检验结晶器外侧铜板与足辊面是否在一个平面上。支撑导向段对中台分内弧对中台和外弧对中台，通过对中样板检验所有辊面是否在同一弧形面上。

5.3.6 出坯跨布置

一个转炉炼钢车间根据生产的连铸坯产量的大小和钢种要求，可配置 1~3 个出坯跨。在出坯跨，主要布置有出坯辊道和相应的在线铸坯精整设备。为了实现连铸坯毛刺的在线去除，一般在切割机后面安装有去毛刺机。铸坯按生产产品的要求用火焰切割机进行定尺切割，由于火焰切割后钢坯切口下边粘连有一条不规则的钢渣（简称毛刺），这种氧化钢渣的硬度较大，如果不清除掉，带入轧钢机时会不规则地嵌入钢板中，导致钢板的表面结疤产生废品，同时对轧辊造成极大损坏，所以板坯连铸机都在出坯辊道上增设去毛刺机，去除钢坯毛刺，如图 5-19 和图 5-20 所示。目前去毛刺机的类型有三种：刀具移动的刮刀式去毛刺机、铸坯移动的刮刀式去毛刺机、锤刀式去毛刺机。

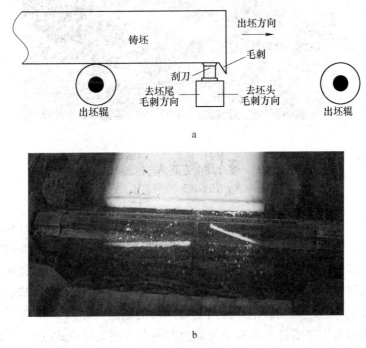

图 5-19 刮刀式去毛刺工作原理与设备图

a—刮刀去毛刺工作原理；b—刮刀式去毛刺设备

图 5-19 为刮刀式去毛刺机的工作原理示意图，利用气缸将刀具上升到与铸坯底面紧密贴合，然后利用横移机构使刀具和铸坯之间发生横向移动，通过刀具与铸坯之间的水平切削力来去除铸坯底部毛刺。如图 5-20 所示，锤刀式去毛刺机有一旋转轴，轴的四周带有可以灵活摆动的链接摆锤，当去毛刺旋转轴在电机的拖动下以一定速度高速旋转时，由于离心力的作用连接摆锤以旋转轴为圆心张开，调整好旋转轴和铸坯之间的距离，当铸坯

到达旋转轴位置时，由两侧的液压缸提升旋转轴，使链接摆锤升起的位置正好敲击在毛刺的根部，这样就可以彻底切除铸坯切割后残留的毛刺。当要去除坯尾的毛刺时，让旋转轴反转即可。

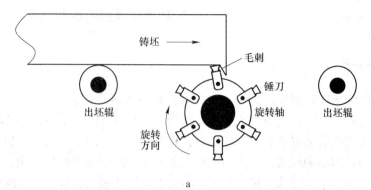

a

b

图 5-20　锤刀式去毛刺工作原理与设备
a—锤刀去毛刺工作原理；b—锤刀式去毛刺设备

　　板坯连铸生产过程中，连铸坯表面不可避免会出现横纵裂纹、皮下针孔、夹渣、凹陷等各种表面缺陷，从而影响最终产品的质量。特别是对于表面质量要求高的汽车板、家电用板、硅钢、管线钢、船板、供给冷轧的薄板和超薄板、罐材等，如果铸坯表面有小的瑕疵，轧制成材后将扩大成几米的缺陷。因此，一般在出坯辊道上采用火焰清理机对铸坯进行表面清理，以去除铸坯表面缺陷、提高终端产品的质量。如图 5-21 所示，火焰清理机的工作原理是通过专用烧嘴将氧气和燃气如丙烷混合，燃烧反应式（5-1）形成的火焰预热板坯表面；利用高压的纯氧流与板坯表面发生氧化反应式（5-2）~式（5-4），对板坯表面缺陷进行火焰清理。

$$C_3H_8 + 5O_2 \longrightarrow 3CO_2 + 4H_2O \qquad (5-1)$$

$$Fe + 1/2O_2 \longrightarrow FeO \qquad (5-2)$$

$$2Fe + 3/2O_2 \longrightarrow Fe_2O_3 \qquad (5-3)$$

$$3Fe + 4/2O_2 \longrightarrow Fe_3O_4 \qquad (5-4)$$

　　火焰清理机分两面式和四面式两种，四面式火焰清理机是在铸坯四周布置有烧嘴，如

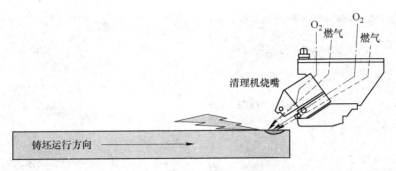

图 5-21　火焰清理机的工作原理

图 5-22 所示。两面式火焰清理机通过设置一组宽面烧嘴和一组窄面烧嘴对板坯的上表面和一侧面进行清理，清理完毕后板坯通过翻坯机、横移车和辊道等辅助设备进行翻转和运输，再进行下表面和另一侧面的清理。火焰清理机主要由清理机本体、烧嘴、能源介质及其输送管路、冷却装置和辊道等组成，如图 5-23 所示。烧嘴可以使用焦炉煤气、天然气、丙烷等多种燃气，在合适的清理深度范围内产生光滑且平直的清理表面，清理深度 1.5～4.5mm。清理前后的铸坯表面如图 5-24 所示。

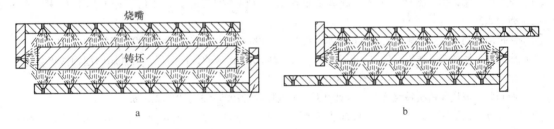

图 5-22　四面式火焰清理机布置的烧嘴
a—大断面铸坯；b—小断面铸坯

图 5-23　火焰清理机结构

a   b

图 5-24 板坯清理前（a）后（b）的铸坯表面

参 考 文 献

[1] 王令福. 炼钢设备及车间设计 [M]. 2 版. 北京: 冶金工业出版社, 2007.

[2] 汪庆国, 郭雷, 王权. 350t 转炉炼钢车间工艺设计简介 [J]. 中国冶金, 2017 (27): 9, 58~66.

[3] 王英群, 戈义彬. 炼钢车间铁水倒罐站布置型式及相关问题的研究 [J]. 钢铁, 2010, 45 (4): 89~93.

[4] 陈树国, 刘宇, 姜进强. 济钢 KR 铁水预处理工艺设计 [J]. 山东冶金, 2003, 25 (S2): 132~133.

[5] 周红霞, 杨楚荣. 铁钢界面 "一罐到底" 工艺双向铁水运输的设计创新, 第九届中国钢铁年会论文集 [C]. 北京: 冶金工业出版社, 2013.

[6] 唐开莲. 板坯连铸机械维修车间设计 [J]. 钢铁技术, 2005 (3): 9~12, 38.

[7] 卢万有, 杜振军, 雷坤, 等. 板坯去毛刺机的技术改进 [J]. 河南冶金, 2012, 20 (2): 49~50, 56.

[8] 韩俊, 陈涛. 火焰清理机在板坯连铸生产中的应用 [J]. 连铸, 2012 (2): 38~41.

[9] 蔡志军, 曹天明. 马钢板坯连铸锤式旋转去毛刺机的应用 [J]. 连铸, 2009 (4): 28~30.

[10] 刘洋, 王小虎, 曹亮, 等. 旋转打击式去毛刺机的研制 [J]. 冶金设备, 2016 (4): 31~34.

[11] 樊星辰, 贾广顺, 孙博, 等. 特厚板坯连铸机摆锤式去毛刺机结构优化改进 [J]. 中国冶金, 2014, 24 (12): 41~43.

[12] 陈智勇, 王璟博, 田勇. 铸坯火焰清理机烧嘴火焰特性模拟 [J]. 钢铁, 2016, 51 (11): 87~92.

[13] 黎海燕, 蒋成昌. 炼钢厂板坯火焰清理机综述 [J]. 科学时代, 2012 (4): 52~53.

电炉炼钢车间布置

6.1　电炉炼钢车间布置实习目的、内容和要求

（1）实习目的。

1）了解电炉炼钢生产流程；

2）了解电炉炼钢车间的组成、主体设备和车间的布置；

3）使学生能够进一步加深对电炉炼钢车间的生产工艺、生产设备理论知识的理解。

（2）实习内容。

1）电炉炼钢车间不同钢种的生产流程；

2）电炉炼钢车间布置和车间各跨间的主要功能和生产设备以及这些设备的布置；

3）电炉炼钢车间物料流动路径即物流，以及车间内物流的输送设备。

（3）实习要求。

1）能够给出生产主要钢种的电炉炼钢生产流程；

2）掌握电炉炼钢车间的组成和功能；

3）能够画出电炉炼钢车间的物流；

4）能够画出实习电炉炼钢车间平面布置和车间断面示意图。

6.2　电炉炼钢车间生产工艺流程

　　当今钢铁工业所采用的炼钢流程，经长期的发展竞争，主要有以下两种流程，即高炉-转炉炼钢流程（长流程）与废钢-电炉炼钢流程（短流程）。后者与前者相比较，在合金化方面较转炉炼钢有一定的优越性，具有流程短，设备布置、工艺衔接紧凑，投入产出快的特点，故称其为"短流程"。这种一对一的生产作业线的"短流程"与"长流程"相比具有投资省、建设周期短、生产能耗低、操作成本低、劳动生产率高、占地面积小、环境污染小等优越性，但其缺点是冶炼周期长、生产效率低、电价昂贵、成本高和炉容小等。

　　以废钢或废钢与铁水为主要原料，产品为连铸坯的电炉炼钢厂工艺流程如图6-1所示。

160

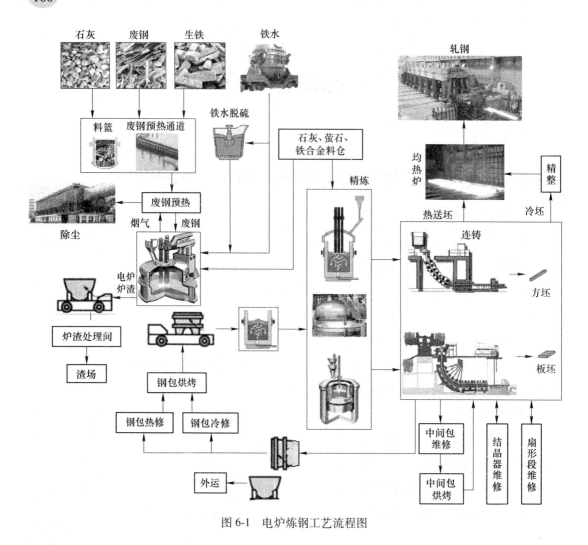

石灰　废钢　生铁　铁水　　　　　　　　　　轧钢

图 6-1　电炉炼钢工艺流程图

6.3　电炉炼钢车间组成与布置

6.3.1　电炉炼钢车间组成及功能

由于电炉-精炼-连铸工艺流程是目前电炉炼钢的主要生产流程，因此，电炉炼钢车间通常由渣跨、废钢跨、电炉跨、散料跨、精炼跨、浇铸跨、切割跨、出坯跨等跨间组成。

渣跨主要对电炉冶炼过程和精炼过程产生的炉渣，通过渣罐与渣罐车，将其输送到渣跨，进行降温、渣铁分离，回收其中的金属铁。

废钢跨主要担负废钢的分类堆放和配料，不同形式的废钢存放在不同的料格中，废钢配料是电炉炼钢生产的头道工序，配料是利用废钢跨的磁盘吊车将准备好的、预先分类的废钢装入台车上的废钢料篮，按炼钢要求运至炉前待用。根据电炉冶炼特点，在料篮底铺石灰，可以提前造渣，降低熔清磷含量。在炉料配料时，第一篮料篮底部加入一定量的石灰，随电炉装料直接加入废钢底部，在冶炼初期的熔池中造高碱度的炉渣，提前脱P，同时能够减小冶炼过程脱磷的压力，保证熔清取样P成分满足标准要求。

电炉跨的主要设备是超高功率电弧炉，现代电炉炼钢车间炉子座数一般只设一座电炉，最多设两座容量相同的电炉，设有电炉炉体修理区、炉盖修理区。对于将电炉和精炼设备布置在同一跨的车间，电炉跨还有相应的精炼设备如LF和VD等。电炉跨主要是利用炼钢设备把废钢等炼钢原料，通过冶炼操作将其转变为合格的钢水。

散料跨设有电炉炼钢和钢水炉外精炼所需的石灰、萤石、矿石、轻烧白云石等造渣用的造渣剂高位料仓和脱氧合金化的合金料仓。当电炉和精炼设备需要加入这些炉料时，通过振动给料器、称量料斗、给料溜槽等供料设备将炉料加入炉内。

对于电炉和精炼设备采用多跨布置的电炉炼钢车间，把精炼设备布置在精炼跨内，利用钢包及钢包车将电炉冶炼的钢水输送到精炼跨，通过吊车将装有钢水的钢包吊运到精炼工位，进行钢水精炼。精炼后的钢水通过吊车将钢包吊运至连铸钢包回转台。在精炼跨设有钢包热修区、冷修区。

浇铸跨的主要生产设备是连铸机，包括钢包回转台、中间包及小车、结晶器和组成二冷段的扇形段、拉矫机等。连铸回转台水平转动180°，将装有钢水的钢包转到浇铸位置，把长水口套接到钢包下水口，降低钢包位置，使长水口浸入到中间包液位下300mm左右，钢包钢水沿长水口进入到中间包，中间包钢水从中间包水口沿浸入式水口进入结晶器。钢水在结晶器受到结晶器冷却水的冷却形成一定厚度的凝固坯壳，在拉矫机的拉力作用下，带液芯的铸坯进入二冷段，进一步受到二冷气雾水的冷却，坯壳内的液芯钢水继续凝固，直到完全凝固。弯曲的铸坯在拉矫机的矫直作用下被矫直。

切割跨主要有火焰切割机，其作用是将沿拉坯方向行进中的铸坯按一定的定长（一般为6~12m）切断。

出坯跨主要由输送辊组成的输送线，将一块块合格的热铸坯输送到热送线上，送往轧钢厂的均热炉。需要表面处理、精整的铸坯，则在出坯跨内进行下线处理。处理后的冷坯再通过热送线送往轧钢厂进行加热和轧制。

6.3.2　电炉炼钢车间布置

现代电炉炼钢车间电炉座数一般只设一座，最多设两座容量相同的电炉，以电炉-精炼-连铸"三位一体"为最佳选择。根据钢种、产品质量要求及总体生产节奏来选择炉外精炼装置，连铸机则必须根据电炉容量及轧机类型、能力和产品来定。目前电炉炼钢车间布置基本分为同跨布置、垂直布置和多跨并列布置三种布置形式。

6.3.2.1　同跨布置

电炉、精炼设备、连铸钢包接收位布置在同一跨内，如图6-2和图6-3所示。这种车间布置紧凑，钢水包运输距离短，可减少天车作业时间。由于布置紧凑，车间建筑面积减少，可以节省建筑投资，冶炼、精炼及连铸三个主要生产环节连接紧密，可以提高生产效率。但是，同跨布置要求建筑抗风性能好，而且除尘效果不好。这种车间布置方式适合于钢产量不高、精炼设备少、冶炼钢种少的电炉炼钢车间采用。

162

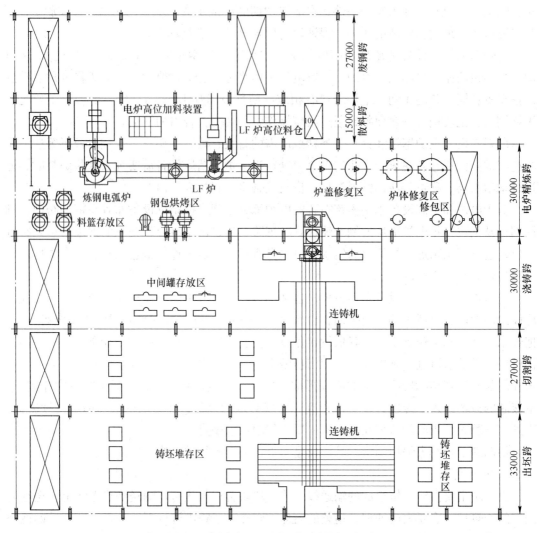

图 6-2 同跨布置的电炉炼钢车间示意图

废钢在废钢跨内堆放储存，通过废钢跨的磁盘天车将废钢装入料篮中，然后天车将料篮吊到料篮小车上，通过铁轨将料篮送到电炉精炼跨，利用电炉精炼跨的天车把废钢装入到电炉中进行冶炼，冶炼好的钢水送到炉下的钢包中，通过钢包小车，直接将钢液送到LF精炼工位进行精炼，精炼后的钢液用电炉精炼跨的天车送到连铸回转台，回转台转180°，把装有钢液的钢包过渡到浇铸跨进行浇铸。

6.3.2.2 垂直布置

电炉跨与精炼跨垂直布置，如图 6-4 所示。废钢用废钢料篮运输车将废钢由废钢料场运至电炉跨，铁水由铁水运输车从炼铁厂运电炉跨。石灰、DRI、合金料分别由皮带和料罐运至高位料仓，再由加料系统装置分别向电炉和钢包炉加料。铁水用天车将铁水包吊至炉前，由移动溜槽通过炉门将铁水直接加入电炉。电炉的钢液通过钢包及钢包车沿铁轨送到精炼跨，利用精炼跨的天车将装有钢液的钢包送到精炼炉进行精炼。装有精炼后的钢液

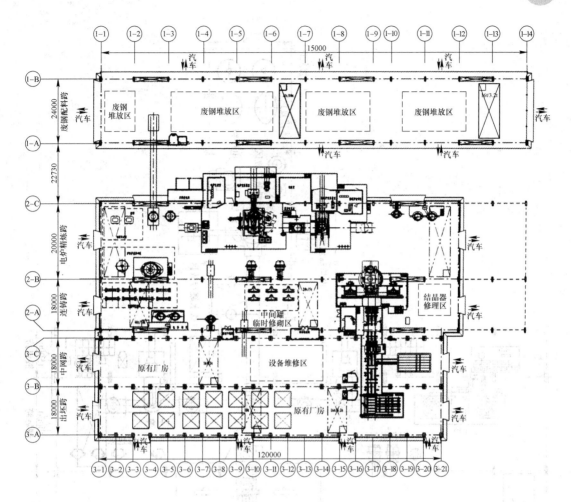

图 6-3 越南万利公司电炉炼钢车间平面布置图

的钢包通过该跨的天车送到连铸回转台，然后进行连铸。

垂直布置多用于旧厂改造或总图布置受到位置限制而采用的一种布置。

6.3.2.3 多跨并列布置

多跨并列布置是将废钢跨、电炉跨、散料跨、精炼跨、浇铸跨、切割跨和出坯跨平行并列布置，如图 6-5 和图 6-6 所示。这种布置比较常见，多用于生产特殊钢种较多、合金料品种较多的电炉炼钢车间。这种布置方式建筑布局美观，有利于总图布置。车间容量大，精炼设施布置顺畅，有利于整合多项资源，合理安排各项设备。

废钢用废钢料篮运输车将废钢由废钢跨运至电炉跨，铁水由铁水运输车从炼铁厂运至电炉跨。石灰、DRI、合金料由皮带运至高位料仓，再由加料系统装置分别向电炉和 LF 炉加料。铁水用天车将铁水包吊至炉前，由移动溜槽通过炉门将铁水直接加入电炉。电炉冶炼好的钢液通过电炉的偏心底出钢到钢包中，钢包小车将钢包沿铁轨送到精炼跨，进行精炼。精炼结束后的钢液，被精炼跨的天车送到连铸回转台，回转台旋转 180°将盛有钢液的钢包过渡到浇铸跨，进行浇铸。

164

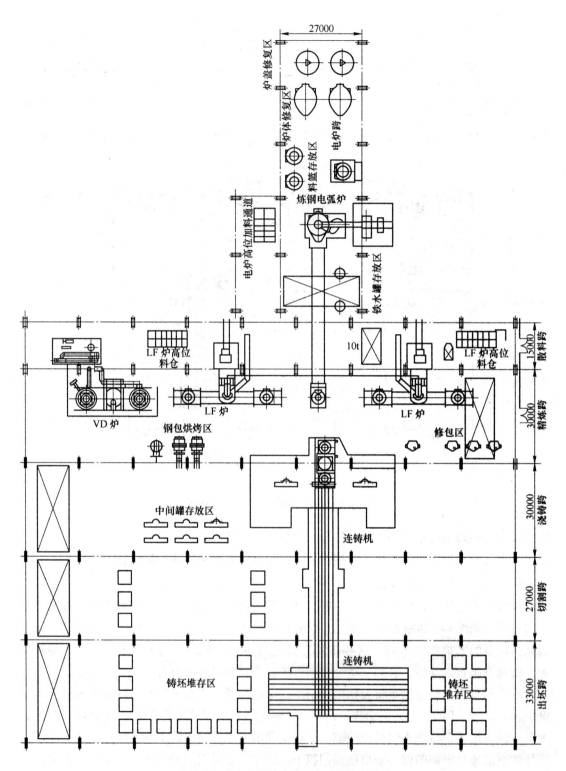

图 6-4　垂直布置的电炉炼钢车间示意图

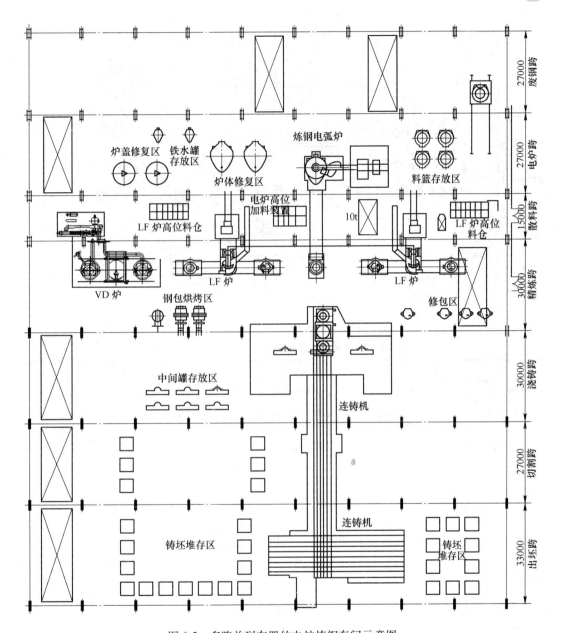

图 6-5　多跨并列布置的电炉炼钢车间示意图

表 6-1 给出了国内一些电炉炼钢车间的布置形式及冶炼的钢种。图 6-7 和图 6-8 分别为电炉炼钢车间的电炉跨-精炼跨的剖面图和浇铸跨-出坯跨的剖面图，由图可以看出各跨的主要设备在剖面上的布置。在电炉跨，现代偏心底出钢电炉均采用高架式布置，电炉设备的基础基本在地平面以上，出钢车轨道敷设在正负零标高，电炉操作平台标高均在 5m 以上，随着电炉容量增加而加大。高架式布置具有炉前操作条件好，适合炉下渣车出渣或水泼渣，炉下检修设备方便，有利于采用偏心炉底出钢，以及便于与炉外精炼和连铸设备配合，而且具有车间布局合理、宽敞、明亮，安全、畅通的优点。

166

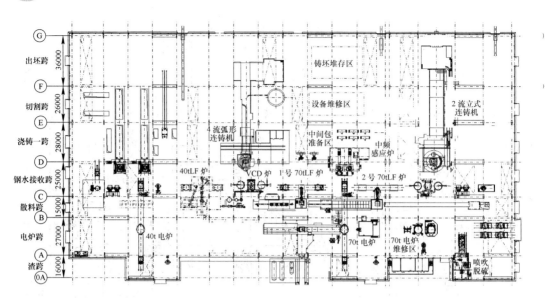

图 6-6　首钢贵阳特殊钢公司电炉炼钢车间平面布置

表 6-1　国内电炉炼钢车间的布置形式及生产钢种

厂名	电炉容量及类型	车间布置	钢　种
安阳钢厂	100t 烟道竖炉	多跨并列布置	碳素结构钢、汽车大梁钢、低合金钢、桥梁钢等
宝钢特钢	100t 直流电炉	多跨并列布置	碳素结构钢、弹簧钢、低合金钢、桥梁钢等
天津钢管厂	150t 交流电炉	垂直布置	石油套管钢、管线钢、结构管钢、液压支架管钢等
衡阳钢管厂	90t 交流电炉	多跨并列布置	石油套管钢、管线钢、结构管钢、液压支架管钢等
西宁特钢	70t 康思迪电炉	多跨并列布置	轴承钢、工模具钢、弹簧钢、不锈钢、石油煤矿用钢等
无锡雪丰	70t 康思迪电炉	多跨并列布置	碳素结构钢、低合金钢等
韶钢	90t 康思迪电炉	同跨布置	建筑结构用钢、船体海洋工程用钢、锅炉压力容器钢等
首钢贵阳特殊钢	70t 康斯迪电炉、40t 电炉	多跨并列布置	合金结构钢、车轴、合金工具钢、易切钢、碳结钢、弹簧钢、工模具钢等

　　散料跨主要布置有皮带运输机、卸料机、高位料仓、称量设备和料斗等散装料和合金料加料系统；LF 精炼炉的供电设备如变压器、高压柜和液压装置等；VD、VOD 的抽真空设备如蒸汽喷射泵、蒸汽锅炉、冷凝器、热井泵、抽气管道等。

　　浇铸跨主要有钢包回转台、中间包及其小车、结晶器、二冷段等连铸机设备，在浇铸平台浇铸位的两侧，各设有中间包烘烤设备和中间包烘烤位置。

　　电炉炼钢车间各跨均有相应的天车，用于本跨内的设备、备品备件、物料等的吊运。

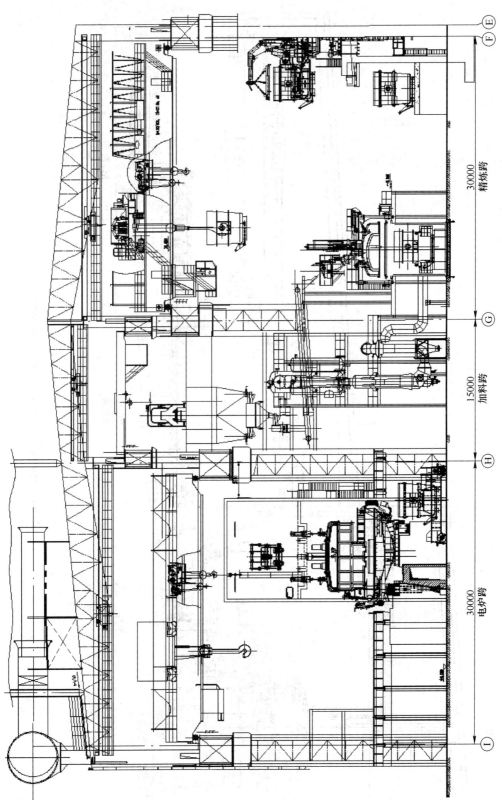

图 6-7 电炉炼钢车间电炉跨-精炼跨剖面图

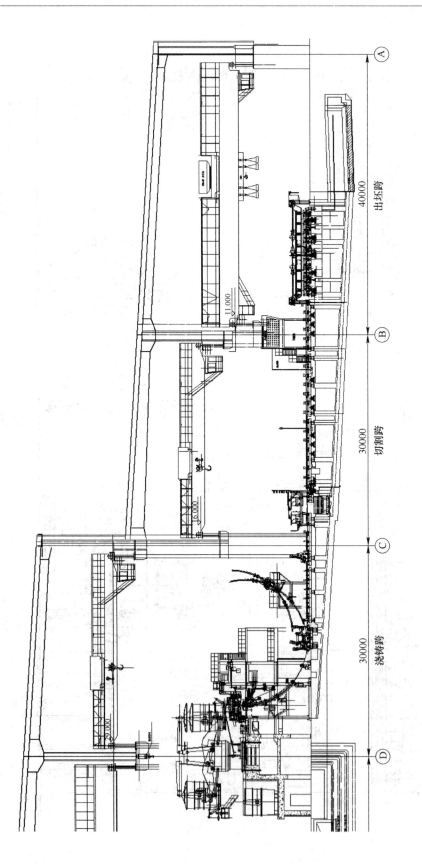

图 6-8 电炉炼钢车间的浇铸跨-出坯跨剖面图

参 考 文 献

[1] 刘德慧，李士琦，霍丽云. 电炉炼钢车间工艺布置研究 [J]. 重型机械，2012，(5)：78~81.
[2] 武国平，宋宇. 首钢贵阳特殊钢公司电炉炼钢工程工艺设计 [A]. 金属学会炼钢分会. 第十八届 (2014年) 全国炼钢学术会议论文集 [C]. 西安：2014，7.
[3] 向华. 越南万利公司短流程电炉炼钢生产线工艺设计 [J]. 江苏冶金，2006，34 (5)：17~21.
[4] 姜澜，钟良才. 冶金工厂设计基础 [M]. 北京：冶金工业出版社，2013.

7 铁水预处理

7.1 铁水预处理实习目的、内容和要求

（1）实习目的。

1）了解钢厂采用的铁水预处理种类、生产工艺流程、总体设备等信息；

2）了解铁水预脱硅生产工艺流程和操作；

3）了解铁水预脱硫生产工艺流程和操作；

4）了解铁水预脱磷生产工艺流程和操作。

（2）实习内容。

1）掌握铁水预处理生产的工艺流程；

2）掌握铁水预脱硅的铁水条件、主要方法、工艺参数和技术经济指标；

3）掌握铁水预脱硫的铁水条件和方法，特别是 KR 搅拌法和喷吹法，铁水预脱硫的过程工艺参数、技术经济指标；

4）掌握铁水预脱磷的铁水条件和方法，特别是在鱼雷车或铁水包中进行铁水脱磷预处理和转炉双联法，铁水预脱磷的过程工艺参数、技术经济指标。

（3）实习要求。

1）了解铁水预脱硅、铁水预脱硫和铁水预脱磷的先后顺序，铁水预处理的工艺流程和主体设备；

2）了解铁水预脱硅的主要方法，比较不同方法的脱硅效果，总结不同方法的优缺点、适用条件和所用的原料和设备；

3）了解铁水预脱硫的主要方法，比较不同方法的脱硫效果，总结不同方法优缺点、适用条件和所用的原料和设备，重点掌握 KR 搅拌法和喷吹法；

4）了解铁水预脱磷的主要方法，比较不同方法的脱磷效果，总结不同方法优缺点、适用条件和所用的原料和设备。

7.2 铁水预处理工艺流程

所谓铁水预处理，是指铁水兑入炼钢炉之前，为除去某些有害杂质元素成分或回收某些有价成分所进行的炉外处理过程，可分为普通铁水预处理和特殊铁水预处理两种。其中，普通铁水预处理具体分为铁水炉外脱硅、脱磷和脱硫，有时脱磷和脱硫同时进行；而对于铁水含有特殊有价元素提纯精炼或资源综合利用而进行的提钒、提铌、提钨等预处理技术则称之为特殊铁水预处理[1]。

7.2.1　铁水预脱硅

7.2.1.1　铁水预脱硅工艺流程

铁水预脱硅是指铁水在进入炼钢炉前的降硅处理，它是分步精炼工艺发展的结果。铁水预脱硅技术是基于铁水预脱磷技术发展起来的。由于铁水中硅的氧势比磷的氧势低得多，当脱磷过程加入氧化剂后，硅与氧的结合能力远远大于磷与氧的结合能力，所以硅比磷优先氧化。脱磷前必须优先将铁水硅氧化到远远低于高炉铁水硅含量的0.15%以下，磷才能被迅速氧化去除，同时脱磷剂消耗降低[2]。所以，为了减少脱磷剂用量、提高脱磷效率，开发了铁水预脱硅技术。目前，铁水预脱硅已成为冶炼优质钢种、改善预处理脱磷脱硫和转炉冶炼技术的重要工序。

7.2.1.2　铁水预脱硅方法

铁水预脱硅主要有三种方法[3~5]：一是在高炉出铁沟脱硅；二是鱼雷罐车或铁水罐中喷射脱硅剂脱硅；三是"两段式"脱硅，即为前两种方法的结合，先在铁水沟内加脱硅剂脱硅，然后在鱼雷罐车中喷吹脱硅。

A　高炉出铁沟脱硅

高炉出铁沟脱硅方法是直接将脱氧剂加入高炉铁水沟中脱硅，脱氧剂一般是铁鳞，其优点是脱硅不占用时间，能大量处理，温降小，时间短，渣铁分离方便。缺点是用于脱硅反应的氧的利用率低和工作条件较差。

高炉铁沟中脱硅剂的加入方式有[6]：

(1) 投撒给料法：向铁水流表面投入熔剂，并利用铁沟内铁水落差进行搅拌。

(2) 气体搅拌法：在投撒给料法的基础上，向铁水表面吹压缩空气加强搅拌促进脱硅反应进行。该法较投撒给料法熔剂利用率高。

(3) 液面喷吹法：依靠载气将熔剂喷向铁水表面。

(4) 铁液内喷吹法：通过耐火材料喷枪利用载气向铁水内喷吹熔剂。

各种加入方法的脱硅效率按投撒给料法、气体搅拌法、喷吹法递增。中村等进行了在高炉流铁沟内表面加入和喷入脱硅剂的对比试验，在脱硅剂用量相同（约20~30kg/t）的情况下，最终硅含量 [%Si]$_f$ 与原始硅含量 [%Si]$_i$ 呈线性关系，采用投撒给料法要使硅降低到0.1%以下比较困难。

宝钢3号高炉采用的是投撒法，脱硅剂是高炉原料系统筛下的碎烧结矿。这种脱硅工艺对高炉操作无影响，脱硅在高炉出铁的同时连续进行，不另需时间，铁水在高炉-转炉间停留的时间短，铁水温降少，对铁水罐车周转速度和修罐次数影响较小，但脱硅效率不高。

B　鱼雷罐车或铁水罐中喷射脱硅剂脱硅

这种方法的特点是工作条件好，处理能力大，脱硅效率高且稳定，缺点是占用时间长，温降较大。Takeshi Suzuki在鱼雷罐中进行了脱硅试验，得到了脱硅氧的利用率与平均 [%Si]（处理前后 [%Si] 的算术平均值）的关系。当平均 [%Si] 小于0.1时，吹10%~40%氧与不吹氧相比，脱硅氧的利用率差别不大。当平均 [%Si] 大于0.1时，吹氧过程脱硅氧的利用率显著提高。

C　"两段式"脱硅法

先在铁水沟内加脱氧剂脱硅，然后在鱼雷罐车或铁水包中喷吹脱硅，即前两种方法的混合。当铁水含硅量低于 0.4% 时，可采用简单的铁水沟脱硅法。当硅含量大于 0.4% 时，脱硅剂用量增大，泡沫渣严重，适宜采用脱硅效率高的喷吹法或两段法。若炼钢厂扒渣能力不足，应采用两段脱硅法，利用挡渣器分离渣铁。台湾中钢的实践表明使用两步脱硅操作可使硅含量下降到 0.15% 以下，同时脱磷、脱硫的程度也明显提高。日本新日铁某厂在高炉出铁沟和 300t 鱼雷罐车上采用两段法进行脱硅处理，处理后硅含量可以达到 0.12%。

7.2.2　铁水预脱硫

7.2.2.1　铁水预脱硫工艺流程

铁水预脱硫是指在铁水进入炼钢炉之前所进行的脱硫处理，它是铁水预处理工艺中最先发展、最为成熟的处理工艺。铁水炉外脱硫能给高炉减轻负担，降低焦比，减少渣量和提高生产率。对炼钢则能减轻负担、简化操作和提高炼钢生产率。可减少渣量和提高金属收得率，并为转炉冶炼品种钢创造条件[7]。铁水炉外脱硫炼铁炼钢相结合，可以对铁水实现深度脱硫，从而为转炉冶炼超低硫钢创造条件[8]。总之，铁水预脱硫对优化钢铁冶金工艺、提高钢的质量、发展优质钢种、提高钢铁冶金综合效益具有重要作用。它已成为钢铁冶金中不可缺少的工艺。

7.2.2.2　脱硫预处理方法

铁水预脱硫方法有几十种，按照脱硫剂的加入方式和铁水搅拌方式不同可分为铺撒法、摇包法、机械搅拌法、喷粉法、喂线法等，目前常用的铁水预脱硫方法包括喷吹法及 KR 搅拌法。部分典型处理方法可归纳如表 7-1 所示。

表 7-1　常用铁水脱硫处理方法分类

类　别			脱硫方法及特征	脱硫效果 $[S]_0 = 0.03\% \sim 0.04\%$
一级	二级	三级		
分批处理法	铺撒法	铺撒法	在高炉出铁过程中连续往出铁沟或铁水罐内撒入脱硫剂，也可撒在铁水流中或铁水表面上，利用铁水的冲混将其搅拌均匀	苏打粉 8~10kg/t，$\eta_S = 60\% \sim 70\%$
	摇动法	回转炉法	在回转炉的铁水面上加入石灰粉和焦炭粉，并进行搅拌，搅拌转速 34r/min	石灰粉 10~20kg/t；碳粉 1~2kg/t；$\eta_S = 90\%$
		摇包法	在偏心回转包的铁水中加入脱硫剂，包的转速为 40~50r/min	石灰粉 15kg/t；碳粉 15kg/t；CaC_2 5kg/t，$\eta_S = 80\% \sim 90\%$
		DM 摇包法	摇包能正反双向进行，铁水和脱硫剂混合良好，转速为 43r/min，正逆换向周期 14s，中间停止 3s	CaC_2 5kg/t，$\eta_S = 80\% \sim 90\%$
	机械搅拌法	DO 法	用耐火材料制成的 T 型管状搅拌器搅拌铁水，转速约为 30r/min	CaC_2 5kg/t，$\eta_S = 80\% \sim 90\%$
		RS 法	用铁芯加强的耐火材料制成倒 T 型搅拌器，转速 60~70r/min，在铁水表面附近旋转	CaC_2 5kg/t，$\eta_S = 80\% \sim 90\%$
		KR 法	将耐火材料制成的十字形搅拌桨插入铁水中进行搅拌。转速 70~120r/min，搅拌时铁水中央部位形成涡井，脱硫剂卷入其中，以致混合良好	CaC_2 2~3kg/t，$\eta_S = 90\% \sim 95\%$ 苏打粉 6~8kg/t，$\eta_S = 80\% \sim 90\%$ 90% 石灰-5% 萤石-5%C，4kg/t，$\eta_S = 90\%$

类别			脱硫方法及特征	脱硫效果 $[S]_0 = 0.03\% \sim 0.04\%$
一级	二级	三级		
分批处理法	机械搅拌法	赫歇法	在搅拌桨于铁水中旋转的同时，由转轴中心孔向铁水中喷入丙烷，促进石灰的脱硫	石灰粉 12.5kg/t，丙烷 9L/t，$\eta_S = 80\%$
		NP 法	用耐火材料制成的门型搅拌器来搅拌铁水，转速 77r/min。搅拌同时，从搅拌器双叉端部喷出氮气，强化混合和使铁水面上保持惰性气氛，以提高脱硫剂的利用率和防止回硫	$CaC_2 2 \sim 3kg/t$，$\eta_S = 90\%$
	喷吹法	ATH 法	在混铁车内斜插入喷枪，用载流气体送入脱硫剂并进行搅拌	$CaC_2 3 \sim 4kg/t$，$\eta_S = 85\% \sim 90\%$；60% 石灰-3% 萤石-12% 碳粉，$6 \sim 8kg/t$，$\eta_S = 85\% \sim 90\%$；5kg/t 石灰-0.16kg/t 铝，$\eta_S = 70\%$；镁粒 $0.6 \sim 0.7kg/t$（85%～93%Mg），$\eta_S = 90\%$
		TDS 法	在混铁车内垂直插入喷枪，用载流气体送入脱硫剂并进行搅拌	
		铁水罐喷射法	将喷枪垂直或倾斜地插入铁水罐深部，用载流气体送入脱硫剂并进行搅拌	
		IRSID 法	利用插入式喷枪向铁水罐、混铁车或混铁炉内喷吹石灰粉、碳化钙或氰氨化钙的空气流或氮气流	石灰粉 9.3kg/t，$\eta_S = 50\%$
	吹气搅拌法	PDS 法	将脱硫剂加到铁水面上，通过铁水罐底部的透气砖注入氮气、氩气或其他气体搅拌铁水，使之与脱硫剂混合	$CaC_2 4 \sim 6kg/t$，$\eta_S = 77\% \sim 85\%$
		CLDS 法	它是改进的 PDS 法，一般能连续处理 4 罐铁水，可以提高脱硫效率，省去除渣操作和减少铁水损失，但是需要倒包处理	
		GMR 法	又叫气泡泵法，从耐火材料圆筒底部内侧向铁水中吹入气体，气泡上浮迫使铁水向上流动，同时脱硫剂向下运动，造成良好搅拌	$CaC_2 5kg/t$，$\eta_S = 90\% \sim 95\%$
	镁脱硫法	镁焦脱硫法	利用插入式钟罩（简称插罩）将含镁 40%～45% 的镁焦加入铁水罐内进行脱硫处理	镁焦用量 1.2kg/t，$\eta_S > 75\%$
		镁锭脱硫法	在蒸发器内部空心杆内吊有镁锭，使用时将端部带有蒸发器的插杆沉入铁水熔池深处，同时在杆中供入空气	镁用量 0.43kg/t，$\eta_S = 50\% \sim 75\%$
		吹镁脱硫法	采用氩气、氮气等作为输送气体，利用垂直喷枪将镁粉或镁颗粒喷入铁水罐或鱼雷罐车中	镁用量 0.43kg/t，$\eta_S = 80\% \sim 95\%$
		镁合金脱硫法	典型的为"三明治"法，是将镁硅铁放在已预热的铁水罐底部，并覆盖一层铸铁车屑，然后兑入铁水，这样可使放出镁蒸气的时间持续数分钟之久	
连续处理法		平面流动法	向流铁沟内的铁水面连续加入脱硫剂	
		涡流法	将涡流装置与高炉出铁沟相连接，出铁时加入脱硫剂，利用涡流运动搅拌	
		机械搅拌法	在高炉出铁沟上装有机械搅拌器，出铁时加入脱硫剂并开动搅拌器。搅拌器旋转方向与铁水流动方向相反，得到良好的混合	$CaC_2 1.8 \sim 2.3kg/t$，$\eta_S = 80\%$；石灰 7.9kg/t，$\eta_S = 60\%$
		电磁搅拌法	在高炉出铁沟附近安装电磁搅拌器，出铁时使铁水与脱硫剂混合，促进脱硫反应	

近年来，炉外脱硫工艺日臻完善。由于不同企业的生产条件不同，对工艺的要求也不一致，所以上述各种方法都在发挥着不同的作用。在众多的脱硫工艺方法中，目前 KR 机械搅拌法和喷吹法成为应用最普遍和最广泛的方法，下面简要介绍以上两种工艺流程。

A KR 搅拌法

KR 法是搅拌器转动的搅拌脱硫法中最基本的方法，搅拌法是日本新日铁广畑制铁所于 1965 年用于工业生产的铁水炉外脱硫技术。KR 搅拌法就是将耐火材料制成的并经过烘烤的十字形搅拌头插入铁水罐液面下一定深处，并使之旋转。当搅拌器旋转时，铁水液面形成 "V" 形旋涡（中心低，四周高），此时加入脱硫剂后，脱硫剂微粒在桨叶端部区域内由于湍动而分散，并沿着半径方向 "吐出"，然后悬浮，绕轴心旋转和上浮于铁水中，也就是说，借这种机械搅拌作用使脱硫剂卷入铁水中并与之接触、混合、搅动，从而进行脱硫反应。当搅拌器开动时，在液面上看不到脱硫剂，停止搅拌后，所生成的干稠状渣浮到铁水面上，扒渣后即达到脱硫的目的[9]。KR 法脱硫基本工艺流程如图 7-1 所示。

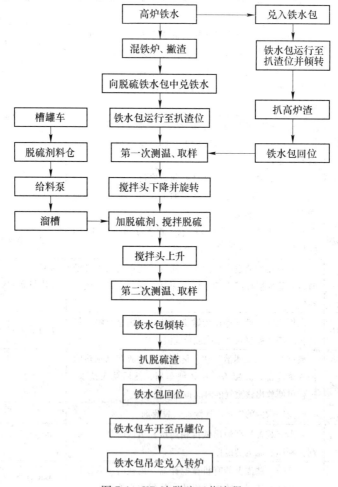

图 7-1 KR 法脱硫工艺流程

脱硫预处理效果受搅拌器搅拌速度、插入深度、脱硫剂加入时间、扒渣及铁水静止时间的影响。

（1）搅拌速度。KR 铁水脱硫时的搅拌速度是根据铁水硫含量、铁水温度以及搅拌头状况确定的。铁水温度与含硫量一定值时，在一定范围内搅拌器转速越高脱硫效率越高。但搅拌器转速过高，在搅拌时会造成脱硫铁水包内铁水严重喷溅，同时加速搅拌头的磨损。使用新搅拌头时，同样的搅拌效果，设定其转速可比已经使用一段时间的搅拌器降低 10~20r/min。加入脱硫剂时搅拌器转速应比正常转速降低 2~5r/min，在投料剩余 100kg 时，开始均匀增速到所需的正常转速，以防止在加入脱硫剂时出现喷溅。

（2）熔剂加入时间。脱硫剂加入过早，即涡流未形成时，脱硫剂不能随涡流充分弥散到铁水中，部分脱硫剂粘于搅拌头的轴部，生成"蘑菇"，影响脱硫效果，增加人工处理"蘑菇"的次数，对生产组织造成影响。加入过晚，高速搅拌时（此时涡流形成，流动速度较快），易产生飞溅，使脱硫剂利用率降低。加入时间应控制在 1.5~2min，待脱硫剂加完后，再根据搅拌头的状况，适当提高旋转速度。

（3）插入深度。现场操作时依靠观察搅拌铁水时产生的铁水火花、亮度判断搅拌效果。通常铁水包口火花飞溅强烈、包口亮度高，表明搅拌速度偏快；包口无火花飞溅，且亮度昏暗，表明搅拌速度偏慢。搅拌头插入深度，必须适中，如果太深既不会产生漩涡也不能使脱硫剂扩散到铁水中，脱硫效果较差，如果搅拌头插入太浅，铁水飞溅严重，同样也不会产生旋涡，脱硫效果也较差。搅拌头插入深度在 800~1000mm 时，脱硫效果最好。在测试搅拌头插入深度的过程中应尽可能测准，并要考虑到铁渣的厚度与搅拌头叶片下部是否"结瘤"。

（4）扒渣及铁水静止。经过脱硫处理后的铁水，须将浮于铁水表面上的脱硫渣除去，防止转炉炼钢时因产生逆反应造成回硫，渣中 MgS 或 CaS 会被氧还原，即：$(MgS) + [O] = (MgO) + [S]$、$(CaS) + [O] = (CaO) + [S]$，因此，只有经过扒渣的脱硫铁水才允许兑入转炉。要求钢水硫越低，相应要求扒渣时扒净率越高，尽量减少铁水带渣量。在生产过程中，由于脱硫后渣成分 [S] 含量很高（是脱硫后铁水硫含量的几百倍甚至上千倍），因此在生产低硫、超低硫品种钢时，少量未扒除的脱硫渣进入转炉都会造成转炉"回硫"，给转炉操作造成困难。扒除脱硫后渣是稳定脱硫效果防止回硫的关键。

搅拌结束后，铁水需要静止一段时间，以促使脱硫产物充分上浮，再扒渣。KR 机械搅拌法的特点：1）可以实现极深度脱硫；2）脱硫剂成本低；3）脱硫剂资源广泛、价格低；4）所有设备可以国内供货；5）搅拌头寿命高。

缺点：1）一次性投资成本高；2）脱硫周期长；3）生成渣量大；4）铁损大；5）设备结构复杂，维护量大。

B 喷吹法

喷吹法是利用压缩性气体作载体，将各种粉状脱硫剂通过插入式喷枪连续地喷入熔池深部，在供给脱硫剂的同时强化搅拌，使粉剂与铁水很好地接触，以加速脱硫反应。

根据脱硫容器及喷枪安装方式，此法主要有铁水罐中喷射法和鱼雷罐车中喷射法，而后者又有 ATH 法和 TDS 法。铁水罐喷射脱硫法是将喷枪垂直或倾斜地插入铁水罐深部，用载流气体送入脱硫剂并进行搅拌，加速脱硫反应。ATH 法是 1970 年原西德蒂森公司研究成功并投入应用的一种方法，它将一支外衬耐火材料的喷枪与水平方向成一定角度（如 60°或 70°）斜插入鱼雷罐内，用 N_2 作为载气向熔池内喷射固体粉末熔剂进行脱硫处理。TDS 法是日本新日铁公司开发的，它将喷枪从上部垂直插入鱼雷罐内，同样以 N_2 作为载气，熔剂从喷枪的两侧孔喷入铁水中。TDS 法与 ATH 法的主要差别是粉剂浓度，TDS 法的粉剂浓度较低，输送气体量大，易发生喷溅，要用防喷溅装置。

根据资料报道，由于鱼雷罐车的反应动力学条件差，而铁水罐喷吹技术由于具有投资少、铁水处理量大、脱硫效率高、操作灵活、处理速度快、去渣彻底等优点，北美大部分鱼雷罐车被取消，用铁水罐代替。

按熔剂加入特点分：单喷、混合喷吹、复合喷吹。复合喷吹分：顺序喷吹、双通道喷吹和双枪喷吹。

单喷主要特点是单一颗粒镁通过带汽化室喷枪喷入铁水中进行脱硫，国内主要引用乌克兰技术和北京冶金设备院自主创新技术两家。

混合喷吹是最简单的模式，它仅需要一个喷吹罐。对于铁水预脱硫，这种模式要求来厂的脱硫剂事先完全混合好，若混合剂中含有镁粒，需要采取特殊措施以避免物料偏析。通常混合脱硫剂中 CaC_2 占 5%~15%，其余为金属镁粉或含金属镁 20%~25% 的石灰粉。

复合喷吹是采用两套相互独立控制的喷粉系统，两种脱硫剂镁粉和石灰或镁粉和电石粉分别经由两条输送管并在喷粉枪内汇合，通过一套喷粉枪向铁水内喷吹。

典型铁水预脱硫工艺：

a 铁水包单吹颗粒镁脱硫的工艺

铁水包单吹颗粒镁脱硫的工艺流程如图 7-2 所示[10]。

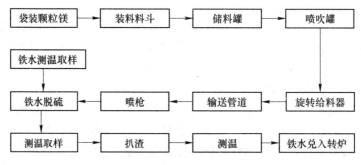

图 7-2 铁水包单吹颗粒镁脱硫工艺流程

为保证把镁剂（不掺添加料）可靠地喷入铁水中并使镁的吸收率在 95% 以上，且不堵枪，应合理选择喷枪和输镁管路的结构和喷吹系统参数。应使供氮压力稳定，喷枪端面距包底约 0.2m，喷枪结构要保证为镁溶解于铁水并继而被吸收创造良好的条件。喷枪浸入深度不足 2.4m 的铁水包，喷枪端部要装备锥形气化室。单吹颗粒镁脱硫工艺参数如下：

（1）脱硫剂：颗粒镁，粒度为 0.5~1.6mm，纯度不小于 92%；

（2）氮气压力：1.0MPa；

（3）初始铁水硫含量：$w[S] = 0.035\%$；

（4）目标铁水硫含量：$w[S] = 0.005\%$；

（5）喷吹时间：≤10min；

（6）脱硫剂（Mg）流量：8~15kg/min；

（7）脱硫剂（Mg）消耗：0.46kg/t；

（8）温降：10℃。

b 镁基复合喷吹脱硫工艺

镁基复合喷吹脱硫的工艺流程如图 7-3 所示。

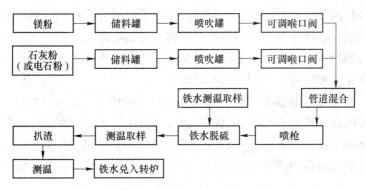

图 7-3 铁水包镁基复合喷吹脱硫工艺流程

镁基脱硫剂是由镁粉加上石灰粉或电石粉及其他添加剂组成的，喷入铁水后脱硫反应主要由镁粉完成。

复合喷吹的镁粉和石灰粉（或电石粉）分别存贮在两个喷吹罐内，用载气输送，在管道内混合。通过调节分配器的粉料输送速度来确定两种粉料的比例，对镁粉流动性无要求。镁基复合脱硫工艺参数为：

（1）脱硫剂：Mg+CaO；

（2）氮气压力：1.1MPa；

（3）初始铁水硫含量：$w[S]=0.035\%$；

（4）目标铁水硫含量：$w[S]=0.005\%$；

（5）喷吹时间：≤10min；

（6）脱硫剂流量：Mg 粉 12kg/min；石灰粉 45kg/min；

（7）脱硫剂消耗：Mg 粉 0.65kg/t；石灰粉 1.92kg/min；

（8）温降：20℃。

7.2.3 铁水预脱磷

7.2.3.1 铁水预脱磷的基本原理

在铁水温度下，由于铁水中的磷不能直接氧化成 P_2O_5 气体除去，而是首先氧化成 P_2O_5，然后与强碱性氧化物结合成稳定的磷酸盐而从铁水中去除。因此，在实际铁水预脱磷过程中，要有效地脱去铁水中的有害杂质磷，首先要有适当的氧化剂将溶解于铁水中的磷氧化，然后采用强有力的固定剂，如 CaO 等，使被氧化的磷牢固地结合在炉渣中[11]。

7.2.3.2 铁水预脱磷方法

（1）在鱼雷车或铁水包中进行铁水脱磷预处理。1982 年 9 月，日本新日铁君津厂开发和使用了石灰系熔剂精炼的最佳精炼工艺（ORP），其工艺过程简述如下：在高炉出铁沟加入轧钢氧化铁皮进行脱硅处理后，铁水流入鱼雷车内并与其中的脱磷渣混合，在渣与铁分离后进行扒渣，然后向鱼雷车中喷入石灰系熔剂进行脱磷脱硫处理，最后铁水加入转炉后进行脱碳升温。采用这种工艺，处理前铁水温度为 1350℃，处理时间为 25min[12,13]。

其他厂家如日本川崎千叶厂[9]和水岛厂[10]、日本钢管京滨厂（在铁水包内）等也采用了与之类似的方法处理铁水。应该指出，采用这种方法由于脱磷过程中的温降较大，通常需要吹氧来补偿温降，川崎水岛厂经研究，采用了用氧气喷吹脱磷剂的工艺。

国内某厂引进了在鱼雷车中进行脱硅、脱磷、脱硫处理的工艺，试生产中发现的问题比较多，主要有温降较大、吹氧补偿温降时喷溅又特别严重、鱼雷车的铁水装入量少、处理时间长而影响生产顺行等，应用情况不理想。

日本住友金属鹿岛厂开发了"住友碱精炼法"（SARP）[14]，其工艺过程为：铁水流入鱼雷车后，先喷吹烧结矿粉进行脱硅处理，用吸渣法排除渣后，喷入苏打粉脱磷脱硫，处理后铁水 $[P] \leq 0.101\%$，$[S] \leq 0.1003\%$。这种方法的效率高，生产低磷钢时精炼成本较低，但缺点是在处理过程中产生大量烟雾，苏打粉的损失大且会污染环境，没有得到大规模推广使用。

（2）转炉双联法脱磷。双联法是目前生产超低磷钢的最为先进的转炉炼钢法。所谓转炉双联法炼钢工艺，即是采用一座转炉进行铁水脱磷，另一座转炉脱碳和提温，两座转炉双联组织生产，以达到有效改善钢的质量和缩短冶炼周期的目的。因双联法设备配置和工艺布置同传统转炉炼钢车间基本一致，所以转炉采用双联法冶炼工艺的风险较小。

典型的双联法工艺流程是：高炉铁水→铁水脱硫预处理→转炉脱磷→转炉脱碳→二次精炼→连铸[15]。

转炉采用双联法冶炼工艺有以下几个主要特点：

1）采用顶底复吹转炉进行铁水脱磷；

2）减少渣量；

3）转炉功能专一化，冶炼周期缩短；

4）提高转炉炉龄；

5）可用锰矿替代锰铁合金；

6）脱磷炉可以使用脱碳炉炉渣。

该技术始于20世纪80年代末，日本钢铁企业利用一些闲置的转炉进行开发并研究出了转炉脱磷工艺。其特点就是将氧化转炉前期即脱磷期和脱碳期分别在两个炉内进行，充分运用合适的脱磷热力学条件，在1350℃低温，较高的FeO含量和较低的炉渣碱度下进行脱磷反应，完毕后的半钢水兑入另一个脱碳转炉内脱碳和升温。转炉脱磷与少渣冶炼是紧密相关的工艺，具有脱磷率高，消耗低等优点，同时还能获得高质量的钢水，在日本钢铁工业中得到广泛的应用。

转炉双联法脱磷工艺技术由于对设备具有特殊要求，因而在国内的应用受到一定的限制。目前，我国转炉双联法脱磷工艺技术迄今为止只在首钢、宝钢、莱钢和鞍钢等少数几个钢厂得以应用。如在首钢京唐钢厂新建转炉，以及宝钢、莱钢和鞍钢等改造后的复吹转炉，通过异跨或同跨间完成两项任务的双联法冶炼工艺。

由于铁水经双联法专用脱磷炉进行脱磷处理，出半钢与含磷高的炉渣完全分离，避免了后续半钢冶炼脱磷任务的加重以及脱磷效果不稳定性，因而是目前国内外最优化的深脱磷工艺路线。京唐采用双联法冶炼低碳低磷钢时，可将终点钢水中磷含量稳定控制在0.005%以下，其脱磷率也可稳定在70%以上。

7.3 铁水预处理主要设备及功能

喷吹法及搅拌法是铁水预处理的主要方法，现主要介绍喷吹法、KR 搅拌法铁水预处理设备及功能。

7.3.1 喷吹法铁水预处理设备及功能

喷吹法中，主要设备有：处理容器、贮料仓、喷粉罐、喷枪支架及喷枪、测温取样装置、铁水罐倾动系统、扒渣机、喷枪存放装置、渣罐及渣罐车，以及配套的电子控制、电子秤、液压装置、N$_2$ 等介质系统等。

（1）处理容器。可以直接采用鱼雷罐或铁水罐，铁水罐可采用转炉兑铁罐。铁水罐喷吹如图 7-4 所示。

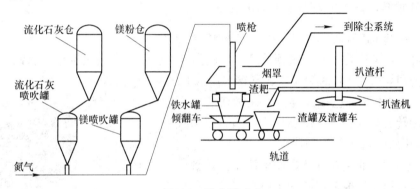

图 7-4　铁水罐喷吹

（2）贮料仓。它是一个上部圆柱下部圆锥体的容器，顶部装有反吹式布袋除尘器，当贮备卸料时用于除尘，顶部还装有过压保护装置，当料仓微正压过大时自动放散，料仓设有高低位料仓指示以保证贮料的料位，下部设有流态化装置，保证喷粉罐供料时使粉料流态化。

（3）喷粉罐。它是一个高压容器，顶部设有进料管和阀门，顶压放散管及顶压供气管。喷粉罐也是上部圆柱下部圆锥的罐体，在圆锥体内装有流态化床，通入气体可使粉剂流化态，下部出口设有机械喉口及出料控制阀，出料阀下接助吹气管和粉体输送管与喷枪相连。

（4）喷枪支架及喷枪。喷枪支架用于支撑喷枪，喷枪在支撑臂的支持下可以做回转、上升、下降。喷枪是中心钢管外衬高 Al 质耐火材料，喷枪孔为直孔型，喷枪上部与喷粉罐的喷吹罐相连，下部在喷粉时插入铁水约 2m。喷吹可以采用自动，也可以采用手动操作，完成喷粉。

（5）测温取样装置。由支架和测温取样枪组成，测温取样枪可以上升下降完成测温取样工作。探头插入铁水深度 500mm。

（6）铁水罐倾动系统。它是液压缸带动罐钩，钩住铁水罐使之倾动翻倒到一定角度使铁水罐上部的渣液面呈水平状态以便渣子扒出，其最大倾翻角达 45°。

（7）扒渣机。由扒渣小车和固定在小车的扒渣臂组成，是以压缩空气为动力，完成小车前后行走，带扒渣板的扒渣臂上下摆动和小角度旋转实现扒渣动作。其结构如图 7-5 所示。

图 7-5 扒渣机

7.3.2 KR 搅拌法铁水预处理设备及功能

我国第一套 KR 脱硫装置是武钢二炼钢 1976 年从日本引进的。KR 搅拌法既可以单独脱硫，也可以用来进行铁水三脱预处理，如我国济钢、昆钢、川威钢厂、鄂钢、宝钢股份不锈钢分公司均采用 KR 脱硫工艺，马钢采用 KR 方法进行铁水三脱预处理。

KR 法的主体设备包括搅拌器，铁水盛装及运输设备，搅拌器升降及旋转、更换设备，测温取样设备，扒渣设备，除尘设备等组成。KR 法脱硫如图 7-6 所示。

（1）搅拌器。搅拌器是 KR 脱硫法中的重要部件，由棒芯和十字型的叶片组成，搅拌器芯为金属材料铸造而成，工作衬为耐火材料浇注料整体浇注成型。一般，搅拌头耐火材质为高铝质耐火材料。由于熔剂在叶片上端打散，使这个部位容易受到磨损，所以选择四个叶片的搅拌头最为合适。

（2）铁水盛装和运输设备。主要有铁水罐、带倾翻铁水罐运输台车。可用于起吊位和脱硫处理位、脱硫扒渣位之间运输铁水罐；倾动铁水罐以配合扒渣作业。

图 7-6 KR 法脱硫

（3）升降装置。其主要功能是提升搅拌器。搅拌器升降小车的升降是通过搅拌器升降装置来实现的。备有钢丝绳过载及松弛检测器，以保证搅拌器升降的安全。搅拌器升降使用电动机驱动，紧急提升用气动马达将搅拌器从铁水罐中提出。搅拌器升降小车装有液压夹持装置，在搅拌器到达正常工作位时，液压装置工作夹持搅拌器升降框架，以避免搅拌时发生机械振动。

（4）机械搅拌旋转控制方式。搅拌器旋转装置安装于搅拌器升降小车上，通过联轴器将搅拌器轴与搅拌器旋转装置连接在一起。由传动机构控制其旋转搅拌铁水，及添加熔剂。机械搅拌头旋转的控制方式有两种，即液压方式和电动马达方式。

（5）搅拌器更换车。搅拌器更换车可将重达 6~8t 的旧搅拌器卸下运走，然后将新搅拌器运来装上。搅拌器更换车主要由行走部分和升降部分组成。

（6）熔剂接受和添加设备。熔剂通过卡车运输，脱硫剂（不包括石灰）通过用于转炉的自动倾斜车，将其送到接收罐，然后，它们被卸到称量漏斗中，并通过自身重力落到铁水包中。粉状的石灰由槽罐车送到 KR 站，通过气力输送将其送到接收罐，然而它们被卸到称量漏斗中，并通过自身重力落到铁水包中。

（7）温度测量和取样装置。温度测量和取样装置安装在机械搅拌设备旁边。连接和移动探头，由机械式测温取样枪进行温度测量和取样；送样到实验室的工作将由操作工通过送样装置来完成。

（8）除尘设备。用于铁水接受、机械搅拌和扒渣时产生的烟罩和烟道收集。烟罩和烟道与布袋过滤器除尘设备相连。

（9）扒渣设备。脱硫处理前后在扒渣站通过扒渣机来进行扒渣。铁水包安放在带有倾斜功能的铁水包车上，通过电动马达控制，可使其倾倒到合适的扒渣角度。

7.4 铁水预处理工艺及主要技术经济指标

7.4.1 铁水预脱硅工艺及主要技术经济指标

从 20 世纪 70 年代初开始，具有工业规模的铁水预脱硅工艺，如表 7-2 所示，逐渐开始在国外一些钢厂推广应用。不同铁水预脱硅工艺的冶金效果如表 7-3 所示。

铁水预脱硅处理的合适地点，通常是选在高炉的出铁沟内。20 世纪 80 年代初期，由于高炉出铁水的含硅量一般高于 0.50%，且波动较大，因而只通过在出铁沟预脱硅将其硅

表 7-2　具有工业规模的铁水预脱硅工艺

类　　型	脱硅地点	脱硅剂及加入方法
连续投入	高炉出铁沟	氧化剂（投入法）
		氧化剂（喷吹法）
	槽型连续处理炉	氧化剂（喷吹法）
分批加入	混铁车	氧化剂（喷吹法）
		氧气（顶吹）
		氧气（底吹）
	铁水包	氧化剂（喷吹法）
		氧气（顶吹）
		氧气（底吹）
	炼钢炉	氧气（顶吹）
		氧气（底吹）

表 7-3　不同铁水预脱硅工艺的冶金效果

工　艺	氧化剂在斜出铁沟加入	氧化剂在连续反应器加入	氧化剂在鱼雷罐车加入	铁水包中吹氧
$(\Delta Si/Si)/\%$	50	30~50	50~70	50~70
脱硅氧效率/%	50	40	50~75	60
$w(FeO)+w(MnO)/\%$	20~30	30~40	10~30	12
$w[Si]$ 由 0.4%→0.2%温降/℃	20	40	20~30	30
运输铁水包能力下降/%	5~10	0	15	15
操作难易	易	难	一般	一般

含量脱至较低水平存在一定困难，在此背景下发展了铁水包/混铁车内脱硅处理工艺。但近年来随着高炉炼铁技术的发展，低硅冶炼技术日臻成熟，铁水经高炉出铁沟预脱硅处理后已能稳定的将［Si］控制在 0.15%以下。

由脱硅机理可知，熔池中［Si］的扩散是硅氧化脱除的限制性环节，为了得到较高的脱硅效率，必须强化搅拌，因而喷射熔剂法最为有利。目前，喷射脱硅剂是脱硅处理首选的方式，已在工业生产中得到了广泛应用。

7.4.2　铁水预脱硫工艺及主要技术经济指标

7.4.2.1　生产工艺

（1）喷吹法生产工艺流程。先通过铁路将装有铁水的高炉铁水罐运至加料跨，由吊车将铁水罐放置于铁水车上，开至脱硫工位后，先进行测温取样，将测量结果输入到计算机内，通过对铁水重量、铁水初始硫、目标硫参数等进行分析，专家系统将自动确定该次喷吹的喷吹曲线、粉剂喷吹量和喷吹时间，然后即可启动自动喷吹按钮，按照程序进行喷吹，到达设定值后会自动停止喷吹，喷吹结束后提枪，再进行测温取样。温度和成分合格后，将铁水罐车开到扒渣工位进行扒渣作业。扒渣操作完成后，铁水车将铁水运至转炉加料跨由吊车吊起兑入转炉，渣罐由渣罐车运至渣跨。

（2）KR 法生产工艺流程。高炉铁水用铁水罐车运送至主厂房一端内的铁水停放线上，用吊车将铁水罐吊到脱硫站并称量，然后脱硫铁水罐车运行到处理位，进行测温和取样，将测量的数据传入冶金模型，由其根据终点要求及脱硫周期来控制脱硫剂的加入量。接着铁水罐车倾翻进行扒前渣；然后铁水罐回位，然后下降搅拌器，夹紧升降小车，并旋转搅拌器开始搅拌，加脱硫剂进行脱硫，脱硫完毕再进行测温和取样，然后进行扒后渣，最后铁水罐车开至吊罐位用吊车将脱硫后的铁水兑入转炉，渣罐由渣罐车运至渣跨。

7.4.2.2　工艺设备及总投资

（1）喷吹法。喷吹法的工艺设备由铁水罐倾翻车、渣罐车、扒渣机、液压站、石灰储仓、Mg 颗粒储仓、喷吹阀站、喷吹计量罐、核心工艺包、喷枪升降装置、喷枪台架、除尘及电气自控系统。其中大部分的设备均已国产化，除了核心工艺包技术和脱硫剂喷吹控制稍逊于国外引进技术。先进的工艺包应该能够根据初始硫含量、目标硫及脱硫周期的要求，对其喷吹速率和脱硫剂的配比进行最合理的计算，在通过喷吹控制系统对其喷吹粉剂进行精准控制，从而达到生产要求。年处理量在 130 万~150 万吨的双站预处理生产线的投资，设备全部国产化，总包价格约为 1500 万元，若核心工艺包及喷吹控制系统引进的话，总包价格约为 2500 万元。

（2）KR 搅拌法。KR 搅拌法工艺设备由铁水罐倾翻车、渣罐车、扒渣机、液压站、石灰储仓、搅拌头升降及搅拌装置、搅拌头更换小车、喷吹阀站、喷吹计量罐、脱硫模型、除尘及电气自控系统。就其设备和技术本身都比较简单，设备主要为常规的电机传动以及由电机驱动的提升系统；加料方式是常见的汽车槽罐车运输粉料；控制系统的电气、仪表、液压等方面的技术都比较成熟。年处理量在 130 万~150 万吨的单站预处理生产线的投资，设备及控制系统全部国产化，由于其设备组成较复杂，设备重量较大，因此总包价格约为 2500 万元。

两种脱硫工艺在一次性投资上，明显复合喷吹有优势，但是在正常生产后，日常维护及运行费用，KR 法的优势强于复合喷吹。

7.4.2.3 脱硫效果

喷吹法、KR 法脱硫效果见表 7-4 和表 7-5。

表 7-4 喷吹及 KR 搅拌脱硫效果对比

比较项目	单喷	复合	搅拌
脱硫率	最高	复合脱硫剂使用 CaO 比例越高，脱硫效果越差	使用 CaO 脱硫剂，脱硫率只是略低于喷吹纯镁
终点硫	基本在 0.010%~0.020%之间	能达到 0.010%左右	基本达到 0.002%~0.005%，甚至更低
回硫率	平均在 0.005%以上	介于单喷与搅拌之间	平均在 0.002%~0.003%之间
扒渣	少而薄，难以扒除干净	渣量较大，渣铁易于分离	扒渣干净率相对较高
铁损	相对较少	相对较大	介于"单喷"与"复合"之间
温度损失	最低	平均 15℃	最大，高于"单喷""复合"12~22℃
处理时间	小于 30min	小于 30min	38~40min
一次投资	较低	较低	最高
设备	设备简单维护较少	设备简单维护较少	设备复杂，维护较大

表 7-5 国内一些钢厂不同脱硫预处理工艺的比较

钢厂	工艺	处理容器	脱硫剂	脱硫剂消耗/kg·t^{-1}	脱硫率 η_s/%	最低 $w(S)/10^{-6}$	纯处理时间/min	处理温降/℃	铁损/kg·t^{-1}
武钢二炼钢	KR	100t 铁水罐	CaO	4.69	92.50	≤20.0	5.00	28.00	—
宝钢不锈钢	KR	160t 铁水罐	CaO+CaF$_2$	7.50	95.50	12.0	8.00	36.00	—
济钢	KR	125t 铁水罐	CaO	7.10	90.00	≤30.0	7.50	25.00	—
宝钢一炼钢	喷吹	280t 混铁车	CaO 基	4.30	75.00	60.0	18.40	25.50	—
攀钢	喷吹	140t 铁水罐	CaO+CaC$_2$[①]	7.85	81.79	40.0	—	31.00	—
武钢一炼钢	混合喷吹	100t 铁水罐	Mg+CaO[②]	1.68	87.73	—	7.00	19.07	13.27
宝钢	复合喷吹	300t 铁水罐	Mg+CaO	0.31+1.05	79.22	21.3	<10	—	—
本钢	复合喷吹	160t 铁水罐	Mg+CaO[③]	0.45+1.48	90.00	≤50.0	7.55	8~14	—
武钢一炼钢	喷吹	100t 铁水罐	纯镁	0.33	≥95	≤10.0	5~8	8.12	7.10
首钢秦皇岛	喷吹	100t 铁水罐	纯镁	0.28	92.30	40.0	5.90	12.60	—

① $m(CaO):m(CaC_2)=1:1$;

② $m(Mg):m(CaO)=1:4$;

③ $m(Mg):m(CaO)=1:(2\sim3)$。

7.4.2.4 脱硫预处理运行成本比较

在国内武钢是最早采用 KR 法脱硫工艺的，同时又使用喷吹法脱硫工艺的钢铁企业，尽量用同一钢厂的数据会使计算结果更具可比性。武钢喷吹及 KR 脱硫两种工艺的运行成本如表 7-6 所示。

表 7-6 铁水脱硫工艺运行成本指标比较

项　目		喷吹法				KR 法	
		$m(Mg)/m(CaO)=1/4$		Mg			
		单价 /元·kg^{-1}	费用 /元·t^{-1}	单价 /元·kg^{-1}	费用 /元·t^{-1}	单价 /元·kg^{-1}	费用 /元·t^{-1}
辅助材料	镁粉	30.00	10.20	30.00	14.49		
	石灰粉	1.50	2.01			1.50	7.04
	测温探头	20.00	0.35	20.00	0.35	20.00	0.35
	稠渣剂			3.00	2.40		
	喷枪/搅拌头		1.76		1.52		0.27
燃料及动力	电	0.80	0.16	0.80	0.16	0.80	1.04
	氮气	0.50	1.00	0.50	0.25	0.50	0.60
	焦炉煤气	0.50	0	0.50	0.04	0.50	0.05
	压缩空气	0.50	0.50	0.50	1.05	0.50	0.05
其他	铁渣运输	—	0.49	—	0.05	—	0.47
	铁损	1.80	12.33	1.80	7.13	1.80	7.63
	温降	0.21	4.08	0.21	1.93	0.21	5.88
	维修费		1.00		1.00		2.00
	附加运输费		2.00		1.00		3.00
合　计			35.90		31.40		28.4

7.4.3 铁水预脱磷工艺及主要技术经济指标

（1）铁水包喷吹法。20 世纪 80 年代初，尝试采用原有脱硫设备进行铁水脱磷工业试验。1985 年 7 月，日本钢管福山制铁所将该方法投入生产。该方法包括高炉出铁厂顶喷脱硅和铁水包喷吹脱磷。该处理工艺具有如下优点：铁水罐混合容易，排渣性好；氧源供给可上部加轧钢皮，并配以生石灰、萤石等熔剂，在强搅拌下加速脱磷反应；气体氧可以调节控制铁水温度；处理量与转炉匹配，使转炉可冶炼低磷钢种，减少造渣剂并用锰矿石取代锰铁冶炼高锰钢。

（2）鱼雷罐喷吹法。日本大钢铁厂普遍采用鱼雷罐作为铁水运输工具，因而大力开展在鱼雷罐中进行脱磷研究，并实现了工业规模的鱼雷罐铁水预脱磷处理。

以鱼雷罐作为铁水预脱磷设备存在以下问题：鱼雷罐存在死区，反应动力学条件较差，在消耗相同粉剂的条件下，需要载气量大，且脱磷效果不如铁水罐；喷吹过程中罐体振动比较厉害，改用倾斜喷枪或 T 形、十字形出口喷枪后罐体振动有所减轻；脱磷处理后渣量过大，罐口结渣铁严重，盛铁容积明显降低；每次倒渣需要倒出相当多的残留铁水，否则倒不尽罐内熔渣，影响盛铁量和下次处理效果；用苏打作脱磷剂罐衬侵蚀严重。基于以上原因，使用鱼雷罐预脱磷的企业逐渐减少。

（3）转炉脱磷。用传统三脱法脱磷，存在以下问题：在脱磷前必须进行脱硅处理，转炉废钢比低（<5%），脱磷炉渣处理难（碱度过高）。20 世纪 90 年代中后期，新日铁、住友金属、神户制钢、NKK 等公司纷纷开展利用转炉进行铁水脱磷预处理的试验研究，并取得了成功，迅速推广采用。

专用转炉喷 CaO 粉脱磷只需要 10min 就能将磷脱至 0.005% 以下，而鱼雷罐则需要约

40min，说明转炉脱磷的动力学条件优于鱼雷罐。此外，利用专用转炉脱磷，由于转炉炉内自由空间大，允许强烈搅拌钢水；又由于顶吹供氧、高强度底吹（约 $0.4m^3/(t \cdot min)$），因而可以做到不需要预先脱硅；转炉可以采用较高废钢比（8%～10%），采用较低炉渣碱度（1.5～2.0）；处理后铁水温度高（1350℃）。

如韩国浦项制铁光阳厂（250t 转炉，新建一座脱磷转炉车间）采用"1+3"脱磷处理模式（大约50%铁水进行脱磷处理）。日本 JFE 西日本制铁所福山厂第三炼钢厂两座 300t 顶底复吹转炉，采用 LD-NRP 工艺（一座转炉为脱磷预处理专用转炉，另一座转炉用于少渣脱碳炼钢），每年转炉铁水脱磷能力为 450 万吨。采用 LD-NRP 技术比常规冶炼每吨钢成本约低 5 美元。住友金属歌山厂炼钢车间的 SRP 专用脱磷复吹转炉与脱碳转炉在不同跨间，全部铁水经转炉脱磷处理。脱磷转炉和脱碳转炉的吹炼时间可控制在 9～12min，炼钢总冶炼时间控制在 20min 以内，成为当前炼钢生产节奏最快的钢厂。

转炉铁水脱磷的特点如下：采用转炉铁水脱磷预处理，不必在脱磷前进行铁水脱硅预处理；废钢装入比（废钢的加入量占金属料装入量的百分比）显著增加，脱磷转炉废钢装入比可达 9%～12%；脱磷转炉炉渣碱度为 1.5～2.0，渣量显著减少（新日铁采用 LD-ORP 工艺，炼钢总渣量已控制在 60kg/t 以下）；冶炼周期为 20～26min，大大缩短了冶炼周期，能够与高速连铸很好匹配，显著提高生产效率；可以利用 Mn 矿替代 Fe-Mn，脱碳转炉钢水余锰可达 0.25%；铁水 P 含量可以放宽至 0.10%～0.15%，从而能够降低矿石采购成本。

7.4.4　铁水"三脱"工艺及主要技术经济指标

7.4.4.1　铁水"三脱"工艺

理论上的突破，促进了工艺技术的发展，目前铁水同时脱磷脱硫工艺已在工业上广泛应用。主要铁水"三脱"工艺流程及特点如表7-7所示。

表 7-7　铁水"三脱"工艺流程及特点

类型	工艺流程	特　　点
混铁车型	高炉出铁沟脱硅—混铁车（鱼雷罐）喷吹脱磷、脱硫—转炉粗炼脱碳	（1）先脱硅，工艺复杂，温降大； （2）消耗高、效果差； （3）处理周期长，效率低； （4）脱硫条件差，深脱硫需要二次精炼
铁水罐型	高炉出铁沟脱硅—铁水罐喷吹脱磷、脱硫—转炉脱碳	（1）先脱硅，工艺复杂，温降大； （2）消耗高、效果较好； （3）处理周期较长，效率较低； （4）脱硫条件差，深脱硫需要二次精炼
转炉型	铁水罐喷吹脱硫—转炉脱硅、脱磷—转炉粗炼脱碳	（1）不必先脱硅，工艺简便； （2）消耗低、效果好，脱碳渣可回收利用； （3）处理周期短，效率高； （4）脱硫效率高，控制灵活

分析比较铁水"三脱"的整体优点、效果和经济效益，以转炉脱磷工艺为主导的转炉型铁水"三脱"预处理工艺为佳。

目前，应用最成功、最先进的转炉型铁水"三脱"技术是日本住友金属公司开发的 SRP 工艺、新日铁公司开发的 ORP 工艺、川崎公司开发的转炉脱磷预处理工艺和德国蒂森钢铁公司发明的复吹转炉吹炼（TBM）工艺。这几种转炉铁水预处理工艺，操作方法上有一定区别，但实质上都是采用渣－钢反应进行脱磷脱硫，以氧气为主向熔池供氧，添加废钢控制反应温度。主要用于生产极低硫磷含量的纯净钢，可提高普钢质量和降低生产成本。这几种转炉铁水"三脱"预处理工艺对比情况见表7-8。

表 7-8 转炉型铁水"三脱"预处理工艺流程和特点

工艺	流程	特　点
住友金属公司 SRP工艺	铁水罐脱硫、扒渣—复吹转炉脱硅、脱磷—转炉粗炼脱碳	（1）采用复吹转炉喷粉脱磷技术； （2）脱碳炉渣允许以块状作为脱磷剂回收利用； （3）可以使用锰矿替代部分锰铁； （4）处理周期短，可加入约7%的废钢
新日铁公司的 ORP工艺	铁水罐脱硫、扒渣—转炉脱硅、脱磷—转炉粗炼脱碳	（1）根据生产钢种要求，脱磷和脱碳可在同一座转炉，也可分别在两座转炉内完成； （2）可回收利用脱碳炉渣，增加6%的废钢比
川崎公司的"三脱"预处理工艺	铁水罐脱硫、扒渣—转炉脱硅、脱磷—转炉粗炼脱碳	（1）脱磷、脱碳分别在两座转炉内完成； （2）脱碳炉渣经冷却处理后返回脱磷炉作为脱磷剂回收利用； （3）可加入约6.5%的废钢
德国蒂森公司发明的 TBM工艺	铁水罐脱硫、扒渣—复吹转炉脱硅、脱磷、脱碳	（1）脱磷、脱碳仍在一座转炉内完成，严格讲应是转炉复吹技术的创新，可以不称为"三脱"； （2）底吹透气组件采用特殊的超音速喷嘴，增强了脱磷能力，不改变操作的情况下可将铁水中的磷由0.24%降低到0.006%~0.010%

7.4.4.2 铁水"三脱"主要技术经济指标

混铁车型、铁水罐型铁水"三脱"预处理工艺，由于反应空间限制，脱磷剂主要使用固体氧化剂，氧气用量较少，动力学条件较差，处理周期较长。为提高脱磷效果，一般要求铁水硅含量较低，进行预脱硅处理。而转炉型铁水"三脱"预处理工艺因具有比较大的反应空间，动力学条件好，脱磷氧化剂可只使用氧气，处理周期大大缩短，可在短期内实现脱硅、磷、硫，所处理的铁水可以不进行预脱硅处理，其工艺条件的比较见表7-9。

表 7-9 铁水"三脱"的工艺条件比较

类型	脱磷剂/脱磷率	铁水条件	工艺要求	处理能力
混铁车型	固体氧化剂：脱磷率≥70%	铁水脱硅后 $w(Si)\leq0.15\%$ $w(P)\leq0.100\%$	铁水进行预脱硅；深脱硫需要二次精炼	周期长、能力小；难于同转炉匹配
铁水罐型	固体氧化剂：脱磷率≥75%	铁水脱硅后 $w(Si)\leq0.15\%$ $w(P)\leq0.120\%$	铁水进行预脱硅；深脱硫需要二次精炼	周期长、能力小；难于同转炉匹配
转炉型	氧气：脱磷率≥85%	$w(Si)\leq0.40\%\sim0.50\%$ $w(P)\leq0.200\%$	铁水 $w(Si)\geq0.40\%$ 时进行预脱硅	周期短、能力大；易于同转炉匹配

从上述分析和表7-9的比较不难看出，转炉型"三脱"预处理工艺是最适合匹配现代转炉炼钢的铁水预处理工艺。特别是配合大高炉处理硅含量较低的铁水，对转炉冶炼和高炉生产都可以获得很好的经济效益。表7-10给出了铁水预处理（三脱）方面的工业生产结果。

表7-10　铁水三脱预处理工业生产结果

厂名	脱硅剂、脱磷剂、脱硫剂配方/%	粉剂单耗/kg·t⁻¹	O₂耗(标态)/m³·t⁻¹	三脱结果/%				铁水温度或温降/℃	工艺特点
				[Si]₀ / [Si]f	[P]₀ / [P]f	[S]₀ / [S]f	η_p / η_s		
新日铁君津 (Kimitsu) ORP (320t 混铁车)	轧钢皮或（铁砂+精炼渣） 35CaO+55 轧钢皮+5CaF₂+5CaCl₂	27 52	可吹	0.50 0.15	0.120 0.015	0.025 0.005	87.5 80.0	1350 脱后 ≥1300	炉前脱硅，同时脱磷脱硫，脱磷渣返回脱硅
住友鹿岛 (Kashima) SARP (400t 混铁车)	锰矿或烧结矿或烧结返矿 烧结矿⁻粉 Na₂CO₃+顶吹 O₂	≤25 31 19		0.64~0.4 0.08	0.100 0.005	0.050 0.002	95.0 96.0	≥1370	高炉炉前脱硅，喷吹二次脱硅，喷吹脱磷脱硫
住友专用炉 SRP （和歌山、鹿岛）	转炉渣（+铁矿)+CaO+CaF₂ 50 转炉渣+40 铁矿+10CaF₂	CaO18 50~62	9.0 4~9	0.1~0.3 0.7~1.6	0.103 0.011	~0.040 ~0.020	89.3 ~50	脱后 >1300	双转炉逆流操作，脱磷渣 C/S≥2.5
川崎千叶 (Chiba) Q-BOP (230t)	39CaO+55 铁矿石+6CaF₂ （底吹 O₂+CaO 粉+ CaF₂ 粉）	51	6	0.2~0.3	0.14 0.010	0.020 0.010	92.9 50.0	1370 0	底喷 CaO + CaF₂ 脱磷，时同 2~4min
川崎水岛 (Mizushima) 千叶 (Chiba) (250t 混铁车)	烧结除尘灰+CaCO₃ 24CaO+73 烧结矿⁺+1CaF₂+2Na₂CO₃ 25CaO+38 烧结矿⁺+35 轧钢皮+2CaF₂ Na₂CO₃	22.4 41.2	吹 O₂ 1~5	0.30 0.11 0.05	0.115 0.01~ 0.015	0.025 0.002~ 0.02	87~92 20~92	脱后 1260 ~1300 40~60	炉顶喷脱磷，同时脱磷脱硅，分期脱磷后，再喷 Na₂CO₃ 脱硫
NKK京浜 (Keihin) (260t 铁水罐)	8CaO+84 轧钢皮+8CaF₂ 22CaO+23LD 渣+47 轧钢皮+8CaF₂	25 53	4~7	0.30 0.12	0.110 0.014		87.3	1300 ~1320	炉前顶喷脱硅，在线配料喷吹

续表 7-10

厂名	脱硅剂、脱磷剂、脱硫剂配方/%	粉剂单耗 /kg·t⁻¹	O_2耗（标态）/m³·t⁻¹	[Si]$_o$ [Si]$_f$	[P]$_o$ [P]$_f$	[S]$_o$ [S]$_f$	η_P η_s	铁水温降 或温降/℃	工艺特点
NKK福山（Fukuyama）（200t铁水罐）	（0~20）CaO+（70~100）轧钢皮+（0~10）CaF₂　25CaO+62.5轧钢皮+12.5CaF₂	20　48		0.25　0.10	0.110　0.030	0.030	72.7		炉前顶顶喷脱硅，炉前喷吹脱磷
神户（Kobe）OLIPS（80t"H炉"）	轧钢铁皮+CaO（上置或顶喷）　脱磷剂：43CaO+43轧钢铁皮+14CaF₂　54脱磷剂+14CaO+13BOF渣+19锰矿　Na₂CO₃	30　32　34.1　5~5.8	3~10　7.4　0	0.38　0.15	0.085　0.082　0.015　0.020	0.038　0.038　0.008　0.010	82.4　75.6　78.9　73.7	1300　-40　40	高炉炉前脱硅，"H炉"喷CaO粉等脱磷，分期脱磷脱硅
神户加古川（Kakogawa）（350t混铁车）	轧钢铁皮+CaO　（30~50）CaO+（40~60）轧钢铁皮+（5~15）CaF₂　CaC₂+CaO	20　32　1.8	5~8　0	0.40　0.08	0.078　0.015	0.046　0.015	80.8　67.4	65　55　1318	喷吹脱硅（高[Si]时二次脱硅），分期脱磷脱硫
太钢二钢	90轧钢铁皮+10CaO　3CaO+55轧钢铁皮+10CaF₂	40.3　41.0	2.84　3.44	0.69　0.10	0.082　0.013	0.030　0.023	84.15　23.57	20　54	两次脱硅，同时脱磷脱硫
宝钢一炼钢（320t TDP）	75轧钢铁皮+25CaO　42CaO+46轧钢铁皮+12CaF₂　85CaO+15CaF₂	48.6　49.7　14.8	23.3　26.8	0.490　0.104	0.086　0.009	0.019　0.003　0.006	89.53　84.21　68.42	37　44　28	两次脱硅，同时脱磷脱硫，脱硫
宝钢二炼钢（320t混铁车）	高炉炉前脱硅　烧结矿粉+石灰+萤石　Na₂CO₃	17	≥20	0.40　≤0.20	0.090　≤0.01	0.020　0.003	≥90　≥85	110　<30	炉前脱硅，先脱磷、再脱硫，在线配料

参 考 文 献

[1] 朱苗勇，等. 现代冶金学工艺学（钢铁冶金卷）[M]. 北京：冶金工业出版社，2011.

[2] 李志恩. 出铁场脱硅条件的探讨 [J]. 山西冶金，1994，55（4）：28~37.

[3] 杨世山. 铁水预处理与纯净钢冶炼 [C]. 全国铁水预处理技术研讨会文集，2003（11）：43~59.

[4] 顾颜，赵世新，张丽娜，等. 鞍钢第二炼钢厂铁水预处理工艺实践 [J]. 包头钢铁学院学报. 2001，20（4）：352~353.

[5] 曲英，汪怡，小伟，等. 高炉—铁水预脱硅—转炉系统工艺优化 [J]. 钢铁，1992，27（1）：59~63.

[6] 陈立章，杨志国. 高炉铁沟内投撒料剂脱硅工艺研究 [J]. 山西冶金，2008（3）：35~38.

[7] 秦勇，李翔. 纯镁铁水脱硫预处理工艺在南钢的应用 [J]. 炼铁，2003，22（6）：51~52.

[8] 倪亚平. IF 钢冶炼技术设计与应用 [D]. 沈阳：东北大学，2009.

[9] 张荣生. 钢铁生产中的脱硫 [M]. 北京：冶金工业出版社，1986.

[10] 尹宏军. 铁水预脱硫工艺的工业试验研究 [D]. 沈阳：东北大学，2011.

[11] 曲英. 炼钢学原理 [M]. 北京：冶金工业出版社，1980.

[12] 张信昭. 喷粉冶金基本原理 [M]. 北京：冶金工业出版社，1988.

[13] 王承宽. 铁水脱磷技术的发展概况 [J]. 炼钢，2002，18（6）：46~50.

[14] Henrandez A，Morales R D，Romero A，et al. Dephosphorization Pretreatmentof Liquid Iron [A]. Ironmaking Conference Proceeding [C]，Pittsburgh，March 24~27，1996，55：27~33.

[15] 郭戌. 转炉双联法脱磷炉石灰溶解行为研究 [D]. 重庆：重庆大学，2011.

8 复吹转炉炼钢

8.1 复吹转炉炼钢实习目的、内容和要求

（1）实习目的。

1）了解和掌握复吹转炉炼钢的工艺流程、主要涉及的设备及其结构与功能、复吹转炉炼钢原材料及要求、复吹转炉炼钢工艺和操作、复吹转炉炼钢技术经济指标等；

2）了解和掌握炉后钢水脱氧合金化工艺和操作；

3）了解复吹转炉炼钢烟气净化系统；

4）了解转炉炼钢废弃物的处理方法和综合利用。

（2）实习内容。

1）转炉加废钢、兑铁水、吹氧、底吹搅拌气体、加造渣剂、取样测温、出钢、溅渣护炉、倒渣等一炉钢的冶炼操作；

2）转炉出钢脱氧与合金化时合金种类、加入时间、加入量和加入顺序；

3）转炉炼钢冶炼操作与复吹转炉炼钢技术经济指标的关系；

4）转炉烟气净化方法和设备、净化效果；

5）转炉炼钢炉渣处理设备和工艺。

（3）实习要求。

1）了解实习的复吹转炉炼钢车间的转炉座数、转炉容量、年产量；转炉熔池深度、炉容比、高宽比；

2）氧枪喷孔个数、喷孔夹角、出口马赫数、氧枪枪身三层套管的尺寸和氧枪总长；

3）了解炉顶料仓的个数、容积和料仓装料种类、储存时间；

4）了解铁水、废钢装入量、铁水成分和温度；

5）造渣剂种类和加入量以及加入批次；氧气流量和供氧强度、供氧时间、氧枪枪位变化；

6）了解终渣成分（碱度、TFe 或 ΣFeO 含量、MgO 含量等）、转炉出钢钢水成分和温度、冶炼周期；

7）了解脱氧剂、合金种类、加入量以及加入方法；

8）在复吹转炉炼钢工艺实习现场，注意观察复吹转炉装料、吹氧、加造渣剂产生的现象，从炉口冒出来的火焰随吹炼过程，颜色和炉气量所发生的变化，观察转炉出钢、溅渣护炉和倒渣过程。

8.2 复吹转炉炼钢工艺流程

复吹转炉炼钢是向转炉内加入一定量的废钢，将从高炉运送到转炉炼钢车间的铁水或

经预处理的铁水兑入转炉，在转炉内经过氧化、造渣冶炼，将金属液中的碳降低，把金属液中的杂质元素磷、硫去除，使铁水和废钢转变成为成分（碳、磷、硫）和温度合格的钢水。转炉炼钢过程因铁水元素氧化放出化学热，除了炼钢过程的升温和造渣需要的热量外，还有热量富余，所以转炉炼钢需要采用废钢吸收这部分富余的热量。废钢带入的杂质元素（磷、硫、氮）也需要在复吹转炉吹炼过程去除。

图 8-1 给出了顶底复吹转炉炼钢物流及相关设备，现代化的转炉炼钢车间冶炼的主要设备之一是顶底复吹转炉。以复吹转炉为中心，为了完成铁水变成钢水的任务，其他附属设备承担向转炉内送入炼钢必需的原材料如铁水、废钢、氧气、各种造渣剂、氮气、氩气，在转炉内氧气、炉渣、铁水相互作用，发生物理化学反应；冶炼结束后，转炉向炉后倾动，钢水经转炉出钢口倒入钢包；合金加料系统向钢包加入脱氧剂和合金，供气系统从钢包底部吹入氩气；倒渣时转炉向炉前倾动，炉渣经炉口倒入渣罐，通过渣罐小车将炉渣送到炉渣处理间；炼钢过程产生的炉气，经烟气冷却净化处理系统对其进行降温、除尘后，送入煤气柜。

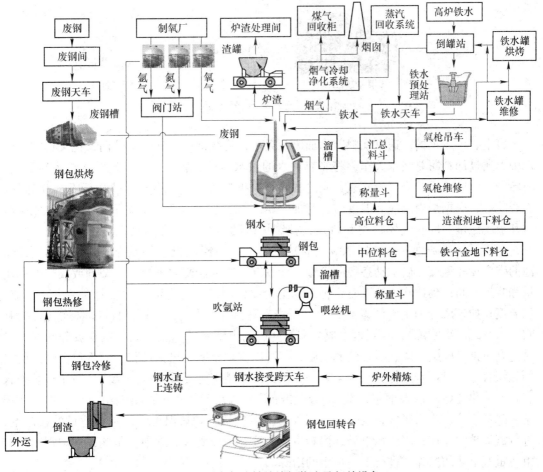

图 8-1　顶底复吹转炉炼钢物流及相关设备

复吹转炉炼钢冶炼-炉钢的常规工艺（单渣法）流程如图 8-2 所示，转炉冶炼的常规工艺操作主要包括加废钢→兑铁水→吹炼⇆取样测温→出钢→溅渣→倒渣。

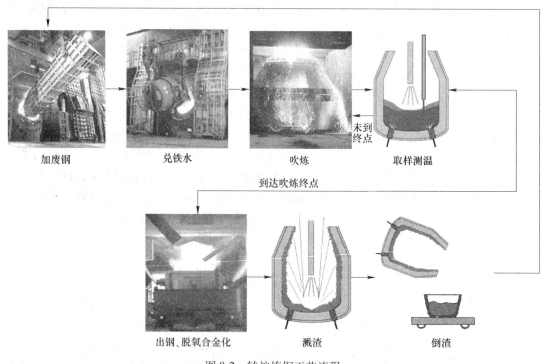

图 8-2　转炉炼钢工艺流程

　　废钢装入废钢槽，通过加料跨的加废钢天车，将废钢槽送到转炉炉前，把废钢加入转炉中；通过加料跨兑铁水天车，将装有铁水的铁水罐送到转炉炉前，把铁水兑入转炉内；将转炉炉体摇正后，降氧枪吹氧，同时加入第一批造渣剂（石灰、轻烧白云石或镁球等）进行吹炼，根据炉内反应和温度，适时加入第二批造渣剂（石灰、矿石等），调整氧枪枪位和氧气流量、底吹气体种类和流量，控制炉内的冶金反应和温度，防止炉渣返干和喷溅；当供氧量达到总供氧量的 80%（称为氧步）时，降副枪进行取样测温，根据当前熔池的碳含量和温度，启动动态控制模型，计算继续吹炼需要的氧量、冷却剂或发热剂的用量和吹炼时间；到达吹炼终点时，再次降副枪取样测温，得到钢水的成分（碳、磷、硫）和温度；如果成分和温度两者或其中一个没有达到出钢要求，则需要继续吹炼（称为补吹、后吹或二次吹炼），直到钢水成分和温度达到出钢要求为止；如果钢水成分和温度同时达到出钢目标碳、磷、硫含量和温度，则可以倒炉出钢；出钢过程，向钢包内加入脱氧剂和铁合金，对钢水进行脱氧合金化，在出钢即将结束时要进行挡渣操作，防止转炉内含有磷的氧化性熔渣进入钢包，造成回磷和降低合金元素收得率；出钢结束后，将炉体摇正，降低氧枪，吹入氮气，视炉渣渣况如炉渣氧化性、炉渣温度等，加入适量的改渣剂，进行溅渣护炉操作；溅渣结束后，倒炉将炉内液态炉渣倒入渣罐中。至此，一炉钢冶炼结束，重复上述的操作，进行下一炉钢的冶炼。

　　如果转炉没有配置副枪，则无法采用副枪对钢水进行取样测温，无法测定钢水的碳含量和温度。在这种条件下，则需要倒炉依靠人工取样和测温，来确定转炉的吹炼终点。

　　随着科学技术的进步和发展，用户对钢材质量和性能的要求越来越高，对钢中杂质元素含量的要求越来越苛刻。另外，由于受原料条件的限制，炼钢用铁水的初始 P、S 含量增高。采用常规的转炉炼钢工艺流程无法使钢中的 P、S 含量降到很低的水平。因此，在铁水进入转炉之前对铁水进行预处理，把原来在转炉内完成的一些脱硫、脱磷任务在空间和时间上分开，分别在不同的冶金设备中在更合适的热力学和动力学条件下完成。从而减轻转炉的负担，提高转炉炼钢效率和钢水的质量。

铁水预处理的任务主要是降低入炉铁水的硫、磷含量。在铁水包或鱼雷罐中进行铁水预处理脱磷，为了降低石灰消耗，减少脱磷渣量，在脱磷前需要将铁水中的硅降低。另外，由于在铁水罐或鱼雷罐内脱磷存在一些问题，比如铁水脱磷的反应容器小，无法提高铁水预处理脱磷的供氧强度，不利于渣金反应的进行，反应时间长；鱼雷罐的死区大，脱磷反应的动力学条件不好；铁水预处理脱磷的处理场所分散，处理过程时间长；处理过程温降大，处理后温降大于 100℃；铁水中的硅、磷氧化的热量没被完全利用。于是，日本在 20 世纪 90 年代开始利用富裕的复吹转炉开发铁水预处理脱磷的工艺——转炉双联法脱磷工艺。

转炉双联法脱磷是在转炉内对不脱硅的铁水进行同时脱硅脱磷预处理，脱磷结束后，将脱磷渣与脱磷后的铁水分离，然后在同一座转炉或另一座转炉内进行脱碳。在转炉内进行脱磷预处理的优点是转炉的容积大，可以采用比铁水包或鱼雷罐预处理脱磷工艺大的供氧强度，反应速度快，脱磷效率高，可节省造渣剂的用量，吹氧量较大时也不易发生严重的喷溅现象，有利于生产超低磷钢。但这一工艺由于中途要进行脱磷渣和预处理后的铁水分离，总的炼钢周期长，热损失大，终点钢水的残锰量低。

根据是否采用同一转炉进行铁水预处理脱磷，又可分为单炉双联工艺即 MURC（MUlti-Refining Converter）工艺和两炉双联工艺，分别如图 8-3 和图 8-4 所示。

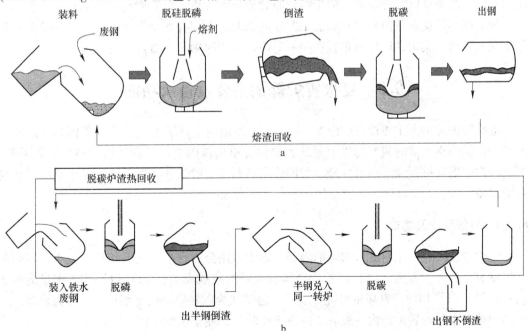

图 8-3 单炉双联法转炉炼钢工艺（MURC 工艺）流程

a—倒渣型 MURC 工艺；b—倒半钢型 MURC 工艺

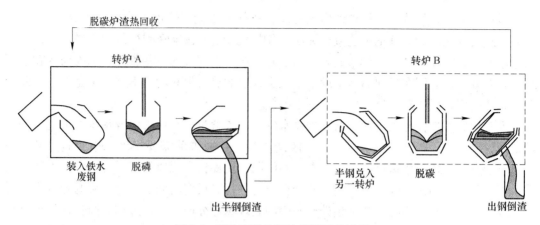

图 8-4　两炉双联法转炉炼钢工艺流程

　　单炉双联法转炉炼钢工艺是在同一座转炉内完成炼钢任务，其工艺流程有两种类型，一种类型是在加废钢和兑铁水后，进行脱硅脱磷处理操作，脱磷期结束后，倒出脱磷渣，然后进行脱碳吹炼，同时也可进一步造渣脱磷，这种类型的操作问题是脱磷渣难以倒尽，影响到脱磷效果；另一种类型是脱磷期结束后，将半钢倒出到钢包中，脱磷渣倒出到渣罐内，然后再把钢包内的半钢倒入该转炉内进行脱碳，这样可以实现半钢和脱磷渣彻底分离，提高脱磷效果。没有多余转炉的钢厂普遍采用单炉双联法转炉炼钢工艺来冶炼低磷钢和超低磷钢，或者冶炼中、高磷铁水。

　　两炉双联法转炉炼钢工艺是利用两座转炉来完成炼钢的任务，一座转炉用于脱硅脱磷，脱磷期结束后，半钢倒入钢包，然后将半钢倒入另一座转炉，进行脱碳和升温吹炼。这种双联工艺也可以实现脱磷后的半钢与脱磷渣彻底分离，但需要有富余的转炉。首钢在曹妃甸的炼钢厂就是按照两炉双联法工艺建起来的，它拥有 5 座 300t 转炉，其中 2 座转炉用于脱硅脱磷，其余 3 座转炉布置在另一跨间，用于脱碳和升温。

8.3　复吹转炉炼钢主要设备及功能

　　复吹转炉炼钢的主要设备如图 8-5 所示，主要由 4 个系统组成，作为炼钢容器的转炉系统；提供炼钢所需的氧气的供氧系统；提供炼钢所需的金属料和造渣材料的供料系统；对高温含尘烟气进行降温除尘处理，并回收余热和煤气的烟气处理系统。每个系统又由各自的设备组成。

8.3.1　转炉系统及功能

　　转炉是装入炼钢原料进行吹炼的容器，通常采用公称容量来表示转炉的大小，转炉公称容量有三种表示方法：（1）以平均金属装入量的吨数表示；（2）以平均出钢量的吨数表示；（3）以平均炉产良坯量的吨数表示。通常认为以转炉平均出钢量表示较为合理。一个转炉炼钢车间的转炉跨内一般有 2 座或 3 座转炉，便于组织生产。

　　转炉在炼钢过程中，需要向炉前倾动一定角度，进行兑铁、加废钢、倒渣操作，向炉后倾动实现出钢操作，因此，转炉设置有倾动机构，转炉及其倾动机构如图 8-6 所示。

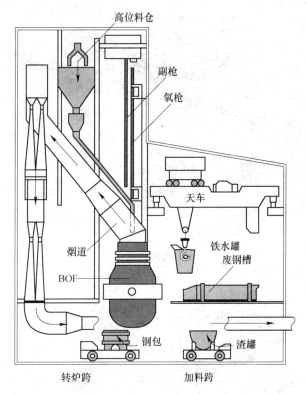

图 8-5 转炉炼钢相关设备

转炉系统由转炉、托圈、耳轴、倾动机构组成。转炉炉型是指炉膛的几何形状，亦即用耐火材料砌成的炉衬内形。目前国内外转炉炉型主要有筒球型、截锥形和锥球形三种，大中型转炉炉型如图 8-7 所示。它由圆台形炉帽、圆筒形炉身和球缺形或锥球形炉底三部分组成，截锥形炉底通常用于 30t 以下的小型转炉，目前，由于 30t 以下的转炉基本被淘汰了，所以转炉已不再采用截锥形炉底。在炉帽与炉身连接处有一个出钢口。出钢口中心线与水平线的夹角在 0°~40°，为了缩短钢流长度，减少热损失和二次氧化，大中型转炉出钢口夹角采用 0°~15°。

转炉炉衬由绝热层、永久层和工作层组成。绝热层是用石棉板衬在炉壳上，厚度为 10~20mm。永久层为侧砌一层标准型的镁砖，厚度为 115mm。工作层由镁碳砖砌成，根据转炉容量的不同，工作层厚度为 600~850mm。

转炉炉壳由钢板焊成，炉壳在冶炼过程中承受金属液、炉渣、耐火材料等的重量，炉壳在转炉倾动、加料、受热膨胀时还承受各种作用力。因此，炉壳材质要着重考虑钢板的焊接性和抗蠕变性。目前多用普通锅炉钢板或低合金钢板制造炉壳。对于 50~300t 的转炉，炉壳钢板厚度为 45~85mm。

大中型转炉普遍采用固定式炉底，复吹转炉炉底设有底部供气元件，用于向熔池内吹入氧气或搅拌气体。目前，国内的复吹转炉均通过底部供气元件吹入氮气、氩气搅拌熔池。国内复吹转炉的底部供气元件的类型有细钢管多孔型、双层套管型、环缝型等，如图 8-8 所示。底部供气元件在炉底的布置对吹炼的影响很大。供气元件的数量和布置位置的

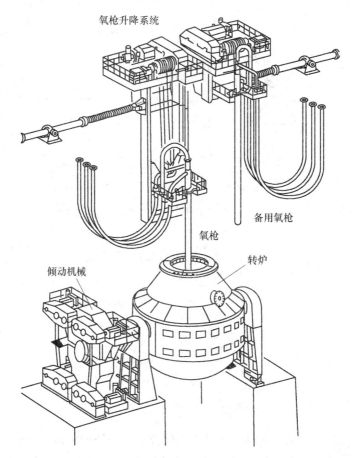

图 8-6　转炉系统与氧枪系统

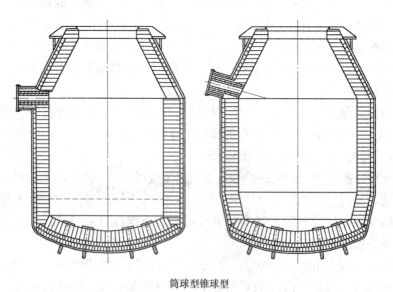

筒球型锥球型

图 8-7　大中型复吹转炉炉型

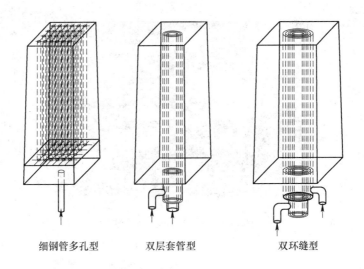

图 8-8　复吹转炉底部供气元件类型

不同，得到的冶金效果不同。通常根据转炉炉容量的不同，底部供气元件的数量为 4~16 支。底部供气元件布置在耳轴中心线附近，在（0.40~0.65）D（D 为转炉熔池直径）的范围，也有的把底部供气元件等距离布置在一个圆周上，一些转炉底部供气元件在炉底的布置如图 8-9 所示。

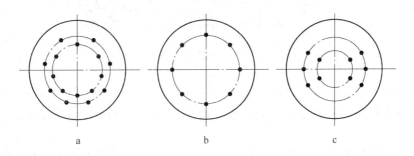

图 8-9　复吹转炉底部供气元件布置示意图
a—300t；b，c—150t

托圈与耳轴是用以支撑转炉炉体与传递倾动力矩的金属构件，倾动机构用以产生扭矩，使转炉能正向、反向转动，主要由电动机、减速器、制动装置等组成，分别如图 8-10 和图 8-11 所示。

8.3.2　氧气供应系统及功能

氧枪在吹炼过程中，需要上下升降，进行不同枪位吹炼以及将氧枪提升到转炉炉口上方，氧枪需要升降系统。为了防止氧枪发生问题时，无法继续吹炼，同一座转炉需要备用一套氧枪及其升降系统。氧枪及其升降系统如图 8-6 所示。

氧气供应系统包括氧枪及其升降机构，由氧枪向转炉内吹入马赫数 $Ma = 2.0$ 左右的超

图 8-10　转炉的托圈与耳轴

图 8-11　转炉的全悬挂式驱动机构

音速氧气射流，吹入转炉熔池的氧与金属液中的碳、硅、锰、磷、铁等元素反应，使铁水变成钢水。氧枪的升降机构控制吹炼过程的枪位，并在吹炼结束后将氧枪提出转炉炉口上方。

　　氧枪是转炉吹氧设备中的关键设备，它由喷头、枪身和枪尾三部分组成。氧枪总体结构如图 8-12 所示。喷头材质常用紫铜，可由锻造紫铜经机加工或铸造等方法制成，枪身由三根不同直径的无缝钢管套装而成，其尾部连接输氧、进水和出水软管。

　　大中型转炉多采用四孔、五孔、六孔的多孔拉瓦尔型喷头，如图 8-13 所示。多孔喷头能够将供氧分散，增大了冲击面积，可以减少喷溅，提高金属收得率，枪位稳定，成渣速度快，供氧强度大，可提高生产率。

　　氧枪枪身的内层管通氧气，内管与中层管的环缝是冷却水的进水通道，冷却水进水断面要大，水的流速要低，通常为 4~5m/s 左右，尽量减少冷却水的阻力损失；中层管与外层管之间的环缝是回水通道，冷却水回水断面要小，水的流速要高，要达到 6m/s 以上，加强氧枪的水冷强度。枪身的外层和中层管通过焊接法或焊接加丝扣连接法与喷头连接在一起，内层管通过胶圈紧配合连接。转炉公称容量与氧枪喷头孔数和枪管尺寸列于表8-1 中。

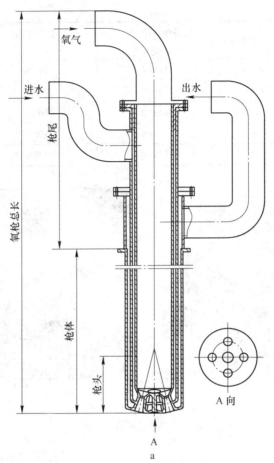

图 8-12 氧枪总体结构

a—氧枪剖面图；b—氧枪枪尾结构；c—氧枪枪身与喷头

表 8-1 转炉公称容量与氧枪喷头孔数和枪管尺寸

转炉公称容量 /t	喷头孔数/孔	内层管外径×壁厚 /mm×mm	中层管外径×壁厚 /mm×mm	外层管外径×壁厚 /mm×mm
250~350	5、6	245×10	351×8	420×12
220~250	5、6	219×10	299×8	351×12
200~220	5、6	203×6	273×8	325×12
150~200	4、5	194×6	245×7	299×12

续表 8-1

转炉公称容量 /t	喷头孔数/孔	内层管外径×壁厚 /mm×mm	中层管外径×壁厚 /mm×mm	外层管外径×壁厚 /mm×mm
120~150	4、5	168×6	219×6	273×12
100~120	4、5	159×6	203×6	245×10
80~100	4、5	133×6	180×6	219×10
60~80	4	121×6	159×6	194×8
50~60	4	114×6	152×6	180×8

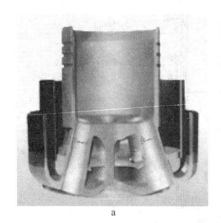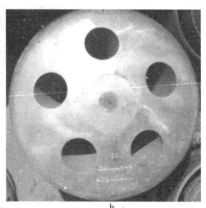

a   b

图 8-13　氧枪喷头结构

a—六孔喷头；b—五孔喷头

8.3.3　供料系统及功能

供料系统包括铁水、废钢供应、造渣剂供应和铁合金供应三个系统。

8.3.3.1　铁水、废钢供应系统

炼铁厂高炉生产出来的铁水通过鱼雷罐车（图 8-14）或铁水罐车（图 8-15）送到转炉车间，在转炉车间的倒罐站，将铁水倒入转炉炼钢车间用的铁水罐内。如果在转炉车间内设有铁水预处理脱硫站，则装有铁水的铁水罐送到铁水预处理工位进行脱硫处理。处理结束后，利用扒渣机将浮在铁水面上的脱硫渣扒净。最后，通过铁水罐和兑铁水天车，完成向转炉内兑入铁水的任务，如图 8-16 所示。铁水罐的结构如图 8-17 所示，它由钢壳和耐火材料内衬组成。

转炉炼钢车间的加料跨另一端设置有废钢间，堆放着废钢。采用磁盘吊车将废钢装到废钢槽中，加废钢天车吊运装有废钢的废钢槽送到转炉前，然后将废钢加入转炉内，如图 8-18 所示。废钢槽用钢板冲压而成，外有加强筋和耳轴，废钢槽的结构如图 8-19 所示。

8.3.3.2　造渣剂供应系统

转炉吹炼需要的造渣剂如石灰、矿石或返回矿、轻烧白云石或镁球等是通过地下料仓、皮带运输、炉顶卸料机、高位料仓、称量料斗、汇总料斗、溜槽从转炉炉口加入炉内。造渣剂储备在地下料仓中，向炉顶料仓输送造渣剂时，地下料仓的振动给料机将造渣

图 8-14　鱼雷罐车

图 8-15　铁水罐车

图 8-16　兑铁水设备

剂卸到运输皮带上，通过皮带运输到转炉炉顶料仓平台，由卸料机将造渣剂卸入高位料仓中储备。转炉吹炼过程需要向转炉炉内加入造渣剂时，炉顶料仓下方的振动给料器将造渣剂送入称料漏斗中称量，然后称量好的造渣剂加入汇总料斗，最后造渣剂通过溜槽进入炉口上方的烟罩内，在重力作用下自然落入转炉。如图 8-20 所示。

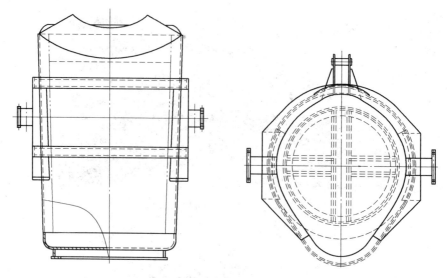

图 8-17　铁水罐结构

图 8-18　向转炉加废钢设备类型

图 8-19　废钢槽结构

8.3.3.3　铁合金供应系统

铁合金供应系统与造渣剂供应系统类似，铁合金由汽车运至车间，经皮带运送到中位合金料仓，由料仓底部的振动给料机将铁合金卸入称量料斗，经溜槽加入炉下的钢包中，如图 8-20 所示。

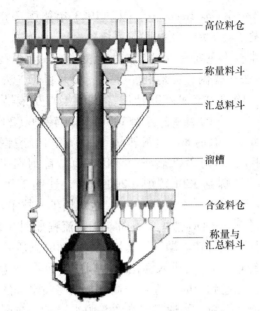

图 8-20 转炉造渣剂、铁合金供应系统

8.3.4 烟气净化系统

转炉炉气成分（体积分数）：$\varphi(CO) = 86\%$、$\varphi(CO_2) = 10\%$、$\varphi(N_2) = 3.5\%$、$\varphi(O_2) = 0.5\%$；原始含尘浓度（标态）：$80 \sim 150g/m^3$；烟尘粒度：$5 \sim 20\mu m$；炉口炉气温度：1500℃。吹炼过程烟气成分和流量随吹炼时间变化如图 8-21 所示。

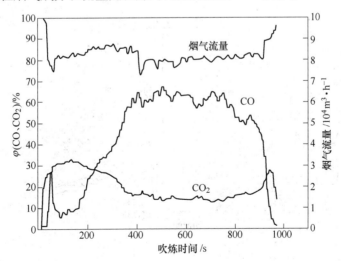

图 8-21 吹炼过程烟气量、烟气中 CO、CO_2 成分随吹炼时间的变化

转炉烟气的特点是含尘浓度高、粒度细，对环境污染严重；含有大量的 CO，烟气毒性大；温度高；烟气中热能、CO 及含铁粉尘具有回收综合利用的价值。转炉炼钢的烟气经历了从放散到回收利用的过程，20 世纪 60 年代，日本开发了转炉烟气湿法除尘系

统——OG（Oxygen Converter Gas Recovery）法，1983 年德国鲁奇（Lurgi）公司与蒂森（Thyssen）公司成功开发了转炉烟气干法除尘系统——LT 法。

目前，转炉烟气除尘技术主要有以 OG 法为代表的湿法除尘技术和以 LT 法为代表的干法除尘技术两类。LT 法在德国、奥地利、韩国、澳大利亚、法国、卢森堡、美国、英国、日本等国得到应用，国内的宝钢 250t 转炉（1998 年）是最早应用 LT 法的，近年来，一些钢厂如莱钢 120t 转炉（2004 年）、包钢 120t、210t 转炉（2005 年、2006 年）、太钢 180t、150t 转炉（2006 年）、承钢 80t 提钒转炉（2007 年）、凌钢 120t 转炉（2007 年）、天钢 180t 转炉（2007 年）、邯钢 250t 转炉（2008 年）、首钢京唐 300t 转炉（2009 年）、重钢 180t 转炉（2009 年）、鄂钢 130t 转炉（2009 年）、迁钢 210t 转炉（2010 年）、济钢 120t 转炉（2010 年）、三钢 120t 转炉（2010 年）也应用了该技术。

转炉烟气湿法除尘系统——OG 法主要设备与工艺流程如图 8-22 所示。"OG"法烟气净化回收技术的工艺流程是氧气转炉烟气经转炉炉口上面的微压差裙罩收集烟气，进入水冷烟罩（活动烟罩和固定烟罩），再进入气化冷却烟道以回收烟气中的显热，而后经一级文丘里管收缩段时烟气被加速到 60m/s 左右，高速烟气将喷水分散成细小液滴降温并使烟尘湿润，可以碰撞粘结成大颗粒。当通过一文弯头脱水器时，在离心力作用下，使大颗粒的烟尘与烟气分离（粗除尘）。最后经二级文丘里除尘器时，通过调节喉口的开口度，控制烟气流过喉口的流速在 80~120m/s，与喷出的水幕混合，实现洗涤净化，使含有细小颗粒烟尘的烟气进一步除尘（精除尘），并将含 CO 高的煤气切换送入煤气储罐。经净化处理后，煤气含尘浓度（标态）为 20~60mg/m³，煤气回收量为 80~110m³/t，热值 7500~8000kJ/m³。从煤气储罐出来的煤气再经湿式电除尘器净化，使煤气的含尘浓度<10mg/m³，作为能源供往各用户使用。对于含 CO 浓度低的煤气经切换阀送往烟囱，在烟囱顶部焚烧后排放。

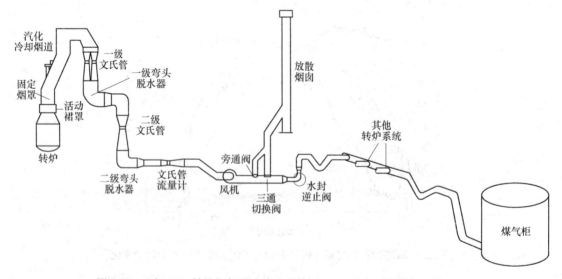

图 8-22 宝钢 300t 转炉烟气湿法除尘系统——OG 法主要设备与工艺流程

转炉炼钢在冶炼过程中产生的高温烟气，在净化和回收前必须进行冷却，其冷却方式目前采用汽化冷却方式。转炉烟气进入除尘系统之前必须将温度降至 1000℃以下，为此在烟罩上方设置冷却烟道。从烟罩排出的烟气温度约1200℃，还需要通过汽化冷却烟道继续冷却，将烟气温度降至1000℃以下。

高温烟气经过一级文氏管时，受到喷淋水的降温作用，烟气温度从1000℃以下降至烟气饱和温度75℃，同时去除大颗粒灰尘，并且将从炉口出来的煤气中的火种熄灭，以防流过一级文氏管后发生爆炸，一级文氏管是溢流文氏管，溢流水封是敞开式的结构，可泄压防爆，也可以补偿系统的热膨胀，二级文氏管是把烟气中细尘除掉。每个文氏管后都连接有弯头脱水器，其作用是利用离心力将除尘后的烟气与含水的烟尘分离。

武钢三炼钢300t转炉系统，引进了西班牙TR公司技术，该转炉的OG系统是将两级文氏管及脱水器串联重组安装在一个塔体内，属于第三代"OG"技术，如图8-23所示，烟气自上而下流动，该系统的总阻力损失仅为18kPa，而一般"OG"法为25kPa，且流程系统紧凑、简洁、易于维护管理。

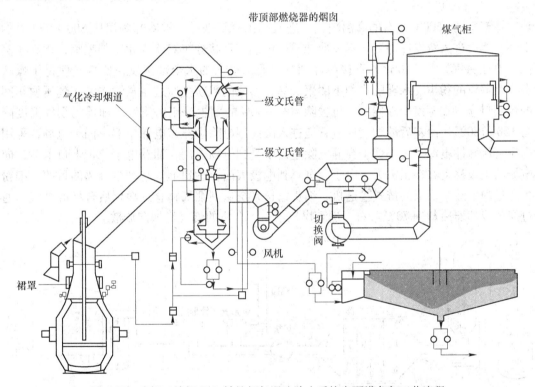

图8-23 武钢三炼钢300t转炉烟气湿法除尘系统主要设备与工艺流程

1998年，作为环保示范项目，日本政府在马钢三炼钢厂70t转炉扩容改造项目中向马钢无偿提供了一套新型"OG"法除尘技术和设备，如图8-24所示。这项技术对传统的"OG"进行了技术改进，这种改进主要体现在二文喉口，即将二文RD可调喉口改为重铊式，即环缝洗涤器（Ring Slit Washer），简称RSW，还取消了一文喉口，代之以饱和器。烟气首先进入饱和器，经过二文RSW和下部90°弯头脱水器，然后前往风机系统，即所谓第四代"OG"法，该技术流程简洁、单元设备少、阻损小。二文采用RSW技术，除尘效率高，易于控制，且不易堵塞。除尘效果保证值（标态）为≤50mg/m³。

转炉烟气干法除尘与煤气回收系统（LT法）主要设备与工艺流程如图8-25所示。转

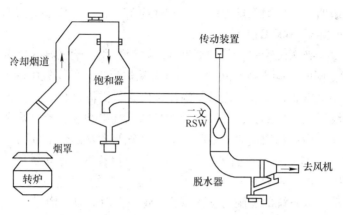

图 8-24　马钢三炼钢厂 70t 转炉的 "OG" 系统

炉吹炼产生的 1500℃ 左右的高温炉气，进入汽化冷却烟道，被冷却为温度 800~1000℃ 的烟气。然后进入蒸发冷却器，蒸发冷却器筒体颈部环状分布双流雾化冷却喷嘴，用高压蒸汽（高压氮气）将水雾化，直接冷却烟气，要求喷入的水全部蒸发，使烟气保持干燥状态，粗颗粒的粉尘在水雾的作用下团聚沉降，形成的粗粉尘通过粗灰输送系统到压块车间的粗灰料仓。在蒸发冷却器中，可去除 40%~50% 的烟尘，流出蒸发冷却器的烟气温度降为 150~180℃。冷却后的烟气通过管道进入圆筒型电除尘器，电除尘器有四个电场，采用高压直流脉冲电源，细小烟尘在静电除尘器中受到电场作用，捕获电子，带上负电荷，向电场的正极移动并在正极失去电子，沉降到电极表面，达到烟气与烟尘分离的目的。细粉尘通过静电除尘器下的链式输送机、细灰输送系统送到细灰料仓。净化后合格的烟气，通过煤气冷却器冷却到 70℃ 左右，送入煤气柜；不合格的烟气经烟囱放散。

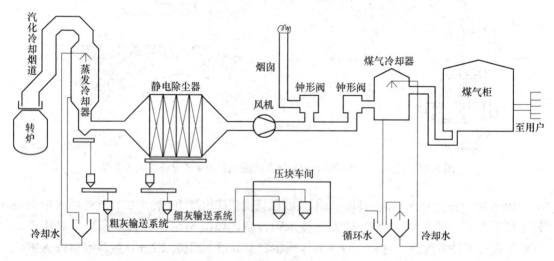

图 8-25　转炉烟气干法除尘与煤气回收系统主要设备与工艺流程

　　尽管转炉干法除尘建设投资大，但在实际运行中该技术有一系列的优点：净化效果显著，净化后煤气含尘量低，一般小于 10mg/m³，远低于国家要求的 100mg/m³ 标准，而传统 OG 湿法除尘煤气含尘量一般为 80~100mg/m³；干法除尘系统阻力远小于湿法除尘系统，所以其耗电量低，通常在 $1.5 \sim 3.5 \mathrm{kW \cdot h/t}$ 钢范围；干法除尘系统耗水量低，只有湿法除尘系统的五分之一；煤气回收量大，一般在 $100 \mathrm{m^3/t}$ 钢左右。由于这些优点，所以 LT 法比 OG 法的运行费用低，经济效益高，LT 法通常 4 年左右可收回投资，而 OG 法一般需要 14 年以上。但 LT 法对转炉操作工艺要求严格，如果吹炼过程操作妥当，烟气中的 CO 和 O_2 含量达到精电除尘器的临界泄爆点：$CO \geqslant 9\%$、$O_2 \geqslant 6\%$ 时，易发生泄爆。

8.4　复吹转炉炼钢工艺及主要技术经济指标

8.4.1　复吹转炉吹炼过程元素的变化

吹炼过程通过取样分析，得到铁水中元素随吹炼时间的变化规律，如图 8-26 所示，从元素的变化曲线可知：

（1）[Si] 的氧化很快，在吹炼时间约为总吹炼时间的 20% 时就氧化完了。此后 [Si] 不再有变化。这是由于 [Si] 与氧的亲和力大，吹炼初期温度低，在碱性渣中（SiO_2）活度小的缘故。

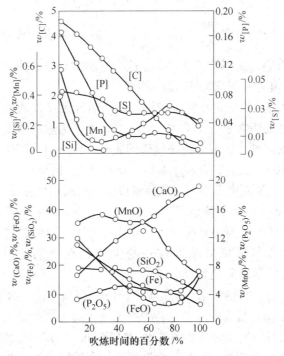

图 8-26　转炉吹炼过程金属、炉渣的成分变化

（2）[Mn] 在吹炼时间约为 20% 时被氧化到最低值，随吹炼时间变化有回锰和锰的再氧化现象。因为 [Mn] 与氧的亲和力大，开吹时温度低，有利于锰的迅速氧化。随着石灰的渣化，炉渣碱度提高，使（MnO）活度增大。在吹炼中期随着 [C] 的激烈氧化，炉渣（FeO）降低，另外，熔池温度升高，结果发生了锰被 [C] 还原，产生了回锰现象。随 [C] 含量的降低，脱碳速度的下降，炉渣的（FeO）又升高，结果又发生了锰的再氧化。

（3）［C］的氧化根据［C］的氧化速度不同，见图 8-27，可分为三个时期，氧化初期、中期和后期。氧化初期，脱碳速度由慢变快。由于氧化初期熔池温度低，Si、Mn 氧化量多，消耗了大部分的氧，［C］的氧化受到限制。这时，脱碳速度 $\dfrac{\mathrm{d}w_{[C]}}{\mathrm{d}t} = -k_1 t$，与吹炼时间成正比。这一时期称吹炼初期，又叫硅、锰氧化期，时间从开吹到约 4~5min。

氧化中期，随着冶炼进行，Si、Mn 氧化结束，熔池温度升高，供给的氧几乎全部用于脱碳。脱碳速度 $\dfrac{\mathrm{d}w_{[C]}}{\mathrm{d}t} = -k_2$，脱碳速度达到最大且几乎不变。这一时期称为吹炼中期，又叫碳氧化期，当 $w_{[C]} = 3.0\%$ ~ 3.5% 时进入吹炼中期。

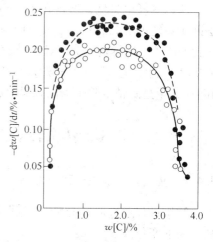

图 8-27　转炉吹炼过程脱碳速度
随时间的变化

氧化后期，随着碳含量下降，在钢液与气相的边界层中，碳的浓度梯度逐渐下降，使得脱碳速度越来越慢。脱碳速度 $\dfrac{\mathrm{d}w_{[C]}}{\mathrm{d}t} = -k_3 w_{[C]}$，与熔池碳含量成正比，脱碳速度由大变小。这一时期称吹炼末期，又叫碳氧化后期。这一时期除碳外其他元素变化不大，主要进行终点操作。当 $w_{[C]} < 0.3\%$ ~ 0.7% 时，进入吹炼末期。

（4）［P］的氧化去除主要是在吹炼前期，利用熔池温度较低的条件下，将其氧化脱除；在吹炼中期，熔池的磷含量变化不大；到吹炼后期，随炉渣碱度和氧化性提高，金属熔池中的磷含量又有所降低。一般单渣法脱磷的脱磷率在 80% ~ 85% 之间。磷的氧化在吹炼初期由于低温和（FeO）较高，有利于脱磷，但由于此时炉渣碱度较低，脱磷产物易与 FeO 形成 $3FeO \cdot P_2O_5$。随温度升高，石灰溶解成渣，炉渣碱度提高。CaO 与 $3FeO \cdot P_2O_5$ 反应形成更稳定的 $3CaO \cdot P_2O_5$，降低了（P_2O_5）的活度，有利于脱磷。在后期，由于温度进一步升高，尽管（FeO）升高，磷含量也变化不太大。因此脱磷应在初期和中期前半段的较低温下进行，应尽早形成碱度较高的炉渣和在中期炉渣中保持较高含量的 $\sum(FeO)$，并且在终点应尽量避免高温出钢。

（5）［S］在整个转炉吹炼期间，由于转炉炉内的高氧化性，金属熔池的硫含量变化不大，在吹炼的中后期硫含量有所降低。转炉吹炼一般的未经预处理脱硫的铁水时，脱硫率约为 30% ~ 40%；吹炼脱硫预处理后的铁水，脱硫率的大小与铁水的初始硫含量高低有关，有时不仅转炉没有脱硫能力，而且还会造成废钢和造渣剂如石灰带入转炉的硫进入到金属熔池中，使冶炼终点钢水的硫含量比铁水的硫含量高。

8.4.2　转炉炼钢过程的火焰特征

（1）吹炼初期火焰特征。冶炼前期为硅锰氧化期，一般从开吹到 3~4min 左右。开吹后由于加入了废钢和第一批渣料等冷料，所以温度较低，多数元素尚未活跃反应，火焰一般浓而暗红，炉口火焰短。

当开吹到 3min 左右时要特别仔细观察，此时火焰开始由浓而暗红渐渐浓度减淡，颜色也逐渐由暗红变红。当吹炼到 3~4min 时，只要见到火焰中有一束束白光出现（俗称碳焰初起）时，则说明铁水中硅、锰的氧化反应基本结束，吹炼开始进入碳氧化期，可以开始分批加入第二批渣料。

（2）吹炼中期火焰特征。吹炼中期主要是碳的氧化。随着冶炼的进行，当见到红色火焰中有一束束白光出现时，说明碳开始剧烈反应，进入碳氧化期。碳氧化期是整个吹炼过程中碳氧化最为剧烈的阶段，其正常的火焰特征为：火焰的红色逐渐减退，白光逐步增强，生成的火焰白亮，长度增加，也显得有力，火焰看上去有规律的一伸一缩。当火焰几乎全为白亮颜色且有刺眼感觉，很少有红烟飘出，火焰浓度略有增强且柔软度稍差时，说明碳氧反应已经达到高峰值。

（3）吹炼后期火焰特征。在吹炼后期，随着碳氧反应的速度下降，火焰要收缩、发软、打晃，看起来火焰也稀薄些白亮度变淡（此时一般可以隐约看到氧枪）。当火焰开始向炉口收缩，并更显柔软时，说明碳含量已不高，大致在 0.2%~0.3%，这时要注意终点控制。

（4）炉渣返干的火焰特征。返干一般在冶炼中期（碳氧化期）的后半阶段发生，是化渣不良的一种特殊表现形式。

冶炼中期后半阶段正常的火焰特征是：白亮、刺眼，柔软性稍微变差。

返干的火焰特征为：由于气流循环不正常而使正常的火焰（有规律、柔和的一伸一缩）变得直窜、硬直，火焰不出烟罩；同时由于返干炉渣结块成团未能化好，氧流冲击到未化的炉渣上面会发出刺耳的怪声；有时还可看到有金属颗粒喷出，一旦发生上述现象说明熔池内炉渣已经返干。

（5）喷溅的火焰特征。当发现火焰相对于正常火焰较暗，熔池温度较长时间升不上去，少量渣子随着喷出的火焰被带出炉外时，此时往往会发生低温喷溅。

当发现火焰相对于正常火焰较亮，火焰较硬、直冲，有少量渣子随着火焰带出炉外，且炉内发出刺耳的声音时，说明炉渣化得不好，大量气体不能均匀逸出，一旦有局部渣子化好，声音由刺耳转为柔和，就有可能发生高温喷溅。

（6）熔池温度高低的火焰特征。熔池温度低时，火焰颜色较红（暗红），火焰周围白亮少（甚至没有），略带蓝色，并且火焰形状有刺、无力，较淡薄透明。

熔池温度高时，火焰颜色白亮、刺眼，火焰周围有白烟，且浓厚有力。

8.4.3 氧气顶底复吹转炉炼钢工艺

氧气顶底复吹转炉炼钢，根据底吹气体种类的不同，可分为底部吹入非氧化性气体和吹入氧化性气体的两种复吹工艺。我国目前普遍采用的是前一种工艺，即底部吹入氮气、氩气来搅拌熔池。以下就这一工艺进行论述。

氧气顶底复吹转炉炼钢工艺包括装料、供氧、底部供气、造渣、温度及终点控制、脱氧及合金化等内容。

8.4.3.1 装料

A 装料次序

一般来说是先装废钢后兑铁水，先加废钢可以避免后加废钢时，废钢冲击铁水，造成飞溅，另一方面如果炉内有未倒净的液体炉渣，先加入废钢可以使液态炉渣冷凝，防止加入铁水时造成喷溅。

B 装入量

装入量是指加入转炉的铁水和废钢的重量。不同吨位的转炉以及一座转炉在不同的生产条件下，都有其不同的合理钢铁料装入量。装入量过小，产量低，熔池浅，氧流易直接冲击炉底，造成炉底破坏。装入量过大，熔池搅拌不充分，吹炼时间增加，易造成喷溅。确定转炉金属料装入量应考虑以下因素：

（1）合适的炉容比。炉容比为转炉内部自由空间的体积与装入量之比，m^3/t。转炉的喷溅和生产率与转炉的炉容比密切相关，一般转炉炉容比为 $0.9 \sim 1.05$。确定炉容比应考虑以下因素：铁水 [Si]、[P] 含量，[Si]、[P] 含量高时，由于渣量大，炉容比应取上限；炉子容量，小炉子吹炼不平稳，易喷溅，炉容比取大些，大炉子吹炼平稳，炉容比可小些；供氧强度，供氧强度大时，元素反应激烈，炉容比取大些；喷头孔数，孔数少时，反应区过于集中，易喷溅，炉容比可大些。

（2）合适的熔池深度 H。熔池深度指熔池在平静状态时金属液面到炉底中心最低点的距离。为了保护炉底、安全生产、保证冶炼效果，熔池深度应大于氧气射流对熔池的最大穿透深度。穿透深度通常用弗林公式进行计算：

$$h = \left(\frac{346.07 \times d_t \times P_0}{\sqrt{L}} + 3.81 \right) \cos\theta$$

式中，h 为穿透深度，cm；L 为枪位高度，cm；θ 为喷孔倾角，（°）；d_t 为喷头喉口直径，cm；P_0 为滞止压力，MPa。

当枪位最低时，h 达到最大值 h_{max}。那么，装入量应保证熔池深度 $H_熔 > h_{max}$，一般熔池深度 $H_熔 = k_1 h_{max}$，$k_1 = 1.3 \sim 1.5$。

C 一个炉役的装入模式

定量装入法是在整个炉役中，每炉装入量不变。这种装入模式的优点是组织生产简单。但缺点是炉役前后期熔池深浅不一。这是因为在一个炉役中，炉内体积由于炉衬受到侵蚀而变大。熔池深度变小，炉底易被氧气射流冲击损坏。需根据熔池深度变化枪位。这种方法适合于大型转炉。装入量和炉子都大，熔池深度变化不显著。

定深装入法是在整个炉役中，保持每炉熔池深度不变。优点是炉底不易被氧气流股冲坏，氧枪操作稳定，可发挥炉子的生产能力。缺点是需经常正确地判断炉膛变大情况，装入量和出钢量变化频繁，不利于组织生产。

分阶段定量装入法是根据炉衬侵蚀情况，将一个炉役分成若干阶段，每一阶段采用定量装入法。这种模式能保持比较合适的熔池深度，氧枪操作相对稳定，能发挥炉子的生产能力，便于组织生产。

8.4.3.2 供氧

在底部吹入非氧化性气体的顶底复吹转炉炼钢中，全部氧气是通过从炉口插入炉内的氧枪提供给熔池的。供氧在转炉炼钢中影响到氧气射流与熔池的相互作用，如冲击深度、冲击面积、元素的氧化速度、化渣速度、炉渣氧化性等。

A　转炉炉膛内氧气射流的特性

氧枪喷头氧气的出口马赫数通常为 2.0 左右，使氧气以两倍左右的音速喷出拉瓦尔喷管。氧气射流具有较大的冲击力，氧气射流由三段组成，初始段为射流的轴心速度仍保持出口速度。过渡段为轴心速度从出口速度降低到音速。主段是过渡段后的亚音速区段。在距离喷嘴不同的断面处，氧气射流具有不同的冲击半径和冲击力，距离喷嘴远时，射流的冲击面积大，但冲击力减小。在转炉内，由于受到上升炉气的作用以及抽吸周围的液滴使氧气射流衰减加速。另外，氧气射流受周围高温介质的加热作用而温度升高，体积膨胀。在相同条件下，多孔喷头氧气射流的速度衰减比单孔喷头的快。

B　氧气射流对熔池的搅拌作用

当超音速氧气射流流出喷嘴后，以很大的速度冲击金属熔池表面，由于氧气射流的动能作用，在冲击区域形成一个凹坑——冲击坑。该冲击坑的大小、形状、表面积取决于该处氧气射流的速度分布和射流的直径。当氧气射流作用在金属熔池上时，一部分氧气被金属液吸收，参与炼钢反应，来不及反应的氧气沿冲击坑表面产生反射流动，另外由 [C]—[O] 反应产生的 CO 气体上升排除，使冲击坑壁面附近的金属液向上运动，造成冲击坑四周的金属液不断向冲击坑底部补充，从而产生了循环流动，如图 8-28 所示。

由于冲击坑是因氧气射流冲击熔池液面形成的，因此，冲击坑的形状与氧枪枪位、氧气工作压力、氧气流量、喷头结构等有关。在实际吹炼中，喷头结构通常保持一定，所以可以通过控制枪位、氧气工作压力和流量来控制吹炼过程向熔池中的供氧和熔池的搅拌，如图 8-29 所示。

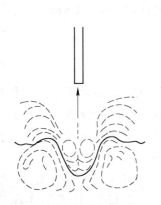

图 8-28　氧气射流作用下熔池冲击坑附近的循环运动

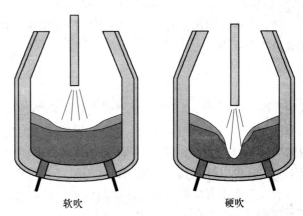

软吹　　　　　硬吹

图 8-29　不同枪位下冲击坑的形状示意图

枪位指喷头到静止金属熔池液面的距离。高枪位指该距离大，低枪位指该距离小。硬吹是氧枪枪位低或氧压高时的供氧方式。这时，由于枪位低，氧气射流对熔池具有很大的冲击力，使熔池液面形成一个冲击截面小，冲击深度大的冲击坑。硬吹具有以下的作用：氧气射流与金属发生剧烈混合，熔池搅拌强烈，氧被金属吸收，加速金属熔池的氧化，有利于提高脱碳速度，但硬吹时渣中氧化铁含量低，不利于化渣，易造成炉渣返干。软吹为枪位高或氧压低时的供氧方式。由于枪位高或氧压低，氧气射流到达熔池液面时，速度衰减过大，具有的冲击力弱，在熔池表面形成一个冲击截面大而冲击深度浅的冲击坑。在软吹操作下，由于氧气射流速度的衰减，对熔池的搅拌减弱，氧气不被金属熔池全部吸收，部分氧气将熔池面上的铁氧化，使炉渣氧化铁增加。软吹时脱碳速度减小，对化渣有利。

喷头结构主要指喷孔个数及喷孔的夹角。由于多孔喷头产生多个氧气射流，在相同的条件下，其速度衰减比单孔喷头快，因此，多孔喷头产生的冲击坑较浅，冲击面积较大，搅拌作用下降。所以，在相同工作氧压和流量下，多孔喷头的枪位要比单孔喷头枪位低。喷孔夹角大的枪位比喷孔夹角小的枪位要低。

C 供氧操作

供氧操作的要求是熔池反应平稳，化渣快，无喷溅，烟尘少，钢中气体含量低。供氧参数主要包括氧气流量、供氧强度、氧气工作压力和氧枪枪位。氧气流量 Q 指在吹炼过程中单位时间内向熔池吹入的氧气体积，可用下式计算：

$$Q = \frac{V_{O_2} G}{\tau_{O_2}}$$

式中，Q 为氧气流量，m^3/min；V_{O_2} 为吨钢耗氧量，m^3/t，每吨金属耗氧量与铁水成分、所炼钢种、废钢比、原材料成分和加入量有关，一般为 $50\sim60m^3/t$；τ_{O_2} 为供氧时间，一般为 $12\sim20min$。氧气流量也可用下式进行估算：

$$Q = \frac{(w[\%C]_{hm} \times \alpha_{hm} - w[\%C]_{end}) \times 9.33}{\eta_{O_2} \tau_{O_2}} \times W$$

式中，9.33 为 1t 装入量中氧化 1kg[C] 所需消耗的氧气体积，$m^3/(kg \cdot t)$；W 为装入量，t；η_{O_2} 为氧的脱碳效率，可取 $0.7\sim0.75$。

供氧强度 q 为单位时间内向熔池中每吨钢水提供的氧气体积，$m^3/(t \cdot min)$。它与氧气流量的关系为：

$$q = \frac{Q}{W_m}$$

式中，W_m 为出钢量，t。提高供氧强度，可以缩短吹氧时间，提高转炉产量。一般转炉供氧强度为 $3.0\sim5.0m^3/(min \cdot t)$。为了延长吹炼前期的低温脱磷时间，采用双联法时，在脱磷期供氧强度为 $1.8\sim2.2m^3/(min \cdot t)$。降低供氧强度后，为了保证氧枪喷头在设计工况下工作，可以补充其他气体如氮气与氧气一起经喷头吹入炉内。

氧气工作压力通常指氧气从中间储氧罐经输氧总管、减压阀、流量调节阀后，设定的压力测定点测定的氧气压力，单位为 MPa（兆帕）。一般转炉的氧气工作压力为 $0.8\sim1.2MPa$。

枪位的变化主要根据不同吹炼时期的冶金特点进行调整。枪位与氧压的配合有三种方式：恒枪变压、恒压变枪、变枪变压（变流量）。目前，我国一些钢厂的转炉采用恒压变枪操作，一些钢厂的转炉采用变枪变压（即变流量）操作，也就是在吹炼过程中改变氧压（即氧气流量）的同时，通过调整枪位来调整冲击坑的冲击深度和冲击面积，调整炉渣氧化性和脱碳速度。吹炼前期，由于硅氧化形成的初期渣含有较多的 SiO_2，为了尽快形成一定碱度的炉渣，应使加入的石灰尽早溶解，避免酸性渣侵蚀炉衬，在温度允许的条件下，常采用较高的枪位和较低的氧气流量操作，以提高炉渣中（FeO）含量，利用前期的低温，尽快形成一定碱度的熔渣，提高前期的脱磷效果，吹炼初期渣中 $w(TFe)$ 应保持在

15%～20%；如果铁水温度低，则可以在开吹时，用较低枪位操作，快速升温，然后提高枪位化渣脱磷。吹炼中期，在吹炼中期前段，吹入的氧基本上全部用于脱碳，加入矿石、铁皮以及渣中过量氧化铁都可参加脱碳反应，可维持基本正常枪位进行深吹脱碳，在中期后段，为防止由于脱碳反应激烈造成渣中（FeO）降低，使炉渣"返干"，可适当提高枪位化渣，如果石灰活性度高，在吹炼过程无炉渣返干现象，则不需提高枪位，为了防止炉渣返干，渣中应保持 $w(\text{TFe})$ 在 10% 左右。吹炼后期，根据钢种对碳含量的要求，适当降低枪位，加强熔池搅拌，均匀熔池成分和温度，避免终渣（FeO）过高，以降低金属熔池含氧量。冶炼高碳钢时，为了保证吹炼终点钢水有较高的碳含量，枪位相对高一些，冶炼低碳钢或超低碳钢时，枪位要低些。图 8-30 为宝钢 300t 转炉吹炼过程的一种枪位变化模式。

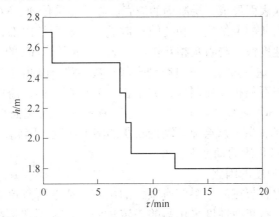

图 8-30 宝钢 300t 转炉吹炼过程枪位变化

8.4.3.3 造渣

A 造渣的要求

氧气转炉的吹炼时间短。因此，必须做到快速成渣，使炉渣尽快具有适当的碱度、氧化性和流动性，以便迅速把金属中的杂质磷、硫去除。同时要注意在操作过程中避免炉渣溢出和喷溅，减少原材料的损失。

B 造渣操作

a 炉渣碱度和石灰加入量

炉渣碱度的高低，标志着炉渣脱磷脱硫能力的大小。炉渣碱度的选择应根据铁水中 P、S 含量的高低和冶炼钢种对 P、S 含量的要求等因素来确定。一般而言，对于冶炼普通铁水，转炉终渣碱度在 2.5～4.0 之间。

石灰的加入量可从炉渣碱度和铁水的含 Si 量和含 P 量确定。当不考虑除石灰外其他原材料带入炉内的 SiO₂ 和 CaO 时，石灰的加入量用以下的式子计算。对于低磷铁水，只考虑［Si］对碱度的影响，炉渣的碱度定义为：

$$R = w(\%\text{CaO})/w(\%\text{SiO}_2)$$

则 100kg 钢铁料的石灰加入量为：

$$W_{\text{石灰}} = 2.14w[\%\text{Si}]_{\text{金}}R \times 100/[w(\%\text{CaO})_{\text{石灰}} - R \times w(\%\text{SiO}_2)_{\text{石灰}}]$$

式中，2.14 为氧化单位质量的硅产生的二氧化硅的质量，即 $M_{\text{SiO}_2}/M_{\text{Si}} = 60/28 = 2.14$。对

于含磷高的铁水，则需要考虑（P_2O_5）进入炉渣对碱度的影响。假定转炉内脱磷率为90%，则石灰加入量的计算式为：

$$W_{石灰} = 100R_1\{2.14w[\%Si]_金 + 1.31w[\%P]_金\}/[w(\%CaO)_{石灰} - R_1 \times w(\%SiO_2)_{石灰}]$$

式中，炉渣碱度 R_1 定义为：

$$R_1 = w(\%CaO)/[w(\%SiO_2) + 0.634w(\%P_2O_5)]$$

b 石灰在渣中的溶解机理

石灰在炉渣中的溶解对于快速化渣有重要的影响，只有石灰溶解到炉渣中，才使炉渣具有一定的碱度，方能使渣具有一定的脱磷脱硫能力。成渣速度关键是石灰在炉渣中的溶解。在吹炼初期 Si、Mn、Fe 的氧化，形成高 FeO 的酸性渣。石灰加入炉内后，与这种初期渣相遇，在石灰颗粒表面形成一层凝固的渣壳。随着热量传递，这一层渣壳成为液态渣膜。这种液体初渣沿石灰的毛细裂纹和孔隙扩散进入石灰颗粒内部，渣中 Fe^{2+} 和 O^{2-} 由于其离子半径小，扩散速度快，与石灰相互作用形成高 FeO 低 CaO 的溶液，溶入初期渣中，使初渣 CaO 含量提高。这一过程一直进行到全部石灰溶解。由此可以看出渣中（FeO）的化渣作用。当初期渣与石灰相互作用时，如果在石灰颗粒表面，渣中 SiO_2 与 CaO 形成高熔点的化合物 $2CaO \cdot SiO_2$（C_2S，2130℃），这种物质在石灰表面形成一层致密的外壳，阻碍了 FeO 向石灰内部扩散，就会显著降低石灰的溶解速度。因此，破坏石灰颗粒表面的 $2CaO \cdot SiO_2$ 外壳，成了化渣的动力学关键。

c 影响石灰溶解速度的因素

石灰质量和块度对石灰在渣中溶解有很大的影响。活性石灰比表面积大，气孔率高，体积密度小，晶粒小。石灰活性度采用盐酸滴定法测定，是用在标准大气压下 10min 内，50 克石灰溶于 40℃恒温水中所消耗 4mol/L HCl 水溶液的毫升数来表示。通常，活性石灰的活性度为 300mL 以上，这种石灰具有反应性强，化渣快的特点。目前工厂常用活性石灰来造渣，而过烧、生烧的石灰反应性弱，化渣慢。石灰的块度以 10~30mm 为宜，过大则反应面积小，过小不易加入炉内。

炉渣成分和温度也影响石灰的溶解。在石灰颗粒周围炉渣的组元 SiO_2、MnO、FeO、MgO 等对石灰溶解有很大的影响，特别是渣中 FeO 对石灰溶解速度影响最大。FeO 可降低炉渣黏度，降低炉渣与石灰的界面张力以及能够促进石灰溶解。在吹炼过程中，通过提高枪位，加入铁矿石来提高渣中（FeO），加速石灰溶解。炉渣温度高，热量质量传递快，有利于石灰溶解。

助熔剂 CaF_2 与 CaO 能形成 900℃低熔点的共晶，能加速石灰溶解，但 CaF_2 不能加入过多，否则易侵蚀炉衬，因为 CaF_2 中的 F 元素易与衬砖中的物质反应。另外，F 在炉内的高温下可生成 SiF_4 随炉气进入烟道，遇水后形成 HF 强酸，易腐蚀设备，造成污水含 F 污染环境。目前，一些钢厂不再使用它来造渣，而改用其他助熔剂如铁矾土、污泥球等来助熔。

造渣材料的加入方法：渣料加入过早或批量过大，都会影响炉温，不利于石灰溶解。应根据炉温正确地确定加入时间和批量。一般石灰加入量大要分多批加入，通常第一批料在开吹时加入，加入量为总渣量的 1/3~1/2，其余渣料在第一批料化透，Si、Mn 基本氧化结束后分多批加入，如某炼钢厂 120t 转炉加入石灰 10t，其批量为 6t、1t、1t、1t、1t，分五次加入。

d 加入含氧化镁材料造渣的益处

在吹炼中加入含氧化镁材料造渣，增加渣中（MgO）含量，抑制炉渣从炉衬的 MgO-C

砖中溶解 MgO，可以减轻炉渣对炉衬的侵蚀。在 MgO 含量低时，加入含氧化镁材料，可以减缓或推迟石灰表面形成高熔点致密的 $2CaO \cdot SiO_2$ 渣壳，提高石灰溶解速度，有利于帮助化渣。目前采用的含镁材料有轻烧白云石、白云石、菱镁矿、轻烧菱镁球，现行的造渣制度因采用溅渣护炉工艺将炉渣中（MgO）含量由过去的 6%~8% 提高到 8%~12%。初期渣碱度低，炉渣对（MgO）有较大的溶解度，随着吹炼进行，温度升高，碱度提高，炉渣的（MgO）溶解度下降，使一部分 MgO 从炉渣中析出，使得炉渣黏度提高、熔点上升，这种炉渣挂在炉壁上或用于溅渣护炉，有利于延长炉子寿命。

e 成渣路径

按吹炼过程，由初期渣过渡到终渣，渣中 $\sum(FeO)$ 的含量不同，可分为高氧化铁成渣——"铁质"成渣路线和低氧化铁成渣——"钙质"成渣路线，不同的成渣路径如图 8-31 所示。图 8-31a 中的 A 区是转炉吹炼的初始渣的成分范围，渣中氧化钙低，为高氧化

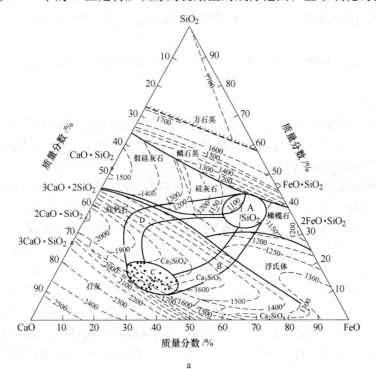

a

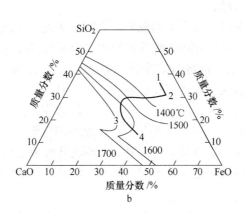

b

图 8-31 转炉炼钢的成渣路径示意图

性的酸性渣；而吹炼后期为了脱磷、脱硫和保持炉渣的流动性，要求终渣具有一定的碱度和氧化性，通常终渣碱度为 3~5，渣中 FeO 的质量分数为 15%~25%，其位置大致在 C 区。图中的 ABC 路径为铁质成渣路径，而 ADC 路径为钙质成渣路径。

铁质成渣通常用高、低、高、低的枪位吹炼，炉渣成分变化的途径是在易熔区内，渣始终保持良好的流动性，石灰熔化速度、碱度提高很快，有较好的脱磷能力，当铁水磷较高和吹炼高中碳钢时，可采用铁质成渣途径，终渣 $w(TFe)$ 为 18%~20%，其缺点是控制不当时易喷溅和铁损较大。

钙质成渣途径，通常用低、高、低枪位吹炼，这是由于铁水温度低而被迫采用的操作方式，在整个成渣过程中，氧化铁含量较低，石灰块表面有致密高熔点的 C_2S 固相存在，阻碍了石灰的进一步溶解，这样石灰熔化缓慢，炉渣黏稠，不利于脱磷，吹炼易控制，终渣 $w(TFe)$ 为 11%~15%，这种操作的优点是炉渣对炉衬侵蚀较小，但炉渣熔点比较高，石灰熔化缓慢，因而碱度上升慢，炉渣脱磷脱硫的能力弱，在吹炼中期，炉渣容易"返干"。

图 8-31b 为另一种成渣路径，吹炼初期和终点炉渣的氧化性高，适合于冶炼高磷铁水和低磷钢。

　　f　造渣方法

在生产中，一般根据铁水成分和所炼钢种来确定造渣方法。单渣法是吹炼过程中途不倒渣的造渣操作。适用于低 P、S 铁水的吹炼，当冶炼钢种对 P、S 要求不高，或者吹炼低碳钢时，也可以采用单渣法操作。单渣法操作工艺简单，冶炼时间短，金属损失少，热量损失少。单渣法的脱磷率达 80%~90%，脱硫率约为 30%~40%。双渣法是吹炼过程中途倒一次渣，重新加渣料造渣的操作。适用于高磷（$w[P]>0.5\%$）铁水，冶炼低磷的中、高碳钢，或在炉内加入大量易氧化元素的合金钢。这种造渣方法的优点是脱磷、硫效果好，可消除大渣量引起的喷溅，初期的酸性渣倒出后，使炉衬侵蚀小。但缺点是金属收得率低，热效率低，终点残锰低，冶炼时间长。双渣法的脱磷效果可达 92%~95%，脱硫率约为 60%左右。双渣留渣法是将双渣法的高碱度、高氧化性的终渣一部分或全部留在炉内供下一炉冶炼的造渣方法。这种造渣方法的优点是高碱度高氧化性的初渣形成快，有利于前期脱磷、硫。但缺点是若操作不当，易产生兑铁水时的喷溅事故。采用溅渣护炉工艺，将留在炉内的终渣溅到炉壁上凝固，可以避免这一缺点。留渣法的脱硫率可达 60%~70%。

　　g　炉渣的乳化和泡沫现象

乳化和泡沫是转炉炼钢过程所产生的现象。它们对于渣-金-气三相之间的反应与吹炼过程的平稳有重要的影响。乳化在转炉吹炼过程中，由于熔池受到氧气射流的强烈冲击和 CO 气泡的激烈沸腾，在熔池上部将造成金属、炉渣、气体三相的剧烈混合。当金属液滴和气泡悬浮于渣相时，就形成了气体-炉渣-金属液三相的乳化，因而极大地增加了渣-金-气的接触面积，使金属液滴中的元素氧化反应加快。但如果乳化液中的金属液滴难以分离出来，就会造成金属的损失。当炉渣黏度大，乳化液中的气泡难以排除，由于炉内的 C-O 反应和吹氧，气体在乳化液中聚集越来越多时，就使乳化液成了泡沫渣。泡沫渣除了具有乳化液所具有的作用外，还使熔池液面上涨，易产生溢渣，严重时产生喷溅。

　　8.4.3.4　温度控制

炼钢中的一个重要任务就是将钢水温度升至出钢温度。转炉炼钢中的温度控制是指正确地控制一炉钢的升温过程和吹炼终点的钢水温度。要正确地对温度进行控制,需要了解转炉吹炼过程的热量来源及热量消耗。

A 热量来源及热量消耗

转炉炼钢的热量来源于铁水自身的物理热和元素氧化反应的化学热。这些热量除了用于满足炼钢的需求外,还有富余。富余的热量通过加入冷却剂如废钢来平衡。转炉炼钢的热收入包括铁水物理热、元素氧化热、成渣热($P_2O_5 \rightarrow 3CaO \cdot P_2O_5$,$SiO_2 \rightarrow 2CaO \cdot SiO_2$)和烟尘氧化热。而转炉炼钢的热支出主要有钢水物理热、炉渣和炉气的物理热、烟尘和喷溅金属的物理热、矿石、白云石或菱镁矿分解吸热和炉子热损失(炉口热辐射损失、炉壁传导和热对流的热损失、氧枪、水冷炉口冷却水的热损失)。通常转炉吹炼过程有富余的热量,需要加入废钢来平衡这部分富余的热量。一般废钢重量占装入量的15%~20%。

B 出钢温度

确定出钢温度的出发点是保证钢水能够正常浇铸出铸坯或钢锭,一般根据生产条件和经验来确定合适的出钢温度,主要考虑以下的因素:

(1)钢种的熔点——液相线温度 T_m。所炼钢种的熔点高,其出钢温度就要相应提高。钢种的熔点与钢的成分有关,可根据各元素使纯铁熔点的降低值来计算:

$$T_m = 1536 - \sum_i \Delta T_i \times w[\%i] - 6$$

式中,ΔT_i 为钢中 i 组元的质量分数为1%时对纯铁熔点的降低值,见表8-2;$w[\%i]$ 为钢水中 i 组元的质量分数;6为元素 O、H、N 共降低钢水熔点的温度值。

表8-2 溶入铁液中元素对铁熔点的降低值

元素	C							Si	Mn	P	S
含量范围/%	<1	1.0	2.0	2.5	3.0	3.5	4.0	≤3	≤15	≤0.7	≤0.08
ΔT_i/℃	65	70	75	80	85	90	100	8	5	30	25

(2)过热度 ΔT_G。过热度为钢水开浇时的连铸中间包温度与钢种液相线的温度之差。应根据钢种(流动性,裂纹倾向)、浇铸断面大小、拉速、中间包状况等来确定合适的过热度。此外,还要考虑浇铸过程钢水的温度降,要能保证一包钢水浇完时其温度等于或高于钢种的液相线温度。连铸中间包钢水过热度一般为10~30℃。

(3)出钢过程温度降 ΔT_1。与出钢口大小、出钢时间、钢包容量、包衬温度、加入铁合金种类及重量等有关。一般大容量钢包出钢温度降为20~40℃,中等容量钢包大约为30~60℃,小容量钢包为40~80℃,甚至更高。

(4)炉后吹氩温降 ΔT_2。主要与吹氩时间、氩气流量及喂丝情况等有关,一般为10~30℃。

(5)钢包吹氩结束后运至精炼工位的运输过程温降 ΔT_3。主要与等待时间、运输时间、钢包状况等因素有关,一般在10℃左右。

(6)精炼工序温降或温升 ΔT_4。主要与精炼方法、精炼时间、合金及渣料加入量等因素有关。

(7)钢包钢水精炼出站至钢液注入中间包的温降 ΔT_5,一般在20~60℃。

综上所述,转炉炼钢的出钢温度 $T_{出}$ 为:

$$T_出 = T_m + \Delta T_G + \Delta T_1 + \Delta T_2 + \Delta T_3 + \Delta T_4 + \Delta T_5$$

一般而言，连铸出钢温度约为 1630~1680℃。连铸多流方坯时，出钢温度会高一些，特别是连铸第一炉的钢水，出钢温度高达 1700℃。出钢温度过高，带来一系列坏处，如气体含量增加，夹杂增多，炉衬寿命下降等。因此，应尽量降低出钢温度。

    C 冷却剂种类及冷却效应

冷却剂种类主要有废钢、铁矿石、铁皮、白云石、石灰石等。冷却效应是指单位质量的冷却剂温度升至出钢温度所吸收的热量。它包括冷却剂在温度升高所吸收的热量、熔化热、分解热。如 1kg 冷却剂所吸收的热量为：

$$q_冷 = C_{p,1}(T_出 - t_m) + q_熔 + C_{p,s}(t_m - t_0) + \sum q_{分解}$$

式中，$C_{p,1}$ 和 $C_{p,s}$ 分别为液态或固态的比热容；$q_熔$ 为熔化潜热；$q_{分解}$ 为分解吸热；t_m 为熔点；t_0 为室温。

在常用的几种冷却剂中矿石、铁皮、石灰石的冷却效应比废钢大 4 倍左右。常用冷却剂的冶金特点见表 8-3。从表中可知，废钢的成分变化不大，其热容稳定，故其冷却效果稳定；而当矿石成分发生变化时，因其分解吸热变化大，所以冷却效果不稳定。并且矿石中含有较多的杂质，产生较大的渣量。

表 8-3 各种冷却剂的冶金特点

冷却剂	冷却效果	杂质含量	渣量	化渣	加入1%冷却剂钢水温降/℃
废钢	稳定	少	少	无	8.5~9.5
矿石	成分波动不稳定	多	多	有	35~40
铁皮	较稳定	较少	较少	有	35~40

在吹炼过程中，升温应均衡，不要忽高忽低，在前期和中期，为了脱磷，温度可控制低些，但应保证炉渣中石灰的溶解，以形成具有一定碱度的炉渣。吹炼前期的升温速度控制在 3~4℃/min 之间，前期结束时温度可控制在 1400~1450℃；吹炼中期的升温速度控制20~25℃/min 之间，温度控制在 1450~1600℃范围，到吹炼后期应均匀升温，升温速度控制在 25~30℃/min 的范围，使熔池温度达到钢种要求的出钢温度。如果发现吹炼后期温度过低，可加 Fe-Si、Fe-Al 进行补吹提温，采用 Fe-Si 提温需配加一定石灰，防止回磷。当后期温度过高时，可加氧化铁皮或矿石降温。图 8-32 为宝钢 300t 转炉熔池温度随吹炼时间的变化。

8.4.3.5 底吹气体供气模式

复吹效果好坏的关键是看终渣的 (T.Fe) 含量是否能降低和终点钢水的碳氧浓度积是否接近 0.0020~0.0025。只有将终渣的 (T.Fe) 降低，才能减小铁耗，降低钢水中的 [O]，提高合金收得率，改善钢的质量。为了降低终渣 (T.Fe)，一般冶炼低碳、超低碳钢时，多采用停吹前大气量强搅拌工艺，并且要掌握合适的强搅拌时机。最好的时机是在氧由氧化 [C] 转向氧化 Fe 的临界 [C] 含量，即脱碳速度明显下降的碳含量（$w[C]$ 在 0.5% 左右）之前开始大气量强搅拌，如果钢种需要可在停氧后继续强搅拌 2min。

底吹气体供气模式是指一炉钢冶炼周期内各阶段的底吹气体的种类及流量的变化。一

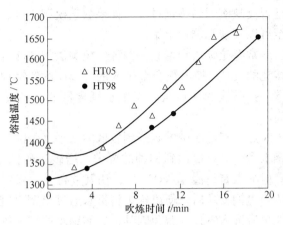

图 8-32　转炉吹炼过程熔池温度变化

般根据冶炼钢种的终点含碳量不同而制定不同的底吹供气模式。图 8-33 为 150t 复吹转炉的冶炼低碳钢的底吹供气模式。一般当氧步（供氧量占总耗氧量的百分数）在 60%~80% 以前底吹氮气，然后切换成氩气。对不同的钢种冶炼，底吹供气模式的差别在于吹炼后期强搅拌的底气流量，冶炼低碳钢、超低碳钢时，采用强搅拌，底气流量大；冶炼高碳钢，则采用较小的底气流量，以保证冶炼终点钢水有较高的碳含量。

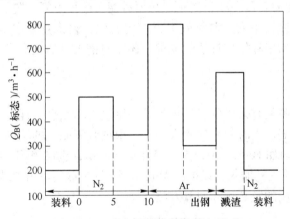

图 8-33　150t 复吹转炉底吹供气模式

8.4.3.6　终点控制和出钢

终点控制是转炉吹炼后期终点的一个重要操作。在吹炼后期如何判断炉内钢水成分和温度满足出钢要求，是炼钢操作水平高低的体现。在终点，都要测温取样，如果两者或其中之一不满足出钢要求，就要进行补吹。补吹会产生一些不良影响如铁损增加，气体含量增高，炉衬侵蚀严重。因此，应尽量避免补吹。

终点控制内容包括钢水成分 [C]、[P]、[S] 含量应满足出钢要求，钢水温度应达到出钢温度。凭借操作工的操作经验和从炉口排出的火焰来判断吹炼终点，这种经验判断方法的精度取决于操作工的经验水平，往往误差较大，补吹率高。而通过对吹炼过程建立转炉炼钢反应的数学模型，对转炉炼钢用静态控制和基于吹炼过程信息的动态控制，用计算机技术来判断吹炼终点，可以提高转炉吹炼终点成分和温度的命中率。终点判断正确与否，取决于数学模型是否反映实际的炼钢过程。如果数学模型正确，这种方法终点命中率的控制精度较高，甚至可以实现无倒炉出钢。

终点碳的控制方法通常有拉碳法和增碳法两种。拉碳法指在吹炼终点，钢水的成分和温度满足出钢要求，熔池的 ［C］ 加上铁合金带入的 ［C］ 达到钢种的规格要求，不用在出钢后加入增碳剂增碳。拉碳法的优点是终点钢水氧含量低，终渣 （FeO） 低，残锰高，耗氧少，金属收得率高。

增碳法是指在吹炼终点，将熔池中的碳降到较低的水平 （0.05% ~ 0.06%），出钢时在钢包内进行增碳，使钢水含 ［C］ 量达到钢种的要求。增碳法的优点是省去了倒炉取样、补吹时间，生产率高。但缺点是终渣 （FeO） 高，耗氧量高。

钢水成分和温度达到出钢要求后，便可摇炉将钢水通过出钢口倒入钢包中。为了减少转炉内含磷的高氧化性炉渣进入钢包，避免因其造成的钢水回磷、脱氧剂消耗增加和合金元素收得率降低问题，应采用挡渣技术和在钢包中加入小粒石灰基粉剂提高钢包顶渣碱度和降低渣中 FeO 含量。目前，常用的挡渣方法有挡渣球或挡渣锥挡渣、气动挡渣、滑板挡渣。为了减少钢水进入钢包时的热量损失，降低出钢温度，应对钢包进行烘烤，达到红包出钢。

8.4.3.7　脱氧及合金化

在转炉炼钢中，到达吹炼终点时，钢水含氧量一般比较高 （$w[O]$ 为 0.02% ~ 0.08%），为了保证钢的质量和顺利浇注，必须对钢水进行脱氧，脱氧工艺 （脱氧剂种类、用量、加入时间、次序） 不同，脱氧效率也发生变化，它将对钢水质量产生重要的影响。同时，为了使钢达到加工和使用性能的要求，还需向钢水中加入合金元素，即所谓合金化操作。

A　脱氧剂种类

不同的钢种，在脱氧时采用的脱氧剂种类和用量也不完全一样，主要体现在采用的脱氧剂及其用量和脱氧剂加入时间和加入次序上。根据脱氧能力的不同，脱氧剂分为弱脱氧剂如 Fe-Mn，强脱氧剂如 Fe-Si、Al，为了降低生产成本，也可采用一些廉价的脱氧剂如焦炭、CaC_2、SiC 作为预脱氧加入，以提高 Mn、Si 和 Al 的收得率并减少它们的用量。表 8-4 为一些钢种脱氧时采用的脱氧剂和脱氧方法。

表 8-4　不同钢种的脱氧剂和脱氧方法

钢　种	脱　氧　剂	脱　氧　方　法
普碳钢	Fe-Mn、Fe-Si、Al-Mn-Fe、铝粒	沉淀脱氧
低碳钢	Fe-Mn、Fe-Si、Al-Mn-Fe、铝粒、铝线	沉淀脱氧
RH 轻处理钢	铝锭、Fe-Mn、铝线、铝粒、铝造渣球	沉淀脱氧、真空脱氧、扩散脱氧
超低碳钢	铝锭、Fe-Mn、铝线、铝粒、铝造渣球	沉淀脱氧、真空脱氧、扩散脱氧

B　脱氧剂加入量

生产碳素钢时，根据终点钢水成分、钢种、钢水量、铁合金成分及脱氧元素 E 的收得率 η_E，可按下式计算脱氧剂加入量：

$$W_{脱氧剂} = \frac{w[\%E]_{规格中限} - w[\%E]_{终点残余}}{w[\%E]_{脱氧剂} \times \eta_E} \times W_m$$

脱氧元素 E 的收得率表示脱氧元素 E 被钢水吸收的部分与加入的脱氧元素 E 总量之比。它受到多种因素的影响，主要取决于脱氧前钢水含氧量、终渣氧化性和元素本身的脱氧能力。若钢水含氧量高、终渣氧化性强、元素脱氧能力大，则该元素的收得率低。另外，脱氧剂的块度、密度、加入时间和地点、加入次序等都对脱氧元素的收得率产生一定的影响，要根据具体条件具体分析，以确保脱氧剂加入量的准确性。

C 脱氧操作

目前由于有了炉外精炼工艺，转炉冶炼的大部分钢种均采用包内脱氧。优点是炉子产量高；回磷量小；脱氧元素收得率高。

操作要点为脱氧剂可在出钢中期加入，但加入量大时，可将部分脱氧剂在出钢前加入包内。先加弱脱氧剂，后加强脱氧剂。但如果要加入易氧化的合金元素，则先加入强氧化剂。

普碳钢的脱氧工艺为转炉出钢过程中，依次添加焦炭、CaC_2、SiC、$AlMnFe$、$FeMn$、$FeSi$ 等进行脱氧合金化，然后进行其他成分的合金化。出钢后进氩站通过喂铝线进一步脱氧及调整酸溶铝即 Als 含量。精炼结束前通过添加铝粒做最后的脱氧调整。

低碳钢的脱氧工艺为转炉出钢过程中依次添加焦炭、CaC_2、$AlMnFe$ 等脱氧剂脱氧，其中各脱氧合金的总添加量应按转炉出钢后罐内氧含量达到 $0.02\%\sim0.04\%$ 进行控制。出钢后进氩站通过喂铝线实现完全脱氧，并调整钢水的 Als 含量，喂铝线结束后吹氩至少 $3min$ 以上，然后添加铝造渣球或熔渣还原剂等扩散脱氧剂。精炼处理过程根据钢水的实际脱氧结果进行调整，脱氧不足时在精炼处理开始通过添加铝粒调整，精炼结束前再通过添加铝粒做最后的脱氧调整。若转炉脱氧满足钢种要求，在精炼开始时可不调整脱氧，C、Mn、Nb、Ti 等成分的合金化在精炼第一次脱氧调整后进行。

RH 轻处理钢的脱氧工艺为转炉出钢过程中依次添加焦炭、CaC_2 等脱氧剂脱氧，其中脱氧合金的添加量应按转炉出钢后罐内氧含量达到 $0.04\%\sim0.06\%$ 进行控制。出钢后进氩站通过喂铝线调整氧含量至钢种要求范围，喂铝线结束后吹氩至少 $3min$ 以上，然后添加铝造渣球或熔渣还原剂等扩散脱氧剂。RH 精炼真空脱氧过程可根据实际脱碳用氧含量的需求在处理前期通过添加焦炭或 $FeMn$ 调整氧含量，真空脱氧结束后依次添加 $FeSi$、铝粒调整脱氧和 Als 含量，RH 精炼处理结束后，向钢包表面添加铝造渣球或熔渣还原剂等扩散脱氧剂。

超低碳钢脱氧工艺为转炉出钢过程中，依次添加焦炭、CaC_2、$FeMn$ 等脱氧剂脱氧，其中脱氧合金的添加量应按转炉出钢后罐内氧含量达到 $0.06\%\sim0.08\%$ 进行控制。出钢后进氩站通过喂铝线调整氧含量至钢种要求范围，喂铝线结束后吹氩至少 $3min$ 以上，然后添加铝造渣球或熔渣还原剂等扩散脱氧剂。RH 真空精炼过程可根据实际脱碳用氧含量的需求，在处理前期通过添加焦炭或 $FeMn$ 调整氧含量。真空脱碳结束后先加入低碳硅铁进行脱氧，保证硅含量不超过所炼钢种的成分要求，然后再加入铝进行脱氧，保证钢水中氧含量不大于 0.0020%，最后根据钢种需要加入钛铁进行终脱氧及调整 Ti 含量，即 Si、Al、Ti 三步脱氧工艺。RH 精炼处理结束后，向钢包表面添加铝造渣球或熔渣还原剂等扩散脱氧剂。在中间包浇注过程中，随着浇注的进行，继续向中间包钢水表面添加铝造渣球或熔渣还原剂等扩散脱氧剂。

D　合金化操作

在实际生产中，大多数情况下脱氧和合金化是同时进行的，加入钢中的脱氧剂一部分用于脱氧，生成的脱氧产物上浮排出，另一部分则为钢水吸收，起合金化作用。而大多数合金元素，因其与氧的亲和力比铁强，也必然起到一定的脱氧作用。

冶炼一般合金钢或低合金钢时，合金加入量的计算方法与脱氧剂加入量的计算方法基本相同。但如果加入的合金种类多时，则需要考虑各种合金带入的合金元素量，计算公式为：

$$W_{合金} = \frac{w\left[\%E\right]_{规格中限} - \left(w\left[\%E\right]_{终点残余} + \sum_i w\left[\%E\right]_{合金i带入}\right)}{w\left[\%E\right]_{合金} \times \eta_E} \times W_m$$

各种合金元素应根据它们与氧的亲和力大小、熔点高低、密度以及热物理性质等，决定其合理的加入时间、地点和必须采取的助熔或防氧化措施。

对于与氧的亲和力比铁小的元素如镍、钼、铜，可在加料时或在吹炼前期加入，钼容易蒸发，最好在初期渣形成以后加入。这些元素的收得率可按 95%～100% 考虑。对于与氧的亲和力比铁大得不多的元素如钨、铬等合金元素，它们总以铁合金形式加入。它们的熔点比较高，为便于熔化又避免氧化，应在出钢前加入，收得率一般在 80%～90%。对于与氧的亲和力比铁大得多的元素如铝、钛、硼、硅、钒、铌、稀土金属等，大多加入钢包内。对于易氧化而又比较昂贵的合金元素如钒、钛、铌等，应在用强氧化剂对钢水进行较彻底脱氧后再加入。这类易氧化元素的收得率往往波动很大（20%～90%）。

合金往往加入钢包内，在出钢过程中通过合金溜槽将铁合金加入钢包中。其中有作为脱氧剂而加入和作为调整成分而加入包内的 Fe-Mn、Fe-Si、Si-Mn、铝等。将铁合金加入钢包的操作一定要认真仔细，一般要掌握好以下两个操作：第一对加入的时间掌握得要准确，通常当炉内钢水流出 1/4～3/4 之间将铁合金加入比较适宜；第二是加入的地点要正确，应加在钢包内的钢流冲击部位，这样有利于铁合金的熔化和合金元素在钢液中的均匀分布。

8.4.3.8　溅渣护炉

在出完钢后，利用高压 N_2 将转炉内的炉渣溅到炉壁上，形成一定厚度的溅渣层，作为下一炉炼钢的炉衬，这一工艺称溅渣护炉。采用这一工艺，减少了炉衬的侵蚀速度，大幅度提高了转炉炉龄。

在溅渣护炉工艺应用之前，转炉炉龄平均为 2000～4000 炉，低的只有几百炉。应用这一技术后，转炉炉龄得到显著提高，如美国的 LTV 钢公司，1994 年炉龄达到 15658 炉，到 1996 年，炉龄超过了 20000 炉，我国从 1995 年开始，在转炉上采用这一技术，多数转炉第一个炉役的炉龄就提高了一到二倍，达到 6000～8000 炉，宝钢 300t 转炉达到 13000炉。目前，我国炼钢厂的转炉炉龄普遍在 10000 炉以上，有的超过 30000 炉。

溅渣护炉工艺主要涉及吹 N_2、炉渣和炉衬三个方面。因此，对溅渣护炉效果有重要影响的工艺参数有供 N_2 工艺参数、炉渣性质及渣量和镁碳砖中的含碳量。

A　供 N_2 工艺参数

影响溅渣护炉的供 N_2 参数有 N_2 工作压力、N_2 流量、氧枪喷孔夹角、喷孔个数和枪位。N$_2$ 的工作压力和流量应达到氧枪喷头供氧的氧气工作压力和流量，这样才能保证 N$_2$ 射流具有足够大的冲击能力，将炉渣溅起。防止氧枪喷头偏离正常的工作条件，造成氮气射流速度衰减过快，难以保证 N$_2$ 射流的冲击力。

喷孔夹角应与炉子的高宽比相适应。喷孔夹角小，炉渣易溅到炉帽上，随喷孔夹角增加，炉渣溅起高度逐渐下降。渣粒溅起时，受到一个垂直向上的分力，使渣粒溅起一定高度；另一个力为水平分力，使渣粒黏结到炉壁上。喷孔夹角大，渣粒所受的水平分力大，渣粒飞行方向与水平方向的夹角小，在炉壁下部与衬砖相遇而黏结；喷孔夹角小，渣粒垂直向上的分力大，溅起的高度高。从水模研究和实际操作来看，12°的喷孔夹角较好。

在供 N$_2$ 参数中，最重要的、最易改变的就是溅渣枪位。溅渣枪位一般指氧枪喷头距炉底的距离，也可指氧枪喷头距静止金属熔池液面的距离。枪位的高低影响到因 N$_2$ 冲击熔渣形成的渣坑形状和溅起的渣量。低枪位使渣坑呈杯状，高枪位使渣坑呈盘状，两者之间的枪位使渣坑呈碗状。渣粒是从渣坑的切线方向溅起，因此，渣坑形状不同，渣粒溅起的角度就不同，如图 8-34 所示。高枪位溅渣线，低枪位溅炉帽，存在一个较佳的枪位，兼顾炉衬各个部位，如图 8-35 所示。确定溅渣枪位，要考虑喷孔夹角和炉子高宽比。喷孔夹角大，炉子高宽比大时，可适当选择低一些的枪位。在实际操作中，也可以在合适溅渣枪位附近采用变枪位进行溅渣护炉操作。

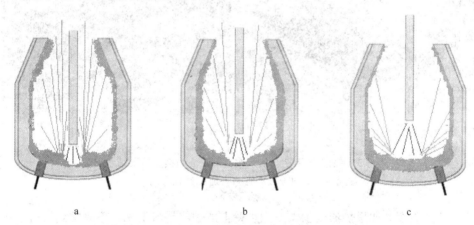

图 8-34 复吹转炉枪位对溅起的渣量和方向的影响示意图

a—枪位过低；b—枪位最佳；c—枪位过高

B　炉渣物理性质及留渣量

为了提高溅渣层的耐高温侵蚀能力，希望溅到炉壁上的炉渣的熔化温度高。因此，对于高氧化性、（MgO）含量低的炉渣，其熔化温度和黏度均低。需要在溅渣开始时，加入含碳的改渣剂或调渣剂，降低炉渣中的（FeO）和（Fe$_2$O$_3$），提高（MgO）含量，以提高炉渣的熔化温度和黏度。

（1）炉渣熔化温度。降低炉渣中的（FeO）和（Fe$_2$O$_3$）有两方面的作用，一方面提高了炉渣的熔化温度；另一方面当（FeO）和（Fe$_2$O$_3$）低的炉渣溅到炉壁上时，可以抑制炉衬砖中的碳与炉渣（FeO）的反应所产生的气隙，使炉渣与炉壁黏结更牢。加入改渣剂对炉渣熔化温度的影响见图 8-36，对炉渣与炉壁黏结的影响如图 8-37 所示。

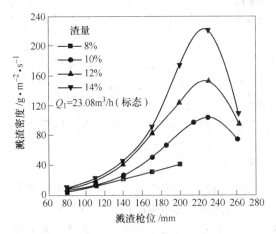

图 8-35　150t 转炉溅渣护炉水模实验
溅渣密度与枪位、渣量的关系

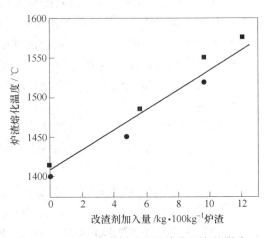

图 8-36　加入改渣剂对炉渣熔化温度的影响

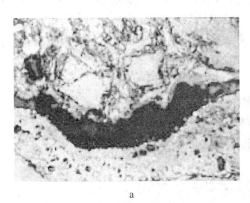

a

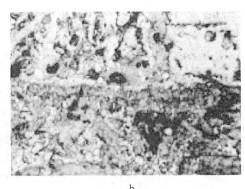

b

图 8-37　未加改渣剂与加入改渣剂炉渣与镁碳砖黏结状况
a—未加改渣剂；b—加入改渣剂

（2）炉渣黏度。如果炉渣太稀，溅到炉壁上的炉渣易流下来，不易粘到炉衬上；如果炉渣太稠，则难以将炉渣溅起，即使将炉渣溅起，也不易粘炉壁。因此，溅渣时，炉渣的黏度要合适。

（3）留渣量。留渣量的大小影响到溅渣层的厚度和溅渣过程所要求的热量。留渣量过大时，溅渣的孕育期长，起渣晚，减少了有效溅渣时间。留渣量过小，渣中所含热量不足，炉渣温度很快降低，造成没有充足的起渣时间，溅渣层薄。留渣量小时，渣池浅，N_2 射流易于穿透渣池而直接冲击炉底。因此，溅渣前的留渣量要合适与准确。一般留渣量为转炉出钢量的 8%~12%，小炉子取下限，大炉子取上限。

C　镁碳砖中的碳含量

镁碳砖中的石墨具有提高炉衬的耐热冲击能力、防止裂纹产生、降低炉渣对炉衬的润湿作用。但采用溅渣护炉工艺后，需要炉渣能够润湿炉衬，使炉渣与炉衬更好的黏结在一起。因此，镁碳砖中的碳含量不能过高，以防溅渣时炉渣粘不上炉壁。

8.4.4　复吹转炉炼钢主要技术经济指标

（1）钢铁料消耗量。转炉生产 1t 钢水的铁水和废钢量。该指标与铁水成分、温度、冶炼钢种、转炉容量、吹炼工艺和操作水平等因素有关。一般生产 1t 钢水需要 1050～1080kg 钢铁料。

（2）废钢比。在转炉炼钢中，消耗的废钢量占钢铁料消耗量的比例。主要与铁水成分、温度和冶炼钢种有关，一般为 10%～30%。

（3）钢水收得率。单位质量的钢铁料所能生产的合格钢水质量。即是钢铁料消耗量倒数的百分数，一般为 95% 左右。

（4）渣量。生产 1t 钢水所产生的炉渣量。主要与铁水的［Si］、［P］、［S］含量以及冶炼钢种有关。转炉吹炼一般的低磷铁水，渣量一般为 10% 左右。

（5）耗氧量。生产 1t 钢水所需要的氧气体积。与铁水成分和冶炼钢种有关，一般（标态）为 50～60m³/t。

（6）石灰消耗量。生产 1t 钢水所消耗的石灰量。与铁水成分、冶炼钢种和造渣方法等有关，一般为 40～60kg/t。

（7）炉衬侵蚀量。生产 1t 钢水所消耗的炉衬量。在采用溅渣护炉技术之前，该指标一般为 1～3kg/t；采用溅渣护炉技术后，该指标大幅度下降，为 0.5～1.0kg/t。

（8）炉龄。转炉从开新炉到停炉换新炉衬所炼钢的总炉数。目前，由于采用溅渣护炉技术，炉龄大幅度提高，一般为 10000 炉左右，国内最高的炉龄达到 30000 炉以上。但是，有的钢厂为了提高复吹转炉的底吹气体的搅拌效果，降低冶炼低碳钢、超低碳钢转炉终点钢液氧含量，转炉炉龄控制在 6000～8000 炉。

（9）转炉日历作业率。在一定时期内，转炉有效作业时间占日历总时间的百分数。转炉年作业率一般为 80%～90%。

（10）转炉日历利用系数。转炉在日历时间内每公称吨每日所生产的合格钢产量，t/(t·d)。一般为 30t/(t·d) 左右。

（11）冶炼周期。平均冶炼一炉钢需要的时间，min。与操作水平、转炉容量、铁水条件、设备条件和吹炼工艺等有关，通常的冶炼周期为 25～40min。

（12）铁水消耗。简称铁耗，生产每吨合格钢水消耗的铁水质量，kg/t。与铁水成分、吹炼水平、冶炼钢种等有关，一般为 800～950kg/t。

8.5　转炉炼钢余热回收和废弃物处理及综合利用

8.5.1　钢渣处理工艺

转炉钢渣是转炉炼钢生产的副产品，其钢渣量占钢产量的 10% 左右。钢渣如果得不到综合开发利用，就需要长期堆放，形成一座座渣山，不仅占用了大量的土地，大量的粉尘也对环境造成了污染。充分利用好钢渣资源，既是改善环境、实现可持续发展的内在需要，也是发展循环经济、建设资源节约型钢铁企业的根本所在。转炉渣的成分范围见表 8-5。由表可知，转炉渣含有 2%～3% 的金属铁，需要回收。另外还含有 4%～10% 的自由氧化钙 f-CaO 和少量的自由氧化镁 f-MgO。转炉钢渣的矿物组成见表 8-6，钢渣主要矿物为钙的硅酸盐和铁酸盐。

表 8-5　转炉渣成分范围

组元	TFe	FeO	Fe$_2$O$_3$	MFe	CaO	f-CaO	MgO
含量/%	15~20	10~13	8~10	2~3	45~50	4~10	8~12
组元	f-MgO	SiO$_2$	MnO	CaS	P$_2$O$_5$	Al$_2$O$_3$	
含量/%	0.05~0.1	12~15	2~5	1~3	1~3	1~2	

表 8-6　转炉钢渣的矿物组成

矿物名称	硅酸二钙	硅酸三钙	铁酸二钙	RO 相（碱土金属氧化物固溶体）	游离石灰、方镁石
化学式	2CaO·SiO$_2$	3CaO·SiO$_2$	2CaO·Fe$_2$O$_3$	(Ca，Fe，Mg，Mn，…)O	f-CaO、f-MgO

在高温下形成死烧石灰，是钢中 f-CaO 的主要来源；另一种来源于钢渣中硅酸三钙在冷却过程中分解成硅酸二钙和 f-CaO。除游离氧化钙以外，钢渣中还存在少量的游离氧化镁（f-MgO）。由于钢渣中 f-CaO 和 f-MgO，可在常温下与水（或水蒸气）发生缓慢反应，也可以在一定温度和压力条件下与水（或水蒸气）进行快速反应；反应时体积分别膨胀97.8%、148%。因此处理不好，用于建材行业会使建筑构件或路面的内部产生局部应力，造成构筑物开裂，甚至整体建筑的损坏，使转炉钢渣利用受到限制。

钢渣处理首先要把钢渣破碎，然后与水作用使氧化钙转变为氢氧化钙，使钢渣体积变得稳定，称为一次处理。初步处理后的钢渣，再运至钢渣处理间进行粉碎、筛分、磁选等工艺处理，称为二次处理，以回收铁粒。

目前钢渣的一次处理方法主要有泼渣法、水淬法、风淬法、滚筒法、粒化轮法和焖渣法等，这些方法各有优缺点。水淬法、风淬法、滚筒法、粒化轮法等最大的优点是占地面积小、流程短，但这几种方法都只能处理流动性较好的液态渣。而目前溅渣护炉技术被普遍推广应用，炉渣中 MgO 质量分数均较高（约 10%）、渣较黏稠，采用水淬等法处理钢渣，处理量较难超过 50%，余下钢渣仍需采用焖渣等方式处理。而且风淬法噪声大、粉尘大、工作环境较差；水淬法操作不当会有爆炸危险；滚筒法设备复杂、投资高、维护费用高、处理成本高；粒化轮法设备磨损快、消耗快。热焖法利用熔融钢渣余热经喷水产生蒸汽，能源消耗低，可处理各种温度、状态的钢渣，处理率达 100%，尾渣稳定性好，可全部利用。对钢渣一次处理方法有两个要求：一是渣、钢有效分离，尽可能回收利用渣中有价金属；二是处理尾渣性质必须稳定，以便后续使用。

8.5.1.1　焖渣法

转炉炼钢产生的炉渣，目前主要采用先进的"焖渣"处理工艺，焖渣工艺就是利用熔融态钢渣自身热量，在有盖容器内加入冷水后使其成为蒸汽，在水蒸气的作用下使钢渣快速自解粉化，通过膨胀冷缩达到渣-钢充分分离，使钢渣从热熔状态变为常温；钢渣中的有害物质 f-CaO 和 f-MgO 在水蒸气的作用下水化为 Ca(OH)$_2$ 和 Mg(OH)$_2$，使钢渣得到消解，从而消除了钢渣的膨胀因素；钢渣中的活性矿物硅酸二钙和硅酸三钙实现了急冷，使钢尾渣保留了较高的水硬性。处理后的钢渣性能稳定，消除游离态 f-CaO 和 f-MgO 对钢渣性能的影响，可作为钢渣微粉、钢渣砖等的原料。热态渣的"焖渣"处理工艺流程如图 8-38 所示。

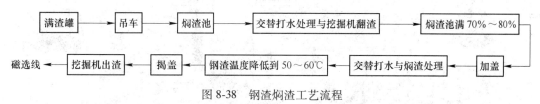

图 8-38　钢渣焖渣工艺流程

钢渣渣罐从转炉炉底通过轨道车拉出运至炉渣处理跨，用行车吊起渣罐，放置在渣罐运输车上，从转炉将 1500~1600℃ 的钢渣运到钢渣热焖处理车间，用行车从罐车上吊起渣罐，将熔渣倒入渣坑，倒一层打一次水，待渣池满后，罩上焖渣盖，再通过盖上的水管先后喷 6~8 次水，每次喷水时间为 6~8min，焖渣 8~12h，钢渣温度降至 50~70℃，充分粒化后的钢渣用挖掘机或抓斗抓入就近的格筛料斗上，受料斗上装有 200mm 的方格格筛，部分格筛上或焖渣池内的渣钢用吸盘吸到渣钢堆放场地，渣罐内积留的钢渣钢通过撞击或勾机炮锤清理出，部分大块渣钢转移至落锤区处理；小于 200mm 的钢渣通过皮带送往钢、渣分离及粒度分级车间处理。热焖渣设施主要是热焖渣坑、渣罐吊装设备和水处理装置。图 8-39 为吊车将渣罐中的转炉渣倒入焖渣池中进行焖渣处理，图 8-40 为钢渣焖渣工艺操作步骤示意图。

图 8-39　转炉渣倒入焖渣池中

对于一定量的钢渣，焖渣工艺的理论打水量可用下式估算：

$$C_S M_S \Delta T_S = C_W M_W \Delta T_W + M_W \Delta H_W$$

式中，C_S 为钢渣热容；M_S 为钢渣质量；ΔT_S 为打水后钢渣温度降低值；C_W 为水的热容；M_W 为理论打水量；ΔT_W 为水的温度升高值；ΔH_W 为水的汽化蒸发热。采用该技术，钢渣粒化效果可获得 60%~80% 的小于 20mm 粒状钢渣。之后将大块钢送往废钢处，其余粉状物料磁选处理。

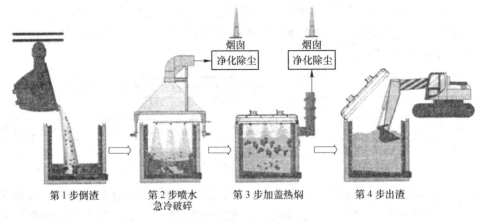

第1步倒渣　　　　第2步喷水　　　　第3步加盖热焖　　　　第4步出渣
　　　　　　　　　急冷破碎

图 8-40　钢渣焖渣工艺操作步骤

8.5.1.2　滚筒法

滚筒法处理工艺是宝钢在购买俄罗斯专利技术的基础上，经过消化吸收和创新后，于1998年首次进行了工业化应用。生产实践表明，该装置具有流程短、投资少、环保、处理成本低以及钢渣稳定性好等优点。其工作原理如图 8-41 所示。将高温液态钢渣在一个转动的密闭容器中进行处理，在滚筒内的工艺介质—钢球和冷却水的共同作用下，随着滚筒的转动，滚筒里的钢球不断地击打和碾磨高温钢渣，钢渣被急速冷却、固化和碎化，使大块钢渣被处理成颗粒状态，实现破碎和渣钢分离同步完成。在这个工艺过程中，由于熔渣与钢水冷却的收缩率不同，所以互不包容；同时熔渣的处理是在滚筒的介质中进行的，熔渣无法包裹水形成密闭空间，所以不会发生爆炸，安全性好；在处理过程中，滚筒的工艺介质将熔渣充分的颗粒化，同时冷却水又将游离氧化钙消解，因此，渣的稳定性好。处理过程污水循环使用，蒸汽集中排放。

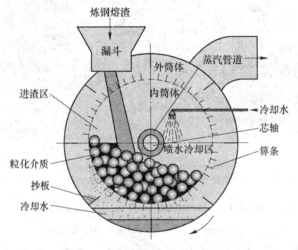

图 8-41　钢渣滚筒法处理原理

根据钢渣的流动性，宝钢开发了三种类型的钢渣滚筒法处理装置：A、B、RC 型，如图 8-42 所示。

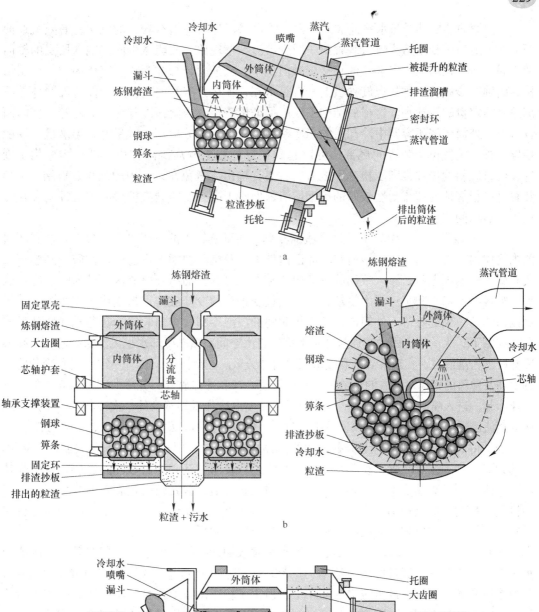

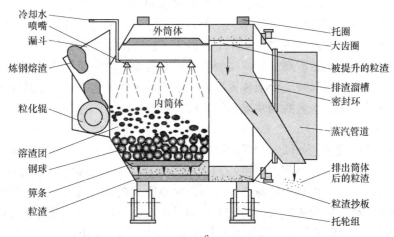

图 8-42 处理不同类型钢渣的滚筒装置

a—A 型钢渣滚筒法处理装置；b—B 型钢渣滚筒法处理装置；c—双重粒化 RC 型钢渣滚筒处理装置

A 型滚筒装置轴线与水平面成一夹角，既可保证进料溜槽有较大的倾角，有效流通面积大、流道短，利于熔渣导入装置内，减少熔渣粘壁现象，又能减少固定端盖所受的轴向力，同时渣和钢球与固定端盖的直接接触面积小，磨损少，结构简单；筒体为内外双层结构，同轴同步旋转；排料螺旋抄板上开有算水孔，在提升渣料的前提下，保持外筒体的下部总有一定量的冷却水。这样的结构不仅能保证熔渣经过内筒体冷却介质的冷却、破碎而且可经过外筒体密闭容器中冷却水的二次浸泡，渣料被充分冷却，效果好、温度低、性能稳定。排气装置位于装置的尾部，可以起到很好的粉尘分离沉降作用，进一步净化了废气，同时倾斜的尾部也利于粉尘和渣料的收集、输出，避免在设备内的沉积、板结。A 型装置可以很好地处理流动性较好的炼钢熔渣，但对于高黏度的溅渣护炉渣的处理尚存在黏结进料溜槽问题。

在 B 型装置中，高温熔渣通过受渣漏斗垂直落到旋转着的分流盘上，被送入左右两边的内筒体内。进入内筒体的熔渣在落渣区内被滚动及抛落的钢球迅速冷却、破碎到塑态或具有脆硬性的固态后，渗入滚动的钢球内并随着滚筒的转动离开落渣区，进入喷水冷却区后被喷淋的冷却水和蒸汽再次冷却，并继续接受钢球的冷却破碎，形成均匀细小颗粒，通过内筒体的算条缝隙落入外筒体，接受短时间的浸泡冷却后排出装置。在芯轴和装球量的联合控制下，大的熔渣团无法通过芯轴下部的自由空间，喷淋冷却水也无法逾越芯轴从喷淋冷却区进入落渣区，实现落渣区和喷水区的自然分区。在落渣区，具有一定动能和冷却能力的滚动及抛落的钢球对导入的熔渣进行初次快速冷却和冲击破碎，完成非水冷却介质的安全快速冷却；进入喷水冷却区后，渣、球同时接受喷淋冷却水和蒸汽的二次冷却。由于进入此区的钢渣已经处于脆硬状态且块度较小，被水直接冷却也不会发生响爆现象，安全可控。

为了得到颗粒更细小、组织更合理的商品化钢渣，开发设计了具有双重粒化功能 RC 型的钢渣处理工艺及装置，在现有滚筒法钢渣处理技术的基础上，引入高速粒化辊破碎技术，熔渣特别是高黏度糊团状熔渣在进入滚筒装置之前，首先被高速旋转的粒化辊进行初步撕裂、粒化，形成较小的渣团。待较小的熔渣团进入滚筒后，再次被滚动的钢球进行主动粒化，快速处理成理想的商品化钢渣，直接资源化利用。

原有滚筒渣处理系统的进渣是通过行车吊罐倾倒进行的，由于钢厂普遍采用了溅渣护炉工艺，炉渣变黏，很难控制进渣均匀，易产生安全生产隐患。随着扒渣机的开发应用，部分黏渣和渣壳可以通过扒渣进入漏斗中，但由于行车吊罐不稳且行车作业率问题不能长期占用行车，处理率仍然不高。为解决倒渣过程对行车的占用及倒渣的安全稳定性，开发了渣罐倾动装置，平移和倾动台架装置布置在滚筒渣处理工艺平台上，位于滚筒进渣漏斗的上方。将滚筒设备、渣灌倾动装置和扒渣机的组合成一体，称为"三位一体"技术，其设备如图 8-43 所示。

滚筒法钢渣处理工艺如图 8-44 和图 8-45 所示，将高温（约 1400~1500℃）转炉钢渣由渣罐车从转炉跨运输到渣跨，再由渣跨内的吊车将高温钢渣翻到滚筒设施的接渣槽内，由溜槽进入旋转、通水冷却的特殊结构的滚筒内急冷。在滚筒内通过冷却固化、破碎，实现钢、渣分离，破碎后的渣进入滚筒的下层通过喷水进一步冷却。处理好的成品渣（约低于 200℃）通过滚筒底部排出，经链板运输机运送到渣场。排出的钢与渣互不包融，呈混合状态，由磁选机进行选分处理。生产过程中产生的蒸气经喷淋除尘装置除尘后通过烟囱集中排至大气，可有效地避免环境污染。钢渣经滚筒法处理后得到的粒渣粒度分布见表 8-7。

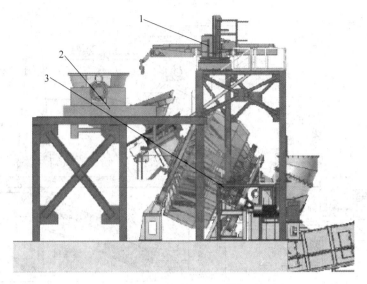

图 8-43 滚筒法处理钢渣的三位一体设备
1—扒渣机；2—渣罐倾动装置；3—滚筒设备

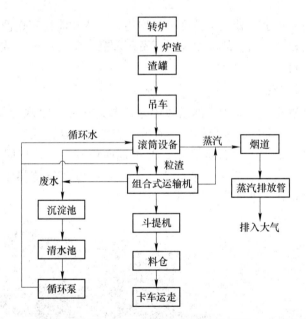

图 8-44 滚筒法处理钢渣的工艺流程

表 8-7 滚筒法处理后的粒渣粒度

粒度/mm	粒度/目	比例/%
<0.5	>32	3.4
0.5~1.0	16~24	11.2
1~2	7~16	20.1
2~5	3.5~7.0	48.9
>5	<3.5	16.5
总　计		100.0

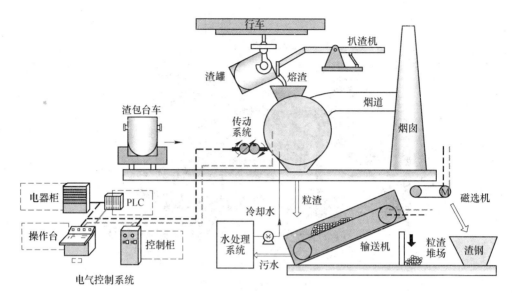

图 8-45　滚筒法钢渣处理工艺及设备

滚筒法设备占地面积小、处理渣粒度小且均匀、设备性能稳定、渣钢分离效果好和污染小，但一次性投资较高，设备故障率及运行费用较高，钢渣黏度大或渣量大时容易将钢球粘住，以致无法卸料。

8.5.1.3　热泼法

把热态钢渣泼到渣池或渣盘中，然后以喷水冷却，热渣在喷水冷却过程中体积收缩，产生碎裂，游离 f-CaO/f-MgO 的水合作用使渣进一步裂解，从而实现钢渣粉化。热泼法处理能力不受设备限制，处理能力设计自由，但占地面积较大、处理周期长和环境污染较大；盘泼法投资较高、渣盘损耗快和维护费用高。图 8-46 为钢渣热泼法处理现场。热泼法则因二次污染问题正在逐渐淡出。

图 8-46　钢渣热泼法处理现场

8.5.1.4　水淬法

钢渣水淬的原理是高温液态钢渣在流出和下降的过程中被高速水流分割、击碎，当高温钢渣遇水急冷收缩产生应力集中而破碎、粉化，并在此时进行热交换，使钢渣在水幕中被粒化。由于流动着的液态钢渣熔点高、碱度高、过热度小、黏度大、密度大，接近固相线。因此，要把液态钢渣分离出来，既需要水流具有强大的剪力，还需急冷热应力，并补加抛射碰撞力，必须在多种力的综合作用下才能奏效。因此，在钢渣水淬过程中，应以水为主，控制熔渣，确保彻底粒化是该工艺的关键。

转炉钢渣水淬是利用多排、多孔、多功能的水喷嘴组成紊流自由喷射，借助高速连续喷射的水将高温流动的钢渣在瞬间击散、粒化，并冷凝成小固体颗粒。水淬法工艺流程如图 8-47 所示，图 8-48 为济钢钢渣水淬法工艺布置剖面图。

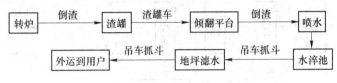

图 8-47 钢渣水淬法处理流程

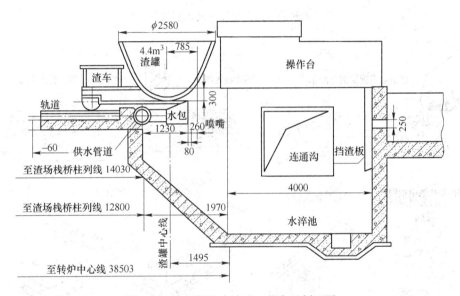

图 8-48 济钢钢渣水淬法工艺布置剖面图

转炉产生的高温液态钢渣倒入专用的渣罐中，渣罐车将其运至水渣跨水淬点，渣罐在水淬点由支撑架支撑，用倾动卷扬倾翻，同时开启水泵，通过水淬喷嘴形成高速喷射的水幕，渣罐以前方支柱为中心倾翻实现水淬；钢渣缓慢流下落在高速喷射的水幕上被击碎粒化后进入水淬池和沉淀池，再由天车抓斗捞起运到水淬渣地坪进行滤水，滤水后的水淬渣由汽车运走。

水淬后的水进入沉淀池，沉淀后流入热水井，由冷却塔将水冷却后进入冷水池，再循环使用。

钢渣浅盘水淬法的工艺流程和相关设备分别如图 8-49 和图 8-50 所示。转炉在出钢后，将炉内熔渣倒入炉下渣罐，由台车将渣罐送到钢渣处理场，通过吊车将熔渣倒入浅盘中。熔渣在浅盘空冷 3~5min 后，向熔渣表面间断式喷水冷却，钢渣由于喷水急冷而发生龟裂，接着空冷 15min，表面温度冷却到约 500℃时，再用吊车将浅盘吊起，将龟裂钢渣倒入排

234

渣车内，钢渣在滑落过程受到冲击进一步破碎。对排渣车内的钢渣进行淋浴式冷却，钢渣
表面温度降低至约 200℃。再把排渣车内的钢渣倒入水渣池中进行水冷。最后，钢渣由门
式抓斗吊车抓起，装入储料仓。

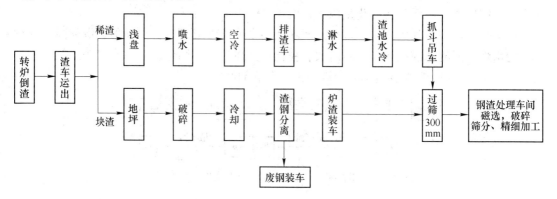

图 8-49　浅盘水淬法的工艺流程

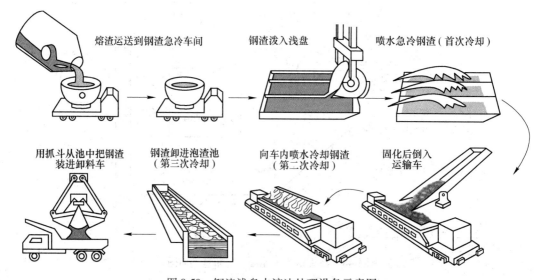

图 8-50　钢渣浅盘水淬法处理设备示意图

　　对于黏稠的钢渣，倒在浅盘内不能铺展开，故不能通过浅盘处理。一般是倒在地坪
上，喷水冷却后，用铲车扒出，通过电磁盘吊车分离其中大块废钢，送往废钢回收场，用
落锤破碎返回转炉使用。分离出来的炉渣与经过浅盘处理的炉渣一起送往粒铁回来工段进
一步处理。

　　水淬法流程简单、处理周期短、设备占地少和处理后渣粒度小，但投资较高、耗水量
大和存在爆炸等不安全因素，且水淬法只能处理流动性好的钢渣，还应配备有处理干渣、
稠渣的辅助设施。

　　水淬法因存在安全顾虑，一直只有在小转炉钢厂应用。

8.5.1.5　风淬法

钢渣风淬法的工艺流程如图 8-51 所示。转炉出完渣后，将载有渣盘的渣车迅速开入

渣跨，由吊车将渣盘吊至风淬工位，放置在倾翻支架上，开启水雾除尘水系统和高压空气或氮气供应系统，调节气体压力至合适的范围，启动液压泵，使油缸缓慢升起，顶起倾翻的支架，使渣盘内的熔渣均匀、缓慢的流出，熔渣在流出、下降过程中被压缩空气分割和击碎成颗粒，然后散落到水池中冷却，从而实现钢渣粒化。风淬法占地面积小、投资少、处理周期短和处理渣粒度小且均匀，但风淬过程噪声大、粉尘量大和工作环境较差。而且风淬法也只能处理流动性好的钢渣。钢渣风淬法处理现场如图 8-52 所示。

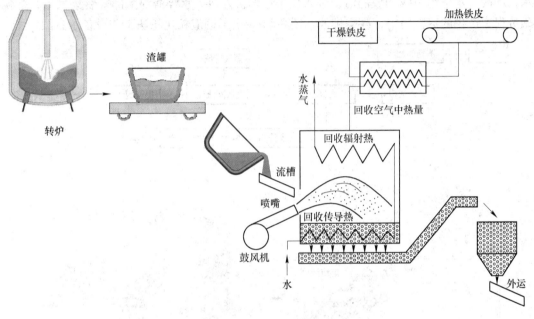

图 8-51　钢渣风淬法工艺流程及设备示意图

图 8-52　钢渣风淬法处理现场

8.5.1.6　粒化轮法

粒化轮法处理钢渣的工艺流程如图 8-53 所示。转炉出渣到炉下渣罐中后，通过台车将钢渣送至钢渣处理间，用天车吊起渣罐放到专用的渣罐倾翻机构上，控制渣罐稳定、均匀地将热态熔渣倒入流渣槽内，熔渣经流渣槽流入高速转动的粒化器，被高速旋转的粒化轮机械粉碎成粗颗粒，同时，采用高压水喷射对熔渣进行一次水淬，渣、水一同落入二次水淬渣池进行二次水淬。钢渣通过粒化轮机械破碎、一次水淬和弧形板撞击并落入二次水淬池内，将钢渣粒化水淬处理成粒度均匀的固态颗粒渣。二次水淬渣池位于粒化器下部，液面保持固定。熔渣被机械粉碎后，经两次遇水急冷收缩产生应力集中而碎裂，同时进行热交换，从而转化成 5~10mm 的粒化渣。二次水淬渣池中的粒化渣经提升脱水器提升并脱水，形成含水率约 10% 的成品渣，进入皮带运输机外运。水淬渣池上部安装集汽罩，把粒化过程中产生的蒸汽集中，高空排放。图 8-54 给出了钢渣粒化轮法工艺设备示意图。

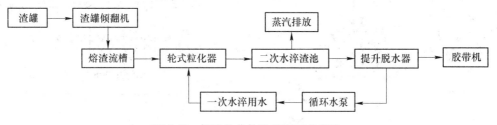

图 8-53　钢渣粒化轮法处理工艺流程

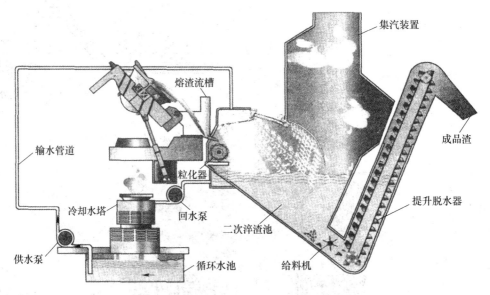

图 8-54　钢渣粒化轮法工艺处理设备示意图

粒化轮法设备占地面积小、处理量大而且周期短、粒化率高和能耗少，但粒化链轮易损坏，主体设备使用寿命较短。而且粒化轮法也只能处理流动性好的钢渣，还应配备有处理干渣、稠渣的辅助设施。

8.5.2　钢渣磁选工艺

钢渣经一次处理后，需要把处理后的钢渣送到磁选线进行破碎和磁选加工，回收其中的渣钢。风淬法、水淬法、粒化轮法和滚筒法处理后的钢渣，一般经脱水后直接送至磁选线回收其中渣钢，不再进一步破碎或只做简单破碎；焖渣法和泼渣法处理后的钢渣，需进行多级破碎、筛分和磁选，把其中的有价铁（磁性物质）有效分级选别出来。不同的钢厂采用不同的钢渣磁选工艺。

鞍钢对热焖法处理后的钢渣，进行"筛分—破碎—磁选"的二次处理工艺，其工艺流程如图 8-55 所示。可选出粒径为 10~50mm、50~100mm 和 100~356mm 的三种铁品位大于62% 的粒钢和 0~10mm 铁品位为 42% 的磁选粉。

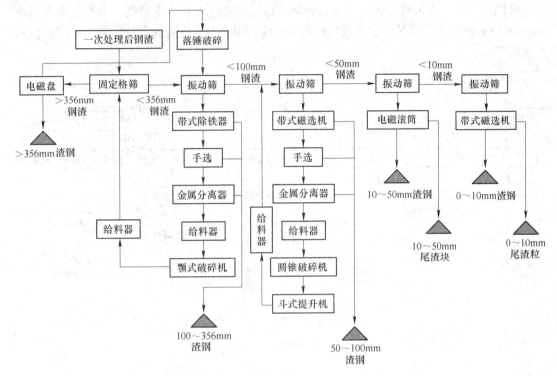

图 8-55　鞍钢钢渣磁选处理工艺流程

钢渣通过二次处理生产线，可以获得渣钢系列产品和尾渣。渣钢粒径包括大于300mm、小于 300mm、小于 70mm 渣和小于 10mm。品位高于 90% 的渣钢返回转炉炼钢，品位低于 90% 进入渣钢处理生产线进行提纯。尾渣有 10~35mm 和小于 10mm 两种粒级，一般金属铁含量低于 1%，可作为路基材料和制砖原料使用。

热焖处理后的钢渣经磁选后，可从钢渣中选出：TFe 品位>80% 的渣钢，占钢渣原渣的 10%；粒径 10~50mm、TFe 品位>62% 的粒钢，占钢渣原渣的 10%；粒径 0~10mm、TFe 品位 42% 的磁选粉，占钢渣原渣的 20%，即从钢渣中磁选出 40% 的含铁物料。经钢渣磁选加工线，钢渣中 40% 的磁性物质回送钢厂，其余 60% 的钢渣应用途径是建材行业。

首钢迁钢采用"两级破碎—三级筛分—六级磁选"工艺对钢渣进行二次处理，如图 8-56 所示。由装载机将钢渣装入火车运至钢渣处理料场堆存备用。一次处理后的钢渣通过格筛，小于 300mm 的钢渣进入生产线的原料仓。需处理的钢渣在 1 号皮带机上，由磁选机选出<300mm 以下的渣钢。磁选后的钢渣由 1 号皮带机送往 1 号振动筛，筛上>70mm 的钢渣进入 1 号破碎机破碎，破碎到<70mm 的钢渣到达 3 号皮带机；筛下<70mm 的钢渣进入 2 号振动筛，筛出>35mm 的钢渣进入 3 号皮带机。3 号皮带机安装有磁选机，选出<

70mm 的渣钢。磁选后 35~70mm 的钢渣，进入 2 号破碎机破碎，破碎成 <35mm 的钢渣送到 4 号皮带机，4 号皮带机上安装有磁选机，选出 <35mm 渣钢。磁选后的钢渣进入 3 号孔振动筛，筛下 <10mm 的钢渣进入 5 号皮带机，把钢渣料送入料场。筛上 >10mm 的钢渣进入 6 号皮带机；2 号振动筛的筛下的钢渣进入 2 号皮带机，2 号皮带机上安装有磁选机，选出粒度 <35mm 以下的渣钢，磁选后的钢渣进入 3 号振动筛，筛下 <10mm 的钢渣进入 5 号皮带机，由 5 号皮带机将钢渣料送入料场，筛上钢渣进入 6 号皮带机，由 6 号皮带机把 >10mm 的钢渣料送入料场。整个过程经过 4 次跨带磁选和 2 次磁辊磁选后获得不同品位和粒级的产品。

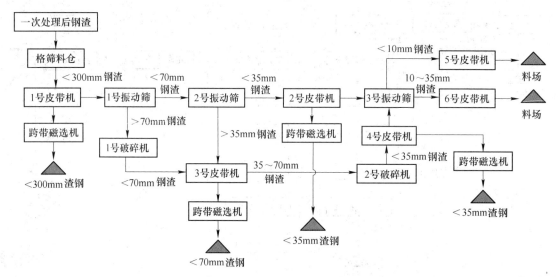

图 8-56　首钢迁钢钢渣磁选处理工艺流程

　　唐钢的钢渣经热泼法一次处理后，采用如图 8-57 所示的钢渣二次处理工艺流程实现钢、渣分离。料仓中的钢渣经棒条格筛筛分，一次处理中未能得到处理的粒径大于 300mm 的渣坨经落锤进一步破碎、磁盘除铁后送陈化场堆放。小于 300mm 的钢渣经给料机、皮带秤、送入主选磁鼓。物料经磁鼓分选后分别进入规格渣生产系统和废钢回收系统。在规格渣系统中，磁鼓漏选的大块废钢由悬挂电磁除铁器选出，送至废钢回收系统。磁鼓漏选的粒铁由 2 号磁选皮带机选出。钢渣由双层筛生产 0~10mm 规格渣，大于 100mm 的块渣经破碎机破碎后与 10~100mm 钢渣再经双层筛生产出 >40mm 和 10~40mm 两种规格渣。在废钢回收系统中，首先用筛分机将 0~10mm 渣钢选出（这部分渣钢纯度较低，生产中将其与 0~10mm 规格渣一并处理），其余经自磨机提纯后，大于 60mm 的经 1 号皮带磁选机和筛分机分为 0~10mm、10~60mm 的废钢以及 0~60mm 钢渣。

8.5.3　钢渣的综合利用

　　转炉炼钢产生的钢渣经过一次和二次处理后，可以使其中的钢、渣分离，得到不同尺寸和粒度的废钢和尾渣。钢渣经处理后得到的产品主要有以下的用途。

8.5.3.1　回收废钢

　　钢渣中一般含有 10% 左右的金属 Fe，通过破碎磁选筛分工艺可以回收其中的金属 Fe，

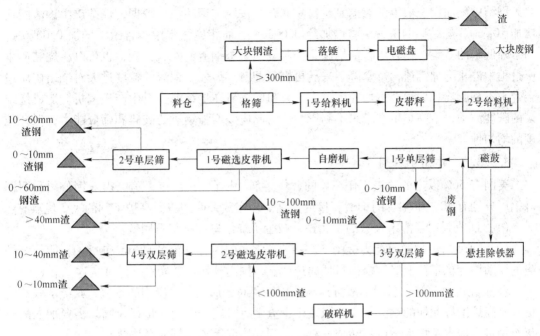

图 8-57 唐钢钢渣二次处理工艺流程

一般钢渣破碎的粒度越细,回收的金属 Fe 越多,将钢渣破碎到 100~300mm,可从中回收 6.4% 的金属 Fe,破碎到 80~100mm,可回收 7.6% 的金属 Fe,破碎到 25~75mm,回收的金属 Fe 量达 15%。这些金属铁可以作为废钢返回转炉冶炼。

8.5.3.2 作烧结熔剂

烧结矿中配加钢渣代替熔剂,不仅回收利用了钢渣中的残钢、氧化铁、氧化钙、氧化镁、氧化锰等有益成分,而且可以提高了烧结矿的产量。烧结矿中适量配入钢渣后,能使结块率提高,粉化率降低,成品率增加。再加上水淬钢渣疏松、粒度均匀、料层透气性好,也有利于烧结造球及提高烧结速度。此外,由于钢渣中 Fe 和 FeO 的氧化放热,节省了烧结矿中钙、镁碳酸盐分解所需要的热量,使烧结矿燃料消耗降低。高炉使用配入钢渣的烧结矿,由于强度高,粒度组成有所改善,尽管铁品位略有降低,炼铁渣量略有增加,但高炉操作顺行,焦比有所降低。我国的钢厂均利用钢渣做烧结矿熔剂,首钢烧结厂配加 4% 的钢渣,每吨烧结矿石灰消耗量减少约 30kg,烧结机利用系数可提高 1%。邯钢烧结厂配加 6% 钢渣,经长期的实践,其主要的优点有:

(1) 烧结矿强度提高。钢渣中含有一定数量的 MgO,在烧结矿中容易熔化,因而改善了烧结矿的黏结性能和液晶状态,有利于烧结矿强度的提高,粉化率降低在 2% 以内。

(2) 烧结矿还原性能显著提高。配加钢渣的烧结矿,随配料碱度的提高,其还原性较未配钢渣的烧结矿显著提高。当碱度为 1.4 时,配加钢渣其还原率高达 75%,不配加时仅有 65%。

(3) 配入 6% 的钢渣后,烧结矿的 FeO 可升高 2%。钢渣中因含有大量的金属铁和低价氧化铁,在烧结过程中,不仅可使其 FeO 含量升高,而且还因其发生氧化放热反应,使烧结矿的配碳量降低约 0.5%~1%。

烧结中配加钢渣值得注意的是磷富集问题。按照宝钢的统计数据，烧结矿中钢渣配比增加 10kg/t，烧结矿的磷含量将增加约 0.0038%，而相应铁水中磷含量将增加 0.0076%。为了降低磷的富集，比较可行的措施是控制烧结矿中钢渣的配入比例，也可以在烧结矿生产过程中停止配加钢渣，待磷降下来后再恢复配料。另外，钢渣的粒度过大对烧结矿质量会带来不利影响。如钢渣平均粒度过大，较粗的钢渣在烧结混合料中产生偏析，造成烧结矿的碱度波动，给高炉生产带来不利影响。为此应该增强钢渣的破碎和筛分能力，保证粒度的均匀性。

8.5.3.3 作高炉熔剂

美国有 50% 以上的钢渣用作高炉的替代熔剂。早在 1974 年，美国内陆钢公司和西德森钢厂分别有 40% 和 41% 的钢渣直接返回高炉。实践证明钢渣做高炉熔剂的主要优点有：

（1）回收利用了渣中大量的金属铁，减少了烧结矿和石灰石用量。

（2）可使高炉的脱硫能力提高 3%~4%。钢渣中因含有较多的 Mn 和 MnO，能使高炉渣的流动性和稳定性变好，提高料柱的透气性，国内外钢厂的实践均已证实这一点。

（3）经济效益好。利用钢渣可提高平均纯利润，加上回收废钢的价值，其经济效益将更高。高炉冶炼配加的钢渣量主要取决于钢渣中有害成分磷的含量以及高炉需要加入的石灰石用量，国内高炉大量应用转炉钢渣做熔剂，均取得了良好的经济效益。

8.5.3.4 作炼钢造渣剂

转炉炼钢使用含磷较低的高碱度返回钢渣并配合使用白云石，可以使炼钢成渣早，减少初期渣对炉衬的侵蚀，有利于提高炉龄，降低耐火材料消耗，同时可替代部分萤石。在生产中使用少量钢渣返回转炉冶炼，可以取得很好的技术经济效果。在双联法炼钢工艺中，由于脱磷任务主要由脱磷炉分担，因此，脱碳炉的钢渣磷比较低，因而可以返回转炉利用。脱碳炉的钢渣返回转炉利用的试验结果表明，通过适当的工艺，合理地将钢渣返回转炉利用，可以有效地促进转炉冶炼过程的前期化渣，降低辅原料的消耗，达到增加效益的目的，而且钢渣的返回利用不会对钢水质量发生负面影响。

8.5.3.5 生产钢渣微粉

钢渣微粉是钢渣经过加工、筛选、干燥后磨细并掺加适量的外加剂加工混合而成的产品。目前配制高标号混凝土主要采用降低水胶比、添加高效减水剂和超细粉体的方法，与普通混凝土相比水泥用量偏多，对混凝土的耐久性有不利影响。中高碱度的钢渣因含有 $2CaO \cdot SiO_2$ 和 $3CaO \cdot SiO_2$ 等胶凝性矿物，不仅可直接磨粉生产钢渣水泥，而且也可作为活性混合材在水泥生产中作为添加剂应用。研究表明，在混凝土拌和过程中掺加适量的钢渣微细粉取代部分水泥，可以提高其结构的致密度和力学强度，我国已在道路、场坪、制品等多方面广泛应用，经过多年实践验证，钢渣微粉性能稳定可靠。而且掺钢渣微粉可使混凝土抗冻性能大幅提高，当钢渣微粉掺量为 10%（质量分数）时，其抗折强度比普通基准混凝土提高约 30%，脆度系数降低 30%，耐磨性能提高 13% 以上。

8.5.3.6 作道路工程或回填材料

钢渣碎石的硬度和颗粒形状都很符合道路材料的要求，其性能好、强度高、自然级配好，是良好的筑路回填材料。将钢渣在铁路和公路路基、工程土方回填、修筑堤坝、填海造地等工程中使用，在国内外已有相当广泛的实践，欧美各国钢渣约有 60% 用于道路工程。钢渣用于道路的基层、垫层及面层，一般还需在钢渣中加入粉煤灰和适量水泥或石灰作为激发剂，然后压实成为道路的稳定基层。钢渣作为回填材料近年来得到越来越广泛的应用，作为 2008 年奥运会三大主要比赛场馆之一的北京国家体育馆在工程施工过程中就大量使用了钢渣作为回填材料。国家体育馆地下室埋深约 8m，需要在工程结构内部增加大量配重以抵抗地下水的浮力。该工程在建设过程中尝试采用钢渣代替传统材料进行回填，回填的钢渣全部来源于首钢炼钢过程中废弃多年的炼钢剩余渣。经过加工处理后的钢渣按照试验配比与少量水泥及其他辅料配制而成，其密度、含水率、放射性等各项技术指标均符合国家规范要求。

8.5.3.7 作沥青混凝土骨料

根据钢渣属于碱性料、具有多孔的物理特征，通过特殊方式破碎，经过试验和优化与沥青的配比设计，研制出劈裂强度比高、残留稳定度大、抗车碾等物理性能好的钢渣沥青混凝土，试验使用结果表明，钢渣沥青混凝土具有良好的热稳定性、水稳定性和抗滑性能，对提高沥青路面的耐久性和降低工程造价具有极为重要的意义。此外，将钢渣制作成为用于沥青混凝土的骨料，以代替石质骨料，提高了钢渣再生利用的经济价值，为钢渣制备优质沥青混凝土耐磨集料开辟了道路。生产的钢渣耐磨集料已在高速公路大修工程、公路大桥桥面铺装以及道路加铺改造工程中得到了广泛的应用，跟踪观测的试验证明了钢渣沥青路面性能优异，抗滑性能及抗水损害能力远远优于普通沥青路面。

图 8-58 分别为钢渣综合利用的实例。

8.5.4 转炉炼钢烟气余热回收

氧气转炉炼钢是周期性的，在转炉吹炼过程中，氧气转炉在吹炼时产生大量含有 CO 和氧化铁烟尘的高温烟气。有大量的高温炉气从炉口涌出，炉气中可燃气体 CO 含量很高，在炉口遇空气少部分燃烧后温度可达 1600℃以上。为了冷却这部分炉气，便于下一流程的煤气回收，通常采用汽化冷却技术，在转炉炉口上方设置烟道式余热锅炉，将高温烟气冷却至 900℃以下，以满足后续除尘净化和煤气回收工艺的要求。与此同时，余热锅炉吸收烟气余热后所产生的蒸汽可供生产和生活之用，从而实现转炉烟气的热量回收利用。

130t 转炉烟气余热回收系统的工艺流程如图 8-59 所示。整个余热回收系统主要由余热锅炉烟道、汽包、除氧器、蓄热器等设备以及各设备间的连接管路组成。余热锅炉烟道本体由活动烟罩、炉口固定段、可移动段、中段（中Ⅰ段、中Ⅱ段）、末段（末Ⅰ段、末Ⅱ段）等 7 部分组成，烟气分别流经活动烟罩、炉口固定段、可移动段和中段烟道后折向进入末段烟道顶部，然后垂直向下进入转炉烟气净化系统，烟道式余热锅炉设置在转炉炉顶，起到冷却烟气以便除尘的作用；汽包 11 的作用是储存一定量的水，并将进入汽包的汽水混合物进行分离，从而获得一定品质要求的蒸汽；蓄热器 16 是一种变压湿式蓄热装置，其工作原理为通过改变工作压力进行蓄、放热，适用于蒸汽负荷波动的供汽系统，当汽化冷却的蒸发量出现高峰时，蓄热器把多余的蒸气储存起来，当蒸气量少或没有时，蓄热室把储存的蒸气放出来，从而使间断、波动的蒸气源变成连续稳定的蒸气源。

烟道式余热锅炉的汽化冷却烟道以水为介质，汽化冷却利用汽化冷却管道中水的汽化吸热原理吸收烟气热量，当高温烟气通过汽化冷却烟道时，汽化冷却管道中的冷却水吸收烟气中的热量，变为汽水混合物，汽水混合物由自然循环或循环泵强制循环进入汽包，由

a

b

c

图 8-58　钢渣综合利用
a—长江护岸用钢渣防浪制品；b—耐磨停车场；c—耐磨车间地坪

汽包将汽水混合物分离。分离出的饱和蒸汽经管道送至蓄热器，采用薄膜调节阀调节压力后，由管道送至过热器，经过热器过热为过热蒸汽（约 300℃），然后送至蒸汽管网供用户使用。

转炉余热锅炉冷却系统循环方式有全段烟道自然循环汽化冷却、全段烟道冷却水循环冷却以及根据锅炉烟道不同段的热负荷变化分别采用强制循环和自然循环相结合的复合式汽化冷却等 3 种方式。这 3 种方式各有优缺点，其中复合式汽化冷却系统具有系统运行安

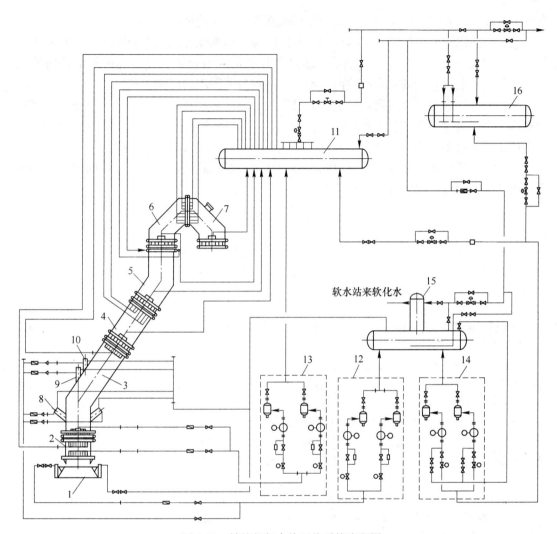

图 8-59 转炉烟气余热回收系统流程图

1—活动烟罩；2—炉口固定段；3—可移动段；4—中Ⅰ段；5—中Ⅱ段；6—末Ⅰ段；

7—末Ⅱ段；8—下料溜槽；9—氧枪口；10—副枪口；11—汽包；12—低压强制循环泵；

13—高压强制循环泵；14—给水泵；15—除氧器；16—蓄热器

全可靠、炉口烟道使用寿命长等优点，是较为先进的烟气冷却方式。目前国内外大、中型转炉多采用复合式冷却方式。

在图 8-59 的转炉烟气余热回收系统是将活动烟罩、氧枪口冷却套和下料溜槽冷却套与除氧水箱连接，采用低压泵进行强制循环冷却。除氧水通过低压热水循环泵升压后进入活动烟罩、氧枪口冷却套和下料溜槽冷却套，再回到除氧水箱，这种循环过程既达到冷却的目的，又能补充一部分除氧器所需的热源。

将炉口固定段烟道、可移动段烟道与汽包连接，通过高压强制泵进行循环冷却。汽包水经高压热水循环泵加压后进入烟道，吸热后的汽水混合物经上升管进入汽包。

中Ⅰ段、中Ⅱ段、末Ⅰ段和末Ⅱ段烟道采用自然循环汽化冷却，靠其回路系统（汽包-烟道-汽包）内部汽水混合物产生的压头维持循环。汽水混合物在汽包中进行汽水分离，蒸汽经调压阀进入蒸汽蓄热器，分离的循环水则投入下一轮循环。

转炉余热锅炉所产生的蒸汽随转炉间断性吹炼而周期性变化，为利用这种具有波动性的蒸汽，在供汽系统中设置了蓄热器，通过蓄热器的调节使系统能连续而稳定地向外供汽，避免了对蒸汽管网的波动性冲击，使蒸汽得到最大限度的回收和利用。

转炉吹炼过程中，余热锅炉产生的大量蒸汽一部分对蓄热器充汽，另一部分向外部管网送汽（在与外部管道连接处设置压力控制阀）。当转炉停吹时，余热锅炉蒸汽开始减少直至停止，此时蓄热器释放蒸汽并继续向外供汽，以保持蒸汽输送的连续性。

余热锅炉的给水采用软化水，由软水站的软水泵送入除氧器，经过除氧的软化水再由余热锅炉给水泵送入汽包并向蓄热器补充水。

参 考 文 献

[1] 冯捷，张红文. 转炉炼钢生产 [M]. 北京：冶金工业出版社，2006.

[2] 王荣，李伟东，孙群. 转炉炼钢脱氧工艺的优化 [J]. 鞍钢技术，2010，(5)：47~50.

[3] 刘锟，刘浏，何平，等. 基于烟气分析转炉终点碳含量控制的新算法 [J]. 炼钢，2009，25 (1)：33~37.

[4] 杨文远，蒋晓放，王明林，等. 大型转炉炼钢工艺参数优化的研究 [J]. 钢铁，2010，45 (10)：27~32.

[5] 李明阳. 钢渣处理工艺的设计思路 [J]. 中国冶金，2014，24 (5)：1~4.

[6] 于明兴，郭玉安，刘敬东，等. 钢渣热焖技术在生产中的应用 [J]. 河南冶金，2011，19 (2)：45~47.

[7] 杨景玲，卢忠飞. 钢渣处理工艺的优化与钢铁渣粉技术 [C]. 中国钢铁工业节能减排关键共性技术高级学术研讨会会议文集，镇江：北京金属学会等，2012：89~96.

[8] 王向锋，于淑娟，侯洪宇，等. 鞍钢钢渣综合利用现状及其发展方向 [J]. 鞍钢技术，2009，(3)：11~14.

[9] 舒型武. 钢渣特性及其综合利用技术 [J]. 有色冶金设计与研究，2007，28 (5)：31~34.

[10] 李嵩. BSSF 滚筒法钢渣处理技术发展现况研究 [J]. 环境工程，2013，31 (3)：113~115.

[11] 吴康，郑毅，杨和平，等. 梅钢转炉上应用滚筒处理钢渣的研究 [J]. 中国冶金，2011，21 (10)：11~14.

[12] 肖双林，陈荣全，谷孝保. 应用水淬法处理韶钢 120t 转炉钢渣 [J]. 材料研究与应用，2010，4 (4)：561~563.

[13] 刘树镇. 炼钢炉渣的处理方法 [J]. 炼钢，1991，7 (5)：50~60.

[14] 李光强. 钢铁冶金的环保与节能 [M]. 北京：冶金工业出版社，2009.

[15] 许立谦，张德国，唐卫军，等. 钢渣二次处理生产线的改造与创新 [C]. 第十六届全国炼钢学术会议论文集，深圳：中国金属学会炼钢分会，2010：665~669.

[16] 李葆生. 唐钢钢渣资源化利用工程设计 [J]. 炼钢，2005，21 (3)：54~57.

[17] 胡治春. 解析钢渣滚筒原理与尾渣综合利用的关系 [J]. 中国高新技术企业，2013，(13)：97~99.

[18] 江文豪，姚群. 转炉烟气余热回收系统工艺设计 [J]. 能源研究与管理，2014，(1)：81~83，102.

[19] 池伟强. 转炉烟气余热回收技术的探讨 [J]. 煤气与热力，2006，26 (1)：43~45.

9 ◆ 电炉炼钢

9.1 电炉炼钢实习目的、内容和要求

（1）实习目的。实习是学校本科教学培养方案和教学计划的必要环节，是课堂教育和社会实践相结合的重要形式，实习是增强学生实践能力、培养学生提高分析问题和解决问题能力以及综合运用所学基础知识和基本技能的重要途径，也是学生最终完成本科教学不可或缺的阶段。通过电炉炼钢厂实习，能让学生更好地理解和掌握当代电炉炼钢的工艺流程及设备等，有利于学生将来更好地适应工厂生产要求。通过实习所要达到的目的：

1）了解电炉炼钢的生产工艺和设备；

2）掌握各工序生产操作规程和工艺规程；

3）理论联系实际，培养劳动观念；

4）了解电炉炼钢企业的人力资源管理、生产管理、质量管理等相关知识。

（2）实习内容。

1）参观电炉炼钢厂，熟悉炼钢流程，主要设备及功能，工艺及主要技术经济指标，余热回收和废弃物处理及综合利用及生产安全事项；

2）根据实习内容，完成实习报告。

（3）实习要求。

1）掌握电炉炼钢的主要工序生产操作规程；

2）掌握电炉炼钢的主要工序工艺规程；

3）了解电炉炼钢的主要生产设备结构特点及操作要点；

4）了解电炉炼钢现状及发展方向，企业人力资源管理、生产管理、质量管理等。

9.2 电炉炼钢工艺流程

9.2.1 传统的电炉炼钢工艺流程

传统氧化法冶炼工艺是电炉炼钢法的基础。一炉钢的操作过程分为：补炉、装料、熔化、氧化、还原、出钢六个阶段。主要由熔化、氧化、还原期三期组成，俗称"老三期"。

（1）熔化期。传统冶炼工艺的熔化期占整个冶炼时间的 50%～70%，电耗占 70%～80%。因此熔化期的长短影响生产率和电耗，熔化期的操作影响氧化期、还原期的顺利与否。熔化期的主要任务：

1）快速熔化。将块状的固体炉料快速熔化，并加热到氧化温度。

2）提前造渣。提前造渣，早期去磷，减少钢液吸气与挥发。

（2）氧化期。氧化期是氧化法冶炼的主要过程，能去除钢中的磷、气体和夹杂物。当废钢料完全熔化，并达到氧化温度，磷脱除 70%~80% 以上进入氧化期。为保证冶金反应的进行，氧化开始温度高于钢液熔点 50~80℃（T_p 1480~1500℃）。氧化期的主要任务：

1）脱磷。继续脱磷到要求。

2）脱碳。脱碳至规格下限。

3）二去。去除气、去夹杂。

4）升温。提高钢液温度。

（3）还原期。传统电炉冶炼工艺中，还原期的存在显示了电炉炼钢的特点。而现代电炉冶炼工艺的主要差别是将还原期移至炉外进行。还原期的主要任务：

1）脱氧。脱氧至要求。

2）脱硫。脱硫至一定值。

3）合金化。调整钢液成分。

4）调温。调整钢液温度。

其中，脱氧是核心，温度是条件，造渣是保证。

电炉传统"老三期"冶炼工艺操作集熔化、精炼和合金化于一炉，包括熔化期、氧化期和还原期，在炉内既要完成废钢的熔化，钢液的升温，钢液的脱磷、脱碳、去气、去除夹杂物，又要进行钢液的脱氧、脱硫，以及温度、成分的调整。

因而，冶炼周期很长、生产率低，设备利用率低、能耗高，钢质量差、效益低，以及限制某些钢种的生产，要进行改革（其中技术经济指标很差："266"，即冶炼周期>200min、电耗>600kW·h/t、电极消耗>6kg/t）。

9.2.2 现代电炉炼钢工艺流程

现代电炉冶炼已从过去包括熔化、氧化、还原精炼、温度、成分控制的炼钢设备，变成仅保留熔化、升温和必要精炼功能（脱磷、脱碳）的化钢设备，而其余的任务都移至钢包中进行。

现代电炉炼钢要求电炉做到高效、节能、低消耗，如电炉的冶炼周期、电耗及电极消耗实现 642，即冶炼周期 60min，电耗 400kW·h/t，电极消耗 2kg/t 的水平；进而提高到"531"的水平。

9.2.3 两种工艺流程的对比

（1）传统工艺流程。电炉中进行：熔化—氧化（脱磷、脱碳及去气、去夹杂）—还原（脱氧、脱硫、合金化）—出钢（当温度、成分、炉渣等符合要求才可出钢）。

（2）现代工艺流程。电炉中进行：熔、氧化（脱磷、脱碳及去气、去夹杂）—出钢（预合金化，当温度、C、P 符合要求就可出钢）+炉外精炼中进行还原（脱氧、脱硫、合金微调）。

现代电炉工艺特点：精心准备，快速熔化、升温，提前脱磷，强化快速去碳，无渣出钢，实现高效、节能。

（3）钢液的合金化。炼钢过程中调整钢液合金成分的操作称为合金化，它包括电炉过程钢液的合金化及精炼过程后期钢液的合金成分微调。

传统电炉冶炼工艺的合金化一般是在氧化末、还原初进行预合金化，在还原末、出钢前或出钢过程进行合金成分微调。

现代电炉冶炼工艺合金化一般是在出钢过程中在钢包内完成，出钢时钢包中合金化为预合金化，精确的合金成分调整最终是在精炼炉内完成的。

9.3 电炉炼钢主要设备及功能

超高功率电弧炉（见图 9-1）的主要机械设备包括炉体（上、下炉壳和炉盖）、门形架、电极升降系统、炉体倾动系统、电极夹持机构、EBT 出钢机构、炉顶加料系统、液压系统等部分。

图 9-1 超高功率电弧炉

9.3.1 炉体结构

炉体装置包括：炉壳与水冷炉壁，炉门及开启机构，出钢口及其开启机构，水冷炉盖等，见图 9-2。

图 9-2 炉体装置

（1）炉壳由钢板焊成，筒形炉身内径即炉壳内径，是炉子的主要参数之一。

（2）现代大型电炉均采用水冷炉壁与水冷炉盖的形式，其形式普遍采用的是管式。水冷炉壁布置在距渣线 300mm 以上的炉壁上。采用水冷炉壁后炉容积扩大，增加了废钢一次装入量，提高炉衬寿命。

（3）水冷炉盖由大炉盖与中心小炉盖组成，大炉盖设有第四孔排烟，第五孔加料；中心小炉盖用耐火材料打结成，安装在大炉盖中心。

9.3.2 电极横臂及调节系统

（1）电极横臂。电弧炉有三支电极，每只电极都靠电极横臂支撑。电极横臂包括：横臂主体、夹持器、传输大电流的导电铜管。电极横臂的主要作用是用来支撑、把持电极。其结构是钢管和钢板焊接成中空的箱型结构。由于电极横臂工作在强大的磁场和电场环境内，工作时会产生涡流而发热，故内部采用加强筋和水冷却。横臂上还设置了与导电铜管相连的导电铜瓦，铜瓦和铜管内部通以冷却水，对导电铜管和铜瓦进行冷却。导电铜管和电极夹头必须与横臂中不带电的机械结构部分保持良好的绝缘，以防止炉体带电。电极横臂制造技术的最新发展是采用铜钢复合板或铝制造导电横臂，不仅减少了阻抗，节约了电能，而且还减轻了电极横臂的重量，减少了对铜管的维护工作量。电极夹持器的作用是夹紧或松放电极，并将短网传送过来的电流和电压再传送到电极上。电极夹持器由前夹头、导电铜瓦、连杆、叠簧和液压缸等几部分组成，弹簧的张力夹紧电极，利用液压缸产生的力将弹簧反方向压缩而松开电极。它的特点是操作简便、劳动强度小。夹头可用铜或钢制成。铜制夹头的导电性能好，电阻小，但机械强度差，膨胀系数大；钢制夹头的强度高，但电阻大，电损耗增加，如采用无磁性钢制作夹头，则可减少电磁损失。夹头中间需通水冷却，以保证足够的强度，减少膨胀，还可起到减少氧化、降低电阻的作用。电极夹头固定在横臂上，前夹头没有导电作用。电铜瓦与导电铜管和横臂相连，铜瓦与横臂间有绝缘材料（HP-5），铜瓦与导电铜管采用非磁性不锈钢螺栓连接，铜瓦材料为 TU2 无氧铜。

（2）立柱及导向系统。立柱及导向系统，每个立柱由若干个导向辊进行约束，分为正导辊和侧导辊。每个导辊都可进行调整，以保证立柱相对摇架平面的垂直，垂直度要求小于 0.5/1000。其中立柱的垂直度靠正导辊和侧导辊的调整来完成。而电极横臂间的间距靠侧导辊的调整来完成，在实际操作中，导向辊的调节力度要适中，太紧会使导向辊的丝杠受力大，丝杠寿命缩短，太松则不能起到对立柱的固定作用，在生产过程中电横臂的振动变大，容易产生事故。

（3）电极调节系统。电极调节系统主要包括：立柱、立柱导向机构和电极调节缸。主要完成电极升降操作和冶炼过程中使三相负载供电平衡，根据三相阻抗，靠变压器二次罗高夫茨基线圈取得的动态电压信号，反馈到 PLC，PLC 发出指令对电极调节的伺服阀进行调节，从而达到优化供电，使三相负载趋于平衡的目的。为了调整电弧的长度，电极应能灵活升降，因此电极升降机（见图 9-3）应满足下列要求：

1）电极升降灵活，系统惯性小，起、制动快，刚性好；

2）升降反应要灵敏。否则易造成短路电流过大而使高压断路器自动跳闸。电极调节缸为单作用柱塞缸，其下降靠自重。

9.3.3　炉盖提升旋转机构

　　炉盖旋转式电炉早在 1925 年就出现了，中国 20 世纪 70 年代末开始大量采用，并制定了相应的标准。炉盖升转机构大多为整体平台式。

　　炉盖提升旋转机构主要由支承轴承、旋转架、炉盖顶起缸、旋转油缸及旋转锁定装置等组成（图 9-4）。这种结构，它的炉体、倾动、电极升降及炉盖的提升旋转机构全都设置在一个大而坚固的平台——倾动平台上，即四归一的共平台式。因炉子基础为一整体（整体式），整个升转机构随炉体一起倾动。

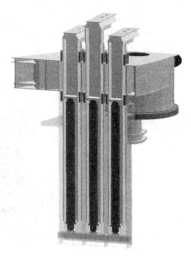

图 9-3　电极升降装置

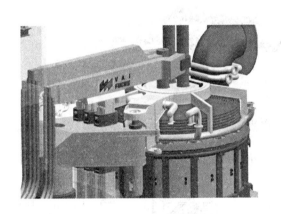

图 9-4　炉盖提升旋转机构

9.3.4　倾动机构

　　为满足出钢及出渣操作，要求炉体能前后倾动。对于槽式出钢电炉要求能向出钢方向倾动 42°~45°出净钢水，对于偏心底出钢电炉要求能倾动 15°~20°；还要求炉子能向炉门方向倾动 12°~15°以利出渣，这些都要靠倾动机构来完成。广泛采用摇架底倾结构，整个倾动机构由导轨、摇架平台及驱动机构组成，见图 9-5。

　　偏心底出钢电炉为了防止炉渣进入钢包中，采取提高电炉的回倾速度，由正常的 1°/s 提高至 4.0°~5.0°/s 以上，故要求用活塞油缸推拉摇架，使炉体前后倾动。倾动机构驱动方式多采用液压倾动。

9.3.5　短网系统

9.3.5.1　短网的特点

　　从电炉变压器的二次出线端到电极（包括电极）总称为二次短网（图 9-6）。电弧炉

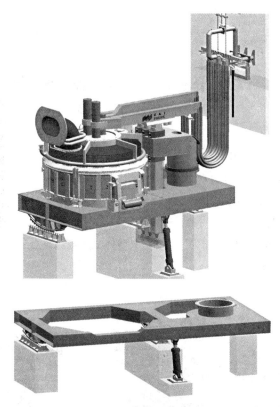

图 9-5 倾动机构

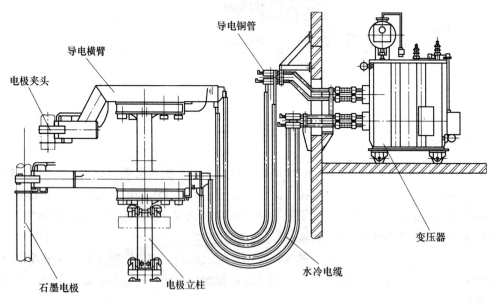

图 9-6 电炉短网

短网的特点是：

（1）电流大。由于变压器的二次电流极大，特别是经常性的短路冲击电流，使短网要承受高达数以万计的强大电流。

（2）长度短。短网越短阻抗越小，它的电能损耗越小。

（3）导体材料选用铜。短网中电流极大，使导体间存在强大的电动力，因此选用机械强度和电气性能较好的铜作导体材料。短网的合理设计和运行对电弧炉的正常运行和提高电炉的经济技术指标非常重要。一个先进的短网系统，应保证电炉的电损耗最小，电效率及功率因数较高，三相电弧功率平衡等。

9.3.5.2 短网的构成和作用

短网主要由铜头、水冷电缆、水冷导电铜管、电极等部分构成。短网的长度取决于炉子结构类型及炉子与变压器的相对位置。

由于集肤效应和邻近效应的影响，当交流电流过导体时，导体截面离中心越远，其电流密度越大，或导体的某一外侧电流密度越大。因此，二次短网往往采用宽厚比为 $10 \sim 20$ 的矩形截面导体，或采用空心铜管，很少采用方形或圆形的实心导体。

水冷电缆是为了满足电极升降、倾炉及炉盖旋转时的动作要求而设置的挠性连接。它的长度只要能满足上述工作要求的伸缩量即可，不需过长，否则将增加短网阻抗。

水冷导电铜管装在电极臂上方，铜管中间通水冷却。它的一端母板与水冷电缆相连，另一端法兰与导电铜瓦相连接。水冷电缆中的电流沿导电铜管流到导电铜瓦上，而传到电极。

要特别注意电极夹持器的绝缘。导电铜瓦和导电铜管应与电极横臂不带电部分有很好的绝缘，否则整个炉体都将带电，造成事故。绝缘材料为 HP-5，主要成分是云母。

9.3.6 电炉的辅助设备

9.3.6.1 倾动平台

倾动平台：倾动平台是一种轻型钢结构，固定在摇架上且能随摇架一起动作。在炉子位于冶炼位置时，倾动平台能填补固定平台上的空缺。

9.3.6.2 炉壁氧、碳枪系统

以炼钢厂为例，在电弧炉的上、下炉壳共有 4 支 KT 氧枪和 3 支 KT 碳枪。其中上炉壳有两支氧枪、一支碳枪，分别在 4 号水冷板上安装了 1 号氧枪和 1 号碳枪，14 号水冷板上安装了 4 号氧枪；下炉壳有两支氧枪、两支碳枪，安装在 EBT 区域附近，上炉壳水冷板的下方，6 号水冷板下方安装的是 2 号氧枪和 2 号碳枪，10 号水冷板下方安装的是 3 号氧枪和 3 号碳枪。氧、碳枪的布置可提高炉内冷区温度和泡沫渣的形成，目的是保证高的氧气穿透能力，加速脱碳反应，加速冷区钢铁料的熔化。氧枪冷却水的供给将由专用雾化水泵站供给，这个系统带有热交换器，对冷却水进行热交换。每个枪有独立的压缩空气管线，压缩空气和水在枪体入口混合，收集在雾化水泵站的水箱内，分离出的气体从水箱的排气口排出。

KT 氧枪能安装在特殊的冷却块内，在冷却块内枪体总是在一个固定位置，不需要调节，在整个炉体中确保一样的效果。氧枪在径向和切线方向上产生力，使熔池产生自然的搅拌。KT 氧枪设计速度至少 2.1Ma，喷射长度保证达到 1.7m。炉门氧枪的动作控制由气动和液压两部分共同完成。其中氧气管和碳粉管的进给、横臂的旋转由气动系统完成，横臂的升降、进给箱的上下及左右摆动由液压控制。

9.3.7 电炉的除尘系统

大多数电炉除尘采用干式布袋除尘法（见图9-7）。它是用多孔编织物制成的过滤布袋，有玻璃纤维的，工作温度260℃，但寿命只有1~2年；有采用聚酯纤维，即涤纶的，工作温度低（135℃），但涤纶耐化学腐蚀性能好、耐磨，其寿命高为3~5年。近年也有一些新材料的出现。布袋除尘法的特点是：

（1）价格便宜、设备简单、运行可靠、操作容易，以及便于增容；

（2）布袋工作温度低，除尘系统占空间较大。

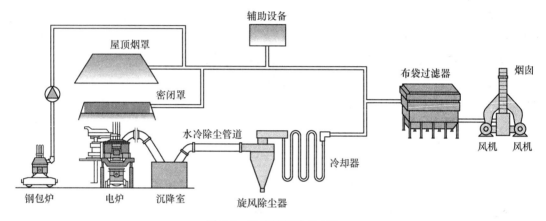

图9-7 电炉排烟除尘方法

9.4 电炉炼钢工艺及主要技术经济指标

9.4.1 传统电炉炼钢工艺

9.4.1.1 原料准备

废钢是电弧炉炼钢的主要材料，用于电炉炼钢的废钢如图9-8所示。废钢质量的好坏直接影响钢液的质量、成本和生产率，因此，对废钢质量有如下几点要求：

（1）废钢表面应清洁少锈，因废钢中沾有的泥沙等杂物会降低炉料的导电性能，延长熔化时间，还会影响氧化期去磷效果及侵蚀炉衬。废钢锈蚀严重或沾有油污时还会降低钢和合金元素的收得率，并增加钢中的含氢量。

（2）废钢中不得混有铅、锡、砷、锌和铜等有色金属。铅的密度大，熔点低，不溶于钢液，易沉积在炉底缝隙中造成漏钢事故；锡、砷和铜易引起钢的热脆。

（3）废钢中不得混有密封容器，以及易燃、易爆物和有毒物，以保证安全生产。

（4）废钢化学成分应明确，且需按成分分类存放，硫、磷含量不宜过高。

（5）废钢外形尺寸不能过大（截面积不宜超过300mm×300mm，最大长度不宜超过350mm）。

9.4.1.2 补炉

一般情况下，每炼完一炉钢后，在装料前要进行补炉，其目的是修补炉底和被侵蚀的

图 9-8　电炉炼钢主要原料——废钢

渣线及被破坏的部位，以维持正常的炉体形状，从而保证冶炼的正常进行和安全生产，补炉的要点如下：

（1）补炉部位。炉壁渣线，渣线热点区，尤其 2 号热点区，出钢口附近，炉门两侧，如图 9-9 所示。

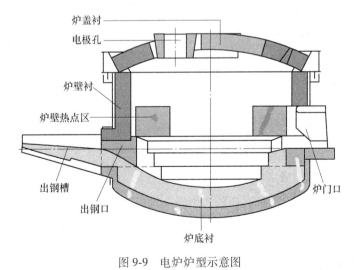

图 9-9　电炉炉型示意图

（2）补炉方法。目前，大中型电炉多采用机械喷补，机械喷补设备有炉门喷补机、炉内旋转补炉机以及炉前补炉机械手。

（3）补炉的原则是：高温、快补、薄补。

（4）补炉材料。主要有镁砂、白云石或两者的混合物，并掺入磷酸盐或硅酸盐等黏结剂。

9.4.1.3 配料及装料

配料是电炉炼钢工艺中不可缺少的组成部分，配料是否合理是关系到炼钢工能否按照工艺要求正常进行冶炼操作的关键。合理的配料能缩短冶炼时间。配料时应注意以下几点：

（1）必须正确地进行配料计算和准确地称量炉料装入量；

（2）炉料的大小要按比例搭配（见图9-10），以达到好装、快速熔化的目的；

（3）各类炉料应根据钢液的质量要求和冶炼方法搭配使用；

（4）配料成分必须符合工艺要求。装料前应先在炉底铺上一层石灰，其重量约为炉料重量的2%，以便提前造好熔化渣，有利于早期去磷，减少钢液吸气和加速升温。装料时应将小料的一半放入底部，小料的上部、炉子中心区放入全部大料、低碳废钢和难熔炉料，大料之间放入小料，中型料装在大料的上面及四周，大料的最上面放入小料。凡在配料中使用的电极块应砸成50~100mm，装在炉料下层，且要紧实，装好的炉料为半球形，二次加料不使用大块料及湿料（见图9-11）。

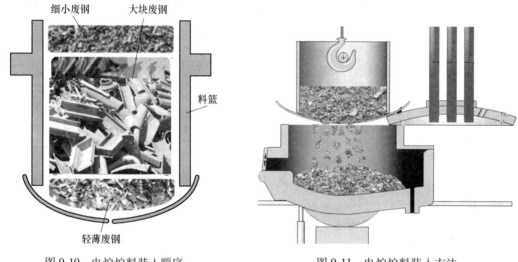

图9-10 电炉炉料装入顺序   图9-11 电炉炉料装入方法

9.4.2 熔化期

在电弧炉炼钢工艺中，从通电开始到炉料全部熔清为止称为熔化期。熔化期的任务是将固体炉料迅速熔化成钢液，并进行脱磷，减少钢液吸收气体和金属的挥发。熔化期的操作工艺如下所述（见图9-12）。

（1）起弧阶段。通电启弧时炉膛内充满炉料，电弧与炉顶距离很近，如果输入功率过大、电压过高，炉顶容易被烧坏，因此一般选用中级电压和输入变压器额定功率的2/3左右。

（2）穿井阶段。这个阶段电弧完全被炉料包围，热量几乎全部被炉料吸收，不会烧坏

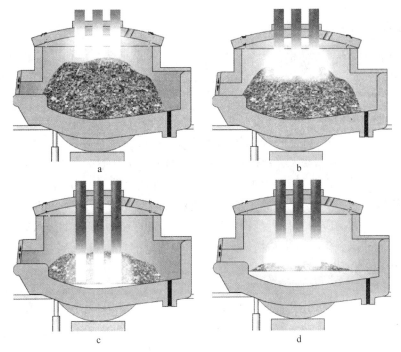

图 9-12 废钢熔化过程
a—起弧；b—穿井；c—穿井到底；d—炉料熔化后期

炉衬，因此使用最大功率，一般穿井时间为 20min 左右，约占总熔化时间的 1/4。

（3）电极上升阶段。电极"穿井"到底后，炉底已形成熔池，炉底石灰及部分元素氧化，使得在钢液面上形成一层熔渣，四周的炉料继续受辐射热而熔化，钢液增加使液面升高，电极逐渐上升。这阶段仍采用最大功率输送电能，所占时间为总熔化时间的 1/2 左右（见图 9-13）。

（4）熔化过程中，应根据炉料中含 P 量的高低，可分批加入适量的石灰及矿石造渣，以利于脱 P，加入的石灰量约为炉料重量的 1%~2%，为了调整炉渣的流动性，可加入适量的萤石。

（5）在熔化过程中应不断"推料助熔"，当大部分废钢发红时，可以将炉壁氧枪切换到射流模式切割废钢，加快废钢的熔化。同时对一些冷区可以采用吹氧干预（见图 9-14）。

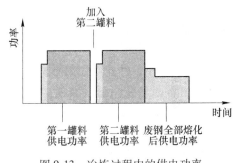

图 9-13 冶炼过程中的供电功率

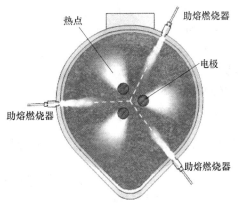

图 9-14 熔化期的助熔技术

9.4.3 氧化期

加入氧化剂（氧气），使钢液中的碳氧化而熔池产生沸腾的阶段叫氧化期。氧化期的主要任务是脱碳、脱磷，以及去除气体和夹杂物，并提高钢液温度。氧化期的操作工艺如下：

（1）氧化期前一阶段，钢液温度较低，主要是造渣脱磷，炉内的脱磷反应为：

$$5FeO + 2Fe_3P \Longrightarrow P_2O_5 + 11Fe + Q$$
$$P_2O_5 + 3CaO \Longrightarrow 3CaO \cdot P_2O_5 + Q$$

由以上反应可看出，要提高脱磷效果，必须造成强氧化性（W_{FeO} 为 12%~20%）、强碱性（CaO 浓度要高，$R = 2 \sim 3$）的炉渣，炉渣流动性要好。适当偏低的温度，加强钢渣的搅拌，以利于脱磷反应的进行。当钢液温度达到 1550℃后，氧化期进入第二阶段。氧化第二阶段主要是进行氧化脱碳沸腾精炼，以去除钢液中的气体和夹杂物。

（2）氧化期操作要点：

1）可分批加石灰，每批加石灰量控制在 500~800kg，每批间隔时间需 >8min。

2）为确保熔池沸腾良好，应将氧化脱碳速率控制在每分钟 0.01%~0.03%。

3）调整渣况。氧化沸腾开始，采用自动流渣，要求炉渣 $R = 2 \sim 3$，炉内渣量控制在 5%~7%。

4）温度控制。氧化期总的来讲是一个升温阶段，升温速度的快慢根据钢液中磷的情况而定。氧化末期必须使钢液温度升高到大于该钢种出钢温度的 10~20℃。

5）净沸腾。当温度、化学成分合适，调整好炉渣，让熔池进入自然沸腾（5~10min），使钢液中的残余含氧量降低，并使气体及夹杂物充分上浮，以利于还原期的顺利进行。

6）电炉出钢，注意控制好倾炉速度；过快钢水容易侵蚀到电炉水冷设备，过慢容易下渣。

9.4.4 还原期

氧化期扒渣完毕到出钢这段时间称为还原期。主要任务是脱氧、脱硫、控制化学成分、调整温度。还原期的操作工艺如下：

（1）扒渣后迅速加入薄渣料以覆盖钢液，防止吸气和降温。造稀薄渣，一般石灰和萤石质量比 $m(CaO) : m(CaF_2) = 3 : 1$；

（2）薄渣形成后进行预脱氧，往渣面上加入碳粉 2.5~4kg/t，加入后闭炉门，输入较大功率，使碳粉在电弧区同氧化钙反应生成碳化钙；

（3）电石渣形成后保持 20~30min，渣子变白，同时注意钢液的增碳。

现代电炉炼钢工艺通常取消了还原期，还原期的任务由钢液炉外精炼来完成。

9.4.5 现代电炉炼钢主要的技术经济指标

现在电炉炼钢主要的技术经济指标有：冶炼周期，电炉送电时间，热停率，最高班产，最高日产，电炉利用系数，平均电耗，平均氧耗，平均电极消耗等。

（1）冶炼周期：指电炉冶炼过程中炉料在电炉内的停留时间，目前在 40min 左右；

（2）电炉送电时间：生产一炉钢的实际通电时间；

（3）电炉利用系数：每立方米电炉有效容积1昼夜的合格产钢量，目前部分企业吨容量炉子产钢量达到8000~10000t；

（4）平均电耗：生产1t合格钢水所用的电量，目前电耗≤300kW·h/t；

（5）平均氧耗：生产1t合格钢水所用的氧量；

（6）平均电极消耗：生产1t合格钢水所用的石墨电极的消耗量，目前在1~2kg/t左右。

9.5　电炉炼钢余热回收和废弃物处理及综合利用

9.5.1　电炉炼钢余热回收

由于电炉炼钢具有高产、优质、低耗等优点，加之国际废钢市场开放和国内废钢资源积累，预计电炉炼钢将在我国得到发展。但目前我国电炉冶炼电耗指标较高，20世纪90年代统计资料是重点企业595kW·h/t钢，地方骨干企业660kW·h/t钢，若计及小型企业，全国平均689kW·h/t，由于电炉炼钢所消耗的主要是高品位能源——电能，其节能就更受到人们的重视。电炉炼钢节能涉及工艺技术，自动化水平，管理水平，人员素质等多方面因素，在工艺技术方面回收炉气废热是一个重要组成部分。收集炉气，不仅避免了含可燃成分炉气的逸散，而且可回收一定数量的余热。电炉炼钢余热回收常见的两种方式是：预热废钢和采用余热锅炉。

（1）预热废钢工艺流程，见图9-15。

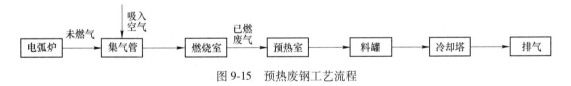

图9-15　预热废钢工艺流程

（2）余热锅炉工艺流程，见图9-16。

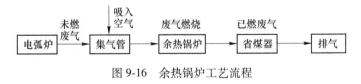

图9-16　余热锅炉工艺流程

9.5.2　电炉炼钢废弃物处理及综合利用

在电炉炼钢冶炼过程中，主要产生了烟尘，渣料和余热等。如果不给予处理和利用，不仅会污染环境，还会造成资源浪费。

电炉烟尘的产出量可达到炼钢装炉量的1%~2%，是一种颗粒极细的烟尘。一般情况下，粒度在20μm以下的颗粒占总量的85%以上。化学成分也比较复杂，除铁及其化合物外，还含有多种其他金属化合物。如锌、镍、铬及许多有害物质如铅、镉，六价铬、氰等金属及其化合物，可见电炉烟尘是一种极其有害的固体废弃物，以往对电炉烟尘的处理主要是采取填埋或弃置，既造成环境污染，又浪费了宝贵的金属资源。因此，探求既能无害化处理的电炉烟尘，又能有效回收其中的可用金属。力争获得环境和经济两方面效益的综合利用技术是非常必要的。利用锌、铅、镉等金属的沸点较低，在高温还原条件下，它们的氧化物被还原并气化挥发变成金属蒸汽。随着烟气一起排出的性质，使它们与固相主体分离，而在气相中，这些金属蒸汽又很容易被烟气中的一氧化碳重新氧化，形成金属氧化物颗粒。同烟尘一起在烟气处理系统中被收集下来，收集的烟尘中锌的含量在 50% 左右。可作为粗锌产品出售或深加工成氧化锌产品，工艺如图 9-17 所示。

图 9-17　电炉含锌烟尘处理流程

参 考 文 献

[1] 姜澜，钟良才. 冶金工业设计基础 [M]. 北京：冶金工业出版社，2013：11.

[2] 闫立懿. 电炉炼钢及工艺设计 [M]. 沈阳：东北大学出版社，2010：12.

[3] 崔忠圻，覃耀春. 金属学与热处理 [M]. 北京：机械工业出版社，2007.

[4] 陆宏祖，俞海明，石枚梅，等. 电炉炼钢问答 [M]. 北京：冶金工业出版社，2012.

[5] 朱中平. 中外钢号对照手册 [M]. 北京：化学工业出版社，2001：1.

[6] 林惠国，林钢. 世界钢铁牌号对照手册 [M]. 北京：化学工业出版社，2010.

[7] 吴定高. 我国电弧炉炼钢的发展 [J]. 广州化工，2013，41（12）：63~65.

[8] 陈津，林万明，赵晶. 现代合金钢冶炼 [M]. 北京：化学工业出版社，2015.

[9] 陆世英，张廷凯. 不锈钢 [M]. 北京：原子能出版社，1995.

[10] 闫立懿. 现代电炉炼钢工艺及设备 [M]. 北京：冶金工业出版社，2011.

[11] 陆世英. 不锈钢概论 [M]. 北京：冶金工业出版社，2007.

[12] 陆锡才，刘新. 现代化超高功率电炉炼钢车间设计 [M]. 沈阳：东北大学出版社，2002.

[13] 范金辉. 脉冲电流对奥氏体不锈钢凝固组织的影响 [J]. 钢铁，2003，44~49.

[14] 王令福. 炼钢厂设计原理 [M]. 北京：冶金工业出版社，2009：125~155.

[15] 高泽平. 炉外精炼教程 [M]. 北京：冶金工业出版社，2011：212~219.

[16] 朱苗勇. 现代冶金工艺学 [M]. 北京：冶金工业出版社，2011：242~282.

[17] 肖纪美. 不锈钢的金属学问题 [M]. 北京：冶金工业出版社，2006.

[18] 侯向东. 冶金专业英语 [M]. 北京：冶金工业出版社，2012.

[19] Electric Arc Furnace，http：//www.steeluniversity.org.

10 钢液炉外精炼

10.1 钢液炉外精炼实习目的、内容和要求

（1）实习目的。

1）了解炉外精炼的工艺流程、主要涉及的设备及其结构与功能；

2）了解和掌握钢包的构成及在炉外精炼中的作用；

3）了解炉外精炼过程中所产生的废弃物及处理方法；

4）掌握炉外精炼方法、冶金效果、相关工艺技术参数及技术经济指标。

（2）实习内容。

1）了解炉外精炼方法配置概况；

2）了解炉外精炼方法车间平面布置形式；

3）掌握炉外精炼工艺流程及主体设备；

4）掌握炉外精炼方法的钢水条件、精炼过程工艺参数、技术经济指标等情况；

5）了解炉外精炼方法的优缺点及发展情况。

（3）实习要求。

1）了解炉外精炼的生产组织、产品成本和经济效果；

2）通过技术讲座、现场技术人员的讲解、现场观测、查阅资料等方式，广泛收集有关炉外精炼技术基础资料，如生产工艺流程、技术操作方法、主要技术经济指标、设备结构性能及其运动状态、车间配置；

3）了解和熟悉炉外精炼生产工艺流程的主要设备，其工作原理和性能特点，主要工艺参数和指标；

4）了解生产中取得的先进经验，存在的薄弱环节、技术措施和发展前景等。

10.2 炉外精炼主要设备及功能

由于各种炉外精炼方法所采取的各种精炼手段不同，因此其相应设备也不尽相同。但总体来说，各种炉外精炼方法都需要采用的公共系统设备包括：钢包、钢包车、合金加料系统、测温取样系统、除尘排烟系统、喷粉系统、喂线系统[1]等。下面将分别对其进行介绍。

10.2.1 钢包

钢包是将钢厂转炉或电炉初炼完的钢水进行盛装、转运、精炼及浇注过程中盛装钢水的容器，也是各种炉外精炼设备中的炉体。其外壁为钢壳，由压力容器钢制造。钢包外形

为圆锥台柱形的壳体、平底，底部有支撑座，底部还开有两或三个孔，用于安装滑动水口和底吹氩用透气砖。钢包外部有耳轴，用于吊运钢包。耳轴焊接在钢包两边的耳轴箱上，耳轴箱的顶部和底部设有通气孔。钢包内衬为耐火材料，一般钢厂常用钢包结构如图 10-1 所示。按其结构从外向内一般分为永久层、绝热保温层和工作层。根据钢包内衬耐火材料及施工方法的不同可以将钢包分为浇注钢包和砖砌钢包两类。钢包内衬工作层的耐火材料一般采用铝-尖晶石-碳砖；MgO-CaO-C 系材料，如镁碳砖、镁钙碳砖、镁白云石砖等；MgO-Cr$_2$O$_3$-Al$_2$O$_3$ 系材料，如镁铬砖、方镁石-尖晶石砖。钢包内衬渣线部位可以根据冶炼过程炉渣碱度选择对应耐火材料，一般炉渣碱度较高的部位使用 MgO-CaO-C 系效果比较好。

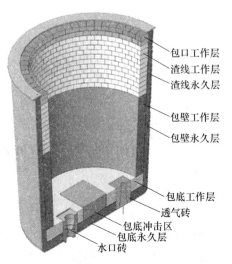

图 10-1　钢包结构图

包口工作层
渣线工作层
渣线永久层
包壁工作层
包壁永久层
包底工作层
透气砖
包底冲击区
包底永久层
水口砖

　　钢包底部有透气砖和出钢口。透气砖用于向钢包内喷吹气体进行熔池搅拌，出钢口是后期浇注时钢水从钢包流出的出口。根据钢包出钢口控流形式的不同可以将钢包分为塞杆式及滑动水口式，目前炼钢厂常用的是滑动水口式控流机构。

10.2.1.1　钢包透气砖

　　透气砖是钢包底部用于向包内输送气体的重要透气元件，其透气性的好坏将直接关系到底吹气体的搅拌效果及精炼效果。目前透气砖主要分为弥散型透气砖、狭缝式透气砖。起初生产的黏土质弥散型透气砖，不耐冲刷侵蚀其使用寿命低；第二代刚玉质直通型透气砖又因重复开吹率低而影响吹氩效果；第三代刚玉质狭缝式透气砖弥补了上述缺陷，具有通气量大、搅拌效果好、重复开吹率高、抗冲刷耐侵蚀、高温性能好等特点。图 10-2 为钢包底部透气砖安装及透气砖结构示意图。

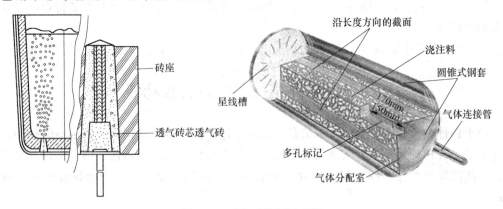

砖座
透气砖芯透气砖
沿长度方向的截面
浇注料
圆锥式钢套
星线槽
170mm
50mm
气体连接管
多孔标记
气体分配室

图 10-2　透气砖装置示意图

10.2.1.2　钢包滑动水口机构

钢包滑动水口控流机构是安装于钢包底部的一种钢水流量控制装置，由固定部分（底座、支架）、移动部分（滑块）和驱动组件组成，如图 10-3 所示。底座连接在钢包底部基准板上，上水口砖和上滑板砖固定在底座内，下滑板砖、下水口砖固定在滑块内并随着滑块在固定支架内往复运动而移动。使用时通过驱动源驱动组件推、拉滑块实现滑块的往复运动，通过调节滑块中孔与上下滑板砖的对中面积来调整钢流的大小。当滑块中孔与上下滑板砖中孔完全对中后，则实现完全开启状态，当对中面积为零时，则处于关闭状态。

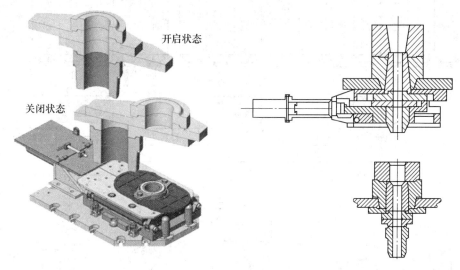

图 10-3　滑动水口机构示意图

10. 2. 2　钢包车

钢包车是炼钢厂钢包转运及精炼过程中运输钢包及钢包存放的主要支撑设备之一，其示意图见图 10-4。其运行过程主要在钢轨上运行，运行平稳，可避免因钢水晃动导致的钢水飞溅。钢包车运行一般由电机驱动，电机为耐高温防爆电机。大部分钢包车可遥控运行，也可手动控制其运行。为保证钢包在钢包车上停留期间的吹氩搅拌需要，钢包车同时采用金属软管与吹氩系统相连接，以便于吹氩搅拌。

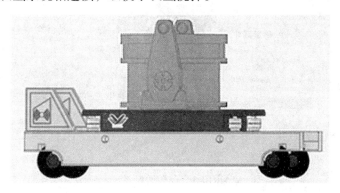

图 10-4　钢包车示意图

10. 2. 3　合金加料系统

炼钢厂合金加料系统一般由上料系统、高位料仓、称量斗、输送皮带、集料斗、溜槽等组成，典型结构示意图如图 10-5 所示。在原料准备阶段将铁合金或渣料通过料罐或上料皮带输送装入高位料仓中。炼钢过程中，根据所需合金或渣料数量，开启高位料仓底部的振动给料机通过振动驱使物料下落到称量斗内进行称量，称量好的物料通过上料皮带输送到集料斗内，需要加料时打开集料斗底部阀门，将物料通过加料溜槽加入钢包内。

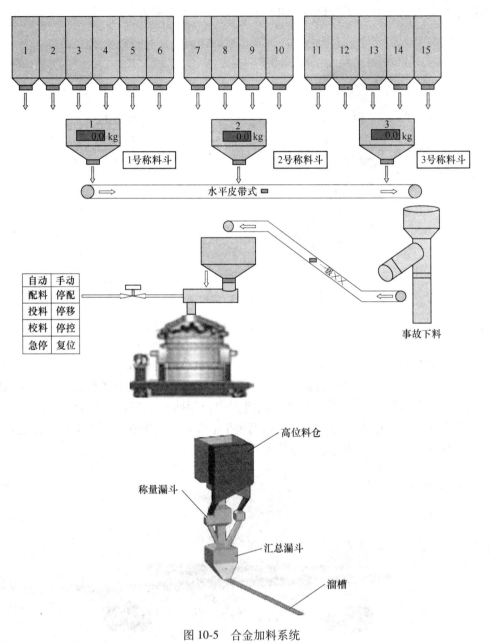

图 10-5   合金加料系统

10.2.4   测温取样系统

测温取样是钢厂检测冶炼过程钢水成分和温度的主要方法。根据使用功能主要分为测温枪、取样枪两种，有的钢厂还配备破渣枪、定氧枪和定氢枪等。测温枪测试结果直接显示在现场的仪表上，取样枪取出样品后送化验室检测钢水或炉渣成分。测温取样系统主要分为手动测温取样和自动测温取样两种。自动测温取样装置一般由机械设备、仪表系统和自动控制系统三部分组成。机械设备包括钢结构支撑平台、测温取样枪本体、测温取样枪动作驱动装置、探头存储箱等。钢结构平台直接安装并固定在预先制作的基础上，用于给测温取样枪本体安装提供支撑、驱动测温取样枪动作和为设备检修提供条件。仪表系统一般选用数字式测温仪表，用于显示测定温度、氧或氢的成分等。自动控制系统用于测温取样系统的控制。

10.2.5　除尘排烟系统

在钢水炉外精炼过程中，对钢水进行成分和温度调整、吹氩搅拌、真空处理等过程中会发生一些物理化学反应，炉内将产生大量的高温烟气和粉尘，必须进行处理才能排放。精炼炉除尘系统一般由除尘器系统和输灰贮运系统组成。其中除尘器系统包括除尘器和电控设备，输灰系统包括刮板输送机、灰仓、加湿机和电控设备。一般情况下，利用排烟罩至除尘器前的一段排烟管道或进入冷凝器对烟气进行散热冷却，含尘气体经过收集后通过风道由除尘器下面的灰斗进入除尘器，再通过过滤材料滤去气体中的尘粒达到净化气体的目的。达到排放标准净化后的气体经过净气箱、风道由风机输送至烟囱排出。

10.2.6　喂线系统

合金芯线处理技术，简称喂丝或喂线（Wire Feeding，简称 WF），是 20 世纪 70 年代末出现的一种钢包精炼技术[2]。它将 Ca-Si、稀土合金、铝、硼铁和钛铁等多种合金或添加剂制成包芯线，通过喂线机加入钢水深处，对钢液脱氧、脱硫，进行非金属夹杂物变性处理和合金化等精炼处理，以改善冶金过程，提高钢的纯净度，优化产品的使用性能，降低处理成本等。

喂线过程采用喂线机完成，喂线机根据其结构可分为单流喂线机、双流喂线机和四流喂线机。典型的喂线过程示意图见图 10-6。

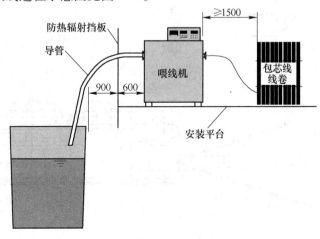

图 10-6　双流喂线过程示意图

10.2.7　喷粉系统

钢包喷射冶金就是用惰性气体（主要为氩气、氮气）作载体，向钢水喷吹合金粉末或精炼粉剂，以达到调整钢的成分、脱硫、去除夹杂和改变夹杂物形态等目的，它是一种快速精炼手段。目前在生产中应用的方法主要是 CAB/TN 法（Thyssen-Niederrhein）和 SL 法（Scandinavian Lancers）。

炼钢厂喷粉系统主体设备一般包括供粉系统、供气系统、喷吹系统、喷枪运动及夹枪系统等，若喷粉后需要进行扒渣操作，则还包括扒渣系统、相应的钢包倾翻车系统渣罐车系统等设备。喷粉系统示意图如图 10-7 所示，扒渣系统如图 10-8 所示。

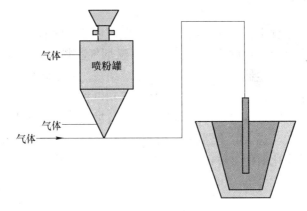

图 10-7　喷粉系统示意图

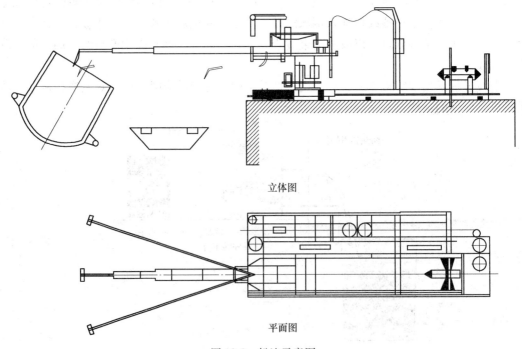

立体图

平面图

图 10-8　扒渣示意图

10.3 常用（典型）炉外精炼设备及功能

10.3.1 钢包精炼法（LF）主要设备及功能

10.3.1.1 钢包精炼法（LF）主要设备

1971 年，日本特殊钢公司开发了采用碱性合成渣，埋弧加热，吹氩搅拌，在还原气氛下精炼的钢包炉（Ladle Furnace，简称 LF）[3]，其主体设备示意图如图 10-9 所示。LF 设备系统主要包括供电系统、机械结构系统、加料系统、测温取样系统和除尘排烟系统等。

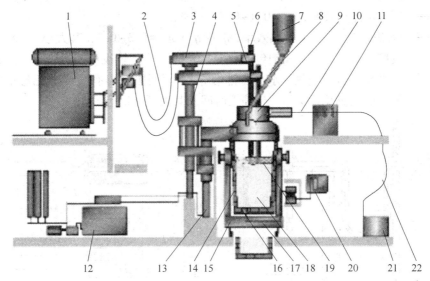

图 10-9　LF 设备组成示意图

1—变压器；2—短网（软电缆）；3—导电横臂；4—电极升降装置；5—电极夹持器；6—石墨电极；
7—料仓；8—加料溜槽；9—炉盖；10—喂线导管；11—喂线机；12—液压站；13—炉盖升降装置；
14—钢包；15—钢包车；16—透气砖；17—吹氩管；18—钢液；19—炉渣；20—气体阀站；
21—线轴辘；22—包芯线

LF 供电系统是 LF 提供电能向热能转化的主要部分，示意图见图 10-10。主要设备包括：变压器、短网（软电缆）、导电横臂、电极夹持器、石墨电极，另外还有辅助电极升降的电极升降装置。在供电系统中，主体设备是变压器，LF 变压器的选择对 LF 精炼过程有重要影响。

（1）变压器。根据精炼工艺及生产节奏（多炉连浇）所要求的 LF 炉处理周期，由升温期所要求钢水的升温与加热时间，即钢水的升温速度，确定 LF 炉变压器容量及变压器有关参数，一般 LF 炉功率水平为 150~200kV·A/t，有的达到 300kV·A/t 以上。

根据 LF 炉的工作特点，由焦耳-楞次定律，推导出 LF 炉变压器额定容量与钢水平均升温速度的关系如式（10-1）所示。

$$P_n = \frac{60vCG}{\cos\varphi\eta_e\eta_h} = \frac{60vGW}{\eta\cos\varphi} \tag{10-1}$$

式中 v ——当 LF 炉钢包工况达到热稳态时，钢水的平均升温速度，$v = \Delta T / \tau$，℃/min，
一般要求 3~5℃/min；

ΔT ——LF 炉中钢水的温升，℃；

τ ——LF 炉中钢水纯升温时间，min；

C ——钢液的比热，kW·h/(t·℃)，$C = 0.23$ kW·h/(t·℃)；

$\cos\varphi$ ——功率因数，$\cos\varphi = P_a / P_n$，一般为 0.78~0.82；

G ——LF 炉处理钢水量，t；

η_e ——LF 炉电效率，$\eta_e = P_{arc} / P_a$，一般为 0.85~0.95；

P_a ——LF 炉有功功率，kW；

P_{arc} ——LF 炉电弧功率，kW；

η_h ——钢包本体热效率，$\eta_h = 0.4~0.5$；

η ——LF 炉总效率或 LF 炉热效率，$\eta \approx \eta_e \cdot \eta_h = 0.3~0.4$，其大小与 LF 炉装备以
及控制水准有关：如钢包的状况（包衬结构、炉役期、烘烤状况等），LF 炉
热损失（包衬绝热、水冷、排烟等），短网阻抗等有关；与工艺操作水平有
关：如造渣及其操作、热停工时间及其处理周期等。

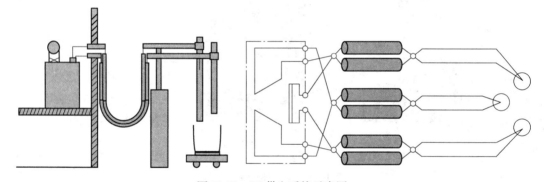

图 10-10　LF 供电系统示意图

分析上式可以看出，LF 炉变压器额定容量与处理钢水量和所需要的升温速度成正比，
与功率因数和 LF 炉热效率成反比。当处理钢水量一定时，LF 炉变压器额定容量主要是钢
水升温速度和 LF 炉热效率的函数。

（2）短网。短网是指从变压器二次出线端到电极（包括电极）的载流体的总称。通
常包括：母线排（矩形铜排或水冷铜管）、固定连接座、水冷挠性电缆、导电横臂、电极
夹持器、石墨电极。

（3）电极升降机构。电极升降机构由立柱、升降驱动机构、导电横臂、电极夹持器及
连接件等组成。它的任务是夹紧、放松、升降电极和输入电流。

1）电极立柱。钢质结构的电极立柱安装在 LF 平台上，起支撑导电横臂升降及导向作
用，它与导电横臂连接成一个 Γ 型结构。

2）电极升降驱动机构。电极升降驱动机构是带动导电横臂沿立柱上下升降的传动装
置，要求其反应灵敏、控制精度高、运行速度快速平稳。其驱动方式有电机与液压传动两
种方式。大型先进 LF 均采用液压传动，而且用大活塞油缸。

3）导电横臂。导电横臂是用来支持 LF 电极夹头和布置的二次导体，同时起向电极夹

头输电的作用。主要有铜-钢复合水冷导电横臂和铝合金水冷导电横臂两种。

4）电极夹持器（或叫卡头、夹头）。电极夹持器多用铜的或用内衬铜质的非磁性奥氏体不锈钢焊接而成，内部通水冷却。部分电极夹持器下部设有电极喷淋装置，用于降低电极表面温度，减少电极消耗，延长电极的使用寿命。电极夹持器的夹紧动作常用碟形弹簧抱紧，松开电极则是依靠气动或活塞油缸压缩碟形弹簧实现的。碟形弹簧与气缸可位于电极导电横臂内，或在电极导电横臂的上方或侧部。

5）石墨电极。石墨电极是在电弧炉或 LF 中以电弧形式释放电能对炉料进行加热熔化的导体，主要是以石油焦、针状焦为原料，煤沥青作结合剂，经煅烧、配料、混捏、压型、焙烧、石墨化、机加工而制成。LF 石墨电极消耗量主要受电极质量、通电时间、通电电流大小的影响，通电时间越长、电流越大，电极消耗越高。通常，LF 石墨电极消耗量在 0.2~0.5kg/t 钢。

（4）电极接长装置。电极接长装置用于接长、存放已经连接的石墨电极。此装置的底座为型钢焊接而成，其上由锥筒及直筒组成，直筒内壁焊有板牙条，经机加工成圆弧面。在夹紧体的圆弧面上有齿形。使用时通过扳动夹紧体上的把手，使偏心机构夹紧石墨电极。

（5）炉盖。LF 炉盖通常采用管式水冷炉盖，炉盖内层衬有耐火材料并吊挂防溅挡板，防止钢液或炉渣飞溅烧坏水冷管及防止炉盖与钢包包沿发生粘连。炉盖上设有电极孔、合金加料口、炉门以及相应的密封盖等装置。部分进行在线喂线或喷粉操作的精炼炉炉盖上还设有喂线孔或喷粉孔。根据除尘设计方式不同，有的炉盖上还设有除尘管道。炉盖下沿设置水冷裙边，可罩住钢包，增加封闭作用。

（6）炉盖提升机构。炉盖提升机构由提升液压缸、油缸支座、链轮装配、提升链条、调整螺母、连杆、同步轴等组成。炉盖提升机构安装在加热工位桥架上，通过链条、链轮和拉杆等将炉盖悬挂起来。炉盖驱动采用液压缸，靠同步轴保证炉盖升降平稳。

10.3.1.2 钢包精炼法（LF）主要功能

LF 钢包精炼炉作为炉外精炼的主要设备之一，作为初炼炉（电炉或转炉）与连铸之间的缓冲设备，可以调节初炼炉（电炉或转炉）与连铸机之间的生产节奏，保证初炼炉与连铸机之间生产节奏的匹配运行，实现多炉连浇。LF 主要可以完成如下炼钢任务：脱氧、脱硫、去除夹杂物、调整成分和调整温度。在 LF 精炼过程中，利用高温电弧将电能转化成热能，加热钢水和熔化炉渣，在良好的底吹氩搅拌和造泡沫渣实现埋弧的条件下实现渣钢间的充分反应，此过程是在强还原气氛条件下实现的白渣精炼过程[4]。

LF 的主要功能如下所述。

A 创造强还原气氛

LF 炉本身不具备真空系统，但由于钢包与炉盖密封隔离空气，优化设计除尘系统结构减少精炼时炉外空气进入炉内，实现炉内微正压操作。同时，加热时石墨电极、扩散脱氧剂、发泡剂等与渣中 FeO、MnO、Cr_2O_3 等反应生成 CO 气体，使 LF 炉内气氛中氧质量分数减至 0.5% 以下。实现强还原气氛下的脱氧、脱硫。

$$C + FeO \Longrightarrow Fe + CO$$
$$C + MnO \Longrightarrow Mn + CO$$

$$2C + WO_2 \Longrightarrow W + 2CO$$
$$5C + V_2O_5 \Longrightarrow 2V + 5CO$$
$$SiC + 3(FeO) \Longrightarrow 3[Fe] + (SiO_2) + CO$$
$$CaC_2 + 3(FeO) \Longrightarrow 3[Fe] + (CaO) + 2CO$$

B 氩气搅拌

吹气搅拌是炉外精炼的主要手段之一，LF 精炼过程中全程进行底吹氩搅拌，可以加速熔池内物质的传递、渣-钢界面的更新，并可促进熔渣形成乳化渣滴进入钢液内部从而扩大渣钢反应界面积，有利于渣-钢间脱氧、脱硫反应的进行，并促进钢液成分和温度的快速均匀。同时，吹氩搅拌还可加速夹杂物的碰撞长大、上浮被熔渣吸收，有利于夹杂物的去除。尤其是精炼后期的软吹氩过程对钢中的细小夹杂物去除非常有利，因此大部分炼钢厂都非常重视软吹氩时间及吹氩强度控制，通常在钢液面不裸露的前提下软吹氩 8min以上，部分特殊钢企业生产轴承钢时软吹氩时间达到 40min 以上（VD 或 RH 精炼后）。

C 埋弧加热

埋弧加热是电弧炉和 LF 减少辐射散热、提高热效率、保护炉衬耐火材料的有效方法。通过增加渣量使渣厚增加或添加发泡剂实现渣层厚度增加而实现 LF 精炼过程中的埋弧操作。图 10-11 是埋弧状况对热效率的影响，可以看到，实现 LF 精炼过程全程埋弧时，热效率可以得到显著提高。

D 白渣精炼

在 LF 精炼过程中，通过沉淀脱氧结合扩散脱氧可以将钢水中氧质量分数脱到小于 10×10^{-6}，采用铝粒、碳粉、碳化硅、硅铁粉等扩散脱氧剂将渣中（FeO+MnO）降到小于 1%甚至 0.5%，此时，炉渣颜色呈白色，通常称为白渣。在此强还原条件下，保持炉渣具有合适

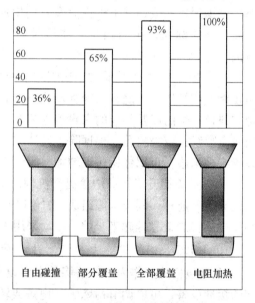

图 10-11 埋弧状况对热效率的影响

的碱度、渣量、流动性等条件后，炉渣具有较强的脱氧、脱硫和吸附夹杂物的能力，可生产出硫质量分数小于 10×10^{-6} 的超低硫管线钢等钢种。

LF 因其具有较好的电弧加热、炉渣精炼、氩气搅拌、还原精炼等特点，被配置在转炉-精炼流程、电弧炉-精炼流程、感应炉-精炼流程、AOD(VOD)-精炼流程中，因此其几乎被应用于所有钢种的精炼中，不仅被用于精炼轴承钢、超低硫管线钢、帘线钢等高洁净度钢外，还在不锈钢、超低碳钢 IF 钢（精炼时用于升温）等钢种精炼中得到了应用。

10.3.1.3 钢包精炼法（LF）生产工艺

各钢厂根据冶炼钢种及工艺需求安排设定不同的 LF 精炼工艺，典型钢厂的 LF 精炼工艺流程图如图 10-12 所示。通常情况下，盛装钢水的钢包从初炼炉运至 LF 精炼工位完成坐包后，接通底吹氩管路，开启吹气阀门，进行底吹氩搅拌，吹氩过程控制吹氩压力和氩

气流量。然后进行测温、取样，部分钢厂还进行定氧操作，测定钢中的溶解氧含量。根据钢水成分及氧含量情况，部分钢厂还进行喂线操作，喂线种类有铝线、碳线、钛线等，根据钢水成分和工艺要求选择包芯线种类、设定喂线速度和喂线量。然后将钢包车开至 LF 加热工位，降电极、通电，开始 LF 供电操作，供电过程通过调整电压和电流挡位来调节 LF 过程的输入功率，从而实现对升温速率的有效控制。通电前或通电过程中可根据钢水成分及工艺要求添加渣料（石灰、精炼渣、扩散脱氧剂、发泡剂等）、增碳剂或合金，第一次通电 3~15min 后，抬电极、断电，测温、取样，降电极、通电。通常，重复供电、加料、断电、测温、取样过程 2~5 次，至钢水成分及温度合格后，取终点样，喂钙线进行钙处理，软吹氩，最后停吹底吹氩气，断开吹氩管，吊包送至后工序。

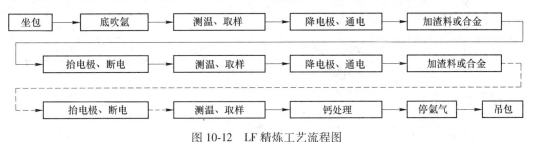

图 10-12　LF 精炼工艺流程图

10.3.1.4　钢包精炼法（LF）主要技术经济指标

LF 的主要设备参数指标见表 10-1。表 10-2 为某厂 150t LF 的主要设备技术参数指标。表 10-3 为某钢厂 LF 精炼过程操作记录表。

表 10-1　LF 的主要设备参数指标

参　数	LF 公称容量/t				
	40	60	90	100	150
钢包容量/t	35~45	55~65	80~100	80~120	130~170
钢包直径/mm	2900	3150	3300	3500	3900
钢包高度/mm	2300	3000	4300	4800	4850
电极直径/mm	350	350	350	400	450
极心圆直径/mm	650	650	710	750	750
变压器容量/kV·A	6000	10000	15000	16000	25000
加热速率/℃·min^{-1}	3~5	3~5	3~5	3~5	3~5
钢包自由空间/mm	300~700	300~1000	300~1000	300~1000	300~1000
处理周期/min	30~90	30~90	30~90	30~90	30~90
透气砖/块	1	1	1~2	1~2	1~2
最大底吹气体流量（标态）/L·min^{-1}	400	400	400	400	400
底吹气体压力/MPa	0.4~1.5	0.4~1.5	0.5~1.5	0.5~1.6	0.6~1.6

表 10-2　某厂 150t LF 主要技术参数

序 号	项 目	单 位	参 数
1	正常炉子容量	t	150
2	最小钢水处理量	t	125
3	钢包净空高度	mm	300~500
4	电极直径	mm	457±2
5	加热速度	℃/min	4~5
6	变压器容量	MV·A	28
7	最大电极电流	kA	45
8	处理时间	min	25~40
9	炉盖提升速度	m/s	0.04
10	炉盖提升行程	mm	600
11	电极提升速度	m/s	0.15
12	电极提升行程	mm	2900
13	电极响应时间	ms	300
14	极心圆直径	mm	750
15	观察孔尺寸	mm×mm	500×700
16	钢包透气砖数量	个	1
17	变压器二次电压	V	231~380
18	变压器二次电压级数	级	13
19	顶枪提升行程	m	5.5
20	氩气压力	MPa	0.6~1.2
21	顶枪长度	mm	5490

表 10-3　某钢厂 LF 精炼过程操作记录表

炉号	钢种	钢包号	包龄/炉	班组	记录人	日期

钢水量 /t	冶炼周期/min	送电时间/min	电耗/kW·h	到站温度/℃	出站温度/℃

合金料消耗 /kg	高碳锰铁	中碳锰铁	低碳锰铁	硅铁	硅锰	钛铁
	高碳铬铁	中碳铬铁	钒钛	钼铁	铌铁	

包芯线 /m	铝线	硅钙线	纯钙线	碳线	硫线

造渣材料 /kg	石灰	预熔渣	碳化硅	发泡剂	萤石	电石

取样位置	钢的成分										
	C	Si	Mn	P	S	Ti	Als	Al$_T$	Cr	V	Nb
LF 到位											
LF1											
LF2											
LF 出站											
成品											

时间	操作	取样	温度 /℃	备注

　　LF 生产技术经济指标主要包括冶炼过程指标和总体消耗指标两类，通常冶炼过程工艺指标主要指与冶炼时间相关的过程所有操作指标，具体记录 LF 冶炼过程某一时刻的主要操作内容或某操作所处的状态。包括：与供电制度相关的指标：当前供电所用的电压挡位、电流挡位、通电时间、断电时间、电耗等；与吹氩制度有关的指标：吹氩压力、流量、吹氩时间、停氩时间；与脱氧制度有关的指标：某脱氧剂加入量、加入时间；与造渣制度有关的指标：某渣料加入量、加入时间等；与成分微调有关的指标：某合金加入量、加入时间。从冶炼工艺角度讲，上述参数作为主要的技术参数。还有一些标志 LF 所处运行状态的指标：如炉盖冷却水压力、流量，除尘风机开启状态等过程运行或辅助设备参数不列入炼钢工艺过程参数中。

　　LF 总体消耗指标即完成某炉钢精炼全过程的电耗、氩气、合金及造渣材料消耗等，对某一特定钢厂的特定 LF 来说，通常使用冶炼周期内的总耗量。但进行数据统计或指标对比时，一般使用吨钢耗量指标，具体常用的主要的统计指标包括：通电时间（min）、电耗（kW·h/t）、电极消耗（kg/t）、冶炼周期（min）、吹氩时间（min）、软吹时间（min）、氩气耗量（m³/t）、脱氧剂及合金耗量（kg/t）（如铝耗量、硅铁耗量、锰铁耗量、钙线量等）、造渣材料耗量（kg/t）（如石灰耗量、萤石耗量、精炼渣耗量、碳化硅耗量、发泡剂耗量等）。

10.3.2　循环真空脱气法（RH）主要设备及功能

10.3.2.1　循环真空脱气法（RH）主要设备

RH 称为循环式真空脱气或环流式真空脱气法，是 1957 年由西德鲁尔（Ruhrstahl）公司和海罗尔斯公司（Heraeus）共同设计的真空精炼设备，其设备示意图如图 10-13 所示[5]。

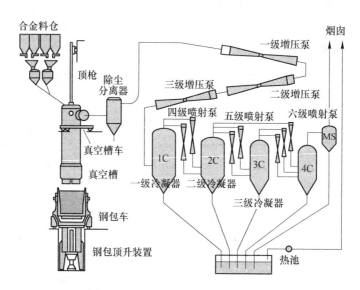

图 10-13　RH 真空循环脱气法设备示意图

A　钢包顶升系统

钢包顶升系统是实现 RH 环流管插入熔池液面下的机械结构系统，一般包括液压站、顶升油缸及升降框架，其示意图如图 10-14 所示。当钢包车将盛装钢水的钢包运达 RH 真空处理工位后，启动钢包车上的液压装置钢包托盘托起钢包将钢包顶升至 RH 处理所需的高度位置，保证 RH 环流管插入熔池液面深度符合精炼工艺要求。RH 真空处理结束后钢包和钢包托盘降落到钢包台车上。升降设备安装在真空槽下方的地坑内。升降框架由液压缸驱动沿导轨上下运动。

B　真空室（脱气室）

脱气室是 RH 本体的主要工作部分，是冶金反应的容器，RH 的主要化学反应都在真空室内进行。其形状为圆桶形，分上、中、下部槽、浸渍管，顶部通过热弯管与气

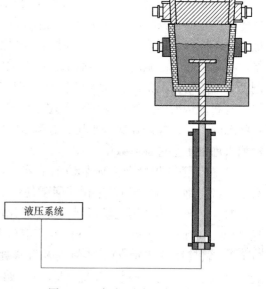

图 10-14　钢包顶升系统示意图

体冷却器相连（真空系统），通过合金翻板阀与加料系统相连，真空室底部接两环流管（也叫浸渍管或插入管），其中一个为上升管，一个为下降管。上升管一般配置两层共 12 根提升气体管。真空室的所有部件采用焊接钢板结构，真空室底部和中部用夹紧螺栓固定在一起。真空室顶部法兰借助重力与相对应的法兰连接。所有法兰连接处均用橡胶圈密封。真空室工作衬砖采用镁铬质耐火材料砌筑。真空室按制造形式可分为整体式和分体式，示意图如图 10-15 所示，分体式真空室下部槽耐火材料可单独更换，利于维修作业。脱气室按结构形式还可分为以下三类：脱气室旋转升降式、脱气室固定式、脱气室垂直运动式。RH 装置耐材砌筑图见图 10-16。

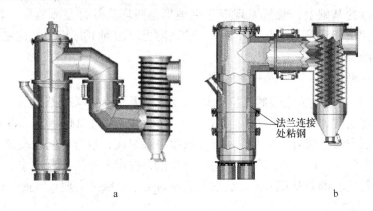

图 10-15　真空室的结构形式

a—整体式；b—分体式

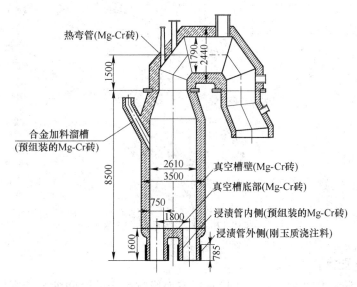

图 10-16　RH 各部分耐材示意图

（1）脱气室旋转升降式。它的特点是占地少，操作起来较灵活，也便于降下脱气室进行修理和预热。其缺点是其活动部件较多，因此产生故障的可能性多，特别是活动接头的密封易出问题，此外是其合金加入量和种类也受限制。

（2）脱气室固定式。它的特点是真空泵管线和加料机构与脱气室是固定连接，结构简单、可靠，但采用液压缸，提升高度可能受到限制。

（3）脱气室垂直运动式（也称上动式）。它的特点是用钢丝绳卷扬机升降脱气室，真空泵管线和合金加料机构用铰接件与脱气室连接，适用于处理容量大的场合。缺点是要求的建筑高度很大或必须建造盛钢桶运输车的地坑。

这里主要参数是环流管内径、吹气方式和深度、脱气室内径及高度，它们直接影响到其工作性能如环流量、混合特性、停留时间、脱气表面积，还涉及处理钢液的喷溅等问题。

在多年实践的基础上，脱气室现都为圆桶形，两环流管都是垂直的，便于制造和安装，还能互换使用，延长工作寿命。脱气室的高度也增加到 10m 以上，这主要考虑到处理未脱氧钢的喷溅。

C　真空系统

RH 真空系统由连接脱气室的真空管道和真空泵系统及有关仪表组成，如图 10-17 所示。真空泵系统通常为蒸汽喷射泵，抽气能力在 66.6Pa 时为 200～400kg/h 或更大，随处理容量而定。真空泵系统通常由四到六级蒸汽喷射泵组成，带有中间冷凝器和末级冷凝器及真空压力调节装置。冷凝器的作用是将前级喷射泵排出的蒸汽冷凝成水，以提高后级喷射泵的效率。目前，部分新建 RH 真空系统也开始采用机械泵实现真空抽气过程。

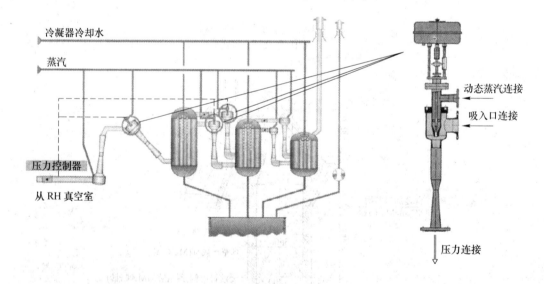

图 10-17　RH 真空系统示意图

D　真空室更换台车系统

为提高 RH 设备作业率，将因更换真空室而影响生产的时间缩为最短，一般 RH 系统中还包含一到两台真空室更换台车，以便实现真空室的快速更换。

E　加热装置

加热装置的作用是对脱气室进行预热，以延长耐火材料寿命，防止粘冷钢并减少处理过程中钢液的温度降。有煤气（或天然气）加热方式和电阻加热方式，现在常用煤气加热系统。煤气加热系统主要由煤气烧嘴、烧嘴盖及其升降机构、阀门组、控制系统等组成。为了能快速更换真空室，在每个待机位置均装有一个煤气烧嘴加热系统，使真空室耐火砖的表面温度保持在 1400℃左右。

F　加料系统

RH 精炼过程需要在真空条件下添加脱氧剂、合金等调整钢液成分和温度，其炉顶料仓是与 RH 真空室同时被进行抽真空，在真空下通过真空振动给料器及真空闸阀向真空室内加入物料[6]。真空料仓结构示意图见图 10-18。

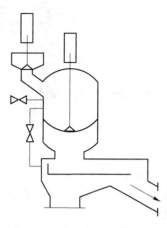

图 10-18　真空料仓结构示意图

G　顶枪系统

RH 顶枪系统是向 RH 真空室内氧气或粉剂的输送系统，分成氧枪和喷粉两种[7]。大多数 RH 均有氧枪系统，少数 RH 同时还拥有喷粉系统。氧枪系统主要由水冷氧枪、氧枪升降装置、氧枪孔密封装置、氧枪冷却水系统、氧枪供气系统、真空吹氧设备控制系统、阀门组等组成。目前主要有 KTB（KAWASAKI-Top Oxygen Blowing Degassing）、MESSID 和 MFB 三种类型。顶枪的主要功能综合为：强制脱碳、缩短脱碳时间、加铝吹氧升温、真空室加热、消除真空室结瘤等。

（1）氧枪。氧枪是向 RH 真空室内吹入氧气和惰性气体输送装置，其示意图如图 10-19 所示。一般采用三重管结构，循环水冷却，喷头为铜质，枪身为无缝钢管。

（2）氧枪升降装置。氧枪升降装置由马达经减速机驱动环形辊子链，带动连接在辊子链上的氧枪座升降，由编码器式氧枪升降装置检测器检测氧枪枪位。其示意图如图 10-20 所示。

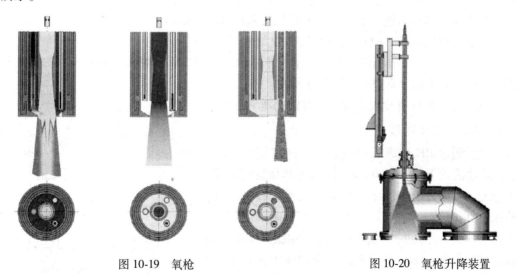

图 10-19　氧枪　　　　　　　　　　　　　　图 10-20　氧枪升降装置

（3）氧枪的密封系统。氧枪的密封系统设在真空室顶盖上的枪孔用管座上，由氮封装置、刮板、真空密封盖、氧枪后退（待机）时的盲盖、密封盖和盲盖旋转装置以及配管等组成。氧枪的密封系统典型实例示意图如图 10-21 所示。

图 10-21 氧枪的密封系统示意图

硅橡胶套充氮密封环是在氧枪运动时，将硅橡胶套内氮气放出，硅橡胶套收缩，使氧枪体和硅橡胶之间有一小缝隙；而当氧枪静止时，则充氮气，使硅橡胶套抱住氧枪体，使之密封。

格兰德密封为粗密封，它和氧枪之间有一个小缝隙。当氧枪运动时，硅橡胶套密封不起密封作用时，靠格兰德密封。格兰德密封件和氧枪体之间有一小缝隙，有少量气体经过此缝隙进入真空室内，但不会对真空度产生明显影响。

氮封装置是当氧枪提出真空室时，为了防止热气上升，烧坏密封件（压盖填料和膨胀密封），而送氮气，封住氧枪口。

当氧枪抽出真空室后，立即用盲盖将氧枪孔盖住，并保证真空的密封，并可以继续投入生产。

（4）刮渣器。氧枪刮渣器能将粘在氧枪上的残钢、残渣刮掉。其作用在于保护密封件，并保证氧枪和密封件之间良好接触，从而起到密封作用。

（5）氧枪冷却水系统。氧枪一般采用三层循环水冷却结构。

（6）氧枪供气系统。氧枪供气系统由供给氧气、氮气、氩气以及压缩空气等管网组成。氧气为吹氧脱碳和升温用。氮气为氧枪不供氧气时保护氧枪喷头，不受飞溅的钢液和钢渣黏附以及氧枪抽出真空室时密封住枪孔。

10.3.2.2 循环真空脱气法（RH）的生产工艺

A RH 真空循环原理

当钢包到达 RH 处理工位后，顶升钢包使两环流管下端插入熔池液面下 $200 \sim 500mm$，使钢包和真空室形成一个密闭系统，然后开启真空泵，真空室内形成真空，真空室内的压力由 p_0 降到 p 时，处于大气压 p_0 下的钢液将沿两支插入管上升到一定高度，见图 10-22。钢液上升的高度取决于真空室内外的压差。此时若以一定的压力 p 和流量 V 从上升管耐火材料内预埋的吹气管内向一支插入管（习惯上称上升管）吹入惰性气体，因为吹入气体的温度由室温迅速上升到钢液温度，环境压力降低（吹气压力大于上升管内壁气体出口处压力），且其与钢液构成的气液混合物密度

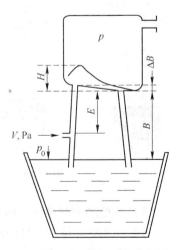

图 10-22 RH 循环原理示意图

降低，气体体积急剧膨胀上浮，从而对上升管内的钢液产生向上的推力，使气液混合物以一定的速度向上运动并喷入真空室内。由于真空槽内真空度较高（约 5mbar 以下）且熔池较浅，钢液中的气体逸出，钢液则沉积在真空室底部形成一定深度的熔池。熔池底部脱气后的钢液在重力的作用下沿下降管进入钢包，与钢包内的钢液混合。这样，通过在上升管连续不断吹入气体，上述钢液的流动循环过程不断进行，在上升管和下降管之间形成钢水循环，使脱气过程连续进行。

　　B　RH 冶金功能及处理效果[8]

RH 设计之初是为了解决钢液脱氢问题，然而，随着解决一系列炉外精炼任务的需要，它已经发展成为能够脱碳、脱硫、脱磷、脱氧和去除夹杂物以及升温、调整成分等的多功能精炼设备，并在超纯净钢和超低碳深冲钢的生产方面发挥着日益重要的作用。表 10-4 为 RH 真空设备的主要发展概况，表 10-5 为现代 RH 精炼方法与其他精炼方法的比较。可见，目前，大部分 RH 均配备了真空室内的氧枪（TB、OB、KTB、MFB 等），具备了 OB 加铝吹氧升温能力。

　　现代 RH 冶金功能及效果：

（1）脱 H：$w[H]<2×10^{-6}$；

（2）脱 N：N 易形成氮化物，且受表面活性元素影响，RH 脱氮效率较低，可达到 0 ~ 40%、$w[N]≤20×10^{-6}$；

（3）脱 O：可生产 T.$w[O]≤10×10^{-6}$ 的超纯净钢；

（4）脱 C：处理 10 ~ 20min，可生产 $w[C]<20×10^{-6}$ 超低碳钢；

（5）脱 P、S：脱硫率 10% ~ 75%，可生产最低 $w[S]<10×10^{-6}$ 超低硫钢；喷粉脱 P，可生产 $w[P]≤20×10^{-6}$ 超低磷钢；

（6）减少非金属夹杂物：改善钢水纯净度，使 <5μm 的夹杂物达到 95% 以上；

（7）成分微调：合金元素控制精度为 ±0.003% ~ 0.010%；

（8）升温：加铝吹氧提温，钢水最大升温速度可达 8℃/min。

表 10-4　RH 真空处理方法发展概况

代号	（1）	（2）	（3）	（4）	（5）
型号	RH	RH-OB	RH-KTB	RH-PB	RH-KPB
代号意义	Ruhrstahl Heraeus 真空循环脱气法	RH-Oxygen Blowing Degassing process 带升温的真空脱气	RH-Kawasaki Top Blowing 川崎顶吹氧 真空脱气法	RH-Power Blowing （Injection） 循环脱气-喷粉	RH-Kawasaki Top Power Blowing 循环脱气-喷粉
开发年代 国别	1959 年德国 （蒂森公司）	1978 年日本 （新日铁）	1988 年日本 （川崎）	1985 年日本 （新日铁）	1989 年日本 （川崎）
主要功能	真空脱气（H） 减少杂质，均匀成分、温度	同（1）功能并 加热钢水	同（1）功能并 可加速脱碳的补偿 热损失	同（1）功能， 并可喷粉脱硫、磷	同（1）功能 并可喷粉脱 硫、磷

代号	(1)	(2)	(3)	(4)	(5)
处理效果	$w[H]<2\times10^{-6}$，去氢率 50%~80%；$w[N]<40\times10^{-6}$，去氮率 15%~25%；$T.w[O]=20\times10^{-6}\sim40\times10^{-6}$，减少夹杂物 65% 以上	同 (1)，且可使处理终点 $w[C]\leqslant35\times10^{-6}$	$w[H]<1.5\times10^{-6}$ $w[N]<40\times10^{-6}$ $w[O]<30\times10^{-6}$ $w[C]<20\times10^{-6}$	$w[H]<1.5\times10^{-6}$ $w[N]<40\times10^{-6}$ $w[C]<30\times10^{-6}$ $w[S]<10\times10^{-6}$ $w[P]<20\times10^{-6}$	尚未实现工业化，未见相应数据报道
适用钢种	特别对含氢量要求严格的钢种。主要是低碳薄板钢、超低碳深冲钢、厚板钢、硅钢及轴承钢和重轨钢等	同 (1)，还可生产不锈钢。多用于超低碳钢的处理	同 (1)，多用于超低碳钢、IF 钢及硅钢的处理	同 (1)，主要用于超低硫、磷钢，薄板钢等的处理	同 (1)，预计主要用于超低硫、磷钢等的处理
备注	原为钢水脱氢开发，短时间可使 [H] 降低到远低于白点敏感极限以下	为钢水升温而开发	快速脱碳达到超低碳范围，二次燃烧可补偿处理过程中的热损失	可同时脱硫、脱磷，PB 是从 OB 管喷入，I 是指插入盛钢桶	从 KTB 顶枪在适当时刻向真空室喷粉

表 10-5 现代 RH 精炼方法与其他精炼方法的比较

项 目	现代 RH	传统 RH	VD	VOD	真空罐钢包炉	真空钢包炉
碳含量 /$\times10^{-6}$	≤15	≤20	0.05~1.0	≤50	30~40	40~50
最大脱碳速率/% · min^{-1}	0.35	0.1~0.15	0	0.20	0.08	0.09
脱碳时间 /min	<13	<15	无脱碳功能	40~50	15~20	20
脱氢能力 /$\times10^{-6}$	≤1.0	≤1.5	≤2.0	≤2.0	≤2.0	≤2.0
钢中 T.O /$\times10^{-6}$	≤15	≤25	≤10	≤30	≤30	≤30
脱硫率 /%	40~60	0	80~90	80~90	70~85	80~90
化学加热	有	无	无	有	无	无
相对投资成本	1	0.8~0.9	0.5~0.6	0.6~0.7	0.4~0.5	0.3~0.4
相对操作成本	1.1	1.2	1.0	1.2	0.9	0.8

C RH 真空精炼生产工艺

图 10-23 是 RH 真空精炼工艺流程图及某 300t RH 真空精炼超低碳钢的处理模式。RH

钢包台车在受包位接收由行车吊来的待处理钢水，受包后钢包台车开到保温剂投入位，加入铝渣，或直接开至真空槽下方的处理位置，由人工判定钢液面高度，随后顶升钢包至预定高度。进行测温、取样、定氧及测渣层厚度等操作。钢包被液压缸继续顶升，将真空槽的浸渍管完全浸入钢液，真空阀打开，真空泵启动。各级真空泵根据预先设定的抽气曲线进行工作。真空脱氢处理：在规定时间及规定低压条件下持续进行循环脱气操作，以达到脱氢的目标值。真空脱碳处理（低碳或超低碳等级钢水）：循环脱气将持续一定时间以达到脱碳的目标值。在脱碳过程中，钢水中的碳和氧反应形成一氧化碳并通过真空泵排出。如钢中氧含量不够，可通过顶枪吹氧提供氧气。脱碳结束时，钢水通过加铝进行脱氧。钢水脱氧后，合金料通过真空加料系统加入真空槽。对钢水进行测温、定氧和确定化学成分。钢水处理完毕，真空阀关闭，真空泵系统依次停泵，同时真空槽复压，重新处于大气压状态，钢包下降至钢包台车。上升浸渍管自动由吹氩切换为吹氮。钢包台车开至加保温剂工位，吹氩喂丝并投入保温剂。钢包台车开到钢水接收跨，行车把钢包调运至连铸大包回转台。

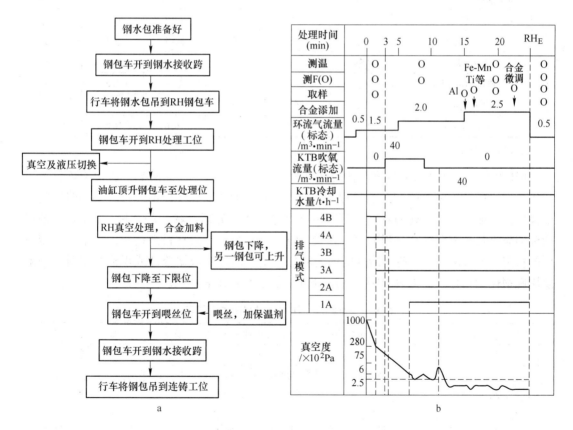

图 10-23　RH 真空精炼工艺流程及处理模式示例及某 300t RH 真空精炼超低碳钢的处理模式

a—RH 精炼工艺；b—某 300t RH 真空精炼超低碳钢的处理模式

10.3.2.3　真空循环脱气法（RH）主要技术经济指标

典型 RH 设备的主要参数指标见表 10-6。

表 10-6 典型 RH 设备的主要参数

比较项目		富山 4 号 250t RH-PB	宝钢 3 号 275t RH-KTB	宝钢 2 号 300t RH-MESED	邯钢 300t RH	武钢 2 号 300t RH	宝钢 5 号 275t RH
生产产品		硅钢、IF 钢	硅钢、IF 钢、管线钢	IF 钢、管线钢	IF 钢、管线钢	IF 钢、管线钢	硅钢、IF 钢、管线钢
真空室	外径/mm		3500	3500	3200	3250	3500
	内径/mm	2218	2610	2584	2334	2400	2584
	耐材厚度/mm		420	433	433	400	433
	耐材工作层/mm		250	250	250	250	250
浸渍管	外径/mm		1490	1490	1414	1370	1490
	内径/mm	600	750	750	750	700	750
	耐材厚度/mm		370	370	375	335	370
环流气体流量（标态)/m³·min⁻¹		5	max 3.5	3.5	4	4	2.5
环流速度/t·min⁻¹		190.4	227.4	227.4	239	218	203.3
每分钟环流量/钢水总量/%		76.2	73.9	71.8	79.7	70.27	73.9
真空泵	级数	六级	四级	四级	四级	五级	五级
	0.5Torr 时能力/kg·h⁻¹	1500	1000	1000	1000	1000	1200
	到 0.5Torr 时间/min	3.5	3.5	3.5	3.5	3.5	3.5
	蒸汽耗量/t·h⁻¹	36	36	36	36	36	36
	水耗量/cm³·h⁻¹	1630	1630	1630	1630	1630	1630

注：1Torr = 133.322Pa。

RH 生产技术经济指标主要包括冶炼过程指标和总体消耗指标两类，通常冶炼过程工艺指标主要指与冶炼时间相关的过程所有操作指标，具体记录 RH 冶炼过程某一时刻的主要操作内容或某操作所处的状态。还有一些标志 RH 所处运行状态的指标。RH 总体消耗指标即完成某炉钢精炼全过程的蒸汽耗量、氩气、合金及造渣材料消耗等，对某一特定钢厂的特定 RH 来说，通常使用冶炼周期内的总耗量。但进行数据统计或指标对比时，一般使用吨钢耗量指标，详见表 10-7 某钢厂 RH 冶炼过程记录表示例。

表 10-7 某钢厂 RH 精炼过程操作记录表

炉号	钢种	钢包号	包龄/炉	下部槽/次	插入管/次	班组	记录人	日期

钢水量/t	冶炼周期/min	真空时间/min	O₂耗（标态)/m³	Ar 耗（标态)/m³		到站温度/℃	出站温度/℃

材料消耗	中碳锰铁/kg	低碳锰铁/kg	金属锰/kg	硅铁/kg	硅锰/kg	钛铁/kg
	中碳铬铁/kg	钒铁/kg	钼铁/kg	铌铁/kg	铝/kg	镍/kg
	石灰/kg	改质剂/kg	取样器/个	测温头/个	定氧探头/个	覆盖剂/kg

取样位置	钢的成分										
	C	Si	Mn	P	S	Ti	Als	Al$_T$	Cr	V	Nb
RH 到位											
RH1											
RH2											
RH 出站											
成品											

时间	操作	取样	温度 /℃	真空度	备注

10.3.3 钢包吹氩搅拌法（CAS）主要设备及功能

10.3.3.1 钢包吹氩搅拌法（CAS）主要设备

CAS 法（Composition Adjustment by Sealed Argon Bubbling）即密封吹氩合金成分调整法是 1975 年由日本新日铁八幡厂发明的一种炉外精炼方法[9]。在 CAS 处理法的基础上，新日铁公司开发了 CAS-OB 法（Composition Adjustment by Sealed Argon Bubbing-Oxygen Blowing），示意图见图 10-24。

CAS-OB 法设备包括：浸渍罩及其升降装置、氧枪及其支撑升降系统、合金加料系统、除尘系统、破渣取样测温系统、底吹氩系统、浸渍罩清渣装置等。

（1）CAS-OB 浸渍罩。CAS-OB 法浸渍罩用于罩住钢水表面因钢包底吹氩形成的无渣区，使浸渍罩内的钢水基本上与大气隔离，并使加入的合金与炉渣隔离。为铝、硅氧化反应提供必要的缓冲和反应空间，同时容纳上浮的搅拌氩气，提供氩气保护空间，从而在微调成分时，减少合金损失，提高合金收得率。浸渍罩

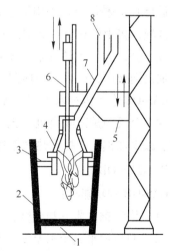

图 10-24 CAS-OB 设备示意图
1—透气砖；2—钢包；3—渣；4—浸渍罩；
5—浸渍罩升降机构；6—氧枪；
7—合金料斜槽；8—排气口

在钢包上方的位置应能基本笼罩全部上浮氩气泡，并应与包壁保持适当的距离，而且必须能够耐高温、局部过热、急冷急热、钢水冲刷、底吹气搅拌、精炼渣的侵蚀等。浸渍罩可分成永久段与消耗段，两段之间用法兰连接，如图 10-25 所示。整个浸渍罩固定在升降机

构上并与合金料下料管及除尘烟道相连接。
浸渍罩上部永久段为铸钢结构，内衬耐火材
料，下部消耗段是以焊接或铸钢为骨架，内
外均衬耐火材料。耐火材料为高铝质不定形
材料，一般 $Al_2O_3 > 70\%$，通常浸入钢水深度
为 200~300mm，使用寿命为 65~100 次。

（2）CAS-OB 氧枪。CAS-OB 的氧枪为消
耗型氧枪，由双层不锈钢管组成，外衬高铝
质耐火材料。两层不锈钢管间隙 2~3mm，内
管用于吹氧气，压力约 0.5~0.6MPa。外管
通氩气冷却，一般氩气耗量约为氧量的 10%。
吹氧操作开始，氧枪下降至距钢液面为 200~
300mm，根据升温量和加铝量确定吹氧时间
和吹氧量，一般吹氧时间 3~5min，加铝后升
温速度可达 5~10℃/min。吹氧过程会造成氧
枪烧损，烧损速率约为 50mm/次，氧枪寿命
20~30 次。

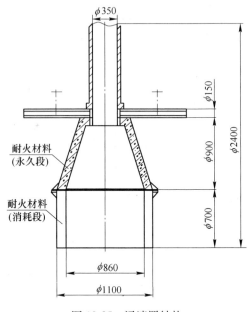

图 10-25　浸渍罩结构

10.3.3.2　CAS-OB 工艺

A　CAS-OB 工作原理

进行 CAS 精炼时，利用钢包底部透气砖底吹氩气排开钢包顶渣，在钢液表面形成一个
无渣区域，将由耐火材料保护的浸渍罩插入钢包内吹氩口的上方，使浸渍罩内部钢水表面
少渣或无渣，然后在罩内加入合金进行微合金化。当需要对钢液升温时，将铝或硅从浸渍
罩内加入钢液中，然后利用顶部氧枪顶吹氧，利用铝或硅氧化反应放出的化学热对钢液加
热。CAS-OB 在罩内相对密闭且无渣的空间内，形成低（或无）氧化性的氩气气氛，加入
炉内的合金既与炉渣隔离也与大气隔离，从而减小合金损失，稳定合金收得率。也为 OB
升温、减少热损失、提高热效率提供了良好条件[10]。

B　CAS-OB 功能

CAS-OB 的功能有：

（1）均匀钢水成分和温度；

（2）调整钢水成分和温度（加铝吹氧升温或加废钢降温）；

（3）提高合金收得率（特别是铝）；

（4）净化钢水，去除夹杂物。

C　CAS-OB 工艺流程

图 10-26 为 CAS-OB 的典型工艺流程图。通常，CAS-OB 操作的主要工艺流程为：钢包
车从出钢线开出→精炼跨接收包位→CAS-OB 就位→底吹氩→取样、测温、定氧→浸渍罩
下降（氧枪下降）→（加铝、吹氧升温）→合金化（氧枪上升）→取样测温→浸渍罩上
升→喂丝→软吹→测温→投入保温剂→钢包车开至钢水接收跨吊包工位→连铸。

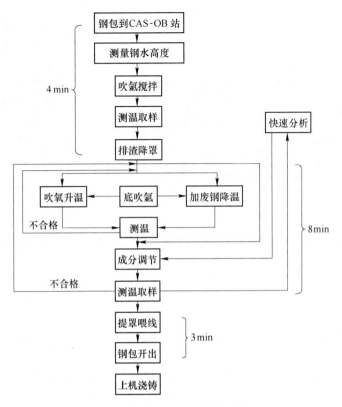

图 10-26 CAS-OB 工艺流程图

a 吹氩排渣

在 CAS-OB 操作过程中，吹氩排渣效果对精炼效果、合金收得率等产生较大影响。排渣效果（裸露钢水面积）主要与渣层厚度、渣黏度和底吹氩气流量等因素有关。

一般钢包底吹氩气熔池搅拌计算公式为：

$$E = 28.5QT\lg(1+H/1.48)/W \tag{10-2}$$

式中，E 为比搅拌能，W/t；Q 为底吹氩气流量，$\times 60 m^3/h$；T 为钢水温度，K；W 为钢水量，t；H 为钢水高度，m。

熔池混匀时间：

$$\tau = 800E^{-0.4} \tag{10-3}$$

在有浸罩的情况下，底吹熔池均匀混合时间不仅与底吹氩气流量有关，而且与浸罩浸入钢水的深度有关。

式（10-4）是从冷态实验结果中导出的 30t CAS-OB 设备在 $h/H = 0.035 \sim 0.14$ 范围内的底吹搅拌计算公式：

$$\tau_{CAS} = -38+1537Q-0.4(h/H)\times 0.5 \tag{10-4}$$

式中，τ_{CAS} 为 CAS-OB 熔池混匀时间，s；h 为浸罩浸入深度，mm。

图 10-27 为冷态实验条件下测定的吹气量和插入深度对 CAS-OB 混匀时间的影响。可以看出，降低浸罩浸入深度和提高底吹氩气流量均可加快熔池混合速度。

图 10-28 是吹氩排渣示意图。氩气从底吹透气砖吹入钢包熔池后，其最大排渣直径可以用式（10-5）表示。

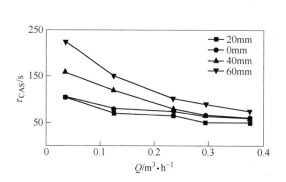

图 10-27　底吹氩气流量对 CAS-OB 混匀时间的影响

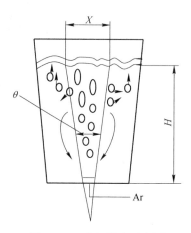

图 10-28　吹氩排渣示意图

底吹氩气的扩张宽度，即最大排渣直径为：

$$X = 2H\tan(\theta/2) + d \qquad (10\text{-}5)$$

式中，X 为最大排渣直径，m；H 为熔池深度，m；θ 为底吹氩气流股扩张角，(°)；d 为底吹透气砖直径，m。

图 10-29 为底吹排渣效果实验结果。可以看出，在底吹排渣过程中，随着底吹氩气流量 Q 的增加，排渣面积增大，但当底吹氩气流量达到一定值后，进一步提高底吹氩气流量，其排渣效果变化不大。

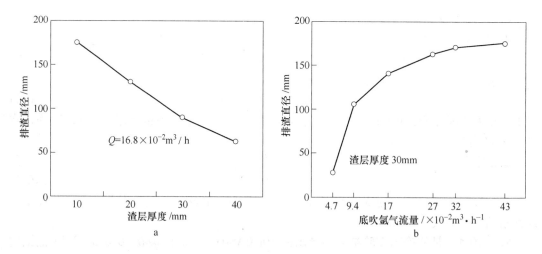

图 10-29　底吹氩气流量及渣层厚度对吹氩排渣效果的影响

b　CAS-OB 升温

CAS-OB 升温主要加铝或硅，然后吹氧利用式（10-6）或式（10-7）的放热反应对熔池升温。

$$2Al + 3/2O_2 \Longrightarrow Al_2O_3 \qquad \Delta H_{Al} = 30932 J/kg \qquad (10\text{-}6)$$

$$Si + O_2 \Longrightarrow SiO_2 \qquad \Delta H_{Si} = 29260 J/kg \qquad (10\text{-}7)$$

由式（10-6）、式（10-7）可知，理论上 1kg 铝可使 1t 钢水温度升高 35℃；1kg 硅使 1t 钢水温度升高 33℃。对于通常采用的 75 号硅铁，1kg 硅铁使 1t 钢水温度升高 23℃。由于一般 CAS-OB 设备的热效率为 70%~85%，实际上 1kg 铝可使 1t 钢水温度升高 25~30℃。

根据式（10-6）可计算出 CAS-OB 升温时，理论上 O_2 与 Al 的比值为 $0.62m^3/kg$，而在实际生产中，由于氧气要与钢水中的部分硅、锰发生反应并且氧气会从废气中跑掉，因此根据处理钢种的不同，应将 O_2：Al 控制在 $0.7~1.0m^3/kg$ 之间，而供氧强度和加铝的速度可根据式（10-8）升温速度而定。即：

$$Q = k(dT/dt)C_{O_2/Al}W/[\Delta H/(c_P M)\eta] \tag{10-8}$$

式中，dT/dt 为升温速度，K/min；k 为修正系数；$C_{O_2/Al}$ 为实际氧铝比；ΔH 为 Al 氧化反应热；c_P 为钢水的比定压热容；η 为热效率；M 为 1000kg 钢水。

10.3.3.3 CAS-OB 主要技术经济指标

典型 CAS-OB 设备的主要参数指标见表 10-8。CAS-OB 冶炼过程记录见表 10-9。

表 10-8 典型 CAS-OB 设备的主要参数

处理能力	钢包内径	浸渍管/mm				氧枪		
		外径	内径	耐材厚度	插入深度	行程	长度	内径

表 10-9 某钢厂 CAS-OB 精炼过程操作记录表

炉号	钢种	钢包号	包龄/炉	浸渍罩/次	班组	记录人	日期

钢水量/t	冶炼周期/min	吹氧时间/min	O_2耗（标态）/m^3	Ar耗（标态）/m^3	到站温度/℃	出站温度/℃

材料消耗	中碳锰铁/kg	低碳锰铁/kg	金属锰/kg	硅铁/kg	硅锰/kg	钛铁/kg
	中碳铬铁/kg	钒铁/kg	钼铁/kg	铌铁/kg	铝/kg	镍/kg
	石灰/kg	取样器/个	测温头/个	定氧探头/个		

取样位置	钢的成分										
	C	Si	Mn	P	S	Ti	Als	Al_T	Cr	V	Nb
CAS 到位											
CAS1											
CAS2											
CAS3											

取样位置	钢的成分										
	C	Si	Mn	P	S	Ti	Als	Al_T	Cr	V	Nb
CAS 出站											
成品											

时间	操作	取样	温度/℃	备注

10.3.4　真空脱气法（VD）

真空钢包处理或精炼方法很多。早年德国波鸿厂采用一种静态脱气装置，将钢包置于真空室内进行脱气，效果不明显。美国芬克尔公司（A. Finkl & Sons）将简单的钢包吹氩与真空脱气相结合，形成一种钢包真空处理方法，定名芬克尔法，也常称 VD 法（Vacuum Degassing），见图 10-30。在真空状态下吹氩搅拌钢液，一方面增加了钢液与真空的接触面积，另一方面从包底上浮的氩气泡吸收钢液内溶解的气体，加强了真空脱气效果，脱氢率可达到 42%~78%，同时上浮的氩气泡还能黏附非金属夹杂物，促使夹杂物从钢

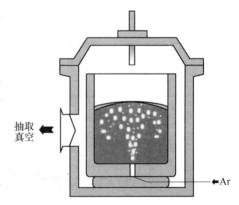

抽取真空

Ar

图 10-30　VD 真空处理示意图

液内排除，使钢的纯净度提高，清除钢的白点和发纹缺陷。

VD 真空精炼工艺与 RH 循环真空精炼工艺开发成功几乎同步，在 20 世纪 70~90 年代逐步发展完善[11]。与 RH 真空精炼相比，VD 设备投资低 30% 以上，在欧、美许多钢厂（特别是电炉流程钢厂）应用得较广泛。由于 VD 投资少，90 年代国内许多钢厂陆续选用 VD 精炼工艺。近年来，许多钢厂认识到 VD 精炼在超低碳钢深脱碳效率和在非金属夹杂物控制方面的不足，绝大多数钢厂新建真空精炼选择了 RH 工艺，适于生产超低碳钢、特殊钢棒线材等。

10.3.4.1　真空脱气法（VD）主要设备

VD 真空精炼设备主要由真空罐、真空罐盖、抽气系统和钢包组成。图 10-31 为某钢厂 VD 真空精炼吊罐作业。

A 真空罐

真空罐体是 VD 精炼炉的重要组成部分，是 VD 精炼过程中放置钢包的容器，与真空罐盖一起组成一个庞大的真空密闭空间，见图 10-31。真空罐体采用圆筒形壳体形式，一般采用平底结构。真空罐体和罐盖的密封需要密封圈，密封圈通常安装于燕尾形密封槽内。罐壁底部设有事故流管，端部采用铝板封，用以漏钢事故时钢水的排放，流出的钢水流入两罐中间的事故坑，两罐底各设有两个测温热电偶，用以漏钢预报。

图 10-31 VD 真空装置

B 真空罐盖车

用于支撑、升降、移动缸盖。一般缸盖车行走有两套传动装置。当一套传动装置故障时，另一套维持低速驱动，罐盖提升装置安装在车的上部，两个液压缸通过一个同步轴保证同步升降。罐盖车的水、电、气、液源由拖链提供。

C 真空罐盖

真空罐盖上有观察孔、电视摄像孔、真空加料斗、防溅罩对中和悬挂装置、防溅罩冷却水进、出水孔等。防溅罩采用水冷。真空料斗上有与真空罐连接的管线以及与大气连接的管线，用于真空加料时真空料斗的抽真空和破真空。真空料斗上盖设有压缩空气吹扫装置，以保证上盖关闭时的密封性。

D 抽气系统

真空泵系统是真空精炼装置的主体设备。VD 精炼炉主要采用的是全蒸汽喷射泵真空系统或水环式真空泵加蒸汽喷射泵真空系统。

全蒸汽喷射真空泵系列是以一定压力的水蒸气和冷却水为泵的工作介质，从拉瓦尔喷嘴中喷射出高速蒸汽射流以携带气体，从而达到抽气的目的，真空泵示意图见图 10-32。

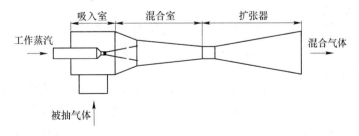

图 10-32 真空泵示意图

全蒸汽喷射真空泵工作压力范围较宽，将多个真空泵串联组成多级蒸汽喷射泵，其工作压力范围可以从大气压到 0.1Pa，而且可以直排大气，见图 10-33。其抽气量因喷嘴大小及蒸汽压力的不同而相差很大。

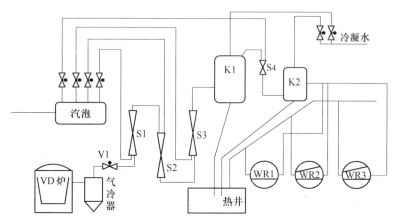

图 10-33　VD 真空脱气处理设备简图

蒸汽喷射泵 + 水环真空泵系统是以一定的蒸汽压力，相对较少的水蒸气和冷却水作为工作介质，并耗用少量电能。水环式真空泵（简称水环泵）是一种粗真空泵，主要由叶轮、泵体、水环、吸气口、排气口等几部分组成，见图 10-34。

水环泵因为泵腔内无金属间直接摩擦，结构简单，可以抽易燃易爆气体及水蒸气。同时因为水环泵没有排气阀及摩擦表面，故可以抽含有灰尘的气体。

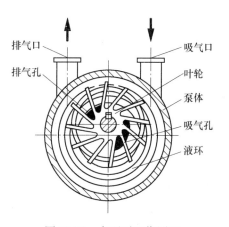

图 10-34　水环泵工作原理

10.3.4.2　真空脱气法（VD）工艺流程

真空脱气（VD）工艺是目前广泛应用的真空脱气方法。具有很好的去气和脱氧效果，能有效地减少钢中 H、O、N 等气体含量，通过碳、氧反应去除钢中的氧，通过碱性顶渣与钢水的充分反应脱硫，此外底吹氩利于去除夹杂物、均匀成分和温度，避免钢液二次氧化。

VD 的主要功能有：（1）真空脱气；（2）深脱硫、深脱氧；（3）精确控制钢水成分；（4）夹杂物的去除和变性处理。

VD 法主要的工艺参数：

（1）钢包底吹氩气流量。氩气泡在上浮过程中对钢液进行强烈搅拌，加快了［H］向钢渣界面和氩气泡扩散，极大地改善了脱氢的动力学条件。同时避免流量过大，使钢液裸露，造成二次氧化。

（2）最低真空度。在 VD 处理过程中抽真空，降低氢的分压，有利于溶解在钢液中的自由氢原子从钢液中排除。要满足 VD 脱氢要求，必须适当提高真空度。

（3）真空度保持时间。从理论上来讲，延长真空保持时间，VD 的脱氢率会增加。但是，延长真空保持时间，必将影响生产节奏，提高耐火材料消耗，增加生产成本。需综合考虑，确定适宜的真空保持时间。

（4）渣层厚度。从理论上来讲，LF 终渣碱度越大，氢在渣中的溶解度越高。在还原性精炼渣的性质确定之后，增大钢包的渣量，不利于提高 VD 的脱氢率。

VD 精炼生产过程流程图如图 10-35 所示。

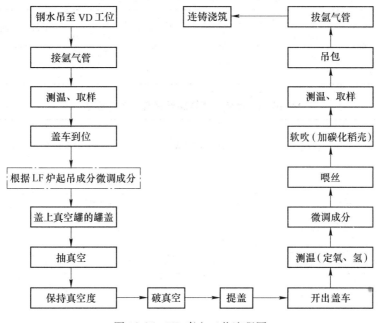

图 10-35　VD 真空工艺流程图

VD 真空工艺简介如下：

（1）钢包在真空罐中就位后，打开氩气阀门，将流量调至渣面轻微蠕动时停止，盖好真空罐盖，即可开始真空处理。

（2）抽真空操作按相关操作规程进行。

（3）VD 处理过程中，要注意控制和调节吹氩流量。根据监视器观察渣面高度和喷溅情况，调节氩气流量。在各级泵启动，真空度升高过程中，如产生溢渣和喷溅，应降低氩气流量，必要时可短时间停氩。各级泵全部启动完毕后，包内渣面趋向稳定时，应逐渐加大氩气流量，以达到良好的脱气效果。VD 处理结束，应将氩气流量（标态）调至 80L/min 左右，然后再充压缩空气或氮气破真空。

（4）为保证去气效果，要求 VD 处理时间≥20min，其中工作真空度为 67Pa 的高真空时间≥15min 等相关规定。

（5）温度控制：进 VD 温度控制在液相线+150℃以上（参考值：VD 处理 25～30min 钢水整体降温约 80～85℃）。

（6）调整成分。易氧化元素，在 VD 处理结束后，再进行调整。除极易氧化元素外，其他成分基本应在 LF 调整完毕。

（7）钙处理。连铸浇钢钢种，真空结束后需喂 Ca-Si 丝，提高钢水可浇性。喂完 Ca-Si 丝，钢水弱搅拌（渣面轻微蠕动）时间≥5min 后，方可吊包上连铸。

（8）加大包覆盖剂。吊包上连铸或铸锭前向钢包内加大包覆盖剂保温，保证覆盖剂均匀覆盖钢液面。

10.3.4.3　真空脱气法（VD）主要技术经济指标

典型 VD 设备的主要参数指标见表 10-10，VD 冶炼过程记录见表 10-11。

表 10-10　典型 VD 设备的主要参数

公称容量 /t	周期 /min	真空泵形式	工作真空度 /Pa	极限真空度 /Pa	真空泵 抽气能力 /kg·h⁻¹	抽真空时间 /min	处理能力 /万吨·年⁻¹

表 10-11　某钢厂 VD 精炼过程操作记录表

炉号	钢种	钢包号	班组	记录人	日期	钢水量/t	周期/min	Ar 耗 （标态） /m³
极限 真空度	真空时间 /min		到站温度 /℃		出站温度 /℃		软吹时间 /min	

材料消耗	中碳锰铁/kg	低碳锰铁/kg	金属锰/kg	硅铁/kg	硅锰/kg	钛铁/kg
	中碳铬铁/kg	钒铁/kg	钼铁/kg	铌铁/kg	铝/kg	镍/kg
	石灰/kg	取样器/个	测温头/个	定氧探头/个		

取样位置	钢的成分										
	C	Si	Mn	P	S	Ti	Als	Al$_T$	Cr	V	Nb
VD 到位											
VD1											
VD2											
VD3											
VD 出站											
成品											

时间	操作	取样	温度 /℃	备注

10.3.5　钢包喷粉法（IR-UT）

钢包喷粉法是利用载气（氩气或氮气）将粉剂喷入钢包内的钢水中进行喷射冶金的炉外精炼处理技术，其主要作用是脱硫、成分调整和均匀化、调整温度、排除夹杂物和进行夹杂物形态控制等。日本住友金属工业株式会社在 CAS-OB 法的基础上开发了一种新型的炉外精炼方法，称之为 IR-UT（Injection Refining-Up Temperature）钢包冶金站[12]。它以其快速化学加热、精确合金微调、气体搅拌和钢水精炼而应用于转炉（BOF）或电弧炉（EAF）炼钢车间，具有投资省、生产成本低、设备简单、维修方便和加热速度快等优点，成为进行炉后处理、稳定浇铸工艺和获得高质量钢的重要手段。

钢水热补偿——加热技术目前可分为化学加热法和电加热法两类，而化学加热法又分为金属燃料加热法和氧燃加热法。IR-UT 工艺从加热原理角度来看属于金属燃料加热法。它是利用钢包中加入铝、硅铁合金等金属材料与经氧枪吹入的氧气化合产生的热量加热钢水的方法。Al 或 Fe-Si 可批量加入钢水，亦可通过喂线形式连续加入。氧枪向钢水喷吹的氧气与加热材料 Al 或 Fe-Si 反应，产生的热量被钢水吸收，并在搅拌作用下达到均匀分布。

10.3.5.1　钢包喷粉法（IR-UT）主要设备

IR-UT 冶金站由下列装置组成，结构简图见图 10-36。其设备主要包括：供氩气搅拌用的提升机械和氩枪、供吹氧气用的提升机械和吹氧枪、提升带隔离罩的包盖用的装置、喷吹（石灰粉、Ca-Si 粉）罐及软管、包盖、隔离罩、除尘系统、合金料仓、加料器和称量斗小车等。

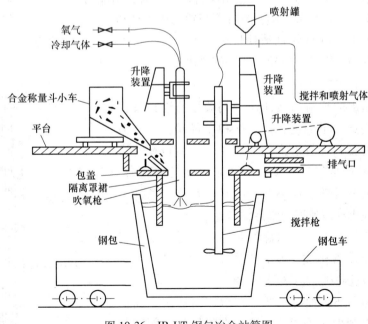

图 10-36　IR-UT 钢包冶金站简图

喷吹设备主要组成部件有喷粉罐（又称分配器）、气力输送系统、喷枪及其升降回转系统、粉剂供给系统等，如图 10-37 所示。

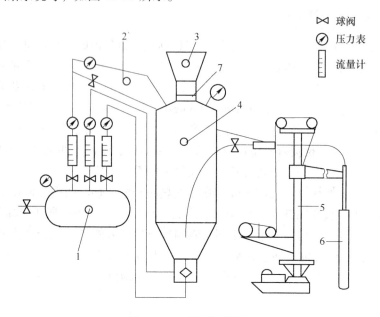

图 10-37　喷粉装置简图

1—集气罐；2—输送管路；3—装料漏斗；4—喷粉罐；5—喷枪旋转升降机构；

6—喷枪；7—蝶阀

A　喷粉罐

喷粉罐用于储存 1~2 次喷吹处理用粉料，喷吹时，由喷粉罐送出的粉料流量应均匀、无脉动、不堵塞，且可调节。喷粉条件下喷粉罐内气体压力一般为 $1.0 \times 10^6 \, Pa$，喷粉罐的容积按处理钢水 1~2 次的粉剂消耗量及粉料的松装密度计算，并考虑 15%~20% 富余空间。喷粉罐下部为倒锥体形以便于粉料的排出。

B　输送管道和喷枪

将喷粉罐送出的粉料用气体输送到喷枪的连接管道为输送管道。输送管道的内径、长度和布置以及气体输送参数，决定着粉料在管道内的流动条件。粉料在管道内流动的关键参数是气流速度，当气流速度足够高时，所有的颗粒都能悬浮输送而不发生沉积。在给定条件下不发生沉积的最小气流速度为临界输送速度。

喷枪是将粉剂喷入钢水深部的装置。喷枪本身由耐火材料保护的金属管构成，喷头部分设计有单孔、双孔和多孔式的。单孔喷枪结构见图 10-38。

由空心钢棒和外套袖砖组成。在钢棒与袖砖之间留有绝热间隙，以减少对钢棒的传热。在喷枪的头部装一镶嵌块以承受袖砖的重量，使枪头砖不产生应力，以防止掉落。为了便于更换喷嘴可以在枪头砖内加一钢喷嘴

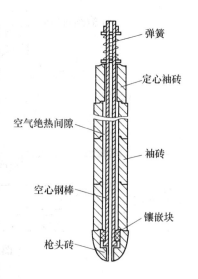

图 10-38　单孔喷枪装配图

（右侧标注，自上而下）弹簧；定心袖砖；空气绝热间隙；袖砖；空心钢棒；镶嵌块；枪头砖

或铜喷嘴。

10.3.5.2 钢包喷粉法（IR-UT）工艺流程

钢包喷粉法（IR-UT）工艺流程如图 10-39 所示。

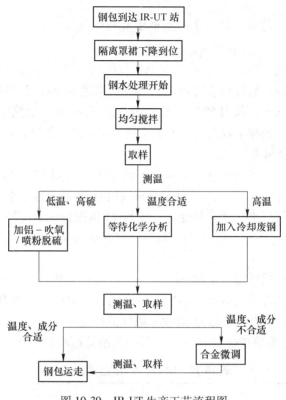

图 10-39 IR-UT 生产工艺流程图

IR-UT 工艺简介：

（1）将需处理钢种，完成处理目标时间和目标温度输入计算机内，钢包到达处理工位，隔离罩裙和氧枪降到钢液面，其位置由计算机存储起来，作为随后自动操作的参数。

（2）原始条件设定完毕，启动工作按钮，开始对钢水进行处理。按预先设定时间进行搅拌，随后进行取样测温。

（3）计算机根据钢水温度和化学成分参数，完成目标时间之前，估算出钢水温降。

（4）如果发现钢水原始温度不足，则调用化学提温模型。该模型根据钢水需提温度和铁合金损耗量，计算出氧气和加热材料 Al 或 Fe-Si 的需要量，然后自动称量出所需材料并加入钢水中。搅拌的同时进行吹氧。

（5）如果钢水温度太高，则调用废钢加料模型，计算出冷却废钢的需要量，其废钢是边搅拌边加入。

（6）钢水温度合适，则调用钢包处理模型。该模型根据钢水化学成分分析，计算出合金微调量。

（7）如果钢水硫质量分数高，不满足钢种硫质量分数要求，则调用喷粉脱硫模型，下降喷粉枪，进行喷粉脱硫操作。

（8）如果钢水中［Al］或［Si］超过上限，则采用减少模型吹氧进行氧化。

（9）钢水处理完毕后，可再次进行测温、取样。如果需要的话，对钢水温度或成分可进一步合金微调。

10.3.5.3　钢包喷粉法（IR-UT）主要技术经济指标

IR-UT 主要功能与工艺控制参数：

（1）钢水加热速度。钢水升温速度与吹氧速度的关系基本上呈一次函数关系，升温速度一般为 5 ~ 10℃/min，最高可获得约 20℃/min。采用 Al 时，加热速度>7℃/min；采用 Si 时，加热速度>4℃/min；采用 50%的 Al 和 50%的 Fe-Si 时，加热速度>7℃/min。

（2）钢水清洁度。搅拌不仅对成分和温度均匀有效果，而且，还明显地减少了钢中的氧含量和氧化铝等非金属夹杂物。

（3）避免水口阻塞。将钢包钢水中［Al］和［O］含量控制在特定范围内，可避免水口堵塞。这种控制可在搅拌过程中，利用加热材料和添加微量脱氧剂来实现。

（4）化学加热期间钢水化学成分变化。在 Si-Al 镇静钢的情况下，发生硅含量的某些损失。但是，［Si］和［Mn］的损失与吹氧量呈明显的稳定的线性关系。因此，事先可以进行合金微调。

（5）脱硫效果。在需低硫（0.001% ~ 0.10%）水平情况下，通过喷粉可以达到。

（6）消耗指标与消耗品的寿命。如果每炉出钢后，均进行钢水升温，加热 20 ~ 25℃，则消耗品的寿命是：隔离罩裙下部为 50 次，氩气搅拌枪 60 次，吹氧枪为 25 次。

IR-UT 设备的主要参数指标见表 10-12。IR-UT 冶炼过程记录见表 10-13。

表 10-12　IR-UT 设备的主要参数

公称容量/t	周期 /min	供氧流量 /m³·h⁻¹	氧枪高度 /mm	氩气流量 /m³·h⁻¹	浸入深度 /mm	罩裙内径 /mm	粉剂种类

表 10-13　某钢厂 IR-UT 精炼过程操作记录表

炉号	钢种	钢包号	班组	记录人	日期	钢水量/t	周期/min	Ar 耗 （标态）/m³

氧耗（标态） /m³	吹氧时间/min	到站温度/℃	出站温度/℃	浸渍深度/mm	粉剂耗量/kg	粉剂流量 /kg·min⁻¹

材料消耗	中碳锰铁/kg	低碳锰铁/kg	金属锰/kg	硅铁/kg	硅锰/kg	钛铁/kg
	中碳铬铁/kg	钒铁/kg	钼铁/kg	铌铁/kg	铝/kg	镍/kg
	石灰/kg	取样器/个	测温头/个	定氧探头/个		

取样位置	钢的成分										
	C	Si	Mn	P	S	Ti	Als	Al$_T$	Cr	V	Nb
IR-UT 到位											
IR-UT1											
IR-UT2											
IR-UT3											
IR-UT 出站											
成品											
时间	操作						取样		温度 /℃		备注

参 考 文 献

[1] 朱苗勇. 现代冶金工艺学 [M]. 北京：冶金工业出版社，2011.

[2] 巫瑞智，吴玉彬，吴荷生，等. 喂线技术的现状与发展 [J]. 铸造，2003 (1)：7~9.

[3] 刘川汉. 国内 LF 炉发展现状 [J]. 钢铁技术，2000 (3)：17~20.

[4] 汤雪松. LF 钢包精炼炉在炼钢工艺中的应用 [J]. 现代冶金，2014，42 (3)：50~52.

[5] 仵宗贤，孟凡亮. RH 精炼炉工艺装备进展 [J]. 现代冶金，2009，37 (4)：1~3.

[6] 迟良，李洪涛. RH 精炼合金加料系统智能化控制技术 [J]. 控制工程，2011，18 (S1)：56~59.

[7] 秦斌. RH 真空处理装置顶枪控制系统 [A]. Intelligent Information Technology Application Association. Proceedings of the 2011 International Conference on Future Computer Science and Application（FCSA 2011 V2）[C]. Intelligent Information Technology Application Association，2011：4.

[8] 徐国群. RH 精炼技术的应用与发展 [J]. 炼钢，2006 (1)：12~15.

[9] 陈利华. 炉外精炼新技术 "CAS" 法 [J]. 武钢技术，1987 (5)：69.

[10] 余慧，郭亮. CAS-OB 精炼工艺技术设计与应用 [J]. 炼钢，2011，27 (3)：68~70.

[11] 刘晓峰，安昌遐，杜亚伟，等. VD 真空精炼技术与装备的发展现状 [J]. 中国冶金，2013，23 (5)：7~11，16.

[12] 廉馥生. 新型 IR-UT 炉外精炼技术 [J]. 柳钢科技，1998 (1)：81.

11 连 铸

11.1 连铸实习的目的、内容和意义

（1）实习的目的。通过到钢铁厂连铸车间的现场实习，使学生全面了解和掌握连铸设备及其功能、连铸生产准备、连铸过程操作和连铸生产组织与管理和连铸经济技术指标等连铸生产的实际知识。通过实习，可为后续专业课程的学习、课程设计和毕业设计工作打下良好基础，同时也可为学生将来从事连铸生产和管理工作提供支持。

（2）实习的内容。

1）连铸设备及其功能：钢包回转台、长水口、中间包、浸入式水口、结晶器及其震动系统、二次冷却装置、拉矫机、引锭装置、铸坯切割装置、铸坯输送装置、铸坯清理设备等。

2）连铸工艺流程与操作：钢水准备、浇注前的准备与检查、开浇操作、正常浇铸拉速与冷却控制、铸坯切割与输送、铸坯清理、多炉连浇操作、停浇操作、常见事故及处理等。

3）连铸经济技术指标：连铸坯产量、连铸比、连铸坯合格率、连铸坯收得率、连铸坯成材率、连铸机作业率、连铸机达产率、平均连浇炉数、平均连浇时间、铸机溢漏率等。

（3）实习的意义。连铸实习是连铸基本理论与生产实际相结合的重要教学环节，通过实习，可使学生了解连铸理论在工业生产中的应用与实现方式，巩固所学的知识，进而可以促进对所学理论知识的理解和掌握，对培养学生理论联系实际的能力、观察与分析的能力、解决问题的能力具有重要意义。

11.2 板坯连铸主要设备及功能

板坯连铸即以板坯为主要产品的连续铸钢生产过程。一般情况下，宽厚比大于 3 的连铸坯即称板坯，连铸/轧钢板坯主要用于轧制扁平板（厚板、中板、薄板、带卷）材。通常传统板坯连铸机浇铸的板坯尺寸为：厚度 150~250mm，宽度 1000~1800mm；小板坯宽度可为 600mm，厚度 120mm。近年来，随着交通运输、石油化工、重型机械、海洋工程、核电军工等行业的技术进步和迅猛发展，以及对节能环保的重视，对钢铁产品的质量、性能、规格、尺寸等提出了更高的技术要求，板带类产品在品种结构不断完善的同时，其产品厚度向着更厚或者更薄的两个截然相反的方向发展，即逐渐向近终型连铸（如薄板坯连铸与双辊薄带连铸）和宽大断面连铸（如特厚板连铸）方向发展。

常规板坯连铸机（见图 11-1）从上至下主要由钢包回转台、中间包、结晶器、结晶器振动装置、二冷区电磁搅拌、扇形段、引锭杆、火焰切割机等设备组成。

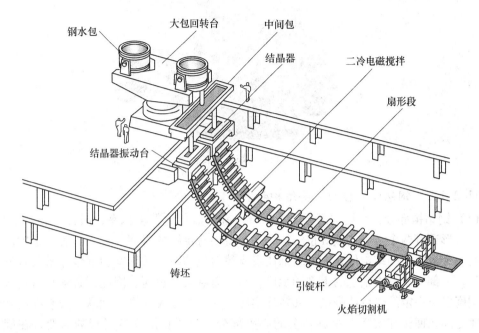

钢水包　大包回转台　中间包
结晶器
二冷电磁搅拌
扇形段
结晶器振动台
铸坯
引锭杆
火焰切割机

图 11-1　板坯连铸机结构简图

11.2.1　钢包回转台

钢包回转台是连铸中应用最普遍的运载和承托钢包进行浇注的设备，通常设置于钢水接收跨与浇注跨柱列之间，起着连接上下两道工序的重要作用。回转台是顶轴旋转，因此占用浇铸平台面积小，不必借助吊车处理漏钢事故。回转台均设有停电事故驱动系统，一旦停电可将钢包旋转至事故罐上方将钢水放出。

11.2.1.1　钢包回转台分类

钢包回转台按旋转臂旋转方式不同，可以分为两大类：一类是两个转臂可各自单独旋转；另一类是两臂不能单独旋转。按臂的结构可以分为直臂式和双臂式两种。因此，钢包回转台有：直臂整体旋转整体升降式；直臂整体旋转单独升降式；双臂整体旋转单独升降式和双臂单独旋转单独升降式等形式。蝶形钢包回转是属于双臂整体旋转单独升降式，它是目前回转台最为先进，也是最常用的一种形式，如图 11-2 所示。

蝶式回转台有两个用来支承钢包的叉形臂，每个叉形臂通过球面推力轴承支承在旋转框架上，由一个单独的液压缸推动钢包升降。液压缸垂直布置在塔座中央，并分别位于各自叉形臂的延长端与安装在旋转框架上方的塔座之间。每个升降液压缸的上下端均用球面推力轴承支承，即缸座通过球面推力轴承顶在塔座上，而柱塞头通过球面推力轴承顶在叉形臂的延长端。每个叉形臂的鞍座底部与倾动液压缸之间安装有使钢包垂直升降的拉杆，形成一个四连杆机构。

图 11-2　蝶形回转台

11.2.1.2　钢包回转台的主要结构特点

（1）钢结构部分：钢结构部分由叉形臂、旋转盘与上部轴承座、回转环和塔座组成。其中，叉形臂有两个，为钢板焊接结构，叉形臂要有足够的强度和刚度。旋转盘即旋转框架，是一个较大型的结构件，它的上部压着支撑钢包的两个叉形臂和钢包加盖装置的立柱及构件，下部安装着大轴承的上部轴承座，承受着巨大的负荷。因此，必须具有足够的强度、刚度以及一定的热负荷强度。回转环实际上是一个很大的推力轴承，安装在旋转框架和塔座之间，回转环实际上是旋转台的心脏部分。为了长期安装运行的需要，在旋转框架、回转环及塔座之间的连接部位均采用高强度的预紧螺栓。塔座设置在基础上，通过回转环支撑着回转台旋转盘以上的全部负荷。

（2）回转驱动装置：回转驱动装置由电动机、大速比减速器及回转小齿轮组成，回转台旋转频率通常不大于 1/60s。假如旋转频率过高，则在启动及制动时会使钢包内的钢水产生动荡，甚至溢出。

（3）事故驱动装置：钢包回转台一般都设计配有一套事故驱动装置，以便在发生事故或其他紧急情况而无法用正常的驱动装置时，仍可借助事故驱动装置将处于浇注位置的钢包旋转到事故钢包的上方。事故驱动装置通常是气动的，由气动马达代替电动机驱动大速比减速器和其他部分。

（4）回转夹紧装置：回转夹紧装置是使大包固定在浇注位置的机构，它一方面保护了回转驱动装置在装包时不受冲击，另一方面保证了正在浇注的钢包安全。

（5）升降装置：为了实现保护浇注，要求钢包能在旋转台上做升降运动。当钢包水口打不开时，要求钢包上升，便于操作工用氧气浇钢包水口，同时钢包升降装置对于快速更换中间包也很有利。

（6）称量装置：钢包的称量装置的作用是用来在多炉浇注时，协调钢水供应的节奏以及预报浇注结束前钢水的剩余量，从而防止钢渣流入中间包。每套升降装置都有 4 个称量传感器以及完整的称量系统。

（7）润滑装置：钢包回转台的回转大轴承采取集中自动润滑，分别由两台干油泵及其系统供给。

11.2.1.3　钢包回转台的工作特点

（1）重载：钢包回转台承载几十吨到几百吨的钢包，当两个转臂都托着盛满钢水的钢包时，所承受的载荷最大。

（2）偏载：钢包回转台承载的工况有5种：即两边满载，一满一空，一满一无，一空一无，两空两无。最大偏载出现在一满一无的工况下，此时钢包回转台会承受最大的倾翻力矩。

（3）冲击：由于钢包旋转台的安装、移去都是用起重机完成的，因此，在安放移动钢包时产生冲击，这种冲击使钢包旋转台上的零部件受到动载荷。

（4）高温：钢包中的高温钢水会对旋转台产生热辐射，从而使钢包旋转台承受附加的热应力，另外，浇注的钢水颗粒也会给钢包旋转台带来火警隐患。

因此，由于钢包回转台的工作条件多变，各工况下受力有很大不同，但无论在何种情况下，都要保证钢包回转台的旋转平稳，定位准确，起停时要尽可能减小对机械部分的冲击，为减少中间包液面波动和温降，要缩短旋转时间。

11.2.2 中间包

连铸中间包是大包与结晶器之间的中间存储容器，它具有存储钢液、稳定钢流、缓解钢流对结晶器的冲击与搅拌、稳定浇注操作、均匀钢液温度和成分、排除脱氧产物和非金属夹杂物等作用，对于多流连铸机来说，还起到分配钢液到各个注流内的作用。

堰、坝，导流隔墙，过滤器和湍流控制器，以及它们的组合使用是现代中间包采用的控流装置。图11-3给出了典型双流中间包的控流装置。

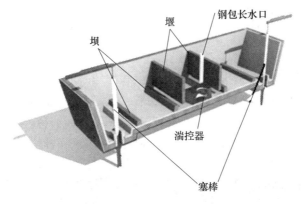

图 11-3 中间包控流装置

堰，又称挡渣堰或上挡墙。横跨整个中间包宽度，从钢液面上部延伸至距中间包底部一定距离，钢水可从其下方流过。控制钢包注流冲击区的大小，控制钢包注流对中间包钢水的搅拌强度，促进夹杂物碰撞和黏结成大颗粒，以便使小颗粒夹杂物聚合成大颗粒上浮去除。将随钢包注流进入中间包的炉渣挡在注流钢包注流冲击区内，防止从钢包卷入到中间包的渣子流入到中间包水口侧，减少钢水因钢包卷渣造成的二次污染。将大包注流冲击引起的中间包钢水表面波动限制在堰的上游，稳定堰下游钢水液面，有利于减少因表面卷渣、二次氧化和机械冲刷所产生的夹杂量。

坝，又称导流坝或下挡墙。横跨整个中间包宽度，从中间包底部向上延伸至距钢液面之下一定距离，钢水从其上流过。它可以防止中间包短路流的形成，延长钢水在中间包内的流动距离，增加钢水在中间包的停留时间。可以将钢包注流的冲击限制在冲击区内，降低钢水的水平流动速度。使流过坝的钢水产生指向钢液表面的流动，缩短夹杂物的上浮距离，有利于夹杂物上浮去除和顶渣捕获夹杂物。在中间包中，坝和堰常常是一起使用，以获得理想的中间包钢水的流动和冶金效果。

导流隔墙是一个在中间包将上下游完全隔开的挡墙，并在上面设置若干个不同尺寸和倾角的导流孔。钢液根据需要的方向流过导流孔，其通过导流隔墙后的流速和方向由孔的大小和倾角决定。导流隔墙的作用是，当钢水通过导流隔墙时，将中间包的湍动流动限制在一定的范围内，可产生指向钢液表面的流动，以促进夹杂物与顶渣接触的机会，有利于去除夹杂。导流隔墙在中间包中可以起到堰坝组合的作用。

过滤器为带有微孔结构材料的隔墙，它横跨整个中间包宽度，从钢液面上方一直延伸到中间包底部，钢水从微孔流过。其在中间包作用有，钢水中直径大于 $50\mu m$ 的大颗粒夹杂物可以采取简便的净化措施将它们与钢水分离从而使它们上浮排除。但直径小于 $50\mu m$ 的夹杂物因其上浮速度很小而难以去除。过滤器就是用来捕捉这些小颗粒夹杂物，以净化钢水。但过滤器因微孔容易堵塞，钢水通过过滤器的流量小和成本高，在应用上受到限制。

湍流控制器是一种小的容器形结构的装置，位于钢包注流下方。钢水从钢包长水口高速流出，进入到湍流控制器中，受到湍流控制器的限制，再从湍流控制器的上口反向流出。其对钢包注流的冲击起缓冲和限制作用，以获得平稳的流动。可以改善中间包钢水的流动特性，延长停留时间，有利于钢水中的夹杂物上浮分离。可以减轻大包开浇和更换时大包注流冲击中间包钢水造成的钢水飞溅，减少中间包衬的侵蚀。可以增加中间包钢水流动的活塞流体积，降低死区体积。

11.2.3 结晶器

结晶器是连铸坯成型器、凝固器及化学冶金和物理冶金的交接点，也是连铸机最关键的部件，常被称为连铸机的"心脏"。长期以来，研究者[1~6]们在优化结晶器中的动量传递、传热、传质，钢水在结晶器内的流动状态对结晶器内钢水卷渣，结晶器保护渣对夹杂物的捕捉，铸坯裂纹的形成等方面开展了大量研究工作。结晶器一般由外框架、铜板、调宽装置、冷却水路、足辊、振动装置、电磁搅拌器等组成，如图 11-4 所示。

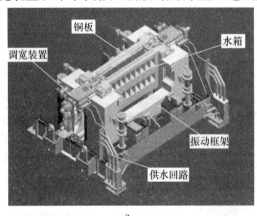

图 11-4 板坯连铸结晶器

a—整体结构；b—铜板及水槽

11.2.3.1 结晶器铜板

结晶器铜板一面直接接触钢水，吸收钢水的热量，并在其上形成凝固坯壳；冷却水流从铜板另一面穿流而过，将热量导出。为了增加冷却面积，在铜板上开出水槽。水流要有一定的速度，对于常规板坯连铸机，冷却水流速控制在 $6 \sim 10 m/s$ 之间，以避免水槽底部的水沸腾。

对于弧形结晶器，宽面板内弧面制成凸形，外弧面制成凹形，背面是直水槽，与钢板水箱装在一起，形成冷却水通道。对于直结晶器，其内外弧铜板都是直的。窄面铜板接触钢水为平面，为确保结晶器的传热效率，避免由于结晶器下部坯壳的凝固收缩产生气隙导致热阻增大，一般结晶器都设置有倒锥度，通常为 $(0.9 \sim 1)\%/m$。

一般情况下铜板都因为与坯壳的相对运动而产生磨损，因此结晶器铜板都会镀镍基合金，以降低磨损。

11.2.3.2 结晶器水箱与结晶器框架

结晶器水箱具有双重作用，既是铜板坚固的支撑装置，又是冷却水的分配器，使冷却水能均匀的覆盖住整个结晶器铜板背面。

结晶器框架是用来支持水箱及宽面、窄面调整装置的，框架上装有水箱固定装置和调整装置、供水与排水管道，这些管道均通过快速接水板装置与结晶器振动台相连，通过框架、水箱使结晶器和足辊能在离线的对中台上进行对弧操作。

11.2.3.3 足辊

足辊装在结晶器出口，在结晶器振动过程中随结晶器同步振动，对高温铸坯起到支撑和导向作用。

足辊多采用小辊径密排辊，以防止铸坯的鼓肚变形等，从而更好地起到支撑作用。与此同时，足辊区域冷却多采用纯水强冷，以确保出结晶器后的坯壳仍能得到足够的冷却强度，确保坯壳有足够的强度。

足辊的对中精度要求很高，一般偏差小于等于 $0.1mm$，以确保生产的稳定性并降低铸坯裂纹发生率。

11.2.3.4 窄面调宽装置

为了适应生产多种规格铸坯的需要，缩短更换结晶器的时间，目前的常规板坯连铸机大多具有结晶器在线调宽功能。板坯在线调宽结晶器即是结晶器的两个窄边可以多次分小步向内或向外移动，直至调到预定的宽度，在生产过程中可在不停机的条件下完成对结晶器宽度的调整。

11.2.3.5 结晶器振动装置

结晶器振动装置的主要功能是使结晶器按给定的振幅、频率和波形偏斜特性沿连铸机半径作仿弧上下振动，使脱模更为容易。连铸过程中，当铸坯与结晶器壁发生黏结时，如果结晶器是固定的，就可能出坯壳被拉断造成漏钢，而当结晶器向上振动时，黏结部分和结晶器一起上升，坯壳被拉裂，未凝固的钢水立即填充到断裂处，开始形成新的凝固层；当结晶器向下振动，且振动速度大于拉坯速度时，坯壳处于挤压状态，裂纹被愈合，重新连接起来，同时铸坯被强制消除黏结，得到"脱模"。由于结晶器上下振动，周期性地改变液面与结晶器壁的相对位置，有利于用于结晶器润滑的润滑油和液体保护渣向结晶器壁与壳间的渗漏，因而改善了润滑条件，减少拉坯摩擦阻力，防止铸坯在凝固过程中与结晶器铜壁发生黏结而被拉裂，避免出现黏结漏钢事故。

现代板坯连铸生产过程中的结晶器的振动模式主要分为正弦振动和非正弦振动，如图 11-5 所示。正弦振动的速度与时间的关系为一条正弦曲线，结晶器上下振动的时间相等，上下振动的最大速度也相同。在整个振动周期中，铸坯与结晶器之间始终存在相对运动，而且结晶器下降过程中，有一小段下降速度大于拉坯速度，因而可以防止和消除坯壳与结晶器内壁间的黏结，并能对被拉裂的坯壳起到愈合作用。另外，由于结晶器的运动速度是按正弦规律变化的，其加速度必按余弦规律变化，所以过渡比较平稳，冲击较小。

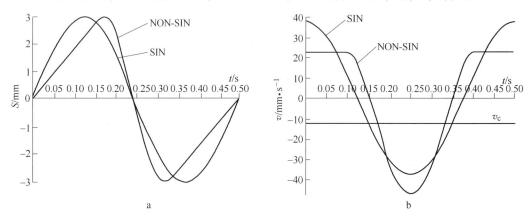

图 11-5　结晶器振动模式
a—位移与时间的关系；b—速度与时间的关系

随着拉速的提高，结晶器向上振动时与铸坯间的相对运动速度加大，特别是高频振动后此速度更大。因此拉速提高后结晶器保护渣用量相对减少，又因为拉坯阻力与拉速成正比，所以坯壳与结晶器壁之间发生黏结而导致漏钢的可能性增大。为了解决这个问题，采用了非正弦振动方式。

非正弦振动是结晶器振动速度随时间变化的规律偏离了正弦曲线，图 11-5 中的 $(A_1/A_0) \times 100\%$ 即为非正弦振动的波形偏斜特性。采用非正弦振动时，负滑动时间短，有利于减轻铸坯表面振痕深度；正滑动时间较长，可增加保护渣的消耗量，有利于结晶器的润滑；结晶器向上的运动速度与铸坯向下的运动速度差较小，可减小结晶器施加给铸坯向上作用的摩擦力，即可减小坯壳中的拉应力，减少拉裂；负滑脱作用强，有利于铸坯脱模和拉裂坯壳的愈合，有利于提高拉坯速度。

常用的结晶器振动装置按结构形式可以分为：短臂四连杆振动机构、四偏心轮振动机构和液压振动机构，分别如图 11-6 ~ 图 11-8 所示。其中前两种用于正弦振动，液压振动可实现非正弦振动。

短臂四连杆振动机构结构简单，电机通过减

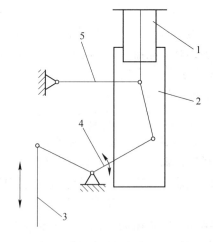

图 11-6　短臂四连杆振动机构结构
1—结晶器；2—振动台架；3—拉杆；4，5—连杆

速机经偏心轮的传动，使拉杆 3 做往复运动，带动连杆 4 摆动，连杆 5 随之摆动，使振动架能按弧线轨迹振动。能够较准确实现结晶器的弧线运动，有利于铸坯质量的改善。

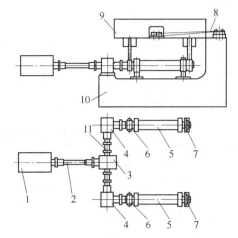

四偏心轮振动机构。电动机 1 通过万向接轴 2 带动中心减速机 3，由膜片联轴器 11 带动左右两侧的分减速机 4，每个减速机各自带动偏心轴 5，通过装在偏心轴上的连杆 6、7 带动振动框架 9，偏心轴在连杆 6、7 的位置处具有同向偏心点，结晶器弧线运动是利用两条板式弹簧 8，一端与振动台框架 9，另一端与连接到机架上实现弧形振动，使振动台只能做弧线摆动，不发生前后移动。由于结晶器振幅不大，两根偏心轴的水平安装不会引起明显的误差。四偏心振动机构使结晶器振动平稳，适合高频

图 11-7　四偏心轮振动机构

1—电动机；2—万向接轴；3—中心减速机；
4—分减速机；5—偏心轴；6，7—连杆；8—板式弹
簧板；9—振动框架；10—机架；11—膜片联轴器

小振幅，降低生产能耗，但其结构较复杂，无法在线调节振幅。

液压振动装置可以采用正弦曲线振动也可以采用非正弦曲线振动。液压振动是现代板坯连铸最常用的振动装置，其可在线调节振动波形、频率和振幅，选择最佳的振动特性参数，同时保证拉速和铸坯质量的提高。

液压振动机构一般由 2 个振动单元组成，分别布置在连铸机内弧侧和外弧侧，图 11-8 只给出了其中的一个振动单元。结晶器 1 安装在振动台架 2 上，两根板簧 7 连接在振动台架与固定框架 8 之间，对结晶器起到导向定位和蓄能的作用。油缸杆与平衡弹簧 3 通过连接装置与振动台架相连，振动台架由平衡弹簧支撑，液压缸 4 设有压力、位移传感器 5，用于液压系统的反馈与控制。振动信号通过比例伺服阀 6 控制油缸动作，带动上框架上的结晶器进行振动，结晶器振动时的平衡点可以微调。由于工作时油缸的实际振幅很小，振动中平衡点的位置对系统固有频率影响较小，因此可以认为油缸的振动特性直接反映结晶器的振动特性。

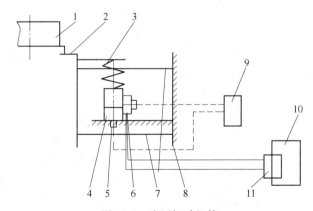

图 11-8　液压振动机构

1—结晶器；2—振动台架；3—平衡弹簧；4—液压缸；5—压力和位移传感器；
6—比例伺服阀；7—板簧；8—固定框架；9—PLC；10—液压站；11—液压阀台

11.2.3.6　结晶器电磁控流装置

从 1980 年起，对利用电磁力的非接触控制技术进行了广泛深入的研究开发并实用化，其中有代表性的是结晶器电磁搅拌技术（M-EMS）[7~9]、结晶器电磁制动技术（M-EMBr）[10]、多模式电磁搅拌技术（MM-EMS）[11,12]。板坯连铸结晶器内各种电磁控流技术的主要区别和技术特点如表 11-1 所示。

表 11-1　各种流动控制技术的重要特点

技术参数		M-EMS 结晶器电磁搅拌技术	M-EMBr 结晶器电磁滞动技术	MM-EMS 多模式电磁搅拌技术
搅拌器	配置方式	沿板坯宽面配置两台搅拌器	沿板坯宽面配置两台制动器	沿板坯宽面配置四台搅拌器
	安装位置	介于弯月面和水口侧孔之间	水口侧孔吐出的流股主流处	结晶器半高处
	磁场形态	行波磁场	恒定直流磁场	行波磁场
	电源	低频、三相	直流	低频、两相
	流动形态	加速钢水使其水平旋转	制动从侧孔吐出的流股，使其减速	可使钢水加速或减速或水平旋转
控制特征		能动控制	被动控制	能动控制
对结晶器要求		低电导率的薄铜板	常规铜板	低电导率薄铜板
主要应用范围		中厚板、低拉速	薄板坯、高拉速	中厚板坯、高拉速

结晶器电磁搅拌器（Mold Electromagnetic Stirring，M-EMS）是目前各种连铸机普遍使用的装置，如图 11-9 所示。在钢液凝固初期，通过电磁搅拌的作用，使初凝坯壳趋于均匀并促进夹杂物上浮，对于改善连铸坯的表面质量、细化晶粒和减少铸坯内部夹杂及中心疏松和偏析等均有着良好的作用。M-EMS 一般安装在结晶器的下部，避免引起液面的剧烈波动及影响液面测量装置的使用。M-EMS 根据其在结晶器内的相对位置不同可分为内置式和外置式电磁搅拌器两种。内置式搅拌器的感应线圈紧靠结晶器铜套与水套，具有较好的搅拌效果，结晶器冷却水冷却，不另配冷却水系统。外置式搅拌器安装于结晶器的外部，方便更换结晶器，能耗较大，运行费用高。

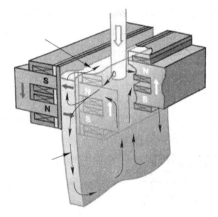

图 11-9　板坯连铸结晶器电磁滞动技术

连铸电磁制动（Electromagnetic Brake，E-MBR）技术是指利用安装在连铸机结晶器上的电磁制动器产生的静磁场来控制结晶器内的钢液流动状态，它可以减小由浸入式水口流出的钢液射流的速度并保持均匀，减弱射流对凝固壳的冲击，有利于铸坯中的非金属夹杂物和气泡的析出，以改善并提高铸坯的品质。一个合适的磁场作用位置能同时抑制上、下回流钢液的速度，达到有效制动的目的。实际生产中应根据不同的制动目的选择合适的磁场作用位置。

多模式电磁搅拌技术（Multi Mode EMS）是在同一台连铸机上使用同一套电磁搅拌器组成不同的运行模式，即采用 4 个线性电磁搅拌器，位于结晶器高度方向的中部。分别装在背板后面、位于浸入式水口两侧，每侧 2 个线圈并排设置，可用于使浸入式水口流出的钢水受到电磁减速（Electro-magnetic Level Stabilizer，EMLS）或电磁加速（Electromagnetic Level Accelerator，EMLA），第三种工作模式则用于使位于弯月面的钢水受到电磁转动（Electromagnetic Rotatic Stirring，EMRS）。多模式电磁搅拌技术如图 11-10 所示。

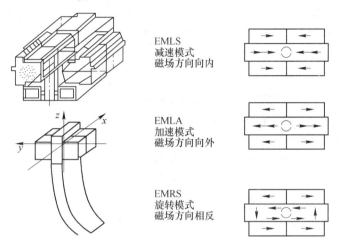

图 11-10　板坯结晶器多模式电磁搅拌技术

11.2.4　扇形段与二次冷却

如图 11-11 所示，扇形段作为连铸设备中二冷区支撑导向装置，在整个连铸机中占有重要的位置，现代连铸机在结构上要求各段之间能快速整体更换，在装配调整上要求有良好的调整性能并能快速准确对弧，以适应浇铸不同规格板坯，并易于维修和事故处理。

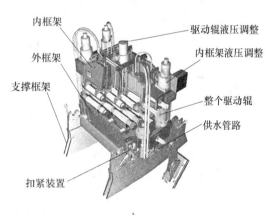

图 11-11　扇形段（a）及结构示意图（b）

11.2.4.1　扇形段结构

图 11-11b 给出了奥钢联 SMART® 扇形段的基本结构，扇形段由框架及辊列结构、驱动辊液压系统、内框架液压系统和冷却系统组成。

（1）框架结构：SMART® 扇形段由内框架和外框架组成，内外框架上均有 7 个分节辊，其中中间的驱动辊为 3 节结构，其他 6 个驱动辊为 2 节结构；由于扇形段的类型不同，其辊列直径各不相同。现代板坯连铸机拉矫辊列多采用吊装结构，由独立的且同类型可互换的 SMART® 扇形段拼接组合而成，因此其外框架就需要通过扣紧装置固定在水泥基座上。内框架角部各安装一个液压缸，通过 4 个液压缸的调整实现动态轻压下功能。

（2）内框架驱动辊液压系统：内框架驱动辊单独配置一个传动液压缸，以实现驱动辊对铸坯的压紧并完成在引锭杆插入等其他操作中上驱动辊的升降。驱动辊液压系统由换向阀、溢流阀、单向阀、液压缸、压力继电器和蓄压装置组成。在液压缸的进口和出口都安装了单向阀。液压缸内的压力是根据拉坯阻力设定的，各个驱动辊的液压缸尺寸相同，且由同一个液压站供油。各个液压缸内的压力初始设定值相同，且保证能够拉出铸坯，并使辊子对铸坯的力不至于压破铸坯，造成漏钢事故。当外界负载小于系统压力设定值时，液压缸内的压力为系统设定压力；但当外界负载大于系统压力设定值时，进油口的单向阀封闭，液压缸内的压力随外界负载的变化而变化且液压缸通过蓄势系统补压，以保证上辊不会因外界负载过大而弹起，使辊道形状发生变化。

（3）内框架液压系统：SMART® 扇形段的动态轻压下控制是通过内框架液压缸压下驱动实现的，即按照生产铸坯的厚度标准和轻压下实施要求，实时改变各 SMART® 扇形段内框架液压缸设定值，使扇形段内、外框架形成锥度，完成轻压下过程。

SMART® 扇形段内框架的每个液压缸都由 1 个双线圈电磁阀控制，实际间隙位置由分别安装在 4 个液压缸中的液压缸进程传感器监视。过程控制系统下发各扇形段辊缝设定值，扇形段获取命令后，通过压力换向阀实现扇形段压下压力的变换；检测扇形段控制器监视对称度，若对称度超过公差允许值，则控制缸体停止运动；扇形段间隙偏差的连续计算和位置更正，对四个缸体单独进行扇形段对称性监视；位置变送器数值监视；带连锁的手动模式操作；扇形段辊缝校准及报警信号生成等系列功能。

（4）驱动系统：扇形段中间辊为驱动辊，驱动辊外接有驱动电机，可起到夹持并驱动铸坯或引锭杆运动的作用。

（5）冷却系统：冷却系统指对 SMART® 扇形段辊子的冷却和对辊道内铸坯的二次冷却。

11.2.4.2 二次冷却

连铸过程就是通过辐射、传导和对流传热方式使液态钢水转变为固态钢坯的过程。连铸过程共分为三个冷却区间。一次冷却区间为结晶器，通过结晶器铜板与刚刚凝固的坯壳换热完成冷却过程，在这个区间内大约带走总散热量的 16%~20%。铸坯离开结晶器后，仅有 20% 的钢水凝固，还有约 80% 的钢水尚未凝固，此时需要继续对铸坯表面进行连续喷水冷却，即二次冷却。二次冷却区的传热包括：凝固壳的热传导、铸坯表面与支撑辊之间的热传导、与冷却水的对流换热以及铸坯本身的辐射放热等，其中二冷水带走的热量占二冷过程热交换总量的 50% 以上。二冷冷却过程带走大概 23%~25% 的铸坯总热量，通过最后的辐射散热完成三次冷却过程，即铸坯的自然冷却过程。从连铸机热平衡的角度分析，钢水从注入结晶器到辐射区大约释放 60% 热量后铸坯才能完全凝固，这部分热量的释放速率决定了连铸机生产率和铸坯质量，而利用切割后剩余的热量能够实现铸坯热送热装。

对于板坯而言，沿铸流方向，从上至下划分为 7~9 个冷却区间，各冷却区冷却强度逐渐减弱。板坯连铸一般采用扁平气雾喷嘴完成冷却。在刚刚出结晶器的足辊区、二冷一区、二区等位置每相邻两个铸辊间布置有 5~9 个喷嘴，可实现强冷却，特别是在足辊区常采用纯水冷却以提高冷却强度；在 4~6 区，每相邻两个铸辊间布置有 1~4 个喷嘴，实现较弱的冷却；在水平段 7~9 冷却区多采用向铸辊喷水雾的方式达到弱冷效果。如图 11-12 所示为 7~8 段喷嘴布置。相邻排喷嘴多采用交错方式布置（如图中虚线所示），以确保冷却的均匀性。

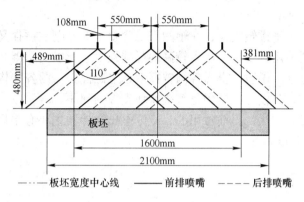

图 11-12　二冷喷嘴布置

11.2.4.3　扇形段的类型

由于铸流从上至下的位置不同，扇形段的类型也不同。连铸生产中铸坯的状态将整个辊列分为：足辊段、弯曲段、矫直段和水平段。

（1）足辊段（bender）：结晶器出口外为足辊段，足辊段垂直布置。足辊段内无电机驱动，辊子半径较小，主要用于保持铸坯在结晶器中刚刚形成的形状，并通过强冷却条件使铸坯快速冷却。足辊区没有轻压下功能，不属于 SMART® 扇形段。

（2）弯曲段（bow segment）：出足辊区之后开始进入 SMART® 扇形段组成的流线区域。弯曲段由 7 个辊子组成，各辊曲率半径相同；弯曲段均带有弧度，形成圆弧形辊道，在此区间内，铸坯不断弯曲。每个弯曲段配备 2 组驱动电机，主要起拉坯作用。电机驱动辊通过液压缸对铸坯有一定的压下量，并提供一定的拉坯力。

（3）矫直段（straight segment）：矫直段采用 VAI 特有的渐进矫直技术，一般情况下采用 2 个矫直段扇形段组成。矫直段由 7 个辊子组成，其辊列的形状经过精心设计使带液芯的铸坯在该段进行等曲率的弯曲矫直，逐渐由圆弧形变为水平。该段辊子受力较大，辊子半径较大。电机驱动辊通过上液压缸对铸坯有一定的压下量，提供主要的拉坯力和矫直力。

（4）水平段（horizon segment）：矫直结束后进入水平区，水平段也是轻压下的主要实施区间，其各辊径一致，均为 300mm。每个水平段配备 1 组驱动电机，布置在上辊，电机驱动辊通过液压缸为拉坯提供辅助和备用的拉坯力。

11.2.5　二冷电磁搅拌

由于板坯连铸机的结构特点，目前处于实用的板坯连铸二冷区电磁搅拌器大都采用行波磁场搅拌器。

行波磁场搅拌器由平面感应器和非磁不锈钢壳体构成。平面感应器和直线电机一样，都是普通异步电机的定子演变而来的。设想将异步电机定子在一侧顺轴向剖开并展平，即形成平面感应器或直线电机。使原来沿圆周旋转的旋转磁场变成向一个方向进行的行波磁场，铸坯则替代电机的转子，从而构成单边行波磁场搅拌器（Single side Travelling field Stirrer，STS）。如果在 STS 上面再加一个感应器，即构成双边行波磁场搅拌器（Double side Travelling field Stirrer，DTS）。

由于板坯连铸要求密排辊支撑，在辊间需二冷喷水，而电磁搅拌又要求电磁搅拌器尽可能靠近铸坯，以便使用较小功率产生较高的搅拌强度，所以支承辊和搅拌器的安装有较大的矛盾。为了解决这一矛盾，世界各国曾探索过电磁搅拌器的各种构形和合理的安装方式，但无论哪种方式，其核心问题仍是解决铸坯支撑的问题。

经过几十年的优胜劣汰，目前常用的二冷区电磁搅拌器主要有辊后式、插入式、辊内式三种模式，如图 11-13 所示。

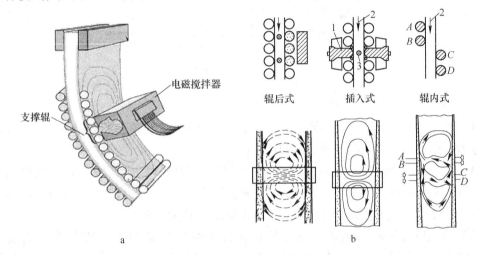

图 11-13　二冷区电磁搅拌器（a）及其类型（b）

由瑞典 ASEA（现为 ABB）公司开发的辊后单边行波磁场搅拌器 STS，简称辊后式；辊后式单面行波磁场搅拌的流动形貌与插入式双面蝶形流动的相类似。由于搅拌器离铸坯较远，在铸坯液芯中的电磁力小，故其流动影响较小

由日本新日铁公司（NSC）开发的插入辊缝的双边行波磁场搅拌器（DTS，新日铁称DKS），简称插入式；由于插入式搅拌器的双边行波磁场方向相同，其电磁力分布特征是：中心电磁力不为零，电磁力沿液芯厚度分布比较均匀；而钢水流动方向与行波磁场运动方向相一致，因此钢水在电磁力作用下由一侧窄面向另一侧运动，当流动冲击窄面后，分裂成上下两个流股，由于钢水的黏性作用和流体连续性，在搅拌器上下形成两个环流，形如蝴蝶的两只翅膀，故称蝶形流动。

由法国 Rotelec 公司开发的辊内式行波磁场搅拌器（Roll Travelling field stirrer，RTS），简称辊内式；其搅拌辊通常成对配置，形式多样。就一对辊而言，可以在内外弧面对面配置，此时电磁力较强且集中在较小区域内；也可以边靠边配置，此时搅拌区域扩大而搅拌力降低。因此，无论搅拌辊是面对面或是边靠边配置，其磁场都是定向分布的，因此周围支承辊可以使用普通辊。

11.2.6　引锭杆

引锭杆是连铸机的重要装置之一。引锭杆可以从结晶器上面装入，也可以从火焰切割机位置倒行至结晶器。引锭杆由引锭头、过渡件和杆身组成。浇注前，引锭头和部分过渡件位于结晶器下部，形成结晶器可活动的"内底"，浇注开始后，钢水凝固，与引锭头凝结在一起，由拉矫机牵引着引锭杆，把铸坯连续地从结晶器拉出，直到引锭头通过拉矫机后方与铸坯分离，进入引锭杆存放装置。

引锭杆的类型主要有链式引锭杆和刚性引锭杆两大类。链式引锭杆用于各种连铸机，特别是板坯结晶器，其杆身由数十个链节组成，如图 11-14 所示。

图 11-14　链式引锭杆

11.2.7　火焰切割机

火焰切割是板坯连铸机最常用的热切割方式。如图 11-15 所示。火焰切割是利用燃气火焰将被切割的铸坯预热到燃点，使其在纯氧气流中剧烈燃烧，产生金属氧化物形似熔渣，在高压氧气流的吹力下，将熔渣吹掉，同时伴随燃烧金属的氧化反应放出大量热量，又进一步预热下一层金属使其达到燃点。它是一个预热—燃烧—吹渣的连续过程。火焰切割过程所需要的热量主要依靠金属燃烧放热反应提供的（约占 70%），其燃气提供的只占有 30% 的热量。目前，连铸坯火焰切割主要采用焦炉煤气、乙炔、丙烷（烯）、氢气等燃

图 11-15　火焰切割机

气作为能源介质，利用氧气助燃。燃气和氧气从火焰切割机的喷嘴喷出并燃烧产生大量的热量，实现对连铸坯的切割。

火焰切割机有车架及车体行走机构、同步机构、切割枪横移装置、切割枪、边部检测器等组成。一般情况下，左右两侧切割枪同时切割，快到中心位置时，一侧的切割枪停止工作并撤回原位，由另一侧的切割枪完成最后的切割。在切割全过程中，切割枪在拉坯方向与铸坯拉坯速度一样，即切割枪在切割小车上随铸坯同步运动，确保切割的水平准确。

11.2.8　薄板坯连铸机的主要装备与功能

薄板坯连铸是典型的近终型连铸技术，这种技术的实质是在保证成品钢材质量的前提下，尽量缩小铸坯的断面来减少压力加工工序。连铸/轧钢薄板坯的厚度为 20~100mm，宽度为 900~1600mm。目前获得工业成熟应用且比较典型的薄板坯连铸连轧生产工艺包括 SMS 公司的 CSP 技术（如包钢）、MDH 公司的 ISP 技术、Danieli 公司的 FTSC 技术、VAI 公司的 Conroll 技术、住友公司的 QSP 技术及 Tippins 公司的 TSP 技术、意大利的 ESP 技术等。

目前几种典型薄板坯连铸设计拉速均在 5m/min 左右，高于传统板坯连铸速度。因此，钢水注入较窄结晶器后的可控性、高拉速薄坯壳条件下的鼓肚控制等方面都提出了更高要求，其装备也明显异于常规板坯连铸机。

11.2.8.1　薄板坯连铸机结晶器

薄板坯连铸结晶器是薄板坯连铸技术的核心，也是薄板坯连铸区别于传统板坯连铸的明显标志，结晶器技术的演变与发展孕育了不同类型的薄板坯连铸连轧生产工艺，但是按照结晶器内腔形状归纳起来可以分为两大类，一类就是市场占主导地位的 CSP 连铸漏斗形结晶器和 FTSC 连铸长漏斗形（又称为 H^2 结晶器）结晶器，主要都是用于铸坯原始厚度较薄的结晶器；另一类就是像 CONROLL 及 ASP 等原始铸坯厚度较厚使用的平行板型结晶器。其实平行板型薄板坯连铸结晶器除了必须满足浸入式水口插入及高拉速等因素外，和常规板坯连铸结晶器没有太大的区别，而漏斗形或长漏斗形结晶器由于内腔形状沿结晶器高度方向发生变化，初生坯壳在结晶器内受热应力和变形应力及其与结晶器内壁之间的不规则运动极易引起铸坯裂纹和相关的质量问题。

SMS 漏斗形结晶器：最早应用于薄板坯连铸生产的结晶器技术是由德国西马克公司开发的，经过二十多年的发展已经成熟。图 11-16 和图 11-17 是 SMS 公司 CSP 工艺采用的漏斗形结晶器及宽面铜板结构。它的上口宽边两侧各有一段平行段，然后与一圆弧连接，在宽面板之间形成一个垂直方向带锥度的漏斗区，漏斗形状保持在一定高度，并提供足够大的空间放置浸入式水口。漏斗区以

图 11-16　漏斗型结晶器

外的两侧壁依然平行。漏斗型结晶器在形状上满足了浸入式水口插入、保护渣熔化和板坯厚度的要求。

a   b

图 11-17 CSP 连铸结晶器宽面铜板结构图

a—铜板面；b—水槽面

薄板坯连铸拉速高，结晶器热流大，结晶器铜板采用高热导率的银铜合金，为了提高结晶器铜板的传热效率，现在使用的 CSP 漏斗型结晶器都不采用结晶器铜板表面镀层技术。

在结晶器漏斗形曲面方面，为了减少初生凝固壳在结晶器内从上向下运动过程中应力应变、克服局部的应力集中，以及减少坯壳与结晶器之间的摩擦力，现用结晶器铜板宽面的漏斗区曲面进行了优化在结晶器出口铸坯厚度方面，随着热连轧机机架数量增多以及铸坯带液芯铸轧技术的采用，结晶器出口铸坯厚度也随之增加，由过去的 50mm 增加到现在的 70~90mm。在保证浸入式水口插入的结晶器上口最大开口度基本不变的前提下，减少了坯壳向下运动过程中的应力。

对于生产原始厚度较薄的铸坯时，相对于平行板型结晶器，漏斗型结晶器容量较大液面稳定性好、保护渣熔化条件好、避免产生搭桥、浸入式水口插入空间大、结晶器热流均匀等优点。

漏斗形结晶器缺点是增加了结晶器内坯壳变形，刚刚凝固的坯壳容易产生裂纹，限制了像包晶钢这样难浇品种的生产。同时还存在使用寿命短、表面质量较差的问题。

FTSC 工艺的 H^2 结晶器技术：意大利达涅利公司在西马克公司开发的漏斗型结晶器的基础上开发了 H^2 结晶器，也称全鼓肚型或凸透镜型结晶器，图 11-18 是 H^2 结晶器示意图和宽面铜板结构图。

FTSC 工艺的 H^2 结晶器具有比 CSP 结晶器内腔高 100mm；单侧最大鼓肚量为 40mm，比 CSP 结晶器要小 10~20mm；漏斗型的过渡区长，达到了约 2100mm；结晶器铜板采用镀镍层处理等结构特点。

H^2 结晶器的结构设计是以凝固坯壳的应力最小化和结晶器容积的最大化为目的。如图 11-18 所示，其鼓肚形状由上至下贯穿整个铜板，并一直延续到扇形段，以减小凝固过程中坯壳的变形应力。H^2 结晶器内部体积增大，可以盛装更多的钢液。此外，结晶器上部尺寸加大，可使水口形状设计更合理，保证结晶器内液面稳定，提高保护渣的润滑效果，改善热交换条件，减少裂纹倾向。

薄板坯连铸漏斗型结晶器（AFM）：AFM 结晶器（Advanced Funnel Mould）是一种新型薄板坯连铸用漏斗型结晶器，它引入了新的结晶器设计。特点是采用一种薄壁铜板，浮动连接到结晶器水箱上，铜板采用铬锆铜。该结晶器的核心技术包括 GP 公司的特种铜合金、新型结晶器铜板固定系统、"板面式"水冷技术以及为获得均匀温度分布的非均匀壁

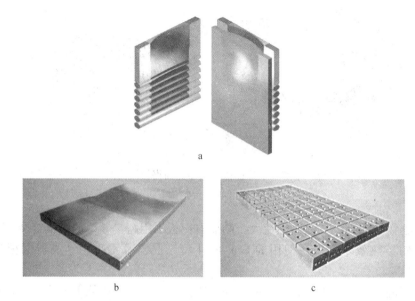

图 11-18　FTSC 的 H² 连铸结晶器

a—宽面结构示意图；b—带镀层铜板面；c—窄面铜板

厚结晶器技术。GP 铜板具有良好抗蠕变性能以及相应的高强度和热稳定性，有望使结晶器鼓肚问题得到相当程度的减少。这种用于薄板坯连铸连轧的新型结晶器已经在一些 CSP 工厂进行了试用，初期试用情况显示这种结晶器可提高操作灵活性、改善产品质量和提高结晶器寿命。目前，AFM 结晶器已成功实现浇铸速度 6m/min，正在进一步优化过程当中。

11.2.8.2　薄板坯连铸机带液芯压下技术

对铸坯进行在线液芯压下的行为，依据其工艺特点的区别，大致可以概括为（动态）轻压下技术（Dynamic Soft Reduction）、液芯压下技术（Liquid Core Reduction）和铸轧技术（Casting Pressing Rolling）等类型。其本质就是利用铸机扇形段对带液芯的铸坯进行适量地压下，以达到一定的工艺目的。严格意义上讲，（动态）轻压下技术、铸轧技术是液芯压下技术的特殊表现形式。

与常规板坯连铸的动态轻压下技术不同，在薄板坯连铸中，由于铸坯薄，冷却快，其中心出现偏析和疏松的程度较轻，不采用液芯压下不会对铸坯内部质量造成太大影响。对薄板坯连铸连轧而言，存在一个对于连铸坯厚度的矛盾，连轧机希望连铸坯原料厚度尽可能薄一些，连铸则希望铸坯尽可能厚一些，保证结晶器开口度大一些以满足浸入式水口的方便插入，结晶器容积尽可能大一些可以减少结晶器内湍流和液面波动。液芯压下技术的作用就是解决这样一对矛盾，即薄板坯液芯压下技术是指在连铸二冷区对带液芯铸坯进行压下的工艺技术，其目的是减小铸坯厚度。当铸坯出结晶器后即开始逐渐收缩二冷区扇形段的辊缝，将尚未完全凝固的铸坯压缩到适当的厚度，以满足连轧对铸坯厚度的要求。

德马克公司在意大利阿尔维迪的 ISP 流程中最先使用了液芯压下技术。在该工艺中，结晶器下方的"0"段由 12 对辊组成，整段为钳式结构，内弧在液压缸的作用下可将辊缝调整成锥形，对铸坯实施在线液芯压下。"0"段后的扇形段由 16 对辊组成，内弧辊可由其各自的液压缸单独压下，对铸坯继续实施压下（包括一定的固芯压下）。铸坯经压下后其厚度可减少 15mm 左右。在此基础上，德马克公司将铸机改为立弯式，"0"段仍为钳式结构，后续扇形段改为 6~8 对辊一组的常规扇形段，由前后各一对液压缸来调整每个扇形段的辊缝及其锥度，这样简化了扇形段的结构。自德马克被西马克兼并以后，ISP 技术不再推广和发展。

西马克公司早期投产的 CSP 技术，其主要特点是采用立弯式铸机、漏斗形结晶器，铸坯厚度一般为 40~50mm，不采用液芯压下，配置 5~6 架精轧机，成品钢带最薄约 1mm。为了缓解浸入式水口和结晶器开口度之间的矛盾，改善结晶器内流场分布，提高铸坯质量和生产稳定性，该公司在后期新建的铸机中都采用了液芯压下技术。美国 Dynamics 厂 1995 年 12 月投产的一流 CSP 铸机坯厚度 70mm，第一次采用了液芯压下技术。我国马钢 2003 年引进的 CSP 连铸机也采用液芯压下技术，铸坯厚度为 50~90mm，后续配置 7 架精轧机。

意大利达涅利（Danieli）公司 FTSC 流程中也采用了液芯压下技术，结晶器设计采用 H^2 结晶器，漏斗形状贯穿结晶器高度一直延伸"0"段的中部。在结晶器出口的足辊采用异径辊，将铸坯宽面凸肚压平。紧接异径辊的"1"段为钳式结构，由其下部的一对液压缸调节其辊缝收缩的锥度，"2"段由三小段组成，每段在上下各一对液压缸的驱动下独立调整辊缝的大小和锥度。同时，提供了动态液芯长度计算与控制技术，能够针对不同钢种和浇铸参数，根据凝固模型和现场扇形段液压缸压力的反馈来实现液芯压下终点位置的动态控制，以获得最佳的液芯压下效果。

除了原德马克 ISP 工艺、西马克 CSP 工艺、达涅利 FTSC 工艺外，日本住友开发的 QSP 工艺、奥钢联的 CONROLL 工艺等薄板坯连铸工艺，都设计了液芯压下功能。

液芯压下技术实际上是在两相区加工，它将导致铸坯内部晶粒破碎和滑移，可得到较细的晶粒，使得铸坯在相同的轧制温度下获得更好的韧性。试验证实，采用液芯压下比相应的减薄结晶器厚度带来的效果更佳。现希克曼生产的所有钢种的中心偏析和疏松方面的质量均可达到一级标准。各种类型的薄板坯连铸设计的最大液芯压下量都不超过 20mm。西马克的液芯压下技术（LCR）发展到目前的第三代 LCR3，具有连续可调压下范围。LCR3 首次在德国 Thyssen 厂采用，最大压下量 15mm。

11.3　方坯连铸主要设备及功能

方坯连铸机主要用于生产型材与线棒材，方坯断面分类见表 11-2。

表 11-2　方坯断面分类

分　　类	铸坯断面/mm×mm
小方坯	(90×90)~(200×200)
大方坯	(200×200)~(450×450)
矩形坯	(100×150)~(450×560)

与板坯不同，由于方坯断面较小，因此在冷却过程中其坯壳生长速度快，形成的坯壳较厚，一般只在上部进行冷却，下半段为空冷，整个弧形段夹辊较少，如图 11-19 所示。对于大方坯连铸机，出结晶器的坯壳还有可能发生鼓肚变形，因此多采用密排足辊，弧形区上部也采用四面冷却，下部不喷水且夹辊较少。在空冷区内一般布置 5~9 架拉矫机进

行矫直拉坯，其结构较板坯扇形段简单。由此可见，方坯连铸机与板坯连铸机在引锭杆、结晶器、二冷布置、拉矫系统等方面存在一定的区别。

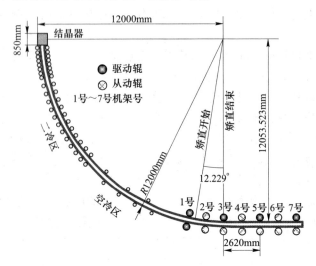

图 11-19 方坯连铸机的主体构成示意图

11.3.1 多流中间包

方坯连铸机多为一个中间包同时浇铸多流铸坯。一般情况下，大方坯连铸机为 4 流及以上，小方坯连铸机为 6 流及以上，对于 8 流的方坯连铸机，有采用两个中间包浇铸的。而板坯一般不超过 2 流。因此，对多流中间包而言，其不仅要考虑流动对夹杂物上浮、去除的影响，还要尽可能地保证多流中间包流动特性的一致性。原则上，从热量角度考虑，好的流动特性的一致性能保证中间包各流有一致的钢液清洁度和钢水温度。

各种多流中间包大致可分为完全对称型，一般非对称型和特殊非对称型三类。常见的方坯连铸机多采用非对称或特殊非对称中间包。一般非对称型中间包，钢包注流对中间包各水口在几何构型上对称，但钢包注流到中间包各水口的距离不同，各水口钢液温度也不同，即钢液到各出水口的流动状况，包内的温度分布存在不对称性，图 11-20 列出了此类中间包的几何形状。特殊非对称型中间包，指入水口对各出水口在几何构型上都不对称的中间包，如图 11-21 所示的几何形状。

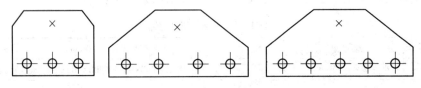

图 11-20 一般非对称中间包

11.3.2 方坯连铸结晶器

与板坯连铸机相比，由于长宽比的减小，除部分大断面方坯外，方坯连铸机一般选用铜管结晶器，而非类似板坯的组合式结晶器。与板坯连铸结晶器形似，为降低结晶器内表面的磨损，结晶器内表面一般也有镀层，一般为镍合金材料。除大断面连铸方坯外，小断

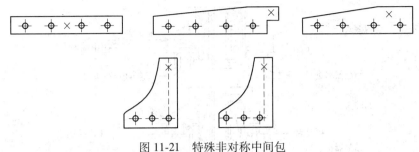

图 11-21　特殊非对称中间包

面方坯、圆坯、异形坯等长材均选用铜管形式的结晶器，如图 11-22 所示。

图 11-22　方坯、圆坯、异形坯等长材连铸结晶器铜管

管式结晶器结构简单，易于制造与维护，铜管寿命长，成本低。与板坯连铸机类似，管式结晶器由弧形铜管、钢质外套、足辊等几部分组成。管式结晶器与组合式结晶器的最大区别在于结晶器内腔形状固定，铜管外壁喷水或直接通冷却水。结晶器倒锥度的类型有单锥度、多锥度和连续锥度，如图 11-23 所示。方坯结晶器的倒锥度一般为 $(0.6 \sim 1.2)\%/m$。

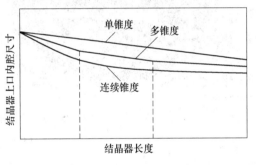

图 11-23　结晶器倒锥度的类型

11.3.3　结晶器电磁搅拌装置

根据结晶器结构和使用要求，目前 M-EMS 安装方式通常有内装式、封装式和外装式三种，如图 11-24 所示。

（1）内装式：搅拌器安装在结晶器的水箱内，直接与结晶器冷却水串联共用。

（2）封装式：这是内装式的一种变形。搅拌器安装在结晶器水箱内的密封空间内，与结晶器冷却水分隔，采用独立的优质冷却水冷却，闭路循环。

（3）外装式：搅拌器安装在结晶器水箱外面，自身封装成一体，固定在结晶器框架上。采用独立的优质冷却水冷却，闭路循环。因为冷却水水质容易控制，其使用寿命最长。

目前在线应用最广泛的形式大致有两类：一类是凸极铁芯铜扁线绕组，简称凸极式；一类是环形铁芯克兰姆绕组，简称环形式，如图 11-25 所示。两者结构上的主要区别见表 11-3。

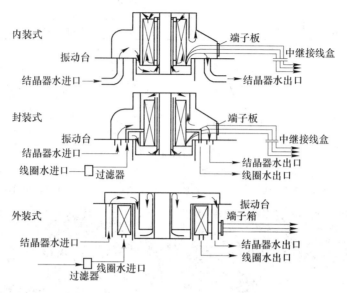

图 11-24 方坯连铸机 M-EMS 的安装方式

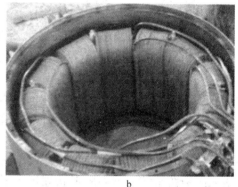

a   b

图 11-25 方坯连铸机 M-EMS 的结构形式

a—凸极式；b—环形式

表 11-3 两类 EMS 结构的比较

项 目		凸极式	环形式
铁芯		圆环形轭铁上嵌有六个凸极，俗称齿	一圈环形轭铁
绕组	材质	铜扁线绕制	铜管绕制
	形状	类似英文字母的 O 字，俗称 O 形绕组	与 O 形绕组相似由克兰姆首次用于环形轭铁上，俗称克兰姆绕组
	安装式	每个凸极上套一个 O 形绕组	12 个绕组全部套在轭铁上
冷却方式	方式	线圈和铁芯全部浸泡在冷却水中，直接通水冷却，称外冷	绕组中每根铜管都能通水冷却，称内冷
	效果	冷却不均匀且有死角，冷却水量大，冷却效果差	冷却均匀无死角，冷却水量小，冷却效果好
优缺点		制作较简单，体积较小，成本较低，使用寿命较短	制作较复杂，体积稍大，成本较高，寿命较长

11.3.4　拉矫机与凝固末端电磁搅拌器

拉矫机主要具有矫直和拉坯两个功能，拉坯指克服从结晶器开始到铸坯出口铸坯运动时所产生的各种阻力，矫直指把从弧形段出来的铸坯在拐点处进行矫直，见图11-20。此外，拉矫机不仅起拉坯机和矫坯的作用，而且还有送引锭杆的作用。

方坯连铸机多采用空冷区的 5~9 个机架完成拉矫过程。每个机架的间隔为 1.5m 左右，通过内弧辊的压下完成轻压下动作。图 11-26 为一台断面尺寸为 280mm×325mm 的直弧形大方坯连铸机。该连铸机弧长 12m，采用三点渐进式矫直。

大方坯连铸机多采用拉矫机上辊压下完成轻压下功能，其技术原理与板坯连铸过程相同。对于小方坯而言，还可以采用凝固末端强冷技术，即通过凝固末端的强冷使坯壳收缩从而起到"压下"的效果。

图 11-27 所示为方坯凝固末端电磁搅拌装置。凝固末端电磁搅拌技术（FEMS）也是改善中心偏析与疏松缺陷的有效手段。FEMS 的技术原理是，通过在凝固末端施加交替磁场，促使两相区内富含溶质偏析元素钢液旋转起来，从而均匀溶质，抑制偏析。一般一个铸流配备一台 FEMS，其安装位置固定。随着连铸工艺条件的改变，凝固末端位置迥异，因此 FEMS 安装位置需兼顾多个不同断面、钢种的工艺需求。一般说来，应照顾到主要断面和钢种，寻求一个折中的位置，并匹配适宜的搅拌参数，否则安装位置偏高，变成二冷区搅拌，起不到真正凝固末端搅拌的作用；安装位置偏低，铸坯凝固完了，再搅也不起多少作用。正确选择搅拌位置不是一件容易的事，需要进行一些在线试验和实践经验的积累。近年来，也有企业采用了移动式 FEMS，即 FEMS 可在第一架拉矫机前的一定范围内移动，然而受限于安装调整的复杂性，其一般多用于探索最佳搅拌位置，尚无法随着浇铸工艺的改变而在线移动 FEMS 位置。

图 11-26　方坯连铸机拉矫机

图 11-27　方坯和圆坯连铸凝固末端电磁搅拌器

11.4　连铸工艺流程与操作

连铸操作过程一般可描述如下：连铸设备检查正常后，盛满成分和温度合格的钢水的钢包由吊车送到钢包回转台并旋转至于中间包上方；安装长水口，开启钢包滑板，钢水通过钢包底部的水口注入中间包内；中间包液位达到一定高度后，打开中间包塞棒或滑动水口，钢水经中间包水口流入下口由引锭杆头封堵的水冷结晶器内；在结晶器内，钢水沿其周边逐渐冷凝成坯壳，当结晶器下端出口处坯壳有一定厚度时，同时启动拉坯机和结晶器振动装置，使带有液心的铸坯进入导向段；在二冷段，铸坯一边下行，一边经受二次冷却区中按一定规律布置的喷嘴喷出的雾化水的强制冷却继续凝固；当引锭杆出拉坯矫直机后一定距离将其与铸坯脱开；铸坯继续前行，当达到定尺后，切割机开始切割，切割完毕后由出坯装置运到指定地点。当一包钢水浇铸完毕后，下一包钢水旋转至中间包上方，安装长水口后开始浇注，实现多炉连浇。

11.4.1 连铸准备

连铸准备主要包括两个方面，一是连铸相关设备的准备与检查，二是钢水的准备。其中连铸钢水的准备主要是控制合适的钢水成分、温度和洁净度，以满足连铸坯质量和连铸生产顺行的要求。本部分主要阐述开浇前的准备工作和相关设备的准备与检查工作。

开浇前需要的准备工作主要包括：钢包回转台、长水口相持机械手、中间包与中间包车、结晶器与结晶器振动装置、二次冷却装置、引锭系统、切割系统的检查、连铸辅助材料和工具的准备、送装引锭杆与引锭头封堵等。

11.4.1.1 设备准备与检查

（1）钢包回转台：回转台为连铸过程中钢包的支撑设备，浇注前将回转台左旋和右旋两圈（720°），检查旋转是否正常，停位是否准确，限位开关和指示灯是否好用，有关电气和机械系统是否正常，确保其正常工作。

（2）长水口把持机械手：长水口机械手是将长水口套装到钢包滑动水口上的安装机构，并在浇注过程中保持其位置，以保护钢水不被空气氧化。浇注前应检查旋臂及操纵杆使用是否灵活，检查托圈、叉头，要求无残钢、残渣，转动良好；检查液压系统是否正常；检查小车运行是否正常，小车轨道上有无异物，放置是否平稳且位置适中；准备好平衡重锤、吹氩软管及快速接头。

（3）中间包和中间包车：检查其外壳是否变形开裂、有无粘钢，确保包内清洁无损。采用塞棒控流的中间包，要求机械操作灵活；采用滑板控流的中间包，要求控制系统灵活，开启时上下滑板注流口同心，关闭时下滑板能封住上滑板注流口。采用浸入式水口浇注时，使用前检查浸入式水口内外表面是否干净，有无裂纹缺角，是否安装牢固，尺寸和形状是否符合要求，伸出部分是否和中间包底垂直及侧孔方向是否正确。采用挡渣墙的中间包，需检查其形状及安装位置是否准确、安装是否牢固。检查中间包车升降、横移是否正常，中间包车上的挡溅板是否完好，轨道上有无障碍物。

（4）结晶器及其振动系统：检查结晶器上口的盖板及与结晶器配合情况，要求盖板大小配套，放置平整，无残钢、残渣，与结晶器口平齐。盖板与结晶器接口处间隙用石棉绳堵好并用耐火泥料堵严、抹平。检查结晶器内壁铜板表面，要求表面平整光滑，无残钢、残渣、污垢，表面损伤（刮痕、伤痕）小于 1mm；如果有残钢、残渣、污垢必须除尽，铜板表面轻微划伤用砂纸打磨，表面损伤大于 1mm 时，则应更换结晶器。检查结晶器的进出水管及接头，不应有漏水、弯折或堵塞现象。试结晶器冷却水压和水温，一般冷却水压为 0.8MPa 左右，进水温度不高于 40℃，且无漏水渗水现象，结晶器断水报警器工作正常。

检车结晶器振动是否有抖动或卡住现象，振动频率和振幅是否符合工艺要求。对于振动频率与拉坯速度同步的连铸机，要求振动频率随拉坯速度的变化而变化。

（5）二冷系统：检查结晶器与二次冷却装置的对弧情况，要求对弧误差不大于 0.5mm；检查二冷夹辊的开口度，使之满足工艺要求；采用液压调节夹辊时，液压压力正常，夹辊调节正常；检查二冷辊子，要求无弯曲变形、裂纹，无黏附物，转动灵活；检查二冷水供给系统，要求喷嘴均无堵塞，接头牢固，水量在规定范围内可调，喷嘴喷出冷却水形状及雾化情况满足要求。

（6）引锭装置：浇钢前对引锭头和引锭杆本体上的杂物、冷钢要清理干净；引锭头和引锭杆本体的形状和规格须满足要求，应与所浇注连铸坯断面相适应，不可有损伤和变形；引锭杆本体链节连接良好。送引锭头之前将其加热至 200℃ 左右，以免通过二冷段时被弄湿，从而引起浇注时爆炸（送完引锭头后必须用风管将引锭头上的水吹净）。拉矫机上、下辊运转正常，上、下辊距与结晶器断面厚度相符。送装引锭杆小车或引锭杆移出设备、脱锭装置运行正常。

（7）铸坯切割系统：对于火焰切割系统，检查操作台上各种灯光显示及按钮是否正常、检查切割小车的运行和返回机构是否正常。根据所浇铸坯厚度及钢种，调整、检查切割嘴的工作参数，并检查各接头是否漏气。接通切割枪闭路水和切割机冷却水，并调整观察至正常工作参数。接通氧气和可燃气并点火，并检查调试火焰的长度。预选切头长度和铸坯定尺。检查备用的事故切割枪是否好用。对于机械剪切系统，检查各机构的传动系统是否处于正常工作状态。

11.4.1.2 连铸用工具和原材料的准备

渣罐、事故罐和溢流槽准备，用于盛接钢包和中间包的残钢、残渣，要求无水或无潮湿物。

中间包覆盖剂、结晶器保护渣或润滑油的准备，其品种、质量符合工艺要求。

长水口和浸入式水口准备并烘烤，用于连铸过程中更换。

浇钢及事故处理工具准备，如中间包塞棒压把、捞渣耙、推渣棒、取样勺、取样模、测温枪、铝条、氧气管、割枪等。

11.4.1.3 送堵引锭杆

送引锭操作程序如下：对于下装引锭杆，引锭杆移出装置启动，将引锭头送入拉矫机，拉矫机启动并快速压下压紧引锭杆，当引锭头运行到距结晶器下口规定距离（500mm）时，停止送引锭操作，防止引锭头跑偏而损坏设备，之后进行点动操作，将引锭头送至距结晶器上口规定的距离停止。对于上装引锭杆（多用于板坯连铸），引锭杆小车开到结晶器的上方，由小车的传动装置把引锭杆从结晶器上口送下，通过铸坯导向段夹持辊调整和固定其在结晶器中的位置。为了保护结晶器内壁不被擦伤，装引锭杆时，一般在结晶器内需装一个保护筒。

引锭头就位后，用干燥、清洁的石棉绳或纸绳嵌紧引锭头和结晶器铜壁之间的间隙，并在引锭头上均匀铺撒 20~30mm 厚的干净、干燥、无油、无杂物钢屑，最后放置冷却钢块或冷却弹簧，并注意其摆放方式。为防止开浇钢水喷溅到结晶器内壁而产生挂钢，通常安装防溅板。

11.4.2 开浇操作

连铸机开浇操作是指钢液到达浇铸平台直至钢液注入结晶器，拉坯速度转入正常这一段时间内的操作。开浇操作是连铸操作中比较重要的操作，对于稳定连铸操作，提高生产率，控制事故的发生具有重要意义。开浇操作要做到快和稳。所谓"快"是钢包，中间包就位要快，钢包开浇要快，减少钢液温度损失；"稳"是中间包开浇要稳，拉矫机启动要平稳，防止开浇时结晶器拉漏。开浇操作一般过程如下：

钢液到达浇铸平台后，浇钢工进行测温操作。当测温符合要求时，指挥吊车将钢包稳定地放置在钢包回转台上，并旋转至浇注位置。将准备好的中间包及中间包车开到浇注位置，对中落位。接通结晶器冷却水。

钢包开浇：如采用钢包注流保护浇注，在中包车到浇注位后迅速将预先准备好的保护浇注长水口套入水口，确保长水口与钢包水口在一条中心线上，进行试滑，检查滑动水口开闭情况，试滑正常后，下降大罐到下极限，人工压住操纵杆打开钢包水口，确认注流正常后，将平衡重锤挂上，立即接上吹氩管并打开吹氩阀门。

当中间包液面达到约 1/2 高度时，向中间包加入中间包覆盖剂。当采用钢包注流保护浇注时，钢液面淹没保护管下口就可加入覆盖剂，加入数量视具体情况而定，一般要求均匀覆盖中间包钢液面，厚度为 10~30mm。

在中间包钢液面达到开浇要求后，打开塞棒（采用滑板控流时，滑板开度一般为20%），中间包开浇。一旦中间包开浇，主控室操作工以 5s 为单位向机长报出时间，以确认出苗时间（钢液注入结晶器到拉矫机开始拉坯的这段时间）。当结晶器钢液面淹没浸入式水口侧孔时，迅速向结晶器内推入保护渣，其加入数量以完全覆盖钢液表面为原则。

当到了出苗时间，液位距结晶器上口 100mm 时（据铸坯规格而定），根据选择的开浇拉速启动拉矫机开始拉坯。注意结晶器是否振动，同时启动抽蒸汽风机，按从上到下顺序逐步自动打开各段的二次冷却水。一旦开始拉坯，主控室操作工以 5s 为单位重新向机长报告时间，以便机长对开浇过程的拉坯速度进行控制。拉坯后，引锭工要严密监视引锭杆的运行情况，发现异常及时处理。开浇后调整中间包水口开度，保持稳定的结晶器钢液面，使拉速保持在开浇拉速，待引锭头进入二次冷却后，逐步提高拉速，并调整水口开度，保持稳定的结晶器液面，拉速每次调整 0.1m/min 为一挡，每调整一次保持 1~2min 的稳定过渡期（小方坯可短一些，板坯则长一点），当拉速达到规定的工作拉速后，控制中间包水口开度，保证液面稳定。

开浇过程注意事项主要包括：

（1）钢水温度测定。测量浇铸平台钢包内钢水温度为控制中间包开浇时间、出苗时间等提供操作参考，为连铸拒浇提供依据。在测温时，要认真操作，测温枪插入钢包钢液面以下 300~400mm，测温位置要在钢包中部，以防测温不准确而影响开浇操作的正常进行。

（2）钢包开浇。采用滑动水口控制钢包注流时，其开浇有两种情况：一是自然引流，即打开滑动水口时，钢液自动从水口中流出；二是不能自然引流，采用人工引流，即用氧气将水口烧开。打开水口后要检查滑动水口关闭情况，进行试滑操作，如果发现水口关不死或打不开要及时处理。钢包开浇后，通常采用全开滑动水口浇注。

（3）中间包钢液控制。中间包钢液面控制是钢包开浇后，尽量使中间包钢液快速升高，达到中间包开浇的钢液高度。这有利于减少中间包钢液温度的损失，保证中间包顺利开浇。对于不正常的情况，如钢水温度较低、钢包引流时间长和设备事故等使钢液等待时间过长时，中间包钢液面较低时就进行中间包开浇。

（4）中间包开浇。中间包开浇是指使钢液注入结晶器这段过程的操作。中间包开浇的主要目的是使钢液平稳注入结晶器，保证出苗时间和拉坯顺利进行。在正常情况下，中间包开浇操作尽量做到平稳，即钢液平稳注入引锭头沟槽，在结晶器内根据出苗时间的长短慢慢上升。如果开浇过猛，钢液易冲动堵引锭头材料和冲熔引锭头，造成开浇拉漏和脱引锭困难；也易造成结晶器挂钢和出苗时间不能保证。

对于采用滑动水口或塞棒控流的中间包，开浇前要进行试滑或试棒操作，检查控制系统是否灵活，防止开浇后注流控制不好而影响操作。

对于钢液温度低或水口烘烤不良的情况，中间包开浇时，可将水口开得大些，增加水口处钢液的冲击力，防止钢液结冷钢。如果钢液温度较高，中间包开浇时，水口要控制小些。

出苗时间控制。出苗时间是保证连铸在结晶器内凝固成足够厚度的坯壳所必需的时间。坯壳的凝固厚度与钢液温度、钢种、连铸坯断面等因素有关，出苗时间一般在 30～90s 之间。当浇铸的连铸坯断面较大或钢水温度较高时，出苗时间按上限控制；当浇铸的连铸坯断面较小或钢水温度较低时，出苗时间按下限控制。

开浇拉速控制。开浇拉速是从起步拉速逐步升高到正常拉速的过程，起步拉速可设定为 0.2～0.4m/min。当钢水温度较低时，在保证不拉漏的前提下，连铸机的起步拉速和升速过程可相应提高。

11.4.3 正常浇注操作

正常浇注操作是指连铸机开浇、拉坯速度转入正常以后，到本浇次最后一炉钢包钢液浇完为止这段时间的操作。正常浇注操作主要包括拉坯速度控制，冷却控制，保护浇注及液面控制，脱锭操作和切割操作。

11.4.3.1 拉速控制

拉坯速度，是指连铸机单位时间每流拉出的铸坯长度（m/min），也可以用每一流单位时间内拉出铸坯的质量（通钢量）来表示（t/min）。拉坯速度是正常浇注操作中的重要控制参数。在连铸坯断面一定的情况下，提高拉速可以提高连铸机的生产能力，但是，拉速过高会造成结晶器出口处坯壳厚度不足，难以承受拉坯力和钢液的静压力，以致坯壳被拉裂甚至拉漏。另外，稳定的拉速也是铸坯质量的重要保障。综合考虑生产顺行、生产效率和连铸坯质量，对于一台特定铸机和浇铸钢种，需要选择某一最合适的拉速。

A 拉速的确定

铸机工作稳定后的拉速，又称为工作拉速。合适工作拉速的确定是个系统而复杂的过程，受多方面因素的影响，简述如下：

满足铸机最大拉速的要求：铸机最大拉速是指连铸机设备本身允许达到的最高拉速，是衡量设备最大生产能力的指标。最大拉速为工作拉速的 1.15~1.2 倍。最大拉速又可分为板坯连铸机最大拉速、单点矫直连铸机的最大拉速、多点矫或连续矫直直铸机的最大拉速。坯壳安全厚度就是不漏钢的厚度，一般应大于 15mm。在相同过热度情况下，拉速越快则坯壳越薄，而坯壳安全厚度所对应的拉速，称为满足出结晶器坯壳厚度的最大拉速。单点矫直铸机的矫直变形率通常大于 0.2%，这将使大多数钢在带液芯矫直时会出现内裂，所以铸坯在矫直前完全凝固是防止出现内部缺陷的有效措施。因此，对于单点矫直连铸机来说，最大拉速是指铸机在矫直点完全凝固的拉速。多点矫直或连续矫直技术是将单点矫直中集中在一点的变形量分配到多点连续完成，使矫直变形率保持在一个较小范围内，可以实现带液芯矫直并防止矫直过程铸坯内部裂纹的产生。这样在保证铸坯质量的前提下，可延长铸机冶金长度，提高拉速，从而提高铸机的生产能力。

满足浇铸钢种的要求：凝固系数较小的钢种在冷却过程中产生的热应力较大，易产生铸坯裂纹等缺陷。不同钢种凝固系数不同，应根据钢种采用不同的拉速。碳素钢凝固系数较大，合金钢凝固系数较小，在断面相同的条件下，合金钢的拉速通常比碳素钢的拉速要低，一般合金钢的浇注速度比碳钢低 20%~30%。

铸坯断面形状及尺寸的影响：不同断面形状的铸坯，单位质量的周边尺寸不同，冷却的比表面不同。圆形断面比方形和矩形的比表面小，冷却慢，故拉坯速度要小一些；矩形与方形相比，矩形坯在结晶器中凝固时，窄边比宽边凝固快，凝固壳脱离器壁形成气隙的时间早，使凝固速度降低，故矩形坯比方坯的拉速应小一些。另一方面，不同断面形状的铸坯有不同的结晶凝固特点，例如圆形坯的拉速过快时，易产生中心疏松和裂纹，因而圆坯的拉速一般要低于方坯和扁坯。对于相同钢种的铸坯，断面大的冷却"比表面"小，因而大断面铸坯的拉速一般低于小断面的拉速。

B 浇铸过程拉速的调整和控制

稳定的拉速是保证连铸坯质量和顺利进行连铸机操作的重要工艺条件，最理想的是按根据铸机设备条件、浇铸钢种和断面确定的恒定拉速操作。现代连铸机一般都配有结晶器液位和中间包液位自动控制系统，可自动控制钢包滑动水口、塞棒或中间包滑动水口的开启程度，可保证稳定拉速操作。

在实际生产中，由生产节奏和钢水温度波动等因素，有时必须对拉速进行调整，以保证浇铸的顺利进行和铸坯质量。例如，由于钢水成分或温度不满足浇铸要求而必须延长精炼时间所导致的生产节奏问题，为保证连续浇铸，必须采用降速操作。如果不降速，极易造成铸机停浇或换罐时钢水跟不上保证不了中间包液面，易导致中间包覆盖剂卷入结晶器，严重影响浇铸安全和铸坯质量。再如，当钢液温度变化时，工作拉速要适当调整。浇铸目标温度一般规定在液相线之上 15~20℃ 范围内（中间包钢液温度）。当钢液温度超过目标温度时，一般采取以下措施：当中间包温度低于下限温度时，要提高拉速 0.1~0.2m/min，当中间包温度高于上限温度 5℃ 之内时，降低拉速 0.1m/min，当中间包温度高于上限温度 6~10℃ 时，降低拉速 0.2m/min，当中间包温度高于上限温度 11~15℃ 时，降低拉速 0.3m/min（通常钢水过热度绝对不能超过 50℃，否则铸机停浇）。

11.4.3.2 冷却控制

在正常浇注过程中，冷却控制包括两方面：结晶器冷却控制和二冷段冷却控制。前者决定结晶器中初生凝固坯壳的厚度和连铸坯的表面缺陷，后者决定连铸坯的内部组织和内部缺陷。

A 结晶器冷却

结晶器的作用是保证坯壳在结晶器出口处有足够的厚度，以承受钢液的静压力，防止拉漏，同时又要使坯壳在结晶器内冷却均匀，防止表面缺陷的发生。为了保证钢液在短时间内形成坚固外壳，要求结晶器有相应的冷却强度，这就要求结晶器有合适的冷却水量。冷却水量过小，将降低结晶器的冷却强度，影响拉坯速度的提高，且易使结晶器内壁温度升高，缩短结晶器使用寿命。反之，冷却水量过大会使坯壳过早收缩，从而使结晶器与坯壳间过早形成气隙，减少了铸坯向结晶器的传热，也将影响拉坯速度。冷却水量还与浇铸的钢种有关，对于裂纹敏感的钢种，例如包晶钢，一般采用弱冷却，冷却水量较低；对中、高碳钢，结晶器采用强冷，冷却水量较高。

水量的控制可根据结晶器水缝的断面积和水缝内水的流速来确定。例如对于 140mm× 140mm 断面方坯，单流流量在 72~146m³/h 范围内；对于 220mm×1600mm 断面板坯，宽面流量为 407.5m³/h，窄面为 46.5m³/h。在浇注过程中，结晶器的冷却水流量通常保持不变。在开浇前 10~20min 开始供水，停浇后 10~20min 停水。水量主要通过水压进行控制，一般进水压力控制在 0.8MPa 左右，保证水缝内水的流速在 6~12m/s，防止结晶器水缝中产生间断沸腾和影响其传热。

在浇铸过程中除了需要控制结晶器冷却水量外，还要控制冷却水的进水温度和进出水温差在适当范围内，以保证结晶器出口坯壳厚度均匀。一般进水温度应不大于 40℃，进出水温差不应超过 10℃。水温过高，易在结晶器水缝内产生污垢，减弱传热。如进出水温差太大时，应及时处理。当温度超标时，必须在水处理进行补新水降温或做降速处理。经过调节无法控制（降低）水温或水温突然升高时，铸机必须作停浇处理。

B 二冷段冷却

从结晶器出来的铸坯，其芯部仍是液体，为使铸坯在进入矫直点前或在切割前完全凝固，就必须在二冷区进一步对铸坯进行冷却。对于确定的铸机和浇铸钢种，二冷段冷却主要是控制二次冷却强度和冷却强度在二冷各段的分配，以实现铸坯的均匀冷却，控制连铸坯质量。

二次冷却强度的确定：二次冷却强度可用"比水量"来表示。其含义是单位时间冷却水耗量与二冷区铸坯质量的比值，其单位为 m³/kg 或 L/kg。也可用单位时间、单位铸坯表面接受的冷却水量，即水流密度来表示，其单位为 m³/(min·mm²) 或 L/(min·mm²)。二次冷却强度随着钢种、铸坯断面尺寸、铸机类型、拉坯速度等参数不同而变化，通常波动在 0.5~1.5L/kg 之间。每种钢都有一条相应的脆性曲线，无论碳素钢还是合金钢，铸坯的矫直温度都应避开脆性口袋区，选择延伸性最好的温度区域。特别是裂纹敏感性强的钢种，要采用弱冷。例如低合金钢管钢比薄板钢（如全铝镇静低碳钢）需要更弱的二次冷却。一般来说，脆性温度区在 700~900℃ 范围内，如铸坯表面温度在此范围内矫直时，易于产生横裂纹，所以应控制二次冷却强度，使铸坯表面温度保持在 900℃ 以上，即高于脆性温度区进行矫直。为了保证铸坯在二冷区支承辊之间形成的鼓肚量最小，在整个二冷区应限定铸坯的表面温度，通常控制在 1100℃ 以下。如果考虑铸坯进行热送和直接轧制时，又要控制切割后铸坯表面温度高于 1000℃。另外，为了提高铸机的生产率，应当采取高拉速和高冷却效率，但在提高冷却效率的同时，要避免铸坯表面局部降温剧烈而产生裂纹，故应使铸坯表面横向及纵向都能均匀降温。通常铸坯表面冷却速度应小于 200℃/min。铸坯表面温度回升应小于 100℃/min。

冷却强度的分配：由结晶器拉出的铸坯进入二冷区上段时，内部液芯量大，坯壳薄，热阻小，坯壳凝固收缩产生的应力也小，此时采用大的冷却强度可使坯壳厚度迅速增加，保证不会拉漏。当坯壳厚度增加到一定程度以后，随着坯壳热阻的增加，为避免铸坯表面热应力过大产生裂纹则应逐渐减小冷却强度。因此，在整个二冷区应当采取自上到下冷却强度由强到弱的原则。为实现冷却强度的控制，通常采用分段按比例递减给水量的方法。即把二冷区分成若干段，各段有自己的给水系统，可分别控制给水量，按照水量由上至下递减的原则进行控制。这种方案的优点是冷却水的利用率高、操作方便，并能有效控制铸坯表面温度的回升，从而防止铸坯鼓肚和内部裂纹。我国绝大多数连铸机采用这一配水方案。

二次冷却水的控制方法：对于浇铸品种和尺寸单一的早期铸机，多采用仪表控制法。它是将二冷区分成若干段，每段装设电磁流量计，根据工艺要求（如拉速、钢种、铸坯断面）每一段的给水量，通过调节器按比例调节。生产中，当工艺参数发生变化时，由人工及时改变调节器的设定值，相应地改变各段的给水量。目前，绝大多数先进铸机采用自动控制方法。主要包括有比例控制法、参数控制法、目标表面温度控制法和动态控制等方法。例如，比例控制法的基本原理是：通过拉坯矫直机前装的测温计来测量铸坯二冷出口温度（铸坯进入拉矫机前的温度），并将此值送入或计算机，与工艺值相比较，并将该比较值反馈到最后一段的水量控制系统，用以补偿调节该段的水量，从而使铸坯表面温度达到设定值。再如，动态控制方法，该法属于高级控制方法，其通过模型实现全铸流的温度场计算与跟踪，并根据工艺要求，实现各冷却区二冷水量的最优化计算与设定，可有效抑制和控制连铸过程钢水温度变化、拉速波动、更换中间包、紧急停车等不稳定因素对铸坯凝固过程的影响。

11.4.3.3　保护浇注及液面控制

在正常浇注过程中，保护操作是防止钢液二次氧化，改善连铸坯质量的重要措施；正确地控制中间包液面和结晶器液面是稳定拉坯速度，减少铸坯夹渣，提升铸坯质量、保证连铸操作顺利进行的重要前提。

（1）钢包到中间包注流的保护操作。钢包到中间包的注流保护主要采用长水口来实现。在正常浇注过程中，应有专人在操作平台上监护，当保护管侵蚀后高于中间包正常浇注液面时，应立即更换；透气环掉块，不能保证与钢包水口咬合严密或保护管出现贯穿性的裂纹及孔洞，应立即更换；保护管氩管接头损失，影响通氩时，应立即更换。

（2）中间包液面控制及保护操作。中间包液面的稳定，对连铸坯质量及漏钢事故影响较大。正常浇注时，液面应控制在距中间包溢流口 50~100mm，其控制方法主要通过中间包钢水称重对钢包到中间包的注流进行控制。

中间包液面的保护主要是通过向中间包加入覆盖剂。在正常浇注过程中，应视中间包覆盖剂的覆盖情况而增加，当中间包渣层有结壳现象，应适当降低液面再提升液面，冲开"冻结"渣层，防止中间包液面结冷钢。

（3）中间包到结晶器注流的保护操作。中间包到结晶器注流保护主要采用浸入式水口来实现。在正常浇注过程中，应经常观察浸入式水口的侵蚀情况，适时开展水口快换或中间包快换操作。

（4）结晶器内液面控制及保护操作。为保证连铸机稳定地浇铸，结晶器内钢液面应平稳地控制在距结晶器上口处 100mm 或渣面距结晶器上口 70mm 左右，液面波动在一定范围内。目前结晶器的液面控制主要通过如下方法实现：由结晶器液面测量装置输出信号，然后根据此信号自动改变塞棒或滑动水口的开口度来适当减少或增大中间包水口的注流，使结晶器液面符合要求。

结晶器钢液面的保护主要是通过加保护渣完成。在正常浇注过程中，要随时均匀地添加保护渣，保证钢液面不暴露，渣厚一般控制在 30mm 左右，粉渣厚度控制在 10~15mm，一般以不出现红渣现象为准。

11.4.3.4 多炉连浇操作

多炉连浇技术包括同钢种连浇、异钢种连浇、不同断面连浇（即断面调宽技术）等。多炉连浇是提高连铸机的作业率，提高连铸坯产量及连铸比，降低金属损失的重要措施，使连铸机的优点得到了充分的发挥。多炉连浇操作主要包括更换钢包操作、快速更换中间包操作、异钢种连浇操作。

（1）钢包更换操作。钢包内钢液浇注完毕前，应根据钢包的浇注时间或钢包下渣自动检测系统严密注视钢包注流情况，一旦发现下渣，立刻关闭水口，卸下长水口。更换钢包前，尽量将中间包液面控制高一些，确保换钢包时不降低拉坯速度。新钢包开浇操作与前述开浇操作相同。如引流所需时间长，拉坯速度可在较小范围（约 20%）内变化，不得停机并严防中间包下渣。

（2）快速更换中间包的操作。一个中间包实现多炉连浇比较容易，这个过程主要是更换钢包的操作。如果想延长多炉连浇的时间和提高连浇炉数，可在短时间内中断中间包浇注，快速更换中间包，然后继续浇注。具体操作如下：在钢包停浇后，应离开中间包浇注位置，此时适当降低拉坯速度；当中间包钢液剩余 2/3 时，将预先烘烤好的新中间包，由中间包车开到结晶器旁待用；当中间包液面降到 150mm 时（注意不让渣浸入结晶器）立即停止浇注，快速开走中间包。新中间包就位、安装浸入式水口并落位，新中间包落位时确认良好无误时，钢包到位开浇，然后按开浇操作标准执行。

更换中间包时间不能太长，一般要求中断浇注时间不超过 5min，以防引起夹坯事故。换中间包时原则上不能同时换钢包，且不能在钢包钢液开浇初期或临近浇注终了时换中间包。

（3）异钢种连浇的操作。不同钢种连浇的主要问题是如何使"中间混合区"最小。所谓"中间混合区"就是这段连铸坯的化学成分介于两个钢种之间。目前解决的方法是：更换中间包时往结晶器中插入一个"固体桥"，作为钢液分隔装置。"固体桥"装置大体上可分为两类，即连铸坯连接件和钢液分隔器。固体桥钢液分隔器可以浸没在结晶器的钢液中，并在钢液液面下形成一个桥，在每次操作时，这种分隔器可以用机械迅速地插入。

异钢种连浇操作有多种方式，典型操作如下：钢包浇完后，关闭水口，离开中间包浇注位置；当中间包钢液剩余 1/2 时，捞出结晶器内旧渣，换上新渣，新渣均匀覆盖厚度 10mm 左右；当中间包液面降到 150mm 时，立即停止浇注，快速开走中间包，液面控制在离结晶器上口 100~150mm，停止拉坯。迅速将"固体桥"插入结晶器内的钢液中。必要时可在使用氧气管搅动尾坯的液芯加速液芯的收缩。新中间包迅速到位，落下，同时把结晶器内的液面高度降到引锭头位置停放。钢包到位开浇，然后按开浇操作标准执行。切割工应控制好定尺，按接痕线前 400mm，后 300mm 为混合区，切割时将上述混合区留在坯尾上。

（4）中间包定径水口快速更换技术。定径水口多用于方坯和圆坯浇铸，浇铸一定时间后，定径水口因不断受到冲刷和浸蚀，孔径逐渐扩大，导致铸坯拉速不断提高。采用中间包定径水口采用快速更换技术，可在 0.1s 内将寿命到期的定径水口更换，使连铸拉速稳定在规程要求的范围内。中间包内衬采用长寿新型耐火材料，通过多次更换定径水口，在连铸钢水不断流的情况下，使中间包连浇时间大幅度增加。

定径水口通过特别的机械装置进行快速更换，机械装置内有一个制造精确的水口运行滑道。工作状态下的定径水口和备用定径水口均定位在滑道内。需要更换定径水口时，操作者按动启动按钮，液压驱动装置开始工作，推动备用下水口由备用位置滑入工作位置，原来工作的下水口被推出到收集位置，钢水通过新的定径水口注入结晶器中，从而实现连铸过程定径水口的快速更换。更换后的上下水口的中心线偏差小于 0.1mm。

（5）快速更换浸入式水口技术。该技术适用于外装水口的板坯连铸机，能在中间包在线作业浇钢时，多次快速更换浸入式水口，实现了中间包耐火材料与下水口寿命的最佳匹配，使中间包多炉连浇得以实现。该技术可实现浸入式水口的瞬时更换而不停机。中间包在线作业浇钢时，1.5s 内即可完成新旧浸入式水口的更换。在作业浇钢时，无须抬升中间包，即可实现浸入式水口快速更换，保持结晶器液面稳定，且不影响其他注流的浇铸。浸入式水口更换同样通过特别的机械装置完成，更换过程与定径水口更换类似。

11.4.4 停浇操作

停浇操作是指钢包钢液浇完，中间包钢液浇注到一定的液面高度时，连铸坯送出连铸机及浇铸完检查和清理的操作。停浇操作的主要内容是钢包浇完操作、降速操作、封顶操作、尾坯输出操作及浇铸完的清理和检查。

（1）钢包浇完操作。根据钢包内钢液的浇注时间或连铸坯的浇注长度或钢包内钢液的重量显示来正确判断钢包内剩余钢液量，也可采用钢包下渣自动检测系统严密注视钢包注流情况，一旦发现下渣，立刻关闭水口，卸下长水口。关闭水口后，拆下水口有关控制机构（滑动油缸）并将钢包送走。

（2）降速操作。在钢包浇完后，一般停止向结晶器内添加新的保护渣，并准备好捞渣耙捞渣，同时开始降低拉坯速度。当中间包内钢液面降至 1/2 左右时，拉坯速度应降到正常拉坯速度的 50% 左右。同时实施捞渣操作，用捞渣耙沿着钢液表面将粉渣和熔融态渣全部捞净，同时做好关闭水口的准备。注意观察中间包钢液面。当中间包钢液面降到可能使中间包渣流入结晶器的时候，立即关闭中间包水口，同时将拉坯速度降到"蠕动"。升起中间包车，将车开离结晶器于中间包待机位。再一次捞尽结晶器内残余的保护渣和水口碎片，准备封顶操作。

（3）封顶操作。用钢管搅拌结晶器内钢液面，搅拌钢液要缓慢，以促进连铸坯内夹杂物上浮和尾部连铸坯的快速凝固。缓慢搅拌后，撒铁屑加速凝固，若结晶器内尾部连铸坯表面没有凝固，可采用向尾部连铸坯喷水的方法。喷水要均匀，不要过多，且操作人员要离开结晶器上口一定距离，防止喷溅。若结晶器内尾坯未完全凝固，应短时停机，继续喷水。在封顶开始到结束的过程中，应减少二次冷却水量，按封顶操作的规定进行配水。

（4）尾坯输出操作。将拉坯速度逐级升到规定的尾坯输出速度。一般尾坯输出速度比正常拉坯速度高 30% 左右。尾坯输出时，二次冷却段的配水将恢复到正常。尾坯输出只有等到连铸坯尾端离开拉矫机最后一对夹辊才算结束。

（5）浇注结束后的清理和检查。抬下结晶器上的剩余保护渣和渣耙，并对结晶器盖板进行冲洗。清理保护管的残钢、残渣，并将操纵机械移至安全位置。清理结晶器内壁残钢、残渣和污垢，并按要求对结晶器进行检查。更换已装满的渣盘、溢流槽，清理浇铸工器具。其他的检查均按"浇铸前的检查"进行。

11.4.5 连铸坯的切割与处理

连铸坯生产中，除按要求将铸坯同步切割成定尺外，还需根据钢种及其他需要把铸坯进行冷却或热送、退火及清理，以获得合格的铸坯。

11.4.5.1 连铸坯切割与输送

目前连铸坯的切割主要有火焰切割和机械切割两种形式。机械剪设备较大，但其速度快、定尺精度高，特别是在生产小定尺铸坯时，因其无金属损耗且操作方便，主要应用于小方坯连铸机上。火焰切割是用氧气和燃气通过切割嘴来进行切割铸坯的，普遍应用于大方坯、板坯连铸机。此方式特点是设备轻、切口平整，切割断面不受限制，但金属消耗高，环境有污染。

对于机械切割，当铸坯通过剪刀长度达到定尺后，剪刀同时作垂直于铸坯移动方向和平行于铸坯移动方向运动，切断铸坯。水平运动速度应等于或稍高于铸坯运动速度。对于火焰切割，当铸坯达到定尺后，切割机通过机构与铸坯固定，点燃割炬，与铸坯以相同的速度前进，切割完毕后回到原位置。

铸坯切割后，经去毛刺机处理后，通过输送辊道和吊车运送到指定工位进行退火、清理，或直接热送到热轧厂。

11.4.5.2 连铸坯的处理

（1）铸坯的冷却处理。连铸坯的冷却，其目的是为了获得质量满意的连铸坯，同时亦使连铸坯的温度冷却到便于进行输送或表面检查及清理。根据钢种要求，铸坯的冷却包括空冷、水冷和缓冷三种方式。

1）空冷：是将输送出来的连铸坯，单块或多块重叠地堆放在冷床上或专门堆放的场地上，在空气中自然冷却。例如桥梁钢或船舶钢，如果碳含量大于 0.17% 时，需进行自然冷却。

2）缓冷：将输送出来的连铸坯，用缓冷罩将其盖起来，进行缓冷。例如 16Mn 等低合金钢，此类钢易产生裂纹，通常不能强制冷却，而应使之缓慢冷却到室温。

3）水冷：将输送出来的连铸坯，用水喷淋在其表面上，进行强制冷却。例如作深冲薄板用的低碳钢（如汽车用钢），可采用任何形式的强制冷却。

（2）铸坯的热送热装。连铸坯热送热装分热送装炉轧制和直接装炉轧制。前者是将高温无缺陷或经高温热清理后的铸坯，离线装入保温坑（池或罩），然后根据轧制计划从保温坑（池或罩）调坯，装入加热炉内（装炉温度 400~700℃）加热，再进行轧制。后者则是将高温无缺陷或经高温热清理后的铸坯，按出坯顺序直接装入加热炉内（装炉温度 700~1000℃）加热，再进行轧制。

铸坯的热送是一种有效的节能技术措施。所谓热送（亦称热装）就是将连铸机出来的红热铸坯在加热炉中稍经加热后进行轧制。连铸坯采用热送工艺，其能耗降低量为：板坯温度 500℃ 可降低 30%，板坯温度 800℃ 可降低 50%，板坯热送温度提高 100℃，可使加热炉燃料消耗降低 80~120MJ/t 铸坯。

热送不仅节能效果理想，而且可缩短加工周期，从钢水到轧制成品沿流程所经历的时间短，有利于提高钢厂生产率。为提高连铸坯热送率，还需无缺陷铸坯生产技术、高温铸坯生产技术、铸坯运输过程的保温技术及生产节奏的控制技术来保证。

（3）连铸坯的退火。某些钢种，如含碳较低的半马氏体钢大铸坯、马氏体钢、含碳量高的过共析钢和莱氏体钢，即使采用了缓冷措施仍不能消除其组织应力和热应力。这些钢冷却稍快时，得到的组织就很硬且塑性很差。这些钢种多数合金元素含量较高，因而导热性差，冷却时断面温差和热应力较大，有的钢种冷却时会发生马氏体转变，将产生巨大的组织应力，热应力与组织应力的叠加，铸坯冷却时容易产生裂纹。为防止裂纹等缺陷的产生，需要进行退火处理。

铸坯退火可分为红送退火和冷送退火。红送退火是指铸坯进入冷床后直接送至退火炉场地，在退火场地将铸坯按炉号及入炉顺序进行堆放，依次送入炉温在 650~700℃ 的退火炉退火。红送退火适用于对裂纹特别敏感的钢种，如高速工具钢、高合金模具钢、马氏体钢等。冷送退火是指铸坯经过缓冷至室温，再运送至退火场地，铸坯按退火要求进行堆放，并按炉号依次进入温度为 650~700℃ 的退火。待退火时间达到要求时，再出退火炉进行缓冷。冷送退火适合于半马氏体钢、马氏体小铸坯等有裂纹倾向的铸坯。

（4）连铸坯的精整。当连铸坯表面存在缺陷时，需要对铸坯表面的各种缺陷进行精整，以保证热轧板或冷轧板的质量和成材率。例如对于深冲薄板用的低碳钢，热轧钢板用的原始板坯只需局部清理即可，冷轧深冲钢板用的板坯和镀锡用的板坯，通常需全部火焰清理后再进行局部清理。根据钢种的特点、断面的形状，可采用砂轮和火焰枪进行清理。对于大型的连铸板坯，一般都采用专用的火焰清理机或刨皮机进行清理。

1）砂轮研磨：把需要研磨的铸坯，从堆垛处吊运至研磨场地，将铸坯平摊并对铸坯表面逐面进行检查（要求高的钢种表面要刷除氧化铁皮，将表面缺陷暴露出来），标记需要研磨的部位，开动砂轮机，并将砂轮机移至标记处进行研磨去除缺陷，确认表面已研磨至符合标准要求，将铸坯再吊运至待用堆垛处。

2）火焰清理：将需要清理的铸坯吊运至清理场地后，全面检查铸坯表面并将需要清理的部位做标记。穿戴好防护用品，开启火焰枪（先开乙炔，后开氧气）并将火焰调节至最佳状态，对准所需精整的缺陷，掌握火焰枪移动速度，确保火焰清理的深度和面积。检查合格后，将铸坯吊运至原处。

11.5　连铸主要经济技术指标

（1）连铸坯产量。连铸坯产量是连铸机在某一个规定的时间内（一般以月、季、年统计）的合格坯产量。连铸坯需按国家标准或部颁标准生产，或按供货合同规定标准、技术协议生产。连铸坯产量受到铸机类型、技术水平和市场等因素的影响，其计算公式为：

连铸坯产量（t）= 生产铸坯总量 − 检验废品 − 轧后或用户退废量

（2）连铸比。连铸比是连铸坯合格产量占总钢产量的百分比。该指标是反映炼钢生产工艺水平的重要指标之一，也反映了企业、地区连铸生产的发展状况。对于单个的钢铁厂来说，如果其钢铁产品全部经由连铸生产，其连铸比可达到100%，但在国家、地区或世界范围内，由于连铸方法不能涵盖所有的钢铁产品，连铸比通常小于100%。目前，世界连铸比约在86%，中国连铸比已达到98%以上。连铸比计算公式为：

连铸比（%）=（合格铸坯产量／总合格钢产量）× 100%

（3）连铸坯合格率。连铸坯合格率是连铸合格坯量占连铸坯总检验量的百分比。该项是质量指标，一般以月、年统计。连铸坯合格率与浇铸钢种密切相关，同时受到技术和管理水平的影响，通常可达到95%以上，其计算公式为：

连铸坯合格率（%）=（合格铸坯产量／连铸坯总检验量）× 100%

式中，连铸坯总检验量=连铸合格坯产量+检验废品量+用户或轧后退废量。连铸坯切头、切尾、中间包更换接头与中间包浇余液面300mm 以下余钢不计入废品量。

（4）连铸坯收得率。连铸坯收得率是指连铸合格坯产量占连铸浇铸钢水量的百分比。该指标主要反映了连铸生产的消耗及钢水收得状况。计算公式为：

连铸坯收得率（%）=（合格铸坯产量／连铸浇注钢水总量）× 100%

式中，连铸浇铸钢水量=连铸合格坯产量+废品量+中间包更换接头总量+中间包余钢总量+钢包开浇后回炉钢水总量+钢包铸余钢水总量+引流损失钢水总量+切头切尾总量+浇铸和切割中被氧化的量。

连铸坯收得率除与连铸坯合格率的影响因素相类似外，还与浇铸断面大小有关，断面越大，收得率越高。

（5）铸机溢漏率。铸机溢漏率指的是在某一时间内铸机发生溢漏钢的流数占该段时间内浇铸总炉数乘以该铸机拥有流数之积的百分比。连铸生产中，溢钢和漏钢均为恶性事故，不仅会损坏连铸机，打乱正常生产节奏，还会降低铸机作业率和生产率，进而影响经济效益。该指标直接反映了铸机的设备、操作、工艺及管理水平。计算公式为：

铸机溢漏率（%）=［溢漏钢流总数／（浇铸总炉数 × 铸机流数）］× 100%

（6）连铸机作业率。连铸机作业率是指铸机实际作业时间占总日历时间的百分比。通常可以月、季、年统计。该指标反映了连铸机的开动作业及生产能力。计算公式为：

连铸机作业率（%）=（连铸机实际作业时间／日历时间）× 100%

式中，铸机实际作业时间=钢包开浇起至剪切、切割完为止的时间+上引锭杆时间+正常的开浇准备等待时间（小于10min）。连铸生产中，连浇炉数增加、中间包快速更换、准备时间缩短、减少连铸事故、缩短排除故障时间等均可提高铸机作业率。

（7）连铸机达产率。连铸机达产率是指在某一段时间内（通常为1年），连铸机实际产量占该台连铸机设计产量的百分比。该指标反映了这台连铸机的设备发挥水平。其计算公式如下：

连铸机达产率(%) =(连铸机实际产量／连铸机设计产量) × 100%

(8) 平均连浇炉数。平均连浇炉数是指浇铸钢水炉数与连铸机开浇次数之比。该指标反映了连铸机连续作业能力，主要受到浇铸钢种和耐材寿命的影响，一般为 8～12 炉，其计算公式为：

平均连浇炉数(%) =(浇铸钢水总炉数／连铸机开浇次数) × 100%

(9) 平均连浇时间。平均连浇时间是指连铸机实际作业时间与连铸机开浇次数之比，该指标也是反映铸机连续作业情况。计算公式为：

平均连浇时间(%) =(连铸机实际作业时间／连铸机开浇次数) × 100%

(10) 连铸浇成率。连铸浇成率是指浇注成功的炉数占总浇注炉数的百分比。在浇铸成功炉数统计中，一般指一炉钢水至少三分之二浇成铸坯，方可认为该炉浇铸成功。计算公式为：

连铸浇成率(%) =(浇铸成功炉数／浇铸总炉数) × 100%

参 考 文 献

[1] Meng X N, Zhu M Y. Thermal Behavior of Hot Copper Plates for Slab Continuous Casting Mold with High Casting Speed [J]. ISIJ International, 2009, 49 (9)：1356～1361.

[2] 孟祥宁, 朱苗勇, 程乃良. 高拉速下连铸坯振痕形成机理及振动参数优化 [J]. 金属学报, 2007, 43 (8)：839～846.

[3] 蔡兆镇, 朱苗勇. 板坯连铸结晶器内钢凝固过程热行为研究 I. 数学模型 [J]. 金属学报, 2011, 47 (6)：671～677.

[4] 蔡兆镇, 朱苗勇. 板坯连铸结晶器内钢凝固过程热行为研究 II. 模型验证与结果分析 [J]. 金属学报, 2011, 47 (6)：678～687.

[5] Zhu M Y, Cai Z Z, Yu H Q. Multiphase Flow and Thermo-Mechanical Behaviors of Solidifying Shell in Continuous Casting Mold [J]. Journal of Iron and Steel Research (International), 2013, 20 (3)：6～17.

[6] Cai Z Z, Zhu M Y. Thermo-mechanical Behavior of Peritectic Steel Solidifying in Slab Continuous Casting Mold and A New Mold Taper Design [J]. ISIJ International, 2013, 53 (10)：1818～1827.

[7] Yu H Q, Zhu M Y. Three-Dimensional Magnetohydrodynamic Calculation for Coupling Multiphase Flow in Round Billet Continuous Casting Mold With Electromagnetic Stirring [J]. IEEE Transactions on Magnetics, 2009, 46 (1)：82～86.

[8] 于海岐, 朱苗勇. 圆坯结晶器电磁搅拌过程三维流场与温度场数值模拟 [J]. 金属学报, 2008, 44 (12)：1465～1473.

[9] Jiang D B, Zhu M Y. Flow and Solidification in Billet Continuous Casting Machine with Dual Electromagnetic Stirrings of Mold and the Final Solidification [J]. Steel Research International, 2015, 86 (9)：993～1003.

[10] 于海岐, 朱苗勇. 板坯连铸结晶器电磁制动和吹氩过程的多相流动现象 [J]. 金属学报, 2008, 44 (5)：619～625.

[11] 王宏丹, 于海岐, 朱苗勇, 等. 多模式电磁搅拌板坯连铸结晶器内的三维电磁场和钢液流动 [C]. 第十三届冶金反应工程学会议论文集, 2009：86～93.

[12] 于海岐, 朱苗勇, 王宏丹, 等. 电磁连铸结晶器内多相传输行为研究 [C]. 第八届中国钢铁年会会议论文集, 2011：1484～1493.

[13] 冯捷, 史学红. 连续铸钢生产 [M]. 北京：冶金工业出版社, 2010.

[14] 姜澜, 钟良才. 冶金工厂设计基础 [M]. 北京：冶金工业出版社, 2013.

[15] 田乃媛. 薄板坯连铸连轧 [M]. 北京：冶金工业出版社, 2004.

第3篇 轧 钢

12 轧 钢

12.1 轧钢实习目的、内容和要求

（1）实习目的。

1）了解钢厂的轧钢生产工艺种类、钢材品种和用途、轧钢生产系统、轧钢生产工艺过程及其制定、轧钢各生产工序的作用等信息；

2）掌握轧钢过程主要工序、轧制工艺参数制定的依据和原则、生产工艺与发展趋势以及合格钢材的验收标准和技术条件等；

3）了解轧钢过程中存在的工艺及技术问题，锻炼学生运用所学知识，从企业生产实践出发培养分析和解决问题的能力。

（2）实习内容。

1）了解企业轧钢工艺概况和产品种类，参观企业轧钢车间平面布置；

2）了解企业轧钢设备和工艺流程；

3）了解企业轧钢的轧材条件、过程工艺参数、技术经济指标情况；

4）置身企业生产实践，探究企业轧钢优缺点及发展规划情况。

（3）实习要求。

1）了解钢铁企业的轧钢工艺，熟悉钢材品种及用途；

2）掌握轧钢过程主要工序、轧制工艺参数制定的依据和原则、生产工艺与发展趋势以及合格钢材的验收标准和技术条件等。

12.2 轧钢工艺流程

将钢锭或钢坯轧制成一定形状和性能的钢材，需要经过一系列的工序，这些工序的组合称为轧钢生产工艺过程[1]。由于钢材的品种繁多，规格形状、钢种和用途各不相同，因此轧制不同产品所采用的工艺过程不同。正确地制定生产工艺，对保证产品的质量、产量和降低成本具有重要意义。根据使用原料的不同，生产品种的不同以及轧钢设备的不同，

轧钢生产的工艺过程也不同。一般来说，轧钢生产工艺过程是由几个基本工序组成的。

（1）坯料准备。按照炉号将坯料放在原料仓库，清理表面缺陷，去除氧化铁皮和预先热处理坯料等。

（2）坯料加热。将坯料加热到所要求的温度后，再进行轧制，是热轧生产的重要生产工序。

（3）钢的轧制。钢的轧制是轧钢生产工艺过程的核心工序。轧钢工序的两大任务是精确成型和改善组织性能。

（4）精整。精整工序通常包括钢材的切断和卷取、轧后冷却、矫直、成品热处理、成品表面清理、包装等工序，该工序对产品质量起着最终的保证作用。

12.2.1　热轧板带材生产工艺过程

12.2.1.1　中厚板生产工艺及新技术

A　原料及加热

轧制中厚板所用的原料可采用连铸板坯，特厚板可采用扁锭。目前，使用连铸坯已成为主流。为了保证板材的组织性能，连铸坯应该具有足够的压缩比，美国认为 4~5 倍的压缩比已达标，日本则要求在 6 倍以上[2]。我国生产实践表明，采用厚度为 150mm 的连铸坯生产厚度为 12mm 以下的钢板较为理想。对一般用途钢板压缩比取 6~8 倍以上，重要用途钢板在 8~10 倍以上[3]。

中厚板所使用的加热炉有连续式加热炉、室状加热炉和均热炉三种。连续式加热炉用于少品种、大批量生产，多为热滑轨式或步进式；室状炉适于多品种、少批量及合金钢种原料，生产灵活；均热炉多用于加热钢锭轧制特厚板。

B　轧制

中厚板的轧制过程分为除鳞、粗轧、精轧和精整四个阶段。

（1）除鳞。除鳞是将炉生铁皮和次生铁皮除净以免压入表面产生缺陷，需在轧制之前趁铁皮尚未压入表面时进行。除鳞的方法多种，例如投以竹枝、杏条、食盐等，或采用辊压机、钢丝刷，或用压缩空气、蒸汽扫吹，或用除鳞机和高压水等。实践表明，现代工厂只采用投资小且可除鳞的高压水除鳞箱及轧机前后的高压水喷头方法。

（2）粗轧。粗轧阶段的主要任务是将板坯或扁锭展宽到所需要的宽度并进行大压缩延伸，主要方法有纵轧法、横轧法、角轧法、综合轧法以及最近日本开发的平面形状控制法（MAS）[4]等。

（3）精轧。中厚板的粗轧和精轧阶段并无明显的界限。通常双机架式轧机的第一架称为粗轧机，第二架为精轧机。粗轧的主要任务是整形、展宽和延伸，精轧则是延伸和质量控制，包括厚度、板形、性能及表面质量的控制，后者主要取决于精轧辊面的精度和硬度。

（4）精整。中厚板轧后精整包括矫直、冷却、划线、剪切、检查及清理缺陷乃至热处理和酸碱洗等。现代化厚板厂所有精整工序多是布置在金属流程线上，由辊道及移送机进行转运，机械化自动化水平日益提高。

为使板形平直，钢板轧后须趁热进行矫直，矫直温度在 500~750℃ 之间，矫直机已由二重式进化为 9~11 辊四重式，对特厚钢板采用压力矫直更为合适。为了冷却均匀并防止刮伤，近代多采用步进式运载冷床，并在冷床中设置雾化冷却甚至喷水冷却装置。厚板冷至200~150℃以下便可进行检查、划线和剪切。除表面检查以外，还采用在线超声探伤以检查内部缺陷。采用自行式自动量划线机和利用测量辊的固定式量尺划线机，与计算机控制系统相结合，使精整操作更为合理。厚度26mm以下的钢板采用圆盘剪，速度可达100~120m/min，美国还采用连续双圆盘剪剪切厚至40mm的钢板，以提高效率及切边质量；厚至50mm以上的钢板采用双边剪进行切边，特厚钢板常采用连续气割或刨床进行切断。如果对力学性能有特殊要求，还需将钢板进行热处理。热处理后可能产生瓢曲变形，还需再经矫直才能符合要求。对质量要求高的产品如桥梁板等还要求进行探伤检查。现代厚板厂普遍安装离线连续超声波探伤仪，探伤温度在100℃以下，速度最大为60m/min。

国外中厚板轧机在20世纪60年代已基本实现了局部自动化。到70年代新建的厚板轧机，几乎都采用了计算机自动控制。中厚板轧机计算机在线控制的主要功能有：从板坯入炉到成品入库对钢料进行跟踪；按轧制节奏控制板坯装炉、出炉并设定和控制加热炉温度；计算最佳轧制制度，设定压下规程；进行厚度自动控制；计算液压弯辊设定值；控制轧制道次和停歇时间，以控制终轧温度等以及精整线中各工序的程序控制。在生产管理方面，由计算机根据订货单编制生产计划、原材料计划，进行生产调度，收集生产数据并显示打印数据报表。由于采用计算机控制，减少了厚度及宽度偏差，提高了质量和金属收得率，取得了很好的经济效益。

12.2.1.2　热连轧板带生产工艺

A　板坯的选择与加热

热连轧带钢的原料主要是初轧板坯和连铸板坯。目前很多工厂连铸比已达100%。采用板坯厚度一般为150~300mm，多数为200~250mm，最厚达350mm。近代连轧机完全取消了展宽工序，以便加大板坯长度及重量，采用全纵轧制，板坯宽度比成品宽度大，由立辊轧机控制钢板的宽度。板卷单位宽度的重量达到了15~30kg/mm以上，并准备提高到33~36kg/mm。

采用多段（6~8段以上）的连续式加热炉，延长炉子高温区，实现强化操作快速烧钢，提高产量，并尽可能加大炉宽和炉长，炉膛内宽达9.6~15.6mm，扩大炉子容量，最好采用步进式炉，它是现代热连轧机加热炉的主流。

为了节约热能消耗，近年来板坯热装和直接轧制技术得到了迅速发展。热装是将连铸坯或初轧坯在热状态下装入加热炉，热装温度越高，则节能越多。热装对板坯的温度要求不如直接轧制严格。所谓直接轧制是指板坯在连铸或初轧之后，不再进入加热炉加热而只略经边部补偿加热，即直接进行轧制。

B　粗轧

与中厚板轧制一样，也分为除鳞、粗轧和精轧几个阶段，只是在粗轧阶段的宽度不是展宽而是要采用立辊对宽度进行压缩，以调节板坯宽度和提高除鳞效果。板坯除鳞后，进入二辊或四辊轧机轧制。随着板坯厚度的减薄和温度的下降，变形抗力增大，而板形及厚度精度要求也逐渐提高，故需采用强大的四辊轧机进行压下，才能保证足够的压下量和良好的板形。为了使钢板的侧边平整和控制宽度精确，在以后的每架四辊粗轧机前面，一般皆设置有小立辊进行轧边。

现代热带连轧机的精轧机组大都是由6~8架组成，因粗轧机组的组成和布置不同而使热连轧机主要分为全连续式、半连续式、3/4 连续式三大类，如图 12-1 所示。粗轧阶段轧件较短，厚度较大，温降较慢，难以实现连轧，也不必进行连轧。各粗轧机架间的距离须根据轧件走出前一架以后再进入下一机架的原则来确定，数值如图 12-1 所示。但为了缩短机架之间的距离，减少温降，粗轧机组最后两架往往可采用连续式布置，其中一架用交流电机传动，另一架用直流机传动，以调节轧制速度，满足连轧要求。

机架名称	立辊~粗 1	粗 1~粗 2	粗 2~粗 3	粗 3~粗 4
间距/m	15~17	18~23	25~30	36~42
机架名称	粗 4~粗 5	粗 5~粗 6	粗 6~精轧	精轧机架间
间距/m	48~64	73~79	115~135	5.5~6
轧机形式	布置形式结构形式轧制道次			

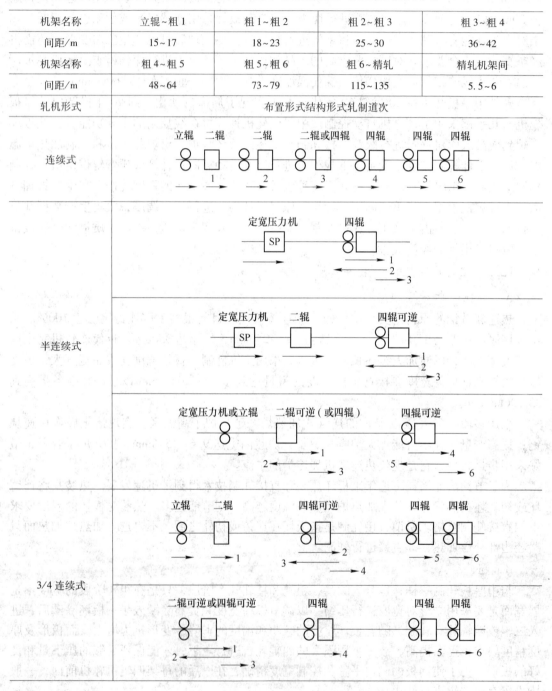

图 12-1　粗轧机组轧制六道次时典型的布置形式

C　精轧

由粗轧机组轧出的带钢坯，经百多米长的中间辊道输送到精轧机组进行精轧，精轧机组的布置比较简单，如图 12-2 所示。在进入精轧机之前，带钢坯要进行测温、测厚及飞剪切去头尾。切头的目的是为了除去温度过低的头部以免损伤辊面，并防止"舌头""鱼尾"[5]卡在机架间的导卫装置（是指在型钢轧制过程中，安装在轧辊孔型前后帮助轧件按既定的方向和状态准确地、稳定地进入和导出轧辊孔型的装置）或辊缝中；切尾是为了防止后端的"鱼尾"或"舌头"给卷取及其后的精整工序带来困难。现代的切头飞剪机一般装置有两对刀刃，一对为弧形刀，用于切头，利于减小轧机咬入时的冲击负荷，也利于咬钢或减小剪切力；另一对为直刀，用于切尾。两对刀刃在操作上比较复杂，实际上往往都是一对刀刃，切成钝角形或圆弧形，这样尾部轧制后不会出现燕尾（精轧时，飞剪未切尽，使得原料卷带尾分叉，呈燕尾状），甚至对厚而窄的带钢不必剪尾。

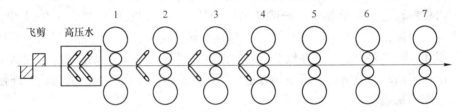

图 12-2　精轧机组布置简图

带钢坯切头以后，在飞剪与第一架精轧机之间设有高压水除鳞箱以及在精轧机前几架之前设高压水喷嘴，利用高压水破除次生氧化铁皮即可满足要求。除鳞后进入精轧机轧制。精轧机组一般由 6~7 架组成连轧，有的还留出第八架、第九架的位置。增加精轧机架数可处理更厚的精轧来料，提高产量和轧制速度，并可轧制更薄的产品。前提是增加粗轧原料和提高轧制速度，才能减少温度降，使精轧温度得以提高，减少头尾温度差，从而为轧制更薄的带钢创造了条件。

过去精轧机组速度主要受穿带速度及电气自动控制技术的限制。20 世纪 60 年代后，随着电气控制技术的进步及升速轧制、层流冷却等新工艺新技术的出现，可采取低速穿带然后与卷取机同步升速进行高速轧制的办法，使轧制速度得以大幅度提高。精轧速度图如图 12-3 所示。图中 A 段从带钢进入 F_1~F_7 机架，直至其头部到达计时器设定值 P 点（0~

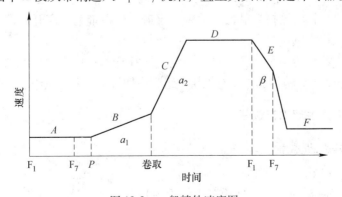

图 12-3　一般精轧速度图

50m）为止，保持恒定的穿带速度；B 段为带钢前段从 P 点到进入卷取机为止，进行较低的加速度；C 段从前端进入卷取机后开始到预先给定的速度上线为止，进行较高的加速，此加速主要取决于终轧温度和提高产量要求；D 段到达最高速度后，至带尾部离开减速开始机架 F_1 为止，保持最高速度；E 段带钢尾端离开最末机架后，到达卷取机之前要使带钢停住，但若减速过急，则会在输出辊道上使带钢堆叠，因此当尾端尚未出精轧机组之前，就应提前减速到规定的速度；F 段带钢离开末架 F_7 以后，立即将轧机转速恢复到后续带钢的穿带速度。可见，升速轧制可使终轧温度更加精确且轧制速度大幅度提高，使末架轧制速度已由过去的 10m/s 左右提高到了 24m/s，最高可达 30m/s。可轧制的带钢厚度薄到 1.0~1.2mm，甚至 0.8mm。

D 轧后冷却及卷取

精轧机以高速轧出的带钢经过输出辊道，要在数秒之内急冷到 600℃ 左右，然后卷取成板卷，再将板卷送去精整加工。一般从最后一架精轧机到卷取机只有 120~190m 的距离，由于轧速很高，要在 5~15s 之内急速冷却到卷取温度必然限制轧速的提高；并且对热轧带钢组织和性能的要求也必须在较低的卷取温度和很高的冷却速度下才能得到满足。为此，近年出现了高冷却效率的层流冷却方法，采用水流量达 200m³/min 的低压循环使用大水量的高效率冷却系统。

经过冷却后的带钢即送往 2~3 台地下卷取机卷成板卷。卷取机的数量一般是 3 台，交替进行工作。由于焊管的发展，要求生产厚为 16~20mm，甚至 22~25mm 的热轧板卷，因此目前卷取机卷取的带钢厚度已达 20mm。带钢厚度不同，冷却所需的输出辊道长度也不同。目前有的轧机除了考虑在距末架精轧机 190m 处装置三台厚板卷取机以外，还在 60m 近处再装设 2~3 台近距离卷取机，用以卷取厚度 2.5~3mm 以下的薄带钢。当然也有不少轧机只在距精轧末架约 120m 处装设三台标准卷取机。

带钢被卷取机咬入之前，为了在输出辊道上运行时能够被"拉直"，辊道速度应超前于轧机的速度，超前率约为 10%~20%。当卷取机咬入带钢以后，辊道速度应与带钢速度（亦即与轧制和卷取速度）同步进行加速，以防产生滑动擦伤。加速段开始用较高加速度以提高产量，然后用适当的加速度来使带钢温度均匀。当带钢尾部离开轧机以后，辊道速度比卷取速度低，亦即滞后于带钢速度，其滞后率为 20%~40%，与带钢厚度成反比例。这样可以使带钢尾部"拉直"。卷取咬入速度一般为 8~12m/s，咬入后即与轧机同步加速。考虑到下一块带钢将紧接着轧出，故输出辊道各段在带钢一离开后即自动恢复到穿带的速度以迎接下一块带钢。

卷取后的板卷经卸卷小车、翻卷机和运输链运往仓库，作为冷轧原料，或作为热轧成品，继续进行精整加工。精整加工线有纵切机组、横切机组、平整机组、热处理炉等设备。

12.2.2 冷轧板带钢生产工艺过程

12.2.2.1 冷轧板带钢主要产品

具有代表性的冷轧板带钢产品是：

（1）金属镀层薄板（包括镀锌板与镀锡板等）；

（2）深冲钢板（以汽车板为其典型）；

（3）电工用硅钢板与不锈钢板等，其生产工艺流程大致如图 12-4 所示。

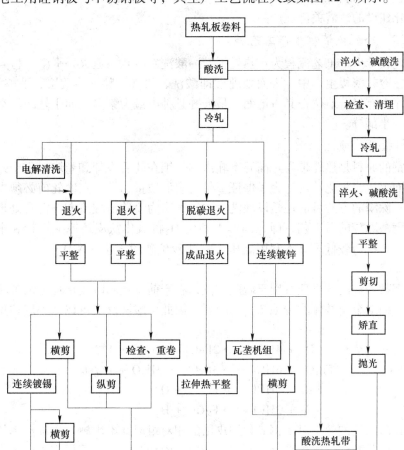

图 12-4　冷轧板带钢生产工艺流程

镀锡板是镀层钢板中厚度最小的品种。先进的电镀法生产的镀锡板厚度较小，而且外表美观。镀锌板厚度大于镀锡产品，抗大气腐蚀性能相当好。连续镀锌适于处理成卷带钢，表面美观，铁锌合金过渡层很薄，故加工性能很好。镀锌板经辊压成瓦垄形后作为屋面瓦使用，还可制造日用器皿、汽油桶、车辆用品以及农机具等。

非金属镀层的薄钢板除搪瓷板外，还有塑料覆面薄板及各种化学表面处理钢板等。前者可以代替镍、黄铜、不锈钢等制造抗腐蚀部件或构件，多用于车辆、船舶、电气器具、仪表外壳以及家具的制造。

深冲钢板的典型代表是汽车钢板，其厚度多在 0.6~1.5mm 范围内。汽车钢板的特点是宽度较大（达 2000mm 以上），并且表面质量与深冲压性能要求均较高，是需求量庞大而且生产难度也较高的优质钢板品种。在汽车工业发达的国家中，此类钢板的产量约占全部薄钢板的三分之一以上。

其他薄钢板就是各种特殊用钢与高强钢品种。这主要包括电工用硅钢板（电机、变压器钢板)、纯铁电工薄板、耐热不锈钢板等。这些品种虽需要量不大,却是国民经济发展与国防现代化建设的急需关键性产品。

12.2.2.2 冷轧板带钢生产工艺

普通冷轧板带生产工艺流程为:热轧板带→酸洗→冷轧→退火→平整→检查分类→包装→入库。在冷轧薄板生产中,表面处理(即酸洗、清洗、除油、镀层、平整、抛光等)与热处理工序占有显著地位,其占地面积最大并且种类最为繁多,而主轧跨间在整个厂房面积中只占一小部分。

A 原料板卷的酸洗

冷轧带钢的原料是热轧带卷。高温下轧出的带钢在轧后冷却和卷取过程中,不可避免地在带钢表面上生成氧化铁皮。为了保证板带的表面质量,带坯在冷轧前必须去除氧化铁皮,即除鳞。除鳞的方法目前还是以酸洗为主,其次为喷砂清理或酸碱混合处理。近年还在试验研究无酸除鳞的新工艺,即在高温下利用 H_2 将氧化铁皮还原成铁粉和水,并被水冲洗掉,但生产能力较低。日本利用高压水喷铁砂矿砂的方法(NID 法)[6],已取得了很好的效果。

热轧带钢盐酸酸洗的机理有别于硫酸酸洗,在于前者能同时较快地溶蚀各种不同类型的氧化铁皮,而对金属基体的侵蚀却大为减弱。因此,酸洗反应可以从外层往里进行。其化学反应式为:

$$Fe_2O_3 + 4HCl \longrightarrow 2FeCl_2 + 2H_2O + 1/2O_2$$
$$Fe_3O_4 + 6HCl \longrightarrow 3FeCl_2 + 3H_2O + 1/2O_2$$
$$FeO + 2HCl \longrightarrow FeCl_2 + H_2O$$
$$Fe + 2HCl \longrightarrow FeCl_2 + H_2$$

因此,盐酸酸洗的效率对带钢氧化铁皮层的相对组成并不敏感,酸洗速率约等于硫酸酸洗的两倍,而且酸洗后的板带钢表面银亮洁净,深受欢迎。为了提高生产效率,现代冷轧车间一般都设有连续酸洗加工线。20 世纪 60 年代以前,由于盐酸酸洗的一些诸如废酸的回收与再生等技术问题未获解决,带钢的连续酸洗几乎毫无例外均采用硫酸酸洗。以后,随着化工技术的发展,解决了盐酸废酸的回收与再生等技术问题,使盐酸酸洗在新建的冷轧车间开始普遍采用。

从酸洗线的组成来看,盐酸和硫酸酸洗线并无原则区别,但入口段因取消破鳞作业而使设备大为简化。取消了平整机、特殊的弯曲破鳞装置等昂贵设备,因而也使原始投资大为节省。

带钢连续盐酸酸洗与硫酸酸洗相比较,有以下特点:

(1)盐酸能完全溶解三层氧化铁皮,因而不产生什么酸洗残渣;而硫酸酸洗就必须经常清刷酸槽,并中和这些黏液。此外,盐酸还能除去硫酸无法溶解的压入板面上的 Fe_2O_3。又因盐酸能溶解全部的氧化铁皮,因而不需要破鳞作业。

(2)盐酸基本不腐蚀基体金属,因此不会发生过酸洗和氢脆。化学酸损(因氧化铁皮及金属溶于酸中引起之铁量损失)也比硫酸酸洗低 20%。

(3)氯化铁很易溶解,易于除去,故不会引起表面出现酸斑,这也是盐酸酸洗板面特别光洁的原因之一。而硫酸铁因会形成不溶解的水化物,往往有表面出现酸斑等毛病。

(4)钢中含铜也不会影响酸洗质量。在盐酸中铜不形成渗碳体,故板面的银亮程度不因含铜而降低。而在硫酸酸洗中,因铜渗碳体的析出而使板面乌暗,降低了表面质量。

（5）盐酸酸洗速率较高，特别在温度较高时更是如此。

（6）可实现无废液酸洗，即废酸废液可完全再生为新酸，循环使用，解决污染问题。

B 冷轧

a 常规冷连轧操作特点

板卷经酸洗工段处理后送至冷连轧机组的入口段，要在前一板卷轧完之前完成剥带、切头、直头及对正轧制中心线等工作，并进行卷径及带宽的自动测量。之后便开始"穿带"过程，将板卷前端依次喂入机组的各架轧辊之中，直至前端进入卷取机芯轴并建立起出口张力为止。在穿带过程中，一旦发现跑偏或板形不良，必须立即调整轧机予以纠正。穿带轧制速度必须很低，否则发现问题将来不及纠正，以致造成断带、勒辊等故障。

穿带后开始加速轧制。使带钢以允许的最大加速度迅速地从穿带时的低速加速至轧机的稳定轧制速度，即进入稳定轧制阶段。由于供冷轧用的板卷是由两个或两个以上的热轧板卷经酸洗后焊合而成的大卷，焊缝处一般硬度较高，厚度亦多少有异于板卷的其他部分，且其边缘状况也不理想，故在冷连轧的稳定轧制阶段中，当焊缝通过机组时，一般都要实行减速轧制。在稳定轧制阶段中，轧制操作及过程的控制已完全实现了自动化。

板卷的尾端在逐架抛钢时有着与穿带过程相似的特点，故为防止损坏轧机和发生操作故障，也必须采用低速轧制，这一轧制阶段称为"抛尾"或"甩尾"。甩尾速度一般相同于穿带速度，这样一来，当快要到达卷尾时，轧机必须及时从稳轧速度降至甩尾速度。为此必须经过一个与加速阶段相反的减速轧制阶段。冷连轧的这几个轧制阶段如图 12-5 所示。

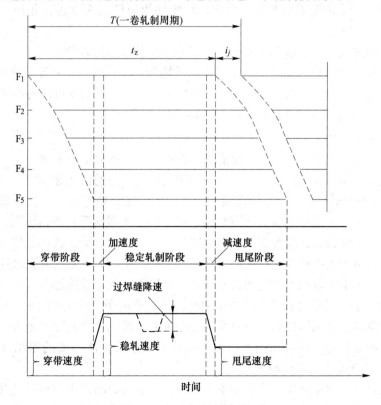

图 12-5 冷连轧轧制阶段

冷轧板带钢生产的主流是采用连轧，其最大的特点就是高产。计算机控制实现了变规格轧制时的轧机调整，大大扩大了冷连轧机所能生产的规格范围。此外，随着轧制速度的不断提高，冷连轧机在机电设备性能的改善以及高效率的 AGC 系统和板形控制系统的发明和发展等方面也取得了飞速的进步，同时也促进了各种轧制工艺参数改进，产品质量的检验与各种机、电参数检测仪表的发展。所有这些都保证了薄板生产的产量与质量要求。

　　b　全连续式冷轧

常规的冷连轧生产由于并没有改变单卷生产的轧制方式，故对冷轧生产过程整体来讲，还不是真正的连续生产。事实上，常规冷轧机的时间利用率只有 65%，这就意味着还有 35% 左右的工作时间轧机是处于停车状态，这与冷连轧机所能达到的高轧速是矛盾的。通过采用双开卷、双卷取以及发明快速的换辊装置等技术措施，卷与卷间的间隙时间已经缩减了很多，换辊的时间损失也大为削减，使轧机的时间利用率提高到 80%。但上述措施并不能消除单卷轧制固有的诸如穿带、甩尾、加减速轧制以及焊缝降速等过渡阶段所带来的不利影响。全连续冷轧的出现，解决了这个难题，并为冷轧板带钢的高速发展提供了广阔的前景。

与常规冷连轧相比较，全连续式冷轧的优点为：

（1）由于消除了穿带过程、节省了加减速时间、减少了换辊次数等，从而大大提高了工时利用率；

（2）由于减少首尾厚度超差和剪切损失而提高了成材率；

（3）由于减少了辊面损失和轧辊磨损，轧辊使用条件大为改善，并提高了板带表面质量；

（4）由于速度变化小，轧制过程稳定而提高了冷轧变形过程的效率；

（5）由于全面计算机控制并取消了穿带、甩尾作业，从而大大节省了劳动力，并进一步提高了全连续冷轧的生产效率，计算机控制快速、准确，可实现机组的不停车换辊（即动态换辊），这些将使连轧机组的工时利用率突破 90% 的大关。

　　C　冷轧板带的精整

冷轧板带的精整一般主要包括表面清洗、退火、平整及剪切等工序。

（1）清洗。板带钢冷轧后进行清洗的目的在于除去板面上的油污（故又称"脱脂"），以保证板带退火后的成品表面质量。清洗的方法一般有电解清洗、机上洗净与燃烧脱脂等数种。电解清洗采用碱液（苛性钠、硅酸钠、磷酸钠等）为清洗剂，外加界面活性剂以降低碱液表面张力，改善清洗效果。通过使碱液发生电解，放出氢气与氧气，起到机械冲击作用，可大大加速脱脂过程。对于一些使用以矿物油为主的乳化液作润滑剂的冷轧产品，则可在末道喷以除油清洗剂，这种处理方法称"机上洗净法"。

（2）退火。退火是冷轧板带生产中最主要的热处理工序，冷轧中间退火的目的一般是通过再结晶消除加工硬化以提高塑性及降低变形抗力，而成品热处理（退火）的目的除通过再结晶消除硬化以外，还可根据产品的不同技术要求获得所需要的组织（如各种织构等）和性能（如深冲、电磁性能等）。

在冷轧板带热处理中应用最广的是罩式退火炉。罩式炉的退火时间长达几昼夜，其冷却时间最长。采用"松卷退火"代替常用的紧卷退火可以大大缩短退火周期，但其工序繁琐，退火前后都需重卷，故未能推广应用。近年，紧卷退火采用了平焰烧嘴以提高加热效率，采用了快速冷却技术以缩短退火周期。快速冷却法主要有两种：一种是使保护气体在炉内或炉外循环对流实现一种热交换式的冷却，可使冷却实际缩短为原来的三分之一；另一种是在板卷之间放置直接用水冷却的隔板，可使退火时间较原来缩短二分之一。

冷轧板带成品退火的另一新技术便是 20 世纪后期发展起来的连续式退火。其特点是把冷轧后的带卷脱脂、退火、平整、检查和重卷等多道工序合并成一个连续作业的机组，其连续化生产可使生产周期由原来的 10 天缩短到 1 天。带钢连续退火后，硬度和强度偏高而塑性与冲压性能则较低，故很长时期内连续退火方法处理铝镇静深冲用钢是可行的，条件是需要十分准确地保证锰和硫含量的比例，并且热轧后卷取温度应高于 700℃。实验表明[7]，经连续退火处理的带钢力学性能甚至优于罩式退火处理，连续退火生产出来的深冲板特点是塑性变形比 R 值特别高。故此，从镀锡板、深冲板直到硅钢片与不锈钢带的冷轧板带钢主要品种都可以采用经济、高效的连续退火处理，这也是近年在冷轧薄板热处理技术方面的一个突破。

（3）平整。平整在冷轧板带材的生产中占有很重要地位，平整实质上是一种小压下率（1%~5%）的二次冷轧，其功能主要如下：

1）可使板带钢在冲压时不出现"滑移线"亦即吕德斯线，钢的应力-应变曲线不出现"屈服台阶"，而吕德斯线的出现正是与此屈服台阶有关的；

2）冷轧板带材退火后再经平整，可改善板材平直度（板形）与板面的粗糙度；

3）不同平整压下率可获得不同力学性能的钢板，满足不同用途的镀锡板对硬度和塑性的不同要求。此外，经过双机平整或三机平整还可实现大的冷轧压下率来生产超薄镀锡板。

近年来将酸洗→冷轧→脱脂→退火→平整等所有工序串联起来，实现了整体的全过程连续生产线，使板带钢生产效益得到了更大幅度的提高。图 12-6 为日本新日铁 1986 年投产的世界第一套酸洗→冷轧→连续退火及精整的全过程联合无头连续生产线（FIPL）示意图。冷轧段由四架六辊式 HC 轧机组成，总压下率达到一般六机架四辊轧机的水平，平整机亦为六辊式。该生产线产量激增，工时利用率达 95%，收得率达 96.9%，能耗降低 40%。

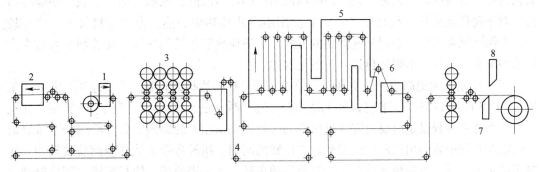

图 12-6　酸洗→冷轧→连续退火全过程连续生产线

1—入口段；2—酸洗除鳞段；3—冷轧段；4—清洗段；5—连续退火段；
6—后部处理段；7—平整段；8—出口段

12.2.3　棒、线材轧制工艺过程及特点

棒、线材的断面形状简单，用量巨大，适于进行大规模的专业化生产，其中线材的断面尺寸是热材中最小的，所使用的轧机也应该是最小型的。从钢坯到成品，轧件的总延伸非常大，需要的轧制道次很多。线材的特点是断面小、长度大、要求尺寸精度和表面质量高，但增大盘重、减小线径、提高尺寸精度之间是矛盾的。因为盘重增加和线径减小，会导致轧件增加，轧制时间延长，从而轧件终轧温度降低，头尾温差加大，结果造成轧件头、尾尺寸差不一致，并且性能不均。正是由于上述矛盾，推动了线材技术的发展，而其生产技术发展的标志就是高速轧制及控轧和控冷技术。

12.2.3.1　坯料

棒、线材的坯料如今在各国都以连铸坯为主，对于某些特殊钢种有使用初轧坯的情况。目前，生产棒、线材的坯料断面形状一般为方形。连铸时希望坯料断面大，而轧制工序为了适应小线型、大盘重，保证终轧温度，则希望坯料断面尽可能小，兼顾两者的情况，目前棒、线材坯料的断面一般为边长 120~150mm 的方坯。坯长较长，一般在 10m 以上，最长达 22m。

当采用常规冷装炉加热轧制工艺时，为了保证坯料全长质量，对一般钢材可采用目测检查。手工清理的方法。对质量要求严格的钢材，则采用超声波探伤、磁粉或磁力线探伤等进行检查和清理，必要时进行全面的表面修磨。棒材产品轧制后还可以进行探伤和检查，清理表面缺陷。但线材产品以盘卷交货，轧后难以探伤、检查和清理，因此对线材坯料的要求应严于棒材。

采用连铸坯热装炉或直接轧制工艺时，必须保证无缺陷高温铸坯的生产。对于有缺陷的铸坯，可进行在线检测和热清理，或通过检测将其剔除，形成落地冷坯，进行人工清理后，再进入常规工艺轧制生产。

12.2.3.2　加热和轧制

（1）加热。在现代化的轧制生产中，棒、线材的轧制速度很高，轧制中的温降较小甚至还出现升温，故一般棒、线轧制的加热温度较低。加热要严防过热和过烧，要尽量减少氧化铁皮。对易脱碳的钢种、要严格控制高温段的停留时间，采取低温、快热、快烧等措施。对于现代化的棒、线材生产，一般使用步进式加热炉加热。由于坯料较长，炉子较宽，为保证尾部温度，采用侧进侧出的方式。为适应热装热送和连铸直接轧制，有的生产厂采用电感应加热、电阻加热以及无氧化加热。

（2）轧制。为提高生产效率和经济效益，适合棒、线材的轧制方式是连轧，尤其在采用 CC-DHCR 或 CC-DR 工艺时，就更是如此。连轧时一根坯料同时在多机架中轧制，在孔型设计和轧制规程设定时要遵守各种机架间金属秒流量相等的原则。轧辊轴线全平布置的连轧机在轧制中将会出现前后机架间轧件扭转的问题，扭转将带来轧件表面易被划伤、轧制不稳定等问题。为避免轧件在前后机架间的扭转，较先进的棒、线材轧机，其轧辊轴线是平、立交替布置的，这种轧机由于需要上传动或者下传动，故投资明显大于全平布置的轧机。生产轧制道次多，而且连轧，一架轧机只轧制一个道次，故棒、线材车间的轧机机架数多。现代化的棒材车间机架数一般多于 18 架，线材车间的机架数为 21~28 架。

（3）线材的盘重加大、线材直径加大。线材的一个重要用途是为深加工提供原料，为提高二次加工时材料的收得率和减少头、尾数量，生产要求线材的盘重越大越好，目前1~2t 的盘重都已经算是比较小的了，很多轧机生产线材盘重达到了 3~4t。由于这一原因，线材的直径也就越来越粗，2000 年时，国外就已经出现了直径为 60mm 的盘卷线材，我国现在已有几家大盘卷生产线。

（4）控制轧制。为了细化晶粒，减少深加工时的退火和调质等工序，提高产品的力学性能，采用了控制轧制和低温精轧等措施，有时还会在精轧机组前设置水冷设备。

12.2.3.3　棒、线材的冷却和精整

棒材一般的冷却和精整工序流程如下：

精轧→飞剪→控制冷却→冷床→定尺切断→检查→包装

由于棒材轧制时轧件出精轧机的温度较高，对于优质钢材，为保证产品的质量，要进行控制冷却，冷却介质有风、水雾等等。即使是一般建筑用钢材，冷床也需要较大的冷却能力。

有一些棒材轧机在轧件进入冷床前对建筑用钢筋进行余热淬火。余热淬火轧件的外表面具有很高的强度，内部具有很好的塑性和韧性，建筑钢筋的平均屈服强度可提高约 1/3。

线材一般的冷却和精整工序流程如下：

精轧→吐丝机→散卷控制冷却→集卷→检查→包装

线材精轧后的温度很高，为保证产品质量要进行散卷控制冷却，根据产品的用途分为珠光体型控制冷却和马氏体型控制冷却。

12.2.4　型材轧制工艺流程

12.2.4.1　型钢轧制的工艺流程

随着轧制产品质量要求的提高、品种范围的扩大以及新技术的应用，组成轧制工艺过程的各个工序会有相应的变化，但是整个轧钢生产工艺流程都是由以下几个基本工序组成：

（1）坯料准备：包括表面缺陷的清理，表面氧化铁皮的去除和坯料的预先热处理等。

（2）坯料加热：热轧生产工艺过程中的重要工序。

（3）钢的轧制：是整个轧钢生产工艺过程的核心。坯料通过轧制完成变形过程。轧制工序对产品的质量起着决定性作用。轧制产品的质量要求包括产品的几何形状和尺寸精确度、内部组织和性能以及产品表面质量三个方面。制定轧制规程的任务是，在深入分析轧制过程特点的基础上，提出合理的工艺参数，达到上述质量要求并使轧机具有良好的技术经济指标。

（4）精整：轧钢生产工艺过程中的最后一个工序，也是比较复杂的一个工序。它对产品的质量起着最终的保证作用。产品的技术要求不同，精整工序的内容也大不相同。精整工序通常包括钢材的切断或卷取、轧后冷却、矫直、成品热处理、成品表面清理和各种涂色等诸多具体工序。

12.2.4.2　大中型型钢生产

热轧大型型钢的品种很多，按断面形状可分为简单断面形状和复杂断面形状两种。经

常轧制的品种有以下几种：

（1）圆钢，直径大于 100mm 称为大型圆钢，圆钢断面形状虽然简单，但是其中某些产品的正、负偏差要求很严格，断面椭圆度过大或沿长度方向上断面尺寸波动都会直接影响钢材精度；

（2）方钢，边长尺寸大于 100mm 称为大型方钢；

（3）角钢，等边角钢中 18~25 号为大型角钢，不等边角钢中 18/12~25/20 号为大型不等边角钢；

（4）工字钢，其中 20~63 号为大型工字钢；

（5）槽钢，18~45 号为大型槽钢。

大型轧机的轧辊名义直径在 650mm 以上，中型轧机的轧辊名义直径在 350~650mm 之间。然而大中型型钢轧机及所轧制的钢材品种和规格，很难截然分开，而且在其间经常有交叉和重复。因此，各类型钢轧机（特别是大、中型）之间，许多产品的生产工艺是很相近的，将其归纳如图 12-7 所示。

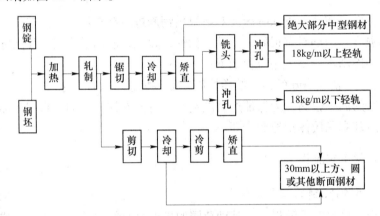

图 12-7　大中型钢材的生产工艺流程图

作为大型或中型轧机，主要布置方式有：横列式、纵列式、棋盘式、半连续及全连续式。

（1）横列式轧机。对于大型或中型轧机来说，横列式还是比较多见的，我国目前大型或中型轧机，基本上属于这一类型，与轨梁轧机相似，它主要有一列式和二列式两种基本类型。

横列式轧机的优点是：投资少、调整方便、喂钢顺利。缺点是：用于轧件横移的间隙时间长、轧制速度慢、温降大。

（2）纵列式轧机。图 12-8 为 500（精轧机尺寸）纵列式大型轧机，通常的道次为 7 或 9 道，轧制 7 道时可不经过 5、6 两架轧机。

（3）棋盘式轧机。图 12-9 为 350 棋盘式轧机，前四架轧机中每两架组成一组连轧（在第 3 与第 4 架间进行翻钢），专用于减少钢坯断面，第 6 架轧制后将轧件拖送至第 7架，第 8~11 架轧机成棋盘式布置，每道轧制后用斜辊道将轧件移送至下一轧机。

（4）连续式轧机。长期以来，用连续式轧机生产型钢发展较为缓慢，特别是大、中型以上的轧机。20 世纪 60 年代以后，国外开始出现半连续式和连续式大、中型轧机，连续

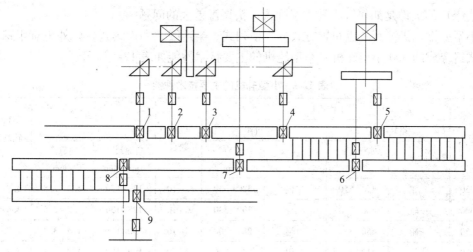

图 12-8　500 纵列式大型轧机

1~4—600 轧机；5~9—500 轧机

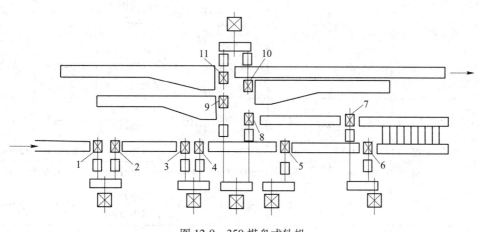

图 12-9　350 棋盘式轧机

1~4—450 轧机；5~7—400 轧机；8~11—350 轧机

式轧机多采用水平辊和立辊交替排列的复合机组；另外也出现了万能式连轧机组。

12.2.4.3　小型型钢生产

轧辊名义直径在 250~300mm 之间的轧机（精轧机），统称为小型轧机，它可轧制各种简单断面与复杂断面型钢。小型型钢产品范围不大，以圆钢为例，通常产品直径为 9~38mm，按用户要求，成品可切成条或成盘供应。小型轧机又可分为专业化和综合性轧机。专业化轧机有以下特点：

（1）产品种类少，有利于提高生产技术水平和发挥专业特长；

（2）闲置设备少，设备利用率高，投资少；

（3）产量高，适于大规模集中生产；

（4）生产成本低。

小型型钢断面小，长度大，因此轧制时散热快，温降严重，轧件头尾温差很大，这不仅使能耗增大，轧辊孔型磨损加快，而且头尾尺寸波动较大。所以，小型型钢生产（包括线材生产）的关键是如何解决轧件温降快、头尾温差大的问题。

小型型钢轧机按其轧机布置方式分为横列式、半连续式和连续式。国外也有跟踪式与布棋式组合成的 300 小型轧机。小型轧机的主要技术性能如表 12-1 所示。

表 12-1　小型轧机的主要技术性能

轧机形式		工作机架				机架数目	坯料尺寸		精轧机轧制速度 /m·s⁻¹
		粗轧机组		精轧机组					
		形式	轧辊直径 /mm	形式	轧辊直径 /mm		断面尺寸 /mm×mm	长度 /mm	
横列式	330	三辊	450~550	二辊	320~330	7~10	170×170	1.1~2.8	3.9~5.8
	300	三辊	460~550	二辊	300~330	6~10	125×125	1.2~2.5	4.4~6.2
	280	三辊	450~530	二辊	280~300	8~10	150×150	1.4~3.4	4.7~7.5
	250	三辊	410~520	三辊	240~300	7~10	150×150	1.2~2.5	5.8~8.2
800×2/ 250×5		三辊	300~330	三辊	240~300	7	(90×90)~ (60×60)	1.2~2.4	3.2~5.8
250		三辊	240~300	三辊	240~300	5	60×60	1.2	3.2~5.8
半连续式: 精轧为250 行列机组		二辊	350~420	二辊	250~270	11~13	120×120	6.0~9.5	8.5~10.5
精轧机组 为连续300		三辊和二辊	300~530	二辊	250~300	8~13	(120×120)~ (90×90)	1.2~4.5	8.5~12.0
连续式	350	二辊	400~430	二辊	350~375	10~12	120×120	8.0~10.0	12.0~15.0
	300	二辊	385~460	二辊	300~320	13~15	110×110	9.0~10.0	13.0~18.0
		二辊	400~550	二辊	300~320	17	(120×120)~ (100×100)	12.0	13.0~20.0
	250	二辊	330~380	二辊	240~280	15~17	80×80	10~12.0	15.0~25.0

（1）横列式小型轧机。横列式型钢轧机大多用一台主电机带动一架至数架三辊式水平轧机。为了提高轧制精度和精轧机架的轧制速度，将精轧机架单独由一台主电机带动。在一架轧机上可以进行多道次穿梭轧制。可生产断面较为复杂的产品，操作比较简单，适应性强，品种更换比较灵活。中小型轧机轧件从下轧制线向上轧制线传送多采用双层辊道（或升降台），可以实现上下轧制线的交叉轧制。在电机和轧辊强度允许的条件下，同架或同列轧机可实现数道同时过钢或多根并列轧制。小型轧机可以采用围盘，实现活套轧制。

为了提高横列式轧机的产量，保证轧件的终轧温度及收尾温差而采取速度分级措施，形成二列式、多列式横列式轧机。产品规格愈小，轧机列数也愈多，轧制速度愈快。横列式小型轧机在我国型钢生产中仍占重要地位，并且不断进行改造，以促使轧机产量、钢材质量和精度的提高。

（2）半连续小型轧机。半连续式小型轧机的布置形式各有不同，主要有：

1）由三辊开坯、粗轧机组和连轧机组组成；

2）粗轧为连轧机组与横列式组成；

3）粗轧机组为连轧与棋盘式组成；

4）粗轧和精轧机组为连轧，中间机组为横列式组成等。

由连续式粗轧机组和横列式组成的半连续小型轧机的缺点是：横列式机组限制了轧制速度，不易实现机械化，影响轧机的技术经济指标。但是，对轧制多品种小型型材时，变化品种较为灵活，因而这种轧机在国内仍有一定规模，也是改造横列式轧机的一种模式。

采用三辊轧机开坯，粗轧机组，既可以是跟踪式，也可以是由双机架连轧组成，精轧机组为连续式组成半连续型钢轧机，有利于提高精轧机轧制速度，减小温降，对提高轧件精度是有利的，这种布置在国内采用得比较多，特别是用于轧制小型棒材和焊管坯较为合适，而轧机的产量受到三辊开坯的限制。

（3）连续式小型轧机。连续式小型轧机具有较高的生产能力，机械化和自动化程度高，其缺点是品种比较单一，设备多，投资大。

小型型钢生产的一般工艺流程，如图 12-10 所示。

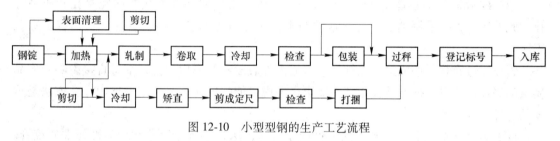

图 12-10　小型型钢的生产工艺流程

12.2.4.4　钢轨生产

由于钢轨需要强度、韧性和良好的焊接性能的配合，采用单一的强化方法已很难达到要求。为此，必须采用准确控制化学成分、钢质净化和钢轨中夹杂物变性处理、热处理、添加合金元素、控轧控冷等手段来改善钢轨的综合力学性能；并采用方坯连铸、万能轧制、复合矫直、超声波+涡流探伤、激光测尺寸和平直度等技术，才能生产出性能优良、尺寸精度高的高速铁路钢轨。

对于使用性能的要求，钢轨生产工艺比一般的型钢更复杂，要求进行轧后冷却、矫直、轨端加工、热处理和探伤等工序。工艺流程如图 12-11 所示。

12.2.5　管材轧制工艺流程

钢管包括焊管和无缝管，其产品主要用于石油工业、天然气运输、城市输气、电力和通讯网、工程建筑以及汽车、机械等制造业。无缝钢管以轧制方法生产为主，高合金钢管用挤压方式生产。另一类为焊接管，这种钢材的生产具有连续性强、效率高、成本低、单位产品的投资少等优点，加之带材生产发展迅速，使得它在管材产量中的比重不断增长。目前焊接钢管在各主要工业国家占钢管总产量的 50%～70%，我国的焊接钢管比重约为 55%[7]。

12.2.5.1　钢管热轧生产

热轧无缝钢管生产是将实心管坯穿孔并轧制成符合产品标准的钢管。整个过程有以下

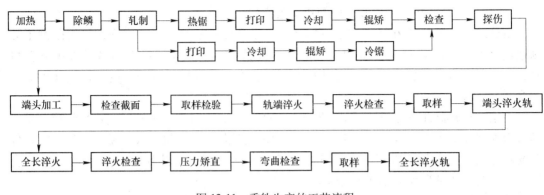

图 12-11 重轨生产的工艺流程

四个变形工序。

（1）穿孔。将实心管坯穿孔，形成空心毛管。常见的穿孔方法有斜轧穿孔和压力穿孔。此外还有直接采用离心浇注、连铸与电渣重熔等方法获得空心管坯，从而省去穿孔工序。

管坯经过穿孔制作成空心毛管，毛管的内外表面和壁厚均匀性，都将直接影响到成品质量的好坏，所以根据产品技术条件要求，考虑可能的供坯情况，正确选用穿孔方法是重要的一环。

（2）轧管。轧管是将穿孔后的毛管壁厚轧薄，达到符合热尺寸和均匀性要求的荒管。常见的轧管方法有自动轧管、连续轧管（MM、MPM、PQF）、皮尔格轧管（Pilger）、三辊斜轧（Assel）、二辊斜轧（又称狄舍尔轧管，Diesher）、顶管（CPE）和热挤压等。

轧管是制管的主要延伸工序，它的选型以及它与穿孔工序之间变形量的合理匹配，是决定机组产品质量、产品和技术经济指标好坏的关键。所以，目前机组都以选用的轧管机型式命名，以其设计生产的最大产品规格表示其大小。例如，140 自动轧管机组，即机组生产的最大外径为 140mm，轧管机型式为自动轧管机。而钢管热挤压机组则采用挤压机的最大挤压力或产品规格范围来表示其型号，例如 3150 挤压机组，即挤压机的最大挤压力为 3150t。

（3）定（减）径。定径是毛管的最后精轧工序，使毛管获得成品要求的外径热尺寸和精度。减径是指大管径缩减到要求的规格尺寸的精度，也是最后的精轧工序。为使在减径的同时进行减壁，可令其在前后张力的作用下进行减径，即张力减径。

（4）扩径。400mm 外径以上，设有扩径机组，扩径有斜轧和顶、拔管方式。

12.2.5.2 焊接钢管生产

焊管生产过程是将管坯（板带钢）用各种成型方法弯卷成所要求的横断面形状，然后用不同的焊接方法将焊缝焊合而获得钢管的过程。成型和焊接是它的两个基本工序。不同的成型和焊接方式构成不同的焊管生产方法。

例如，产品外径范围为 $\phi = 20 \sim 102mm$，采用直缝连续成型和高频电阻焊接的机组，表示为 $\phi = 20 \sim 102$ 连续高频电阻焊管机组。表 12-2 为常用焊管生产方法。

表 12-2　常用的焊管生产方法

焊接法		成型法	产品规格范围	
			外径/mm	壁厚/mm
炉焊		连续辊式成型机	21.7~114.3	1.9~8.6
直缝连续高频电阻、感应焊		连续辊式成型机	12.7~508.0	0.8~14.0
电弧焊	埋弧焊接	直焊缝 连续排辊式成型机	400~1200	6.0~22.2
		辊式弯板机	300~4000	4.5~25.4
		UO 压力成型机	400~1625	6.0~40.0
		螺旋成型机	300~3660	3.2~25.4
	惰性气体 保护电弧焊	TIG 连续辊式成型机	10.0~114.3	0.5~3.2
		MIG 压力成型机 辊式弯板机	50~4000	2.0~25.4

12.2.5.3　钢管冷加工法

钢管冷加工方法主要有冷轧、冷拔和旋压。各种冷加工方法生产的产品规格范围见表 12-3。旋压本质上也是一种冷轧，冷轧管机组和旋压机的规格大小用其轧制的产品规格（最大外径）和轧管机型式来表示。例如 LD-50 表示轧管机的机型为二辊周期式冷轧管机，轧制钢管的最大外径为 50mm。LD-30 表示为多辊式冷轧管机，轧制钢管的最大外径为 30mm。冷拔机的规格用其允许的额定拔制力大小和冷拔机的传动方式来表示，例如 LB-20 表示为额定拔制力 20t 的链式冷拔机；80t 液压冷拔机表示额定拔制力为 80t，采用液压传动。

表 12-3　目前钢管冷加工的产品规格范围

冷加工方法	产品范围				
	外径 D_e/mm		壁厚 S_e/mm		D_e/S_e
	最大	最小	最大	最小	
冷轧	450.0	4.0	60	0.04	60~250
冷拔	762.0	0.1	20	0.01	2.1~2000
旋压	4500.0	10.0	38.1	0.04	≥12000

12.2.5.4　热连轧无缝钢管生产

热轧无缝钢管生产根据穿孔和轧制方法以及制管材质不同，可选用圆形、方形或多边形断面的轧坯、锻坯、钢锭或连铸坯为原料，有时还采用离心铸造或旋转铸造的空心管坯。轧前准备包括管坯的检查、清理、切断、定心等工作。

管坯加热目的和要求与一般热轧钢材基本相同。通常加热设备有环形加热炉、步进炉、斜底炉、感应炉和快速加热炉等，有时根据需要可在生产线上设置再加热炉，以便继续轧制变形、确保终轧温度、控制成品管的组织性能等。

热轧主要包括穿孔、轧管、定径或减径工序。穿孔工序的任务是将实心管坯穿制成空心的毛管。轧管工序（包括延伸工序）的主要任务是将空心毛管减壁、延伸，使壁厚接近或等于成品管壁厚。均整、定径或减径工序统称为热精整，是热轧钢管轧制中的精轧，起着控制成品几何形状和尺寸精度的作用。完整的热轧钢管轧制工艺中必须包含粗轧、中轧、精轧三部分，才能获得交货状态的热轧成品管。一个机组中设置哪些精轧工序，视机组的类型和产品规格而定，通常 $\phi 50mm$ 以下的热轧成品管须采用减径工序进行生产。

钢管精整包括锯断、冷却、热处理、矫直、切断、钢管机加工、检验和包装等工序，其目的是保证管材符合技术标准。其中，钢管机加工通常是指管端加厚、端头车丝和制作管接头等机械加工和处理工序。

12.3 轧钢主要设备及功能

用于轧制钢材生产工艺全部所需的主要和辅助工序成套机组称为轧钢机，它包括：轧制、运输、翻钢、剪切、矫直等设备。轧钢机械设备的组成可分为两大类：主要设备和辅助设备。

（1）主要设备。直接使轧件产生塑性变形的设备称为主要设备，也称为主机列。它包括：工作机组（轧辊、轴承、轧辊调整装置、导卫装置及机架等），齿轮机座，减速器，主连轴节，主电机等。

（2）辅助设备。是指主机列以外的各种设备，它用于完成一系列辅助工序。辅助设备种类繁多，车间机械化程度越高，辅助设备所占整个车间机械设备总重比例也越大。

12.3.1 轧钢机的分类

轧钢机可以按照构造、用途和布置三种方法进行分类。

12.3.1.1 轧钢机按构造分类

轧钢机构造可以轧辊数目及其在机座中位置为特征进行分类：具有水平轧辊的轧机，具有互相垂直轧辊的轧机和呈斜角布置及其他的特殊轧机。表12-4列有各种机座形式。

表 12-4 机座形式

图 示	形式名称	用 途
	二辊式	（1）可逆式有：初轧机、轨梁轧机、中厚板轧机； （2）不可逆式有：钢坯或型钢连轧机、叠轧薄板轧机、冷轧薄板轧机及带钢轧机、平整机
	三辊式	轨梁轧机，大、中、小型型钢轧机，开轧坯轧机
	三辊劳特式 （中辊浮动）	中板轧机

图　　示	形式名称	用　　途
	复二辊式	中、小型轧机
	四辊式	中厚板轧机、宽窄带钢轧机、冷热薄板轧机、平整机
	十二辊式	冷轧钢板及带钢
	二十辊式	冷轧钢板及带钢
	偏八辊式 （MKW 式）	冷轧钢板及带钢
	行星式	热轧板带卷
	立辊式	厚板轧机、钢坯连轧机、型钢连轧机
	H 型钢轧机	轧制高度 300~1200mm 宽边钢梁

图　　示	形式名称	用　　途
	斜辊式	无缝钢管穿孔机、均整机
	45°式	连续式线材轧机、钢管定径机、减径机
	钢球轧机	轧制钢球
	三辊斜轧 周期断面轧机	轧制圆形周期断面
	120°式	连续式线材轧机
	车轮轧机	轧制车轮

12.3.1.2　轧钢机按用途分类

轧钢机按用途分类列入表 12-5，轧机大小与产品尺寸有关，对开坯、型钢等轧机用轧辊直径表示，而钢板轧机则由辊身长度表示轧机大小，钢管轧机则用其所轧钢管最大外径来表示。

表 12-5　轧钢机分类

轧机类别		轧辊尺寸 /mm		用　　途
		直径	辊身长度	
开坯机	初轧机	800~1450	—	将钢锭或连铸坯轧成方坯
	板坯机	1100~1200	—	将钢锭或连铸坯轧成板坯
	钢坯轧机	450~750	—	将方坯轧成（50mm×50mm）~（150mm×150mm）钢坯

续表 12-5

轧机类别		轧辊尺寸 /mm		用 途
		直径	辊身长度	
型钢轧机	大型轧机	500~750	—	轧制大型钢材：80~150mm 方钢、圆钢；高度 120~240mm 工字钢、槽钢
	中型轧机	350~500	—	轧制中型钢材：40~80mm 方钢、圆钢；高度 120mm 以下工字钢及槽钢
	小型轧机	250~350	—	轧制小型钢材：8~40mm 方钢、圆钢；（20mm×20mm）~（50mm×50mm）角钢
钢板轧机	线材轧机	20~300	—	轧制直径 5~32mm 线材
	厚板轧机	—	2000~5000	轧制 4~50mm 或更厚钢板
	热带钢轧机	—	500~2500	轧制 400~2300mm 宽轧热带卷
	薄板轧机	—	700~1300	轧制厚度 0.2~4mm、宽度 500~1200mm 薄板
冷轧板带轧机	冷轧钢板轧机	—	700~2800	轧制宽度 600~2500mm 冷轧板或带卷
	冷轧带钢轧机	—	150~700	轧制厚度 0.2~4mm、宽度 20~600mm 带钢卷
特种轧机	箔材轧机	—	200~700	轧制厚度 0.005~0.012 金属箔
	钢管轧机	—	—	轧制直径 20mm 以上或更大的无缝管
	车轮轧机	—	—	轧制铁路车轮
	轮箍轧机	—	—	轧制轴承环或车轮轮箍
	钢球轧机	—	—	轧制钢球
	周期断面轧机	—	—	轧制变断面轧件
	齿轮轧机	—	—	轧制齿轮，即滚压齿轮的齿型

12.3.1.3 按轧钢机布置形式分类

按轧机相互位置、轧动方向分类。在线主轧机工艺平面布置形式如图 12-12 所示。

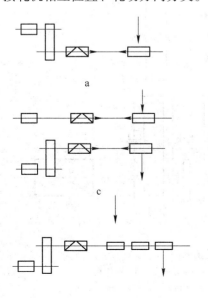

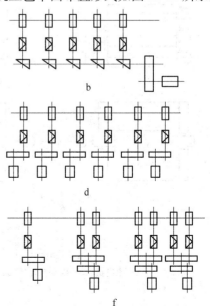

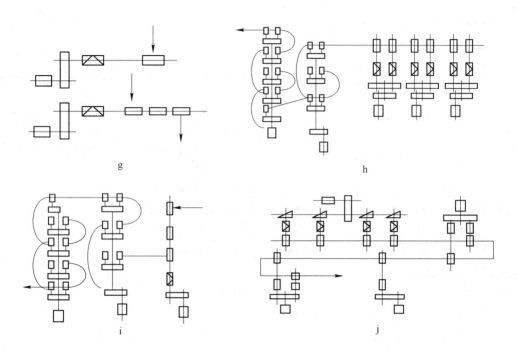

图 12-12　轧机布置形式

a—单机座；b—纵列式双机座；c, d, e—横列式；f, g—连续式；h, i—半连续式；j—串列往复式

12.3.2　轧钢机的构成

轧钢机的主要设备由一个或数个主机列组成。主机列包括：主电机、传动机构和工作机座等部分。图 12-13 为三辊式轧机主机列简图。

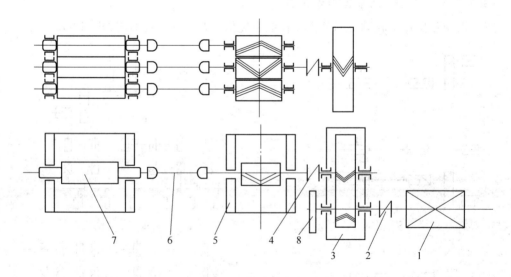

图 12-13　三辊式轧机主列图

1—主电机；2—电动机连接轴；3—减速机；4—主联轴节；5—齿轮机座；
6—万向接轴；7—轧辊；8—飞轮

工作机座是使轧件产生轧制变形的设备，它的常见形式如图 12-14 所示，450 型钢轧机工作机座。

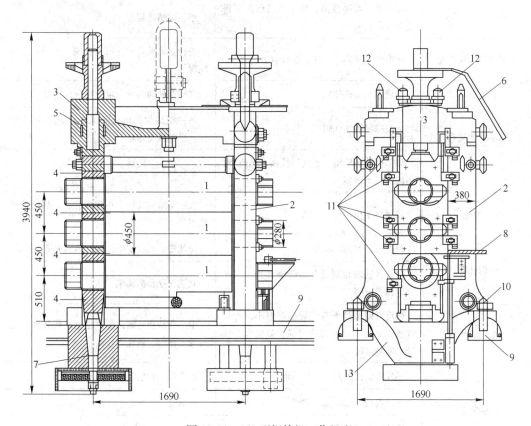

图 12-14　450 型钢轧机工作机座

1—轧辊；2—机架；3—机架盖；4—轧辊轴承；5，7—压下螺丝；6，8—压下螺丝调整手柄；
9—轨座；10—固定螺丝；11—轧辊轴向调整压板；12—平衡弹簧；13—机架下横梁

工作机座主要部件包括：轧辊、机架、轧辊轴承、轧辊调整装置、导板和固定横梁，地脚板等。

（1）轧辊。直接完成金属塑性变形。

（2）轧辊轴承。支持固定轧辊，与轧辊构成辊系。

（3）轧辊调整装置。包括轴向、径向、水平位置、平衡、定位。

（4）机架。安装固定辊系、调整装置及导卫装置。

（5）轨座（地脚板）。固定机架于基础上。

12.3.3　轧辊

轧辊是轧钢机在工作中直接与轧件接触并使金属产生塑性变形的重要部件，也是消耗性零件，它在轧钢生产中对高产、优质、低消耗各项指标影响很大。表 12-6 列出轧辊的工作特点及主要用途。

表 12-6　轧辊的工作特点及主要用途

类　别	辊面工作特点	主要用途
冷硬铸铁轧辊	硬而脆，耐磨性高，用于成品道次可得光滑轧件表面	小负荷精轧辊
无限冷硬铸铁轧辊	耐磨性、抗热龟裂性及强度适中	各种热轧板带钢轧机工作辊，小型及线材轧辊
球墨铸铁轧辊	冷硬球墨铸铁轧辊	二辊叠轧薄板及三辊劳特中板轧辊
	无限球墨铸铁轧辊	各种型钢辊，负荷较大的热轧板带工作辊，平整机支持辊
	球墨铸铁初轧辊，强度韧性高，抗热裂、耐磨性优于钢辊	初轧辊
半冷硬轧辊	硬度落差小，可开深槽	大中型型钢轧辊，小型粗轧辊，热轧管机轧辊
铸钢轧辊	强度高，耐磨性较差	初轧辊、大众型粗轧辊、热轧板带支持辊
	复合铸铁辊也属此类，合金含量高，比普通铸钢耐磨	立辊、穿孔机轧辊
半钢轧辊	强度及耐磨性兼备，硬度落差小，可开深槽，此类中也有锻造产品，强度高，可减少断辊事故	中小负荷初轧辊，各种型钢轧辊各种热轧板带工作辊、热轧管轧辊
锻钢轧辊	热轧用，强度高，不易黏辊	初轧辊、有色金属热轧辊
	支承辊用，强度高，耐磨	支承辊
	冷轧用，有很高强度，耐磨性及表面质量好	冷轧工作辊
高铬铸铁轧辊	耐磨性好，强度韧性较高	热轧带钢粗轧机精轧前工作辊，冷轧带钢工作辊，小型及线材精轧辊

12.3.3.1　轧辊的工作特点

（1）工作时能承受很大的轧制压力和力矩，有时还有动载荷，例如初轧机工作时，轧辊承受很大的惯性力和冲击。

（2）能在高温或温度变化很大的条件下工作。由于轧件温度很高而且还有冷却水，轧辊旋转冷热交加，因此在交变应力作用下逐渐产生龟裂和裂纹。

（3）由于轧辊在轧制过程中不断被磨损，故可直接影响轧件质量，也影响轧辊寿命。

12.3.3.2　轧辊的分类

按轧机的类型轧辊可分为三种。

（1）带孔型的轧辊。它用于轧制大、中、小、各种型钢、线材及初轧开坯，在辊面上刻有轧槽使轧件成型。

（2）面轧辊。板带轧机轧辊属于此类，为保证轧件具有良好的版型，辊面做成稍有凸或凹的辊型。

（3）特殊轧辊。它用于穿孔机、车轮轧机等专用轧机上，轧辊具有各种不同形状。

12.3.4 轧辊轴承

轧辊轴承用来支承转动的轧辊，并保持轧辊在机架中正确的位置，轧辊轴承应具有小的摩擦系数，足够的强度和刚度，寿命长，并便于换辊。表 12-7 列出轧辊轴承的特性及主要用途。

表 12-7 轴承式样的特性及用途

轴承类型		特 性	用 途
滑动轴承	带金属轴衬的滑动轴承	耐热，刚性较好，摩擦系数高，寿命短	叠轧薄板轧机，旧式冷轧板带轧机
	带层压胶布的滑动轴承	摩擦系数低，寿命长，耐热性与刚性均差	用于开坯、中板及型钢轧机
	液体摩擦轴承	摩擦系数低，耐磨性好，耐热性与刚性均差，其外廓尺寸比滚动轴承小	适于高速线材和高载荷时用，广泛用于热轧及冷轧四辊轧机的支承辊，国外也有用于初轧机上
滚动轴承		摩擦系数低，刚性好，速度受限制，不耐冲击，维护使用方便，轴承外廓尺寸比其他轴承大	主要用于冷轧机上生产带材，小型型材，轧管机及连轧棒材轧机

轧辊轴承的工作特点是能承受很高的、比普通标准轴承允许要大几倍的单位负荷，这是因为轴承受外围尺寸的限制和在较短的辊颈内可用很大的许用应力决定。

轴承的式样大概可分为两类：一种是滑动轴承，一种是滚动轴承。液体摩擦轴承其基本结构也属于滑动轴承类型，但运转时能在摩擦面间建立起一层油膜使金属面不相接触，这样以液体摩擦代替固体摩擦，使摩擦系数大大降低，因而减少功率消耗，改善发热状况，减少磨损，延长工作寿命，达到理想轴承的要求。滚动轴承在工作时以滚动摩擦代替滑动摩擦，也具有摩擦系数低，精度高，寿命长等优点。因此它被广泛应用于冷轧机上用以生产带材，也用于生产小型钢材、薄板和管子等其他轧机上。但它的缺点是外形尺寸大，使机架窗口尺寸相应地加大或轧辊的辊颈尺寸减小，在制造上工艺较复杂，成本较高，在高压、高速和冲压载荷大的情况下，它的适应性比油膜轴承差一些。

12.3.5 轧辊调整装置

轧辊调整装置的作用主要是调整轧辊在机架中的相对位置，以保证要求的压下量、精确的轧件尺寸和正常的轧制条件。轧辊的调整装置主要有轴向调整装置和径向调整装置两种。

轧辊的轴向调整装置主要用来对正轧槽，以保持正确的孔型形状，一般用简单的手动装置。轧辊的径向调整装置的作用是：调整两工作辊轴线之间的距离，以保持正确的辊缝开度，给定压下量；调整两工作辊的平行度；调整轧制线的高度。

（1）轧辊平衡装置。上轧辊平衡装置的作用：消除间隙，避免冲击。由于轧辊、轴承以及压下螺丝等零件自重的影响，在轧件进入轧机之前，这些零件之间不可避免地存在着一定的间隙。若不消除这些间隙，则喂钢时将产生冲击现象，使设备受到严重损害。为消除上述间隙，须设上辊平衡装置，它是压下装置的组成部分；抬起轧辊时起帮助轧辊上升的作用。

（2）压下螺丝与螺母。压下螺丝的结构一般分为头部、本体和尾部三部分。头部与上辊轴承座接触，承受来自辊颈的压力和上辊平衡装置的过平衡力，为了防止端部在旋转时磨损并使上轧辊轴承具有自动调位性能，压下螺丝的端部一般都做成球面形状，并与球面铜垫接触形成止推轴承。

压下螺母是轧钢机上的易损零件。在结构上有整体式和组合式之分。整体式中又有单级与双级的两种。双级压下螺母虽然较单级的省铜，但往往保证不了两个阶梯端面与机架有全面而良好的接触，故目前仍以使用单级压下螺母居多。

（3）液压压下装置。液压压下装置是用液压缸代替传统的压下螺丝、螺母来调整轧辊辊缝的。在这一装置中，除液压缸和液压供油系统外还有伺服阀、检测仪表和运算控制系统。

12.3.6　机架

每个轧钢机座除了轧辊、轴承和调整装置等部分之外，在轧辊辊身两侧还配置有两个机架。机架是轧钢机工作机座的骨架，它承受着经轴承座传来的全部轧制力，因此它具备足够的强度和刚性。从结构上看，还要求机架能便于装卸轧钢机座上的各零件，以及有快速换辊的可能性。

（1）机架形式。机架根据结构的不同可分成两类：闭式机架和开式机架。

闭式机架是一个将上下横梁与立柱铸成一体的封闭式整体框架，因此它的强度和刚性较大，但换辊不便。它常用在受力大或要求轧件精度高而不经常换辊的轧钢机上，如初轧机、板坯轧机、钢板轧机、钢管轧机和多辊式冷轧机等。

开式机架的上盖可以从 U 型架体上拆开，它的刚性不及闭式机架，但它换辊方便的优点使它广泛地应用在型钢轧机上。

（2）机架结构。机架上横梁中部镗有与压下螺母外径相配合的孔，装入压下螺母后，下面用压板固定。为了保证上横梁有足够的强度，上横梁的中部厚度要适当加大。

机架立柱的中心线应和装入其中的轧辊轴承座的中心线相重合。对于上辊经常作上下移动的初轧机和钢板轧机，立柱的内侧面与上辊轴承座相接触的一段应镶上铜滑板，以避免立柱被磨损，铜滑板用埋头螺钉紧固在立柱上。对于带有 H 架的型钢轧机，立柱内侧中部有凸缘用以固定中辊之下轴承座。机架的侧面沿轧辊轴线方向，一般还固定有轴向调节装置。两机架之间装有导板梁。

机架立柱的断面形状有近似正方形、矩形和工字形三种。近似正方形断面的机架，惯性矩小，适用于窄而高的闭式机架和水平力不大的四辊轧机。矩形和工字形断面的机架，惯性矩大，抗弯能力大，适用于水平力大，而机架矮而宽的闭式二辊轧机。

12.4　轧钢技术经济指标

12.4.1　轧钢车间的技术经济指标

表示轧钢车间的各种设备、原材料、燃料、动力以及劳动力、资金等利用程度的指标，称之为技术经济指标。这些指标反映企业的生产技术水平和生产管理制度的执行情况，是鉴定轧钢生产的工艺是否先进合理的重要标准，是评定车间各项工作优劣的主要依据。通过对同一类型不同车间的技术经济指标的对比，可以分析产生差距的原因，找出改进生产提高指标的途径。因此，研究与分析技术经济指标也是研究分析轧钢车间工作情况的重要方法之一，对促进轧钢生产发展有重要意义。

轧钢生产的技术经济指标包括：综合技术经济指标，各项材料消耗指标，车间劳动定员及车间费用消耗等。其中产品的产量、质量、作业率、各项材料消耗等指标是人们分析研究的主要内容。

轧钢生产中的主要原材料及动力消耗有：金属、燃料、电力、轧辊、水、油、压缩空气、氧气、蒸汽和耐火材料等。由于生产条件不同，或者由于技术操作水平和生产管理水平不同，不同车间的消耗指标会有很大的差异，就是同一车间在不同时期，各种指标也可能因某种原因而发生变化。因此，经常掌握和研究各类产品的各种消耗指标，才能了解和改进生产。

12.4.2　金属消耗

金属消耗是轧钢生产中最重要的消耗，通常它占成本的一半以上。降低金属消耗对节约金属、降低产品成本有重要意义。金属消耗指标通常以金属消耗系数表示，它的含义是生产 1t 合格钢材需要的钢锭、钢坯量。其计算公式如下：

$$k_{金} = \frac{G}{Q} \tag{12-1}$$

式中　$k_{金}$——金属消耗系数；

　　G——钢锭、钢坯质量，t；

　　Q——合格钢材质量，t。

轧钢生产中的金属消耗包括烧损、切头、切尾、切边、清理表面损耗（酸洗损耗等）、轧废以及其他损失（如混号、取样、钢轨铣头和钻孔等）。

烧损与加热时间、加热温度、炉气气氛、钢的化学成分等因素有关。实践证明，加热温度越高，在高温下停留时间越长，炉内氧化气氛越强，金属的烧损就越多。

影响切头、切尾、切边损失的因素有：钢材品种、坯料种类及坯料尺寸精确度等。在成品钢材中，钢板需要切边，钢管常因壁厚不均等增加切除长度，所以它们的切损量都大于型钢。型钢切损量一般不大于 5%，而钢板、钢管的切损量可达 10%。

表面清理损耗主要与钢种、清理方法以及对成品钢材的要求有关，例如同一种钢坯用砂轮研磨清理的损耗为 1%，而用火焰清理的损耗可达 2%～3%。

通常，在同样条件下，生产优质合金钢材的金属消耗比生产普通钢材的金属消耗高。

各轧钢企业的金属消耗系数，因其产品品种、生产工艺、技术操作、管理水平等不同而不同。各类轧钢车间的金属消耗系数如表 12-8 所示。

表 12-8　各类轧钢车间的金属消耗系数

车间名称	初轧		钢坯连轧	大型	中型
	普碳钢	合金钢			
金属消耗系数	1.16 ~ 1.25	1.17 ~ 1.37	1.03	1.06 ~ 1.10	1.06 ~ 1.25
车间名称	小型、线材		中厚板	热轧带钢	140 无缝钢管
金属消耗系数	1.06 ~ 1.16		1.19 ~ 1.33	1.05 ~ 1.18	1.11 ~ 1.22

12.4.3　润滑油消耗

生产 1t 合格钢材（坯）所消耗的润滑油，叫作轧钢车间的单位产品润滑油耗，以 kg/t 为计算单位。计算式为：

$$k_{油} = \frac{G_{油}}{Q} \tag{12-2}$$

式中　$k_{油}$——单位重量产品的润滑油耗量，kg/t；

　　　$G_{油}$——耗用各种润滑油的总量，kg；

　　　Q——轧制合格产品的数量，t。

润滑油耗包括工艺润滑油（液体，固体）的消耗和轧机油压平衡以及液体油膜轴承等所耗用的总油量。轧钢车间的润滑油消耗情况如表 12-9 所示。

表 12-9　各轧钢车间润滑油消耗情况

车 间 名 称	润滑油消耗/kg·t^{-1}
700/500 开坯车间	0.2
650×3 大型车间	0.4
650×3 大型合金钢车间	0.5
550×1/400×3 中型车间	0.4
550×2/300×3 中型车间	0.3
400×2/250×5 小型车间	0.25
4200 厚板车间	2
1700 热连轧带钢车间	0.12
1500 初轧车间	0.104

12.4.4　轧辊消耗

轧辊是轧机的主要工艺备件，其消耗量取决于轧辊每车削一次所能轧出的钢材数量和一对轧辊可能车削的次数。生产 1t 合格的轧制产品耗用的轧辊重量叫作轧辊消耗量，也叫辊耗，以 kg/t 为计算单位。辊耗的计算公式为：

$$k_{辊} = \frac{G_{辊}}{Q} \tag{12-3}$$

式中 $k_辊$——单位成品的轧辊消耗，kg/t；

　　　$G_辊$——耗用的轧辊总量，kg；

　　　Q——轧制合格产品的数量，t。

耗用轧辊总量的计算方法有两种：

（1）按当月报废的轧辊计算；

（2）将轧辊按产品数量分摊计算，可根据轧机具体情况确定。

影响轧辊消耗的因素很多，例如轧制产品的种类、形状、钢种、变形的均匀性、轧制温度的高低，以及轧辊材质、轧辊的使用与维护、轧辊重车次数等。

近几年随着轧机产量的提高，轧辊材质的改善、制造方法的改进、热处理工艺的革新以及轧辊焊补技术的进步，轧辊使用寿命日益延长。轧制钢材数量越多，轧辊消耗量就越低。

各类轧钢车间的轧辊消耗指标见表 12-10。

表 12-10　各类轧机的轧辊消耗

轧机名称	主要产品	轧辊材质	单位消耗/kg·t^{-1}
初轧机	钢坯	锻钢	0.12~0.10
轨梁轧机	钢轨，轨梁	锻钢、铸钢	2.4~3.0
大、中型轧机	大、中型型钢	铸钢、球墨铸铁	3.0~4.0
小型、线材轧机	小型型钢、线材	铸钢、冷硬铸铁	1.0~2.5
中板轧机	中板	冷硬铸铁、球墨铸铁	2.0~2.5
叠轧薄板轧机	薄板	冷硬铸铁	2.0~2.5
半连续钢板轧机	热轧板	锻钢、铸钢、球墨铸铁	2.5~3.0
1700 冷连轧机支撑辊	冷轧板	锻钢	0.4
1700 冷连轧工作辊	冷轧板	锻钢	1.5
140 无缝机组	钢管	锻钢、球墨铸铁	1.0~1.4

12.4.5　成材率

成材率是指用 1t 原料能够轧制出的合格成品重量的百分数，反映了生产过程中的金属的收得情况，其计算公式[8]为：

$$b = \frac{G - W}{G} \times 100\% = \frac{Q}{G} \times 100\% = \frac{1}{k_金} \times 100\% \qquad (12-4)$$

式中　b——成材率；

　　　G——原料重量，t；

　　　W——各种原因造成的金属损失量，t；

　　　Q——合格产品重量，t；

　　　$k_金$——金属消耗系数。

由式（12-4）可以看出，成材率越高，轧机产量越高，而影响成材率的主要因素是生产过程中造成的各种金属损失，因此提高成材率的途径就是减少这种损失。

由于各个轧钢企业用的原料和轧制的产品不同，如有的轧钢车间以钢锭为原料经过中间开坯，轧制成材；有的车间以钢锭为原料直接轧制成材；有的车间以钢坯为原料轧制成品钢材；还有少数车间则是用钢材作原料，加工成各种成品钢材的，所以用一种计算方法说明不了企业的技术水平和生产管理水平。轧钢车间的成材率必需根据车间的具体情况确定。

12.4.6 合格率

合格的轧制产品数量（钢材或钢坯）占产品总检验量与中间废品量综合的百分比叫合格率（%）。计算公式为：

$$外来重复材 \rightarrow 材成材率 = \frac{合格成品钢材重量}{耗用外来重复材重量} \times 100\%$$

合格产品数量是指本月（季、年）轧制的产品（钢材或钢坯）经检验（理化检验及表面检验）合格后的入库数量。

中间废品是指加热、轧制、中间热处理过程中烧坏、轧废以及生产过程中的掉队而未进行成品检验的一切废品。

轧制产品送至检验台上的总量叫总检验量，它包括合格品及检验废品，不包括判定责任属于炼钢车间的轧后废品。如果发生用户退货，要从发生当月的合格量中减去退货量，然后计算当月的合格率。

参 考 文 献

[1] 高玲玲. 新时期轧钢生产工艺研究 [J]. 工程技术（文摘版）：2017（35）：267.
[2] 益居健，时旭，焦四海. 日本轧制技术发展 [J]. 世界钢铁，2006.
[3] 崔风平，孙玮，赵乾，等. 我国极厚钢板生产制造技术的发展 [J]. 山东冶金，2013（1）：1~6.
[4] 瀬川，佑二郎，石井，et al. 277 压下修正（MAS）压延法的制御システム：厚板压延における新平面形状制御方法の开発（第 2 报）（带板·形钢および厚板压延，加工，日本铁钢协会第 97 回（春季）讲演大会）[J]. Tetsu-to-Hagane，1979，65.
[5] 颜满堂. 热轧带钢优化剪切系统的应用研究 [D]. 沈阳：东北大学，2007.
[6] 王淑珍. 热轧钢带卷的喷射除鳞法 [J]. 云南冶金，1983（1）：66.
[7] 查先进，严亚兰. 冷轧宽带钢连续退火炉与罩式退火炉的比较研究 [J]. 冶金信息导刊，1999（1）：17~19.
[8] 李连诗. 我国轧钢成材率的分析 [J]. 钢铁，1988（8）：21~26.